CAD/CAE/CAM
工程软件实践丛书

AutoCAD 2024
快速入门、进阶与实践

微课视频版

赵勇成　邵为龙　冯元超 ◎ 编著

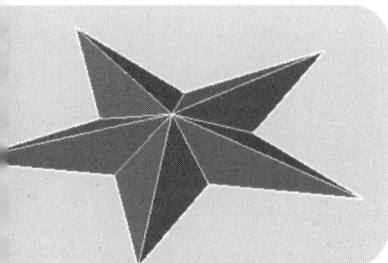

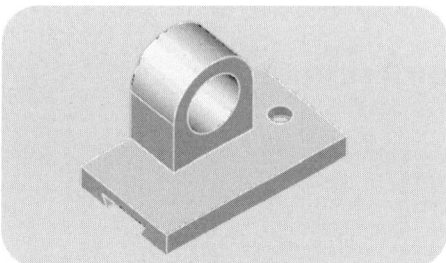

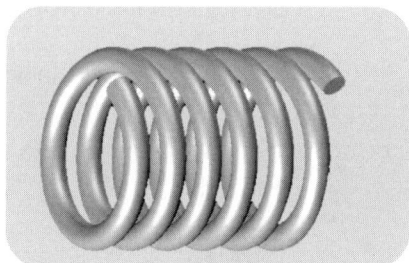

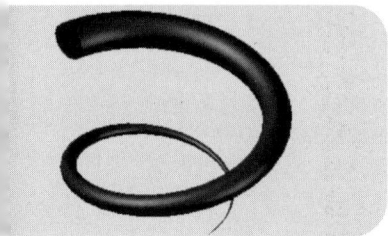

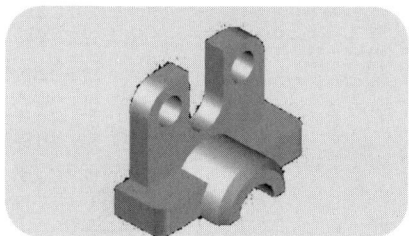

清华大学出版社
北京

内 容 简 介

本书针对零基础的读者，循序渐进地介绍了使用AutoCAD 2024进行机械设计、建筑设计、室内设计的相关内容，包括AutoCAD 2024概述、AutoCAD 2024软件的安装、软件的工作界面与基本鼠标设置、图形的绘制、精确高效绘图、图形的编辑、标注尺寸、文字与表格、图层、图块、装配图的设计、参数化设计、测量与分析、轴测图、三维图形的绘制、三维图形的编辑、由三维图形制作二维工程图、样板文件的制作、综合应用案例等。

为了能够使读者更快地掌握该软件的基本功能，在内容安排上，书中结合大量的案例对AutoCAD软件中的一些抽象的概念、命令和功能进行讲解；在写作方式上，本书采用软件真实的操作界面，采用软件真实的对话框、操控板和按钮进行具体讲解，这样就可以让读者直观、准确地操作软件，从而实现快速入手，提高读者的学习效率；另外，本书中的案例都是根据国内外著名公司的培训教案整理而成的，具有很强的实用性。

本书内容全面，条理清晰、实例丰富、讲解详细、图文并茂，可以作为广大工程技术人员学习AutoCAD的自学教材和参考书，也可作为高等院校学生和各类培训学校学员的AutoCAD课程上课或者上机练习素材。

图书在版编目(CIP)数据

AutoCAD 2024 快速入门、进阶与实践：微课视频版 / 赵勇成，邵为龙，冯元超编著 . -- 北京：清华大学出版社，2025. 6. -- (CAD/CAE/CAM 工程软件实践丛书). -- ISBN 978-7-302-69347-5

Ⅰ. TP391.72

中国国家版本馆 CIP 数据核字第 2025T116B3 号

责任编辑：赵佳霓
封面设计：郭　媛
责任校对：韩天竹
责任印制：沈　露

出版发行：清华大学出版社
　　　网　　　址：https://www.tup.com.cn，https://www.wqxuetang.com
　　　地　　　址：北京清华大学学研大厦 A 座　　　　邮　　编：100084
　　　社 总 机：010-83470000　　　　邮　　购：010-62786544
　　　投稿与读者服务：010-62776969，c-service@tup.tsinghua.edu.cn
　　　质 量 反 馈：010-62772015，zhiliang@tup.tsinghua.edu.cn
印 装 者：三河市东方印刷有限公司
经　　销：全国新华书店
开　　本：186mm×240mm　　　印　　张：23　　　字　　数：517 千字
版　　次：2025 年 7 月第 1 版　　　印　　次：2025 年 7 月第 1 次印刷
印　　数：1 ～ 1500
定　　价：99.00 元

产品编号：107261-01

前 言
PREFACE

AutoCAD（Autodesk Computer Aided Design）是 Autodesk（欧特克）公司首次于 1982 年开发的自动计算机辅助设计软件，用于二维绘图、详细绘制、设计文档和基本三维设计，现已成为国际上广为流行的绘图工具。AutoCAD 具有良好的用户界面，通过交互菜单或命令行方式便可以进行各种操作，可以用于土木建筑、装饰装潢、工业制图、工程制图、电子工业、服装加工等多个领域。它的多文档设计环境，让非计算机专业人员也能很快地学会并使用，在不断实践的过程中更好地掌握它的各种应用和开发技巧，从而不断地提高工作效率。AutoCAD 具有广泛的适应性，可以在各种操作系统支持的微型计算机和工作站上运行。

本书系统、全面讲解 AutoCAD 2024，其主要特色如下。

（1）内容全面：涵盖了图形绘制、图形编辑、精确高效绘图、标注尺寸、文字与表格、图层、图块、装配图设计、参数化设计、轴测图、三维实体建模、工程图、样板文件制作等。

（2）讲解详细，条理清晰：保证自学的读者能够独立学习和实际使用 AutoCAD 软件。

（3）范例丰富：本书对软件的主要功能命令，先结合简单的范例进行讲解，然后安排一些较复杂的综合案例帮助读者深入理解、灵活运用。

（4）写法独特：采用 AutoCAD 2024 真实对话框、操控板和按钮进行讲解，使初学者可以直观、准确地操作软件，大大提高学习效率。

（5）附加值高：本书根据几百个知识点、设计技巧和工程师多年的设计经验制作了具有针对性的教学视频，时间长达 686 分钟。

资源下载提示

素材（源码）等资源：扫描目录上方的二维码下载。

视频等资源：扫描封底的文泉云盘防盗码，再扫描书中相应章节的二维码，可以在线学习。

本书由兰州职业技术学院赵勇成、济宁格宸教育咨询有限公司的邵为龙、北京赋智工创新科技有限公司冯元超编著，参加编写的人员还有吕广凤、邵玉霞、陆辉、石磊、邵翠丽、陈瑞河、吕凤霞、孙德荣、吕杰。

本书经过多次审核，如有疏漏之处，恳请广大读者予以指正，以便及时更新和改正。

编者

2025 年 3 月

目 录
CONTENTS

配套资源（教学课件、示例文件）

第1章 AutoCAD概述

1.1 AutoCAD 简介

AutoCAD（Autodesk Computer Aided Design）是 Autodesk（欧特克）公司首次于 1982 年开发的自动计算机辅助设计软件，用于二维绘图、详细绘图、设计文档和三维实体设计等，现已经成为国际上广为流行的绘图工具。

传统的手绘图纸是利用各种绘图仪器和工具进行绘图，其劳动强度相当大，如果数据有误，则修改起来非常麻烦，而使用 AutoCAD 进行绘图，设计人员只需边绘图边修改，直到绘制出满意的结果，然后利用图形输出设备将其打印便可完工，如果发现图纸有误，则只需再次打开文件进行简单修改，绘图效率相比于传统绘图明显提高。

AutoCAD 具有良好的用户界面，可通过交互菜单或命令行方便地进行各种操作。它的多文档设计环境，让非计算机专业人员也能够很快地学会并使用，进而在不断实践的过程中更好地掌握它的各种应用技巧，不断提高工作效率。AutoCAD 具有广泛的适应性，这就为它的普及创造了条件。AutoCAD 自问世至今，已被广泛地应用于机械、建筑、电子、冶金、地质、土木工程、气象、航天、造船、石油化工、纺织、轻工等领域，深受广大技术人员的欢迎。

1.2 AutoCAD 的基本功能

1. 平面绘图

AutoCAD 是一种能以多种方式创建直线、圆、椭圆、多边形、样条曲线等基本图形对象的绘图辅助工具。AutoCAD 提供了正交、对象捕捉、极轴追踪、捕捉追踪等绘图辅助工具。正交功能使用户可以很方便地绘制水平、竖直直线，对象捕捉可帮助用户拾取几何对象上的特殊点，而追踪功能使画斜线及沿不同方向定位点变得更加容易。

2. 编辑图形

AutoCAD 具有强大的编辑功能，可以移动、复制、旋转、阵列、拉伸、延长、修剪、缩放对象等。

AutoCAD 具有图层管理功能。图形对象都位于某一图层上，可设定图层颜色、线型、线宽等特性。

3. 三维绘图

对于二维图形，用户可以通过拉伸、旋转、扫掠、放样等方式得到三维实体，并且可以通过视图相关功能对视图进行旋转，从而帮助用户查看所得到的三维实体。另外还可以将三维实体赋予光源和材质，再通过渲染工具得到一张真实感极强的图片。

4. 图形的标注

AutoCAD 可以标注尺寸。可以创建多种类型尺寸，标注外观可以自行设定。

AutoCAD 可以进行书写文字。能轻易地在图形的任何位置、沿任何方向书写文字，可设定文字字体、倾斜角度及宽度缩放比例等属性。

5. 图形的输出打印

AutoCAD 不仅允许将绘制的图形以不同的样式通过绘图仪或者打印机输出，还可以将其他格式的图形导入 AutoCAD 中，或者将 AutoCAD 图形导出到其他格式，这就使 AutoCAD 可以与其他软件更好地进行协作工作。

1.3　AutoCAD 2024 的新功能

相比 AutoCAD 软件的早期版本，最新的 AutoCAD 2024 做出了如下改进。

（1）开始选项卡：通过新的 AutoCAD"开始"选项卡，用户可以直接从主屏幕轻松地访问文件和其他有用内容。

（2）跟踪：跟踪提供了一个安全空间，可用于在 AutoCAD Web 和移动应用程序中协作更改图形，而不必担心更改现有图形。跟踪如同一张覆盖在图形上的虚拟协作跟踪图纸，方便协作者直接在图形中添加反馈。

（3）计数：使用 COUNT 命令可以快速、准确地计数图形中对象的实例，并且可以将包含计数数据的表格插入当前图形中。

（4）浮动图形窗口：可以将某个图形文件选项卡拖离 AutoCAD 应用程序窗口，从而创建一个浮动窗口。

（5）图形历史记录：AutoCAD 2024 可以比较图形的过去与当前版本，并且查看文件的工作演变。

（6）快速测量：用户只需将鼠标悬停在图形中，便可显示图形中附近所有的可测量的值。

（7）共享当前图形：共享会指向当前图形副本的链接，以在 AutoCAD Web 应用程序中查看或编辑，包括所有相关的 DWG 外部参照和图像。

（8）三维图形技术预览：此版本包含为 AutoCAD 开发的全新跨平台三维图形系统的技术预览，以便利用所有功能强大的现代 GPU 和多核 CPU 来为比以前版本更大的图形提供流畅的导航体验。

（9）其他增强功能：Microsoft DirectX 12 支持用于二维和三维视觉样式；后台发布和图案填充边界检测将充分利用多核处理器；"开始"选项卡已经过重新设计，可为 Autodesk 产品提供一致的体验；借助"推送到 Autodesk Docs"，团队可以现场查看数字 PDF 以进行参照。"推送到 Autodesk Docs"可用于将 AutoCAD 图形作为 PDF 上载到 Autodesk Docs 中的特定项目。

1.4　AutoCAD 2024 软件的安装

1.4.1　AutoCAD 2024 软件安装的硬件要求

AutoCAD 2024 软件系统可以安装在工作站（Work Station）或者个人计算机上。如果要安装在个人计算机上，则为了保证软件安全和正常使用，计算机硬件要求如下：

CPU 芯片：2.5~2.9 GHz 处理器。

内存：基本要求 8GB，建议 16GB 或者以上。

显示器：传统显示器建议达到 1920×1080 真彩色显示器；或者使用高分辨率和 4K 显示器。

显卡：基本要求 1 GB GPU，具有 29 GB/s 带宽，与 DirectX 11 兼容，建议 4 GB GPU，具有 106 GB/s 带宽，与 DirectX 11 兼容。

硬盘空间：建议 7GB 或者以上。

鼠标：建议使用三键（带滚轮）鼠标。

键盘：标准键盘。

1.4.2　AutoCAD 2024 软件安装的操作系统要求

AutoCAD 2024 需要在 Windows 10 或者 Windows 11 64 位系统下运行。

1.4.3　单机版 AutoCAD 2024 软件的安装

安装 AutoCAD 2024 的操作步骤如下。

步骤 1：将 AutoCAD 2024 软件安装光盘中的文件复制到计算机中，然后双击 🖱Setup 文件（将安装光盘放入光驱内），等待片刻后会出现如图 1.1 所示的"法律协议"界面。

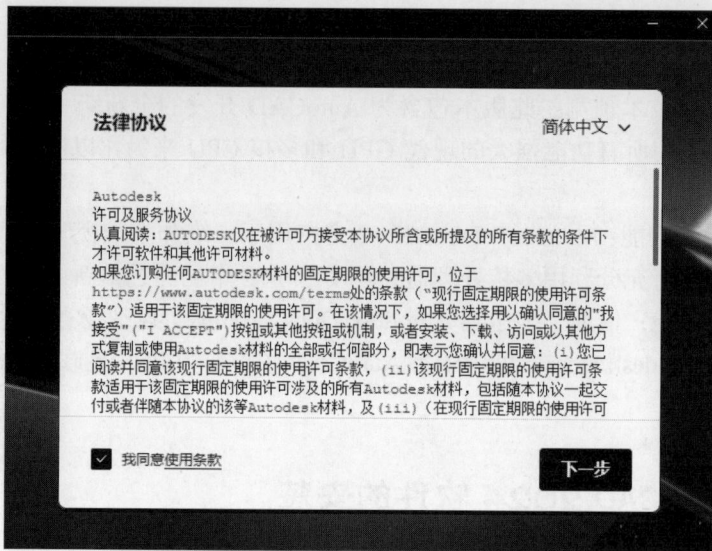

图 1.1 "法律协议"界面

步骤 2：在如图 1.1 所示的对话框中选中"我同意使用条款"，然后单击"下一步"按钮，系统会弹出如图 1.2 所示的选择安装位置对话框。

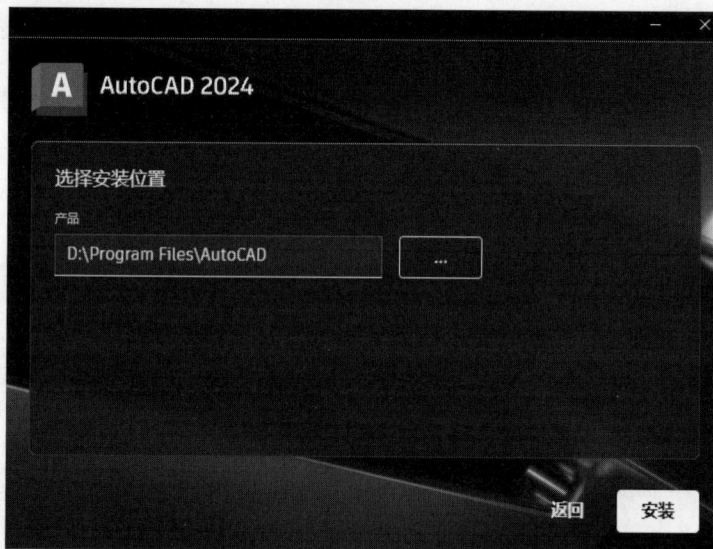

图 1.2 选择安装位置

步骤 3：在如图 1.2 所示的对话框"产品"文本框设置软件的安装位置，为了能够更快速地运行程序建议将软件安装在固态硬盘中，然后单击"安装"按钮，系统会弹出如图 1.3 所示的"正在安装"对话框。

步骤 4：安装完成后单击对话框中的"关闭"按钮完成安装，如图 1.4 所示。

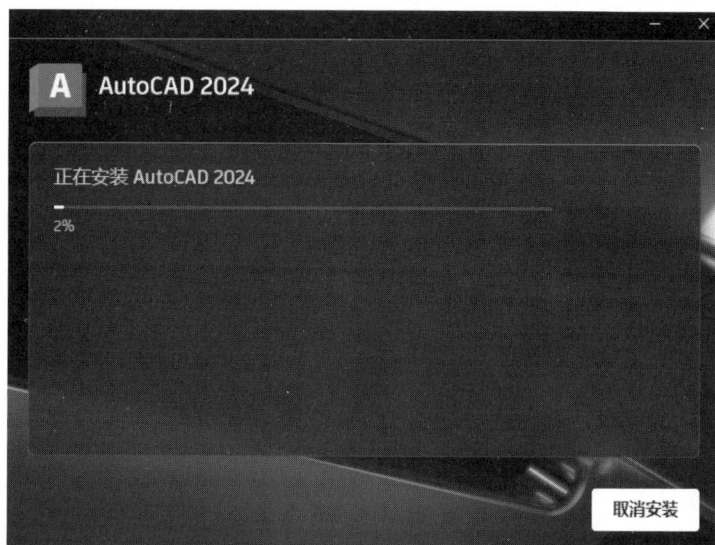

图 1.3　正在安装

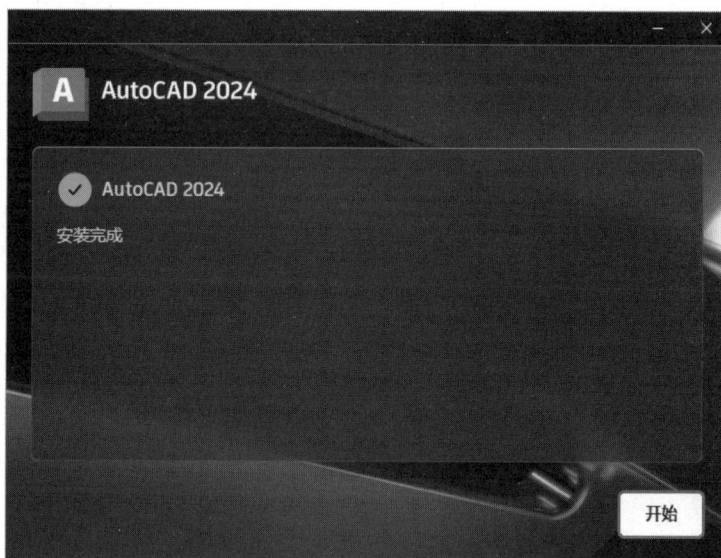

图 1.4　安装完成

1.5　软件的启动与退出

1.5.1　软件的启动

启动 AutoCAD 软件主要有以下几种方法。

方法 1：双击 Windows 桌面上的 AutoCAD 2024 软件快捷图标，如图 1.5 所示。

方法 2：右击 Windows 桌面上的 AutoCAD 2024 软件快捷图标，在弹出的快捷菜单中选择"打开"命令，如图 1.6 所示。

图 1.5　AutoCAD 2024 快捷图标

图 1.6　右击快捷菜单

说明：读者在正常安装 AutoCAD 2024 之后，在 Windows 桌面上会显示 AutoCAD 2024 的快捷图标。

方法 3：从 Windows 系统开始菜单启动 AutoCAD 2024 软件，操作方法如下。

步骤 1：单击 Windows 左下角的田按钮。

步骤 2：选择田━▶ AutoCAD 2024 - 简体中文 (Sim...━▶ AutoCAD 2024 - 简体中文 (Sim...命令，如图 1.7 所示。

方法 4：双击现有的 AutoCAD 文件也可以启动软件，启动后的界面如图 1.8 所示。

图 1.7　Windows 开始菜单

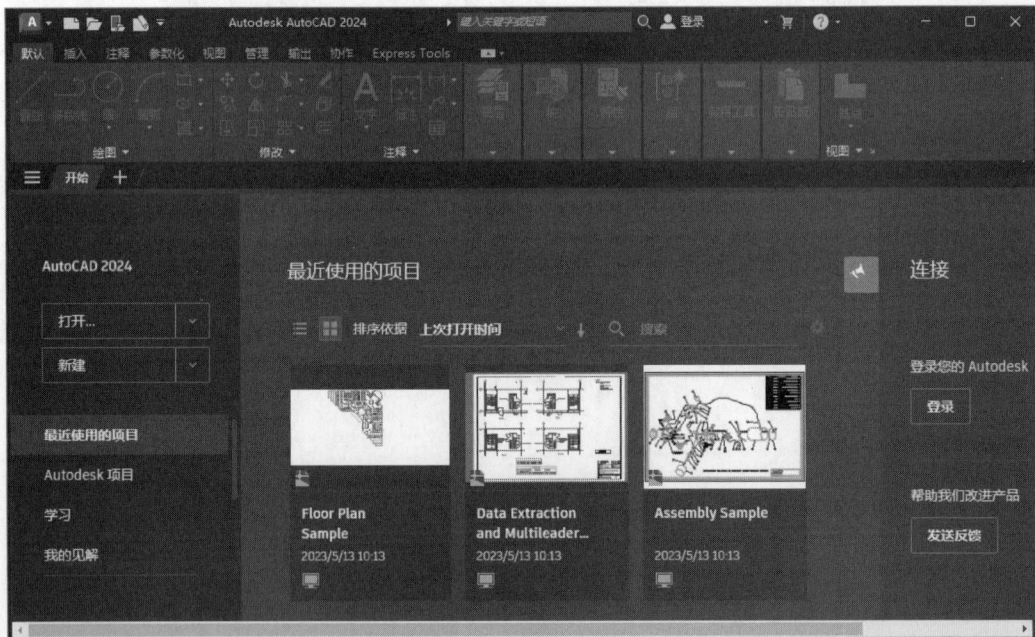

图 1.8　软件界面

1.5.2　软件的退出

退出 AutoCAD 软件主要有以下几种方法。

方法 1：选择下拉菜单"文件"→"退出"命令退出软件。

方法 2：单击软件右上角的 ⊠ 按钮。

方法 3：在命令行中，键入 EXIT 或 QUIT 命令，然后按 Enter 键。

说明：在退出 AutoCAD 时，如果还没有保存每个打开的图形最近的更改（例如绘制 1 条线），则系统会弹出如图 1.9 所示的 AutoCAD 对话框，将提示是否要将更改保存到当前的图形中，单击 是(Y) 按钮将退出 AutoCAD 并保存更改；单击 否(N) 按钮将退出 AutoCAD 而不保存更改；单击 取消 按钮将不退出 AutoCAD，维持现有的状态。

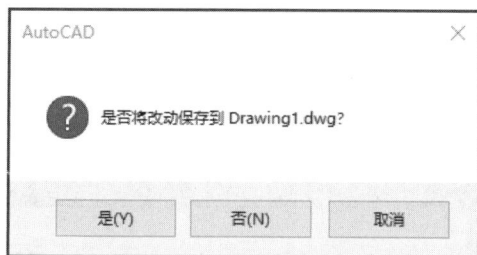

图 1.9　AutoCAD 对话框

1.6　AutoCAD 2024 软件的工作界面

在学习本节前，先打开一个随书配套的模型文件。选择下拉菜单"文件"→"打开"命令，在"打开"对话框中选择目录 D: \AutoCAD2024\work\ch01.06，选中"工作界面"文件，单击"打开"按钮。

AutoCAD 2024 版本草图与注释工作空间的工作界面主要包括快速访问工具栏、下拉菜单、功能选项卡区（功能区）、绘图区、ViewCube、导航栏、命令行、状态栏等，如图 1.10 所示。

1. 快速访问工具栏

快速访问工具栏如图 1.11 所示，包含了与文件操作相关的功能命令，例如新建、打开、保存、打印等，其主要作用是帮助我们执行与文件相关的常用功能命令。

自定义快速访问工具栏的方法：单击快速访问工具栏最右侧的 ▾ 按钮，系统会弹出如图 1.12 所示的"自定义快速访问工具栏"下拉列表，通过此列表用户可以非常方便地控制功能是否显示在快速访问工具栏中；我们会发现有一些功能的前面有 ✓，有一些功能的前面没有 ✓，有 ✓ 代表此功能已经显示在快速访问工具栏中，没有 ✓ 代表此功能没有显示在快速访问工具栏。

快速访问工具栏

下拉菜单

功能选项卡区

ViewCube

导航栏

绘图区

命令行

状态栏

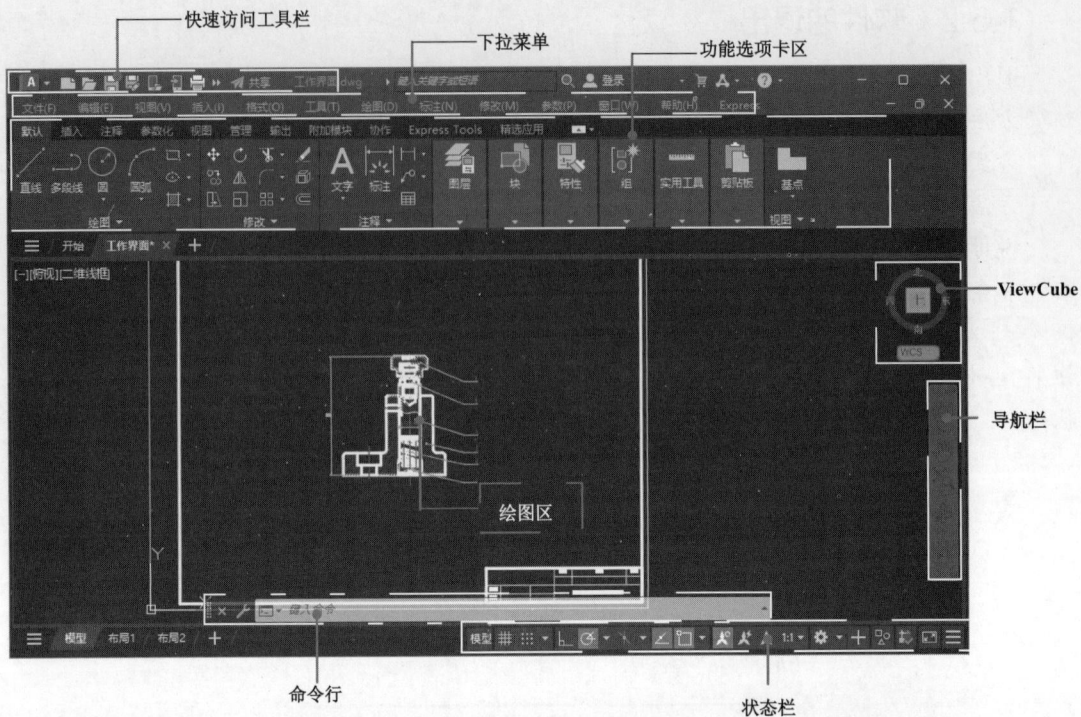

图 1.10　工作界面

图 1.11　快速访问工具栏

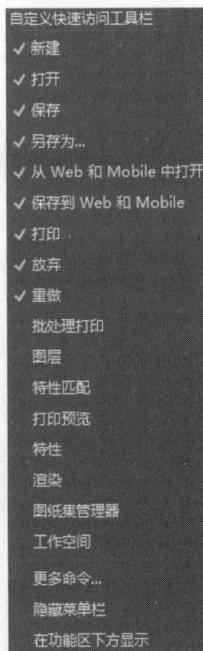

自定义快速访问工具栏

✓ 新建
✓ 打开
✓ 保存
✓ 另存为...
✓ 从 Web 和 Mobile 中打开
✓ 保存到 Web 和 Mobile
✓ 打印
✓ 放弃
✓ 重做
批处理打印
图层
特性匹配
打印预览
特性
渲染
图纸集管理器
工作空间
更多命令...
隐藏菜单栏
在功能区下方显示

图 1.12　"自定义快速访问工具栏"下拉列表

快速访问工具栏的自定义：在默认情况下快速访问工具栏在功能选项卡的上方显示，如图 1.11 所示；用户可以通过单击快速访问工具栏最右侧的▼按钮，在系统弹出的下拉菜单中选择"在功能区下方显示"，这样就可以将下拉菜单显示在功能选项卡的下方，如图 1.13 所示。

图 1.13　在功能选项卡下方显示快速访问工具栏

2. 下拉菜单

下拉菜单如图 1.10 所示，由文件、编辑、视图、插入、格式、工具、绘图、标注、修改、参数、窗口、帮助和 Express 组成。若要显示某个下拉菜单，则可直接单击其菜单名称，也可以同时按下 Alt 键和显示在该菜单名后边的热键字符，例如，要显示"格式"下拉菜单，可以按快捷键 Alt+O。下拉菜单的主要作用是帮助我们执行相关的功能命令。

注意：下拉菜单中的功能命令的特点是比较全，在使用 AutoCAD 执行功能命令时绝大多数功能命令可以在下拉菜单中找到。

下拉菜单的显示与隐藏：在默认情况下下拉菜单是隐藏的，用户可以通过单击快速访问工具栏最右侧的▼按钮，在系统弹出的下拉菜单中选择"显示菜单栏"，这样就可以显示菜单栏。

3. 功能选项卡区（功能区）

功能选项卡显示了 AutoCAD 中的常用功能按钮，并以选项卡的形式进行分类；有的面板中没有足够的空间显示所有的按钮，用户在使用时可以单击下方▼或者右侧▼带三角的按钮，以展开折叠区域，显示其他相关的命令按钮。

下面是 AutoCAD 中部分选项卡的介绍。

（1）默认功能选项卡包含 AutoCAD 中常用的工具，主要有绘图工具、编辑工具、注释标注工具、图层工具、图块工具、特性修改工具等，如图 1.14 所示。

图 1.14　默认功能选项卡

（2）插入功能选项卡用于创建图块、插入使用图块、插入外部参考、插入外部输入等，如图 1.15 所示。

图 1.15　插入功能选项卡

（3）注释功能选项卡用于文字的输入、文字样式的设置、尺寸标注、标注样式的设置、引线标注、表格的创建、表格样式的设置等，如图 1.16 所示。

图 1.16　注释功能选项卡

（4）参数化功能选项卡用于几何约束的添加、尺寸约束的添加及约束的基本设置等，如图 1.17 所示。

图 1.17　参数化功能选项卡

（5）视图功能选项卡主要用于视图窗口的定制、视图的保存、模型视口等，如图 1.18 所示。

图 1.18　视图功能选项卡

（6）管理功能选项卡主要用于常规动作的录制、用户界面的自定义、应用程序的加载及无用对象的清理等，如图 1.19 所示。

图 1.19　管理功能选项卡

4. 图形区（绘图区）

绘图区是用户绘图的工作区域，它占据了屏幕的绝大部分空间，用户绘制的任何内容都将显示在这个区域中。可以根据需要关闭一些工具栏或缩小界面中的其他窗口，以增大绘图区；绘图区中除了可显示当前的绘图结果外，还可显示当前坐标系的图标，该图标可标识坐标系的类型、坐标原点及 x、y、z 轴的方向。

5. ViewCube

ViewCube 是用户在二维模型空间或三维视觉样式中处理图形时显示的导航工具。主视图方位如图 1.20 所示，上视图方位如图 1.21 所示。通过 ViewCube 用户可以在标准视图和等轴测视图间切换。ViewCube 可用于在模型的标准与等轴测视图之间切换。显示 ViewCube 时，它将显示在模型的绘图区域中的一个角上，并且处于非活动状态。ViewCube 工具将在视图更改时提供有关模型当前视点的直观反映。当光标放置在 ViewCube 工具上时，它将变为活动状态。用户可以拖动或单击 ViewCube、切换至可用预设视图之一、滚动当前视图或更改为模型的主视图。

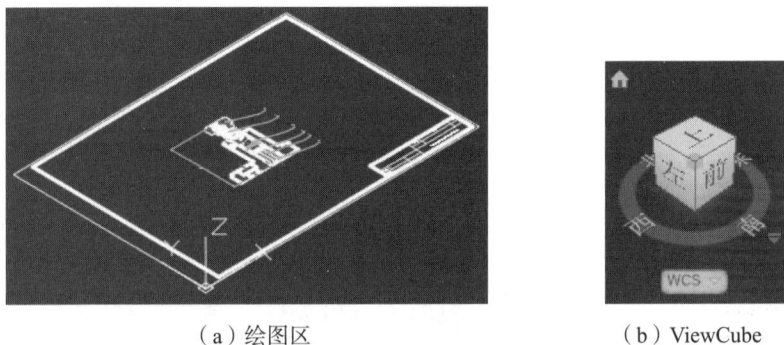

（a）绘图区　　　　　　　　　（b）ViewCube

图 1.20　主视图方位

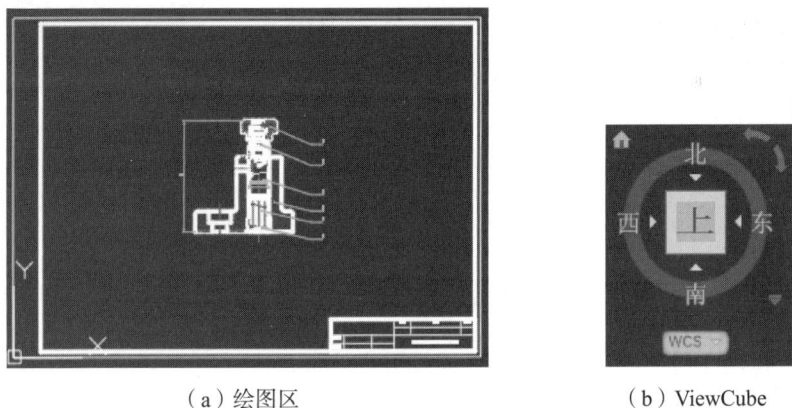

（a）绘图区　　　　　　　　　（b）ViewCube

图 1.21　上视图方位

注意：用户如果在图形区看不到 ViewCube，则可以单击 视图 功能选项卡，在 视口工具 ▼ 区域选中 ▣（ViewCube）。

6. 导航栏

导航栏是一种用户界面元素，用户可以从中访问通用导航工具和特定于产品的导航工具，如图 1.22 所示。

通用导航工具包含 ViewCube（指示模型的当前方向，并用于重定向模型的当前视图）、SteeringWheels（提供在专用导航工具之间快速切换的控制盘集合）、平移（平行于屏幕移动视图）、缩放（提供一组导航工具，用于增大或缩小模型的当前视图的比例）、动态观察（用于旋转模型当前视图的导航工具集）与 ShowMotion（可提供用于创建和回放以便进行设计查看、演示和书签样式导航的屏幕显示）。

在默认情况下导航栏与 ViewCube 是链接的，此时导航栏位于 ViewCube 之上或之下，并且方向为竖直。当没有链接到 ViewCube 时，导航栏可以沿绘图区域的一条边自由对齐。断开此链接的方法：单击导航栏右下角的▣，在系统弹出的快捷菜单中选择"固定位置"下的"链接至 ViewCube"，如图 1.23 所示，断开此链接后导航栏的位置就可以独立放置了。

图 1.22　导航栏

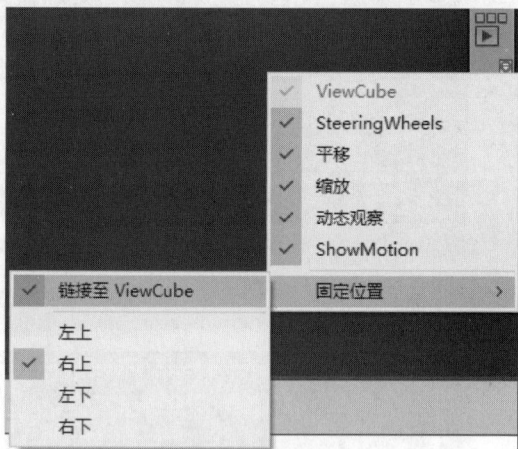

图 1.23　断开链接至 ViewCube

注意：用户如果在图形区看不到导航栏，则可以单击 视图 功能选项卡，在 视口工具▾ 区域选中 ▤（导航栏）。

7. 命令行

系统命令行用于键入 AutoCAD 命令或查看命令提示和消息，它位于绘图窗口的下面。文本窗口是记录 AutoCAD 命令的窗口，是放大的"命令行窗口"，它记录了已执行的命令，也可以在其中输入新命令，如图 1.24 所示。

图 1.24　命令行

注意：用户如果在图形区看不到命令行，则可以选择下拉菜单"工具"→"命令行"命令显示命令行，或者按快捷键 Ctrl+9 快速显示命令行。

8. 状态栏

状态栏位于屏幕的底部，如图 1.25 所示，它用于显示当前鼠标光标的坐标位置，以及控制与切换各种 AutoCAD 模式的状态。状态栏中包括坐标显示区和 模型（模型或图纸空间）、 ⊞（显示图形栅格）、 ⊞ ▾（捕捉模式）、 ∟（正交限制开关）、 ⊡（动态输入）、 ⊘ ▾（极轴追踪） ⊾ ▾（等轴测草图）、 ∠ ▾（对象捕捉追踪）、 ⊓ ▾（对象捕捉）、 ✿ ▾（切换工作空间）按钮，当鼠标光标在工具栏或菜单命令上停留片刻时，状态栏中会显示有关的信息，如命令的解释等。

图 1.25　状态栏

1.7　AutoCAD 基本鼠标操作

在默认情况下，鼠标光标处于标准模式（呈十字交叉线形状），十字交叉线的交叉点是光标的实际位置，如图 1.26 所示。当移动鼠标时，光标在屏幕上移动；当光标移动到屏幕上的不同区域时，其形状也会相应地发生变化。如将光标移至菜单选项、工具栏或对话框内时，它会变成一个箭头。另外，光标的形状会随当前激活的命令的不同而变化，例如激活直线命令后，当系统提示指定一个点时，光标将显示为十字交叉线，可以在绘图区拾取点，而当命令行提示选取对象时，光标则显示为小方框（又称拾取框），用于选择图形中的对象。

图 1.26　鼠标光标

在 AutoCAD 中，鼠标按键的主要功能如下。

（1）左键：也称为拾取键（或选择键），用于在绘图区中拾取所需要的点，或者选择对象、工具栏按钮和菜单命令等。

（2）中键：用于缩放和平移视图。

（3）右键：当单击右键时，系统可根据当前绘图状态弹出相应的快捷菜单，然后单击左键可选择命令。右键功能可以修改，方法是选择下拉菜单 工具(T) → 选项(N)... 命令，系统会弹出如图 1.27 所示的"选项"对话框，在"选项"对话框的 用户系统配置 选项卡中，单击 自定义右键单击(I)... 按钮，在弹出的如图 1.28 所示的"自定义右键单击"对话框中根据需要进行修改。

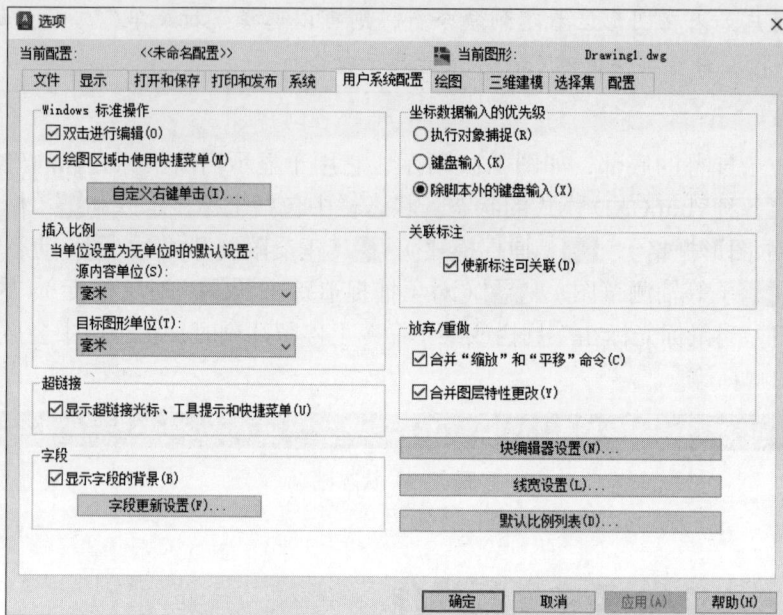

图 1.27　"选项"对话框

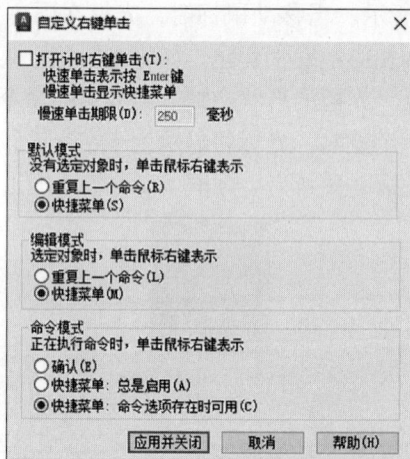

图 1.28　"自定义右键单击"对话框

1.8　AutoCAD 文件操作

1.8.1　新建文件

　　在实际的产品设计中，当新建一个 AutoCAD 图形文件时，往往要使用一个样板文件
（图纸），样板文件中通常包含与绘图相关的一些通用设置，如图层、图块、图框、标题

栏、线型、文字样式、标注样式等。利用样板创建新图形不仅能提高设计效率，还能保证企业产品图形的一致性，有利于实现产品设计的标准化。

下面介绍新建文件的一般操作。

步骤1：选择命令。选择下拉菜单"文件"→"新建"命令，或者单击快速访问工具栏中的▯命令，系统会弹出如图1.29所示的"选择样板"对话框。

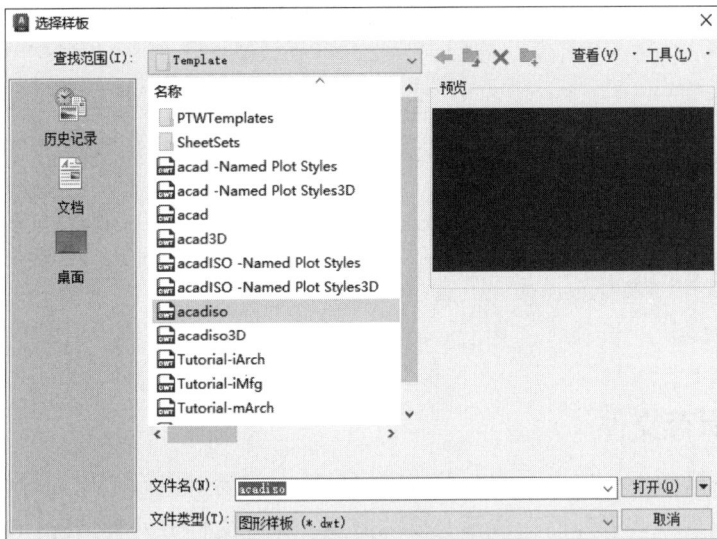

图1.29　"选择样板"对话框

选择命令还有以下两种方法：选择应用程序下的新建命令；在命令行中输入new后按Enter键。

步骤2：选择合适的样板文件。在"选择样板"对话框的"文件类型"下拉列表中选择"图形样板（*.dwt）"类型，选取acadiso的样板文件。

步骤3：单击 打开(Q) ▼ 按钮，完成新建文件操作。

1.8.2　打开文件

下面介绍打开文件的一般操作。

步骤1：选择命令。选择下拉菜单"文件"→"打开"命令，或者单击快速访问工具栏中的▯命令，系统会弹出"选择文件"对话框。

步骤2：选择需要打开的文件。在"选择文件"对话框"查找范围"下拉列表中选择打开文件所在的位置，然后选中需要打开的文件。

步骤3：单击 打开(Q) ▼ 按钮完成操作。

注意：读者除了可以采用常规的方式打开文件之外，还可以根据需要以"以只读方式打开""局部打开""以只读方式局部打开"等方式打开，如图1.30所示。

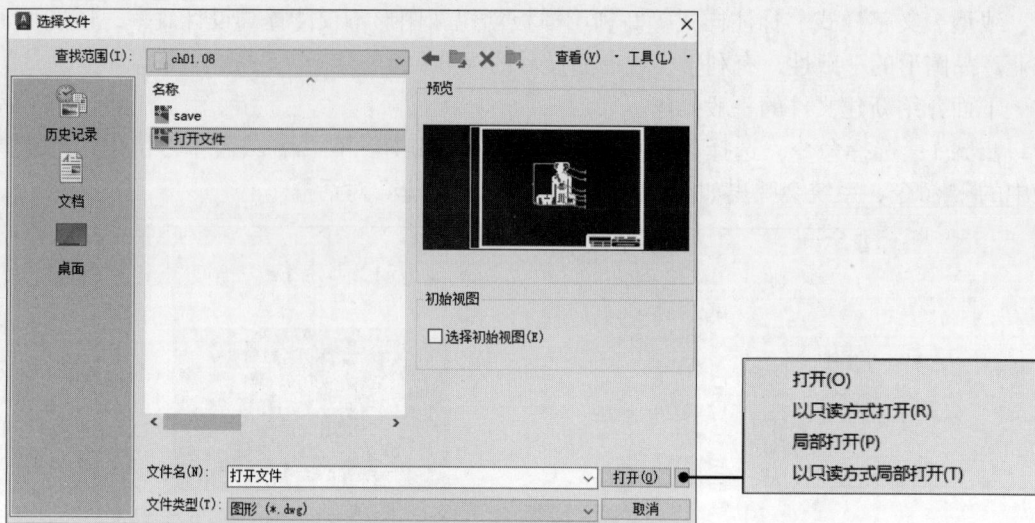

图 1.30 "选择文件"对话框

1.8.3 保存文件

保存文件非常重要，读者一定要养成间隔一段时间就对所做工作进行保存的习惯，这样就可以避免出现一些意外而造成不必要的麻烦。保存文件分两种情况：如果要保存已经打开的文件，则系统会自动覆盖当前文件，如果要保存新建的文件，则系统会弹出"另存为"对话框，下面以新建一个文件并保存为例，说明保存文件的一般操作过程。

步骤 1：新建文件。选择快速访问工具栏中的▣（或者选择下拉菜单"文件"→"新建"命令），系统会弹出"选择样板"对话框。

步骤 2：选择样板文件。在"选择样板"对话框中选择 acadiso 的样板文件，然后单击 `打开(0) ▾` 按钮。

步骤 3：保存文件。选择快速访问工具栏中的🖫命令（或者选择下拉菜单"文件"→"保存"命令），系统会弹出"图形另存为"对话框。

步骤 4：在"图形另存为"对话框中选择保存文件的路径（例如 E:\AutoCAD2024\ch01.08），在文件名文本框中输入文件名称（例如 test），单击"图形另存为"对话框中的 `保存(S)` 按钮，即可完成保存。

注意：

在文件下拉菜单中有一个另存为命令，保存与另存为的区别主要在于：保存是保存当前文件，另存为可以复制当前文件后进行保存，并且保存时可以调整文件名称，原始文件不受影响。

为了方便早期版本的 AutoCAD 可以打开 AutoCAD 2024 的图形文件，在保存文件时，可以保存为较早格式的类型。在"图形另存为"对话框中单击"文件类型"的下拉列表，在打开的列表中包括 16 种类型的保存格式，选择其中的一种较早的文件类型后单击 保存(S) 按钮即可。

为了避免系统崩溃或者突然断电而引起的文件丢失问题，AutoCAD 会自动地保存，在默认情况下软件每隔 10min 保存一次，用户也可以根据自己的实际情况进行设置，选择下拉菜单 工具(T) → 选项(N)... 命令，在系统弹出的"选项"对话框中选择"打开和保存"选项卡，在"文件安全措施"区域选中"自动保存"，在下方的文本框中输入保存间隔的时间即可。

1.8.4　关闭文件

关闭文件主要有以下两种情况。

第一，如果关闭文件前已经对文件进行了保存，则可以选择下拉菜单"文件"→"关闭"命令直接关闭文件。

第二，如果关闭文件前没有对文件进行保存，则在选择"文件"→"关闭"命令后，系统会弹出如图 1.31 所示的 AutoCAD 对话框，提示用户是否需要保存文件，此时单击对话框中的"是"按钮就可以将文件保存后关闭文件；单击"否"按钮将不保存文件而直接关闭，单击"取消"按钮将结束关闭文件操作。

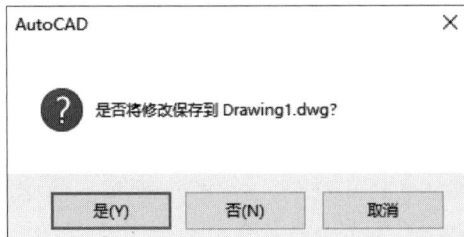

图 1.31　AutoCAD 对话框

第 2 章 | 图形的绘制

2.1 线对象的绘制

2.1.1 直线的绘制

两个点就可以定义一条直线，直线是实际绘图中用得最多的图形对象，大多数的图形是由直线组成的，因此需要熟练掌握直线的相关绘制方法。

1. 一般直线

步骤1：选择命令。单击"默认"功能选项卡"绘图"区域中的▨命令。

说明：调用直线命令还有两种方法。

方法一：选择下拉菜单 绘图(D) → ╱ 直线(L) 命令。

方法二：在命令行中输入 LINE 命令，并按 Enter 键。注意，AutoCAD 的很多命令可以采用简化输入法（输入命令的第 1 个字母或前两个字母），例如 LINE 命令就可以直接输入 L（不分大小写），并按 Enter 键。

步骤2：指定第 1 个点。在系统 ╱ ▾ LINE 指定第1个点: 的提示下，将鼠标移动到图形区域合适的位置单击即可确定第 1 个点（单击位置就是起点位置），此时可以在绘图区看到"橡皮筋"线附着在鼠标指针上，如图 2.1 所示。

步骤3：指定第 2 个点。在系统 ╱ ▾ LINE 指定下一点或 [放弃(U)]: 的提示下，在图形区任意位置单击，即可确定直线的终点（单击位置就是终点位置），系统会自动在起点和终点之间绘制 1 条直线，并且在直线的终点处会再次出现"橡皮筋"线。

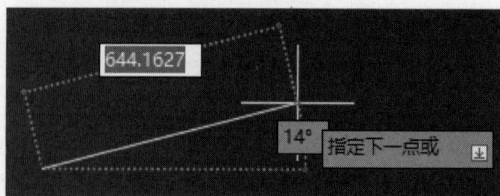

图 2.1 "橡皮筋"线

步骤 4：结束绘制。在键盘上按 Esc 键，结束直线的绘制。

2. 水平竖直特定长度直线

步骤 1：选择命令。单击"默认"功能选项卡"绘图"区域中的█命令。

步骤 2：指定第 1 个点。在系统 ▾LINE 指定第1个点: 的提示下，将鼠标移动到图形区域合适的位置单击即可确定第 1 个点（单击位置就是起点位置）。

步骤 3：定义角度。水平移动鼠标，当看到如图 2.2 所示的水平虚线时就说明当前直线为水平线。

步骤 4：定义长度。在如图 2.2 所示的长度文本框中输入直线的长度值，按 Enter 键确定。

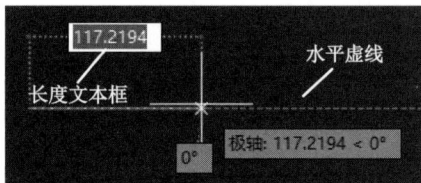

图 2.2　定义角度和长度

注意：

只有打开状态栏中的极轴追踪█才可以捕捉水平竖直虚线，否则将无法捕捉。

只有打开动态输入█后才可以手动输入直线的长度值，否则将无法输入。

步骤 5：结束绘制。在键盘上按 Esc 键，结束直线的绘制。

3. 倾斜一定角度的直线

步骤 1：选择命令。单击"默认"功能选项卡"绘图"区域中的█命令。

步骤 2：指定第 1 个点。在系统 ▾LINE 指定第1个点: 的提示下，将鼠标移动到图形区域的合适位置单击即可确定第 1 个点（单击位置就是起点位置）。

步骤 3：定义长度。在如图 2.3 所示的长度文本框中输入直线的长度值。

步骤 4：定义角度。按键盘上的 Tab 键切换到角度文本框并在角度文本框中输入角度值，按 Enter 键确定。

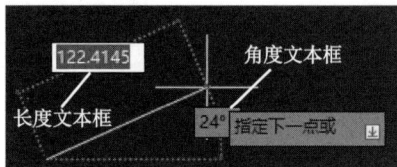

图 2.3　定义角度和长度

说明： 只有打开动态输入█后才可以手动输入直线的长度值与角度值，否则将无法输入。

步骤5：结束绘制。在键盘上按 Esc 键，结束直线的绘制。

4. 连续直线

下面以绘制如图 2.4 所示的图形为例介绍绘制连续直线的一般方法。

图 2.4　连续直线

步骤1：选择命令。单击"默认"功能选项卡"绘图"区域中的 ▨ 命令。

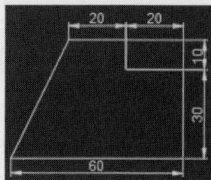

步骤2：绘制如图 2.5 所示的第 1 段直线。在系统 ╱▾ LINE 指定第1个点: 的提示下，将鼠标移动到图形区域的合适位置单击即可确定第 1 个点（单击位置就是起点位置），水平向右移动鼠标捕捉到水平虚线，然后在长度文本框中输入长度值 20，按 Enter 键确定。

步骤3：绘制如图 2.6 所示的第 2 段直线。竖直向下移动鼠标捕捉到竖直虚线，然后在长度文本框中输入长度值 10，按 Enter 键确定。

步骤4：绘制如图 2.7 所示的第 3 段直线。水平向右移动鼠标捕捉到水平虚线，然后在长度文本框中输入长度值 20，按 Enter 键确定。

图 2.5　第 1 段直线　　　图 2.6　第 2 段直线　　　图 2.7　第 3 段直线

步骤5：绘制如图 2.8 所示的第 4 段直线。竖直向下移动鼠标捕捉到竖直虚线，然后在长度文本框中输入长度值 30，按 Enter 键确定。

步骤6：绘制如图 2.9 所示的第 5 段直线。水平向左移动鼠标捕捉到水平虚线，然后在长度文本框中输入长度值 60，按 Enter 键确定。

步骤7：绘制第 6 段直线。在 LINE 指定下一点或 [闭合(C) 放弃(U)]: 的提示下选择"闭合"选项完成第 6 段直线的绘制。

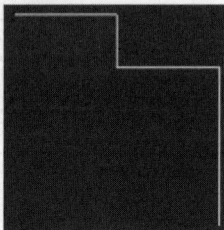

图 2.8　第 4 段直线　　　　　　图 2.9　第 5 段直线

2.1.2　射线的绘制

射线是指沿着指定的方向无限延伸所得到的线。由于实际绘图中不存在无限长度的线，因此射线在绘制图形中主要起到辅助参考的作用。

下面以绘制如图 2.10 所示的图形为例介绍绘制射线的一般方法。

步骤 1：绘制如图 2.11 所示的水平直线。单击"默认"功能选项卡"绘图"区域中的 ▊命令，在系统的提示下，将鼠标移动到图形区域的合适位置单击即可确定第 1 个点（单击位置就是起点位置），水平向右移动鼠标捕捉到水平虚线，然后在长度文本框中输入长度值 60，按 Enter 键确定，在键盘上按 Esc 键，结束直线的绘制。

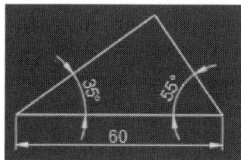

图 2.10　射线

图 2.11　水平直线

步骤 2：选择命令。单击"默认"功能选项卡"绘图"后的 ▼ 节点，在系统弹出的列表中选择 ▟ 命令，如图 2.12 所示。

说明：调用射线命令还有两种方法。

方法一：选择下拉菜单 绘图(D) → 射线(R) 命令。

方法二：在命令行中输入 RAY 命令，并按 Enter 键。

步骤 3：定义位置。在系统 RAY _ray 指定起点: 的提示下选取步骤 1 所绘制的直线的左侧端点作为参考，移动鼠标可以看到如图 2.13 所示的射线预览。

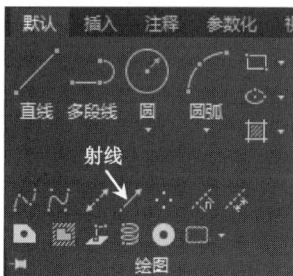

图 2.12　选择命令

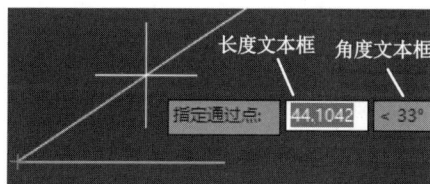

图 2.13　定义位置

步骤 4：定义角度。在系统 RAY 指定通过点: 的提示下按 Tab 键切换到角度文本框，输入角度值 35 并按 Enter 键确认，在键盘上按 Esc 键，结束射线的绘制，效果如图 2.14 所示。

步骤 5：参考步骤 2~步骤 4 的操作绘制如图 2.15 所示的射线（射线通过步骤 1 绘制直线的右端点，角度值为 125）。

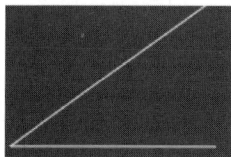

图 2.14　射线 1

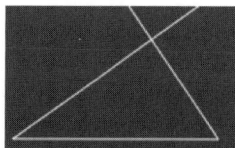

图 2.15　射线 2

步骤6：修剪多余对象。单击"默认"功能选项卡"修改"区域中的 ✂ 修剪 命令，在系统 ▾ TRIM [剪切边(T) 窗交(C) 模式(O) 投影(P) 删除(R)] 的提示下按 Enter 键，然后选取如图 2.16 所示的对象，在键盘上按 Esc 键，结束操作，效果如图 2.17 所示。

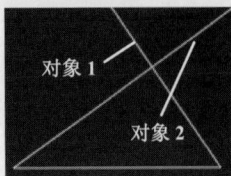

图 2.16　要修剪的对象　　　　　　　　图 2.17　修剪后

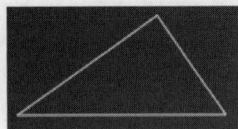

2.1.3　构造线的绘制

构造线是一条通过指定点的无限延长的直线，该点被认定为构造线概念上的中点。在绘图过程中，构造线一般作为我们绘图中的辅助线来使用。

1. 水平构造线

步骤 1：选择命令。单击"默认"功能选项卡"绘图"后的 ▾ 节点，在系统弹出的列表中选择 ✓ 命令，如图 2.18 所示。

说明：调用构造线命令还有两种方法。

方法一：选择下拉菜单 绘图(D) → ✓ 构造线(T) 命令。

方法二：在命令行中输入 XLINE 命令，并按 Enter 键。

步骤 2：选择构造线类型。在系统 ▾ XLINE 指定点或 [水平(H) 垂直(V) 角度(A) 二等分(B) 偏移(O)]: 的提示下，选择 水平(H) 选项（或者在命令行输入 H，然后按 Enter 键）。

步骤 3：指定构造线的通过点。在命令行 ▾ XLINE 指定通过点: 的提示下，将鼠标光标移至屏幕上的任意位置并单击，系统便会在绘图区中绘出通过该点的水平构造线，如图 2.19 所示。

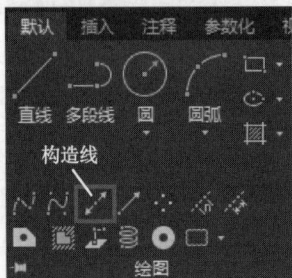

图 2.18　选择命令　　　　　　　　　图 2.19　水平构造线

步骤 4：如果需要继续绘制水平构造线，则可以继续单击放置，如果不想放置，则可以在键盘上按 Esc 键，结束构造线的绘制。

2. 垂直构造线

步骤 1：选择命令。单击"默认"功能选项卡"绘图"后的 ▾ 节点，在系统弹出的列

表中选择 ▨ 命令。

步骤 2：选择构造线类型。在系统 ▾ XLINE 指定点或 [水平(H) 垂直(V) 角度(A) 二等分(B) 偏移(O)]: 的提示下，选择 垂直(V) 选项（或者在命令行输入 V，然后按 Enter 键）。

步骤 3：指定构造线的通过点。在命令行 ▾ XLINE 指定通过点: 的提示下，将鼠标光标移至屏幕上的任意位置并单击，系统便会在绘图区中绘出通过该点的垂直构造线，如图 2.20 所示。

步骤 4：如果需要继续绘制垂直构造线，则可以继续单击放置，如果不想放置，则可以在键盘上按 Esc 键，结束构造线的绘制。

3. 与水平轴成一定角度的构造线

步骤 1：选择命令。单击"默认"功能选项卡"绘图"后的 ▾ 节点，在系统弹出的列表中选择 ▨ 命令。

步骤 2：选择构造线类型。在系统 ▾ XLINE 指定点或 [水平(H) 垂直(V) 角度(A) 二等分(B) 偏移(O)]: 的提示下，选择 角度(A) 选项（或者在命令行输入 A，然后按 Enter 键）。

步骤 3：指定构造线角度。在命令行 ▾ XLINE 输入构造线的角度 (0) 或 [参照(R)]: 的提示下，输入构造线的角度（例如 30）。

步骤 4：指定构造线的通过点。在命令行 ▾ XLINE 指定通过点: 的提示下，将鼠标光标移至屏幕上的任意位置并单击，系统便会在绘图区中绘出通过该点的角度构造线，如图 2.21 所示。

图 2.20　垂直构造线　　　　图 2.21　与水平轴成一定角度的构造线

步骤 5：如果需要继续绘制构造线，则可以继续单击放置，如果不想放置，则可以在键盘上按 Esc 键，结束构造线的绘制。

4. 与特定直线成一定角度的构造线

步骤 1：打开文件。打开文件 D：\AutoCAD2024\work\ch02.01\03\ 构造线 01-ex。

步骤 2：选择命令。单击"默认"功能选项卡"绘图"后的 ▾ 节点，在系统弹出的列表中选择 ▨ 命令。

步骤 3：选择构造线类型。在系统 ▾ XLINE 指定点或 [水平(H) 垂直(V) 角度(A) 二等分(B) 偏移(O)]: 的提示下，选择 角度(A) 选项（或者在命令行输入 A，然后按 Enter 键）。

步骤 4：指定构造线角度参考。在命令行 ▾ XLINE 输入构造线的角度 (0) 或 [参照(R)]: 的提示下，选择 参照(R) 选项（或者在命令行输入 R，然后按 Enter 键），然后选取如图 2.22 所示的直线作为参考。

步骤 5：指定构造线角度。在命令行 ✏ ▾XLINE 输入构造线的角度 <0>: 的提示下，输入构造线的角度（例如 30）。

步骤 6：指定构造线的通过点。在命令行 ✏ ▾XLINE 指定通过点: 的提示下，将鼠标光标移至参考直线的端点处并单击，系统便会在绘图区中绘出通过该点的角度构造线，如图 2.22 所示。

步骤 7：如果需要继续绘制构造线，则可以继续单击放置，如果不想放置，则可以在键盘上按 Esc 键，结束构造线的绘制。

5. 二等分构造线

二等分构造线是指通过角的顶点且平分该角的构造线。

步骤 1：打开文件。打开文件 D：\AutoCAD2024\work\ch02.01\03\ 构造线 02-ex。

步骤 2：选择命令。单击"默认"功能选项卡"绘图"后的 ▾ 节点，在系统弹出的列表中选择 ▨ 命令。

步骤 3：选择构造线类型。在系统 ✏ ▾XLINE 指定点或 [水平(H) 垂直(V) 角度(A) 二等分(B) 偏移(O)]: 的提示下，选择 二等分(B) 选项（或者在命令行输入 B，然后按 Enter 键）。

步骤 4：指定构造线顶点。在命令行 ✏ ▾XLINE 指定角的顶点: 的提示下，选取如图 2.23 所示的顶点作为参考。

步骤 5：指定构造线起点。在命令行 ✏ ▾XLINE 指定角的起点: 的提示下，选取如图 2.23 所示的起点作为参考。

步骤 6：指定构造线端点。在命令行 ✏ ▾XLINE 指定角的端点: 的提示下，选取如图 2.23 所示的端点作为参考。

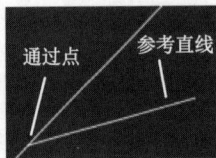

图 2.22　与特定直线成一定角度的构造线　　　　图 2.23　构造线顶点、起点与端点

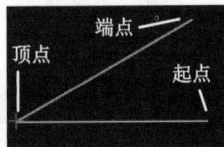

步骤 7：结束操作。在键盘上按 Esc 键，结束构造线的绘制，效果如图 2.24 所示。

6. 偏移构造线（通过距离）

偏移构造线是指与现有直线平行并且通过一定的距离或者通过指定的点得到构造线。

步骤 1：打开文件。打开文件 D：\AutoCAD2024\work\ch02.01\03\ 构造线 03-ex。

步骤 2：选择命令。单击"默认"功能选项卡"绘图"后的 ▾ 节点，在系统弹出的列表中选择 ▨ 命令。

步骤 3：选择构造线类型。在系统 ✏ ▾XLINE 指定点或 [水平(H) 垂直(V) 角度(A) 二等分(B) 偏移(O)]: 的提示下，选择 偏移(O) 选项（或者在命令行输入 O，然后按 Enter 键）。

步骤 4：定义偏移距离。在命令行 ✏ ▾XLINE 指定偏移距离或 [通过(T)] 的提示下，输入距离值

100，按 Enter 键确认。

步骤 5：定义参考直线。在命令行 ▾ XLINE 选择直线对象: 的提示下选取如图 2.25 所示的直线作为参考。

步骤 6：定义偏移方向。在系统 ▾ XLINE 指定向哪侧偏移: 的提示下在直线上方单击放置，效果如图 2.25 所示。

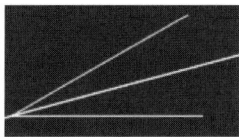

图 2.24　二等分构造线

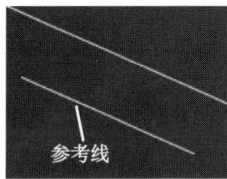

图 2.25　偏移构造线

步骤 7：结束操作。在键盘上按 Esc 键，结束构造线的绘制。

7. 偏移构造线（通过参考点）

步骤 1：打开文件。打开文件 D：\AutoCAD2024\work\ch02.01\03\ 构造线 04-ex。

步骤 2：选择命令。单击"默认"功能选项卡"绘图"后的 ▾ 节点，在系统弹出的列表中选择 ▟ 命令。

步骤 3：选择构造线类型。在系统 ▾ XLINE 指定点或 [水平(H) 垂直(V) 角度(A) 二等分(B) 偏移(O)]: 的提示下，选择 偏移(O) 选项（或者在命令行输入 O，然后按 Enter 键）。

步骤 4：定义偏移类型。在命令行 ▾ XLINE 指定偏移距离或 [通过(T)] 的提示下，选择 通过(T) 选项（或者在命令行输入 T，然后按 Enter 键）。

步骤 5：定义参考直线。在命令行 ▾ XLINE 选择直线对象: 的提示下选取如图 2.26 所示的直线作为参考。

步骤 6：定义参考点。在系统 ▾ XLINE 指定通过点: 的提示下选取如图 2.26 所示的参考点。

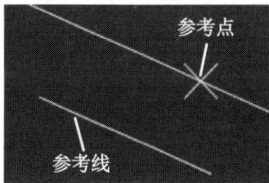

步骤 7：结束操作。在键盘上按 Esc 键，结束构造线的绘制。

图 2.26　偏移构造线

2.2　多边形对象的绘制

2.2.1　矩形的绘制

矩形是由 4 条直线组成的，并且相邻的两条直线是相互垂直的关系。通过直线命令绘制矩形可以实现，但是效率比较低，通过软件提供的矩形命令可以帮助我们绘制各种不同类型的矩形，其中主要包括普通矩形、倾斜矩形、倒角矩形、圆角矩形及带有线宽的矩形等。

▶15min

1. 通过两点绘制两点矩形

步骤 1：选择命令。单击"默认"功能选项卡中的 ▭ ▾ 命令，如图 2.27 所示。

说明：调用矩形命令还有两种方法。

方法一：选择下拉菜单 绘图(D) → □ 矩形(G) 命令。

方法二：在命令行中输入 RECTANG 命令，并按 Enter 键。

步骤 2：定义矩形的第 1 个角点，在系统 □ ▾ RECTANG 指定第 1 个点或 [倒角(C) 标高(E) 圆角(F) 厚度(T) 宽度(W)]: 的提示下，将鼠标光标移至屏幕上的任意位置并单击，即可确定矩形的第 1 个角点。

步骤 3：定义矩形的第 2 个角点，在系统 □ ▾ RECTANG 指定另一个角点或 [面积(A) 尺寸(D) 旋转(R)]: 的提示下，将鼠标光标移至屏幕上的任意位置并单击，即可确定矩形的第 2 个角点，完成矩形的绘制，如图 2.28 所示。

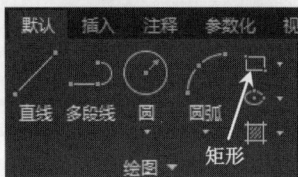

图 2.27 选择命令

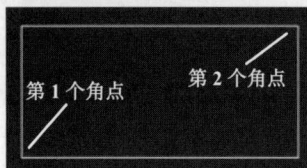

图 2.28 两点矩形

说明：定义的两个角点需要是矩形的对角点，两点之间的水平距离决定矩形长度，两点之间的竖直距离决定矩形宽度。

2. 指定长度与宽度绘制矩形

步骤 1：选择命令。单击"默认"功能选项卡中的 □ ▾ 命令。

步骤 2：定义矩形的第 1 个角点，在系统 □ ▾ RECTANG 指定第 1 个点或 [倒角(C) 标高(E) 圆角(F) 厚度(T) 宽度(W)]: 的提示下，将鼠标光标移至屏幕上的任意位置并单击，即可确定矩形的第 1 个角点。

步骤 3：定义矩形的长度与宽度。在图形区如图 2.29 所示的长度文本框中输入长度值，按 Tab 键切换到宽度文本框中输入宽度值，按 Enter 键确认，完成后的效果如图 2.30 所示。

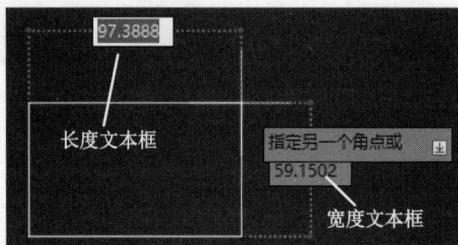

图 2.29 长度与宽度文本框

图 2.30 指定长度与宽度绘制矩形

3. 指定面积与长度或者宽度绘制矩形

步骤 1：选择命令。单击"默认"功能选项卡中的 □ ▾ 命令。

步骤 2：定义矩形的第 1 个角点，在系统 □ ▾ RECTANG 指定第 1 个点或 [倒角(C) 标高(E) 圆角(F) 厚度(T) 宽度(W)]: 的提示下，将鼠标光标移至屏幕上的任意位置并单击，即可确定矩形的第 1 个角点。

步骤 3：定义矩形的面积与长度。在系统 □ ▾ RECTANG 指定另一个角点或 [面积(A) 尺寸(D) 旋转(R)]: 的提示下，选择 面积(A) 选项（或者在命令行输入 A，然后按 Enter 键），在系统

◻▾ RECTANG 输入以当前单位计算的矩形面积 的提示下输入矩形的面积（例如 150），按 Enter 键确认，在如图 2.31 所示的图形区的列表中选择● 长度(L) 选项，在系统◻▾ RECTANG 输入矩形长度 <10.0000>: 的提示下输入长度值（例如 15），按 Enter 键确认，效果如图 2.32 所示。

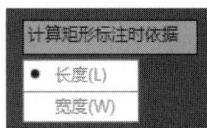

图 2.31　矩形标注依据　　　　图 2.32　指定面积和长度绘制矩形

4. 绘制倾斜矩形

步骤 1：选择命令。单击"默认"功能选项卡中的◻▾命令。

步骤 2：定义矩形的第 1 个角点，在系统◻▾ RECTANG 指定第 1 个角点或 [倒角(C) 标高(E) 圆角(F) 厚度(T) 宽度(W)]: 的提示下，将鼠标光标移至屏幕上的任意位置并单击，即可确定矩形的第 1 个角点。

步骤 3：定义矩形的倾斜角度。在系统◻▾ RECTANG 指定另一个角点或 [面积(A) 尺寸(D) 旋转(R)]: 的提示下，选择 旋转(R) 选项（或者在命令行输入 R，然后按 Enter 键），在系统◻▾ RECTANG 指定旋转角度或 [拾取点(P)] <0>: 的提示下，输入旋转角度值。

说明：

通过拾取点定义角度需要读者在图形区选取两个点，两点与水平线的夹角就是当前矩形的角度。

输入的角度值为逆时针的角度。

步骤 4：定义矩形的长度与宽度。在图形区的长度文本框中输入 40，按 Tab 键切换到宽度文本框中输入宽度值 25，按 Enter 键确认，完成后的效果如图 2.33 所示。

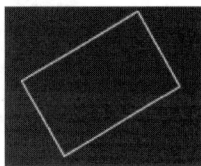

图 2.33　倾斜矩形

5. 绘制倒角矩形

倒角矩形就是对普通矩形的 4 个角进行倒角操作，这样就避免了我们在后面进行倒角操作，节省了绘图的时间。

步骤 1：选择命令。单击"默认"功能选项卡中的◻▾命令。

步骤 2：选择类型。在系统的提示下，选择倒角(C)选项（或者在命令行输入 C，然后按 Enter 键）。

步骤 3：定义倒角距离。在系统◻▾ RECTANG 指定矩形的第 1 个倒角距离 的提示下输入第 1 个倒角距离值 5，按 Enter 键确认，在系统◻▾ RECTANG 指定矩形的第 2 个倒角距离 <5.0000>: 的提示下直接按 Enter 键确认。

说明：

系统在默认情况下第 2 个倒角距离与第 1 个倒角距离相同。

如果上一次创建的矩形为倾斜矩形，则必须在系统提示◻▾ RECTANG 指定另一个角点或 [面积(A) 尺寸(D) 旋转(R)]: 时将旋转角度调整为 0，这样才可以绘制水平矩形。

步骤 4：定义矩形的第 1 个角点。在系统的提示下将鼠标光标移至屏幕上的任意位置并单击，即可确定矩形的第 1 个角点。

步骤 5：定义矩形的长度与宽度。在图形区的长度文本框中输入 50，按 Tab 键切换到宽度文本框中输入宽度值 30，按 Enter 键确认，完成后的效果如图 2.34 所示。

6. 绘制圆角矩形

圆角矩形就是对普通矩形的 4 个角进行圆角操作，这样就避免了我们在后面进行圆角操作，节省了绘图的时间。

步骤 1：选择命令。单击"默认"功能选项卡中的 ▭▾ 命令。

步骤 2：选择类型。在系统的提示下，选择 圆角(F) 选项（或者在命令行输入 F，然后按 Enter 键）。

步骤 3：定义圆角半径。在系统 ▭▾ RECTANG 指定矩形的圆角半径 <5.0000>: 的提示下输入半径值 10，然后按 Enter 键确认。

步骤 4：定义矩形的第 1 个角点。在系统的提示下将鼠标光标移至屏幕上的任意位置并单击，即可确定矩形的第 1 个角点。

步骤 5：定义矩形的长度与宽度。在图形区的长度文本框中输入 60，按 Tab 键切换到宽度文本框中输入宽度值 40，按 Enter 键确认，完成后的效果如图 2.35 所示。

图 2.34　倒角矩形　　　　　　　　　　　　　图 2.35　圆角矩形

注意：

绘制完圆角矩形后如果不手动取消圆角参数，则后期绘制的所有矩形都将带有圆角。

---

7. 绘制宽度矩形

步骤 1：选择命令。单击"默认"功能选项卡中的 ▭▾ 命令。

步骤 2：选择类型。在系统的提示下，选择 宽度(W) 选项（或者在命令行输入 W，然后按 Enter 键）。

步骤 3：定义线宽。在系统 ▭▾ RECTANG 指定矩形的线宽 的提示下输入矩形的线宽值（例如 3）

步骤 4：定义矩形的第 1 个角点。在系统的提示下将鼠标光标移至屏幕上的任意位置并单击，即可确定矩形的第 1 个角点。

步骤 5：定义矩形的长度与宽度。在图形区的长度文本框中输入 60，按 Tab 键切换到宽度文本框中输入宽度值 40，按 Enter 键确认，完成后的效果如图 2.36 所示。

注意:

绘制完宽度矩形后如果不手动取消宽度参数,则后期绘制的所有矩形都将带有宽度。

图2.36 宽度矩形

8. 绘制厚度矩形

步骤1:选择命令。单击"默认"功能选项卡中的 □ · 命令。

步骤2:选择类型。在系统的提示下,选择 厚度(T) 选项(或者在命令行输入 T,然后按 Enter 键)。

步骤3:定义矩形厚度。在系统 □ ▾ RECTANG 指定矩形的厚度 的提示下输入厚度值 5,然后按 Enter 键确认。

步骤4:定义矩形的第1个角点。在系统的提示下将鼠标光标移至屏幕上的任意位置并单击,即可确定矩形的第1个角点。

步骤5:定义矩形的长度与宽度。在图形区的长度文本框中输入 60,按 Tab 键切换到宽度文本框中输入宽度值 40,按 Enter 键确认,完成后的效果如图2.37所示。

（a）俯视　　　　（b）前视　　　　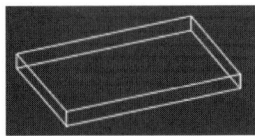（c）轴测

图2.37 厚度矩形

2.2.2 多边形的绘制

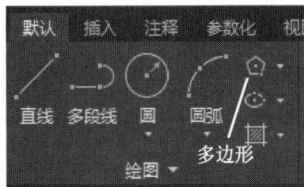

▶ 6min

多边形是由至少 3 条、最多 1024 条等长并封闭的直线组成的,AutoCAD 中的多边形是指正多边形。

1. 内接正多边形

步骤1:选择命令。单击"默认"功能选项卡中的 ⬡ · 命令,如图2.38所示。

说明:调用多边形命令还有两种方法。

方法一:选择下拉菜单 绘图(D) → 多边形(Y) 命令。

方法二:在命令行中输入 POLYGON 命令,并按 Enter 键。

图2.38 选择命令

步骤2:定义多边形的边数。在系统 ▾ POLYGON _polygon 输入侧面数 <4>: 的提示下输入多边形的边数(例如 6)。

步骤3:定义多边形的中心。在系统 ⬡ ▾ POLYGON 指定正多边形的中心点或 [边(E)]: 的提示下,将鼠标光标移至屏幕上的任意位置并单击,即可确定多边形的中心点。

步骤4:定义多边形的类型。在如图2.39所示图形区的选项列表中选择 ● 内接于圆(I)

类型。

步骤 5：定义内接圆大小。在系统 ⊙ ▼ POLYGON 指定圆的半径: 的提示下，输入圆的半径 70，然后按 Enter 键确定，效果如图 2.40 所示。

说明：多边形的大小是由如图 2.41 所示的外接圆大小决定的。

图 2.39　多边形类型　　　　图 2.40　内接多边形　　　　图 2.41　内接多边形大小

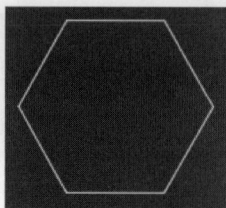

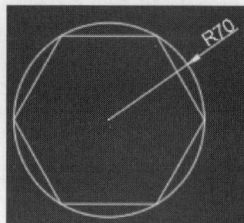

2. 外切正多边形

步骤 1：选择命令。单击"默认"功能选项卡中的 ⊙ ▼ 命令。

步骤 2：定义多边形的边数。在系统 ⊙ ▼ POLYGON _polygon 输入侧面数 <4>: 的提示下输入多边形的边数（例如 6）。

步骤 3：定义多边形的中心。在系统 ⊙ ▼ POLYGON 指定正多边形的中心点或 [边(E)]: 的提示下，将鼠标光标移至屏幕上的任意位置并单击，即可确定多边形的中心点。

步骤 4：定义多边形的类型。在图形区的选项列表中选择 外切于圆(C) 类型。

步骤 5：定义内接圆大小。在系统 ⊙ ▼ POLYGON 指定圆的半径: 的提示下，输入圆的半径 70，然后按 Enter 键确定，效果如图 2.42 所示。

说明：多边形的大小是由如图 2.43 所示的内切圆大小决定的。

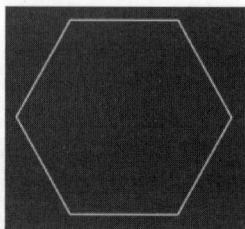

图 2.42　外切多边形　　　　　　　图 2.43　外切多边形大小

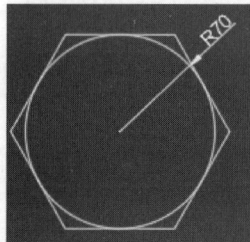

3. 使用边绘制正多边形

步骤 1：选择命令。单击"默认"功能选项卡中的 ⊙ ▼ 命令。

步骤 2：定义多边形的边数。在系统 ⊙ ▼ POLYGON _polygon 输入侧面数 <4>: 的提示下输入多边形的边数（例如 6）。

步骤 3：定义多边形的类型。在系统 ⊙ ▼ POLYGON 指定正多边形的中心点或 [边(E)]: 的提示下，选择 边(E) 类型（或者在命令行输入 E，然后按 Enter 键）。

步骤4：定义多边形的边。在系统 ⊕ ▾ **POLYGON** 指定边的第 1 个端点: 的提示下，将鼠标光标移至屏幕上的任意位置并单击，即可确定第 1 个端点，在如图 2.44 所示的图形区长度文本框中输入 70，按 Tab 键切换到角度文本框中输入角度值 30，按 Enter 键确认，效果如图 2.45 所示。

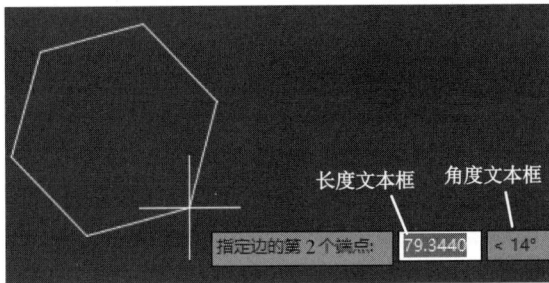

图 2.44 定义边的长度和角度

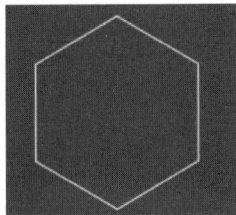

图 2.45 使用边多边形

2.3 圆弧类对象的绘制

2.3.1 圆的绘制

AutoCAD 向用户提供了 6 种绘制圆的方法：圆心半径、圆心直径、两点、三点、相切—相切—半径与相切—相切—相切。

1. 通过圆心半径绘制圆

步骤1：选择命令。单击"默认"功能选项卡中的▮按钮，在系统弹出的下拉菜单中选择 ⊙ 圆心、半径 命令，如图 2.46 所示。

说明：调用圆心半径命令还有两种方法。

方法一：选择下拉菜单 绘图(D) → 圆(C) → ⊙ 圆心、半径(R) 命令。

方法二：在命令行中输入 CIRCLE 命令，并按 Enter 键。

步骤2：定义圆的圆心。在系统 ⊙ ▾ **CIRCLE** 指定圆的圆心或 [三点(3P) 两点(2P) 切点、切点、半径(T)]: 的提示下，将鼠标光标移至屏幕上的任意位置并单击，即可确定圆心位置。

步骤3：定义圆形的半径。在系统 ⊙ ▾ **CIRCLE** 指定圆的半径或 [直径(D)]:的提示下，输入圆形的半径值（例如 30），效果如图 2.47 所示。

说明：在系统 ⊙ ▾ **CIRCLE** 指定圆的半径或 [直径(D)]:的提示下，读者也可以通过单击点（例如点 B）的方式定义圆形的半径，系统会以圆心与点 B 之间的间距作为半径绘制圆。

2. 通过圆心直径绘制圆

步骤1：选择命令。单击"默认"功能选项卡中的▮按钮，在系统弹出的下拉菜单中选择 ⊙ 圆心、直径 命令。

步骤2：定义圆的圆心。在系统 ⊙ ▾ **CIRCLE** 指定圆的圆心或 [三点(3P) 两点(2P) 切点、切点、半径(T)]: 的提示下，将鼠标光标移至屏幕上的任意位置并单击，即可确定圆心位置。

步骤3：定义圆形的直径。在系统的提示下，输入圆形的直径值（例如60），效果如图2.48所示。

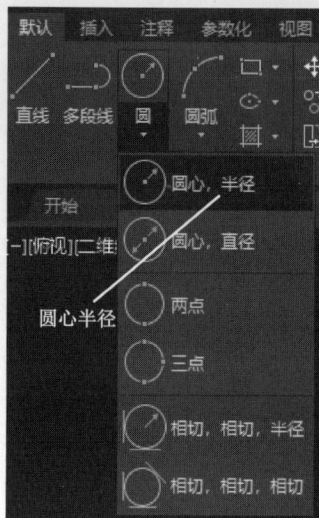

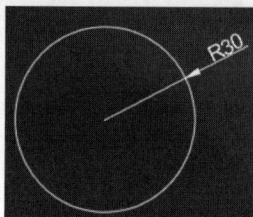

图2.46　选择命令　　　　　图2.47　圆心半径　　　　图2.48　圆心直径

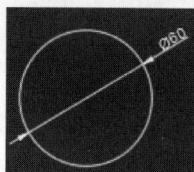

说明：

在系统提示输入直径大小时，读者也可以通过单击点（例如点B）的方式定义圆形的直径，系统会以圆心与点B之间的间距作为直径绘制圆。

当读者选择圆心半径的方式绘制圆时，确定圆心位置后，当系统提示
⊙▾ CIRCLE 指定圆的半径或 [直径(D)]：时，可以选择 直径(D) 选项（或者在命令行输入D，然后按Enter键），这样就可以通过设置直径确定圆的大小。

3. 通过两点绘制圆

步骤1：选择命令。单击"默认"功能选项卡中的▦按钮，在系统弹出的下拉菜单中选择●两点命令。

步骤2：定义圆形的第1个端点。在系统 ⊙▾ CIRCLE 指定圆的圆心或 [三点(3P) 两点(2P) 切点、切点、半径(T)]：2p 指定圆直径的第1个端点：的提示下，将鼠标光标移至屏幕上的任意位置并单击，即可确定第1个端点。

步骤3：定义圆形的第2个端点。在图形区的长度文本框中输入长度值80，按Enter键确认，效果如图2.49所示。

说明：

两点之间的长度值控制圆的直径。

读者在定义圆形的第2个端点时也可以通过在图形区单击的方式确定，此时第2个端点与第1个端点的间距就是圆的直径。

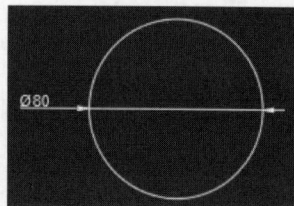

图2.49　两点

4. 通过三点绘制圆

步骤1：选择命令。单击"默认"功能选项卡中的 圆 按钮，在系统弹出的下拉菜单中选择 三点 命令。

步骤2：定义圆上的第1个点。在系统 ⊙ ▾ CIRCLE 指定圆的圆心或 [三点(3P) 两点(2P) 切点、切点、半径(T)] 的提示下，将鼠标光标移至屏幕上的任意位置并单击，即可确定第1个点。

步骤3：定义圆上的第2个点。在系统 ⊙ ▾ CIRCLE 指定圆上的第2个点: 的提示下，将鼠标光标移至屏幕上的任意位置并单击，即可确定第2个点。

步骤4：定义圆上的第3个点。在系统 ⊙ ▾ CIRCLE 指定圆上的第3个点: 的提示下，将鼠标光标移至屏幕上的任意位置并单击，即可确定第3个点，此时便完成如图2.50所示的圆。

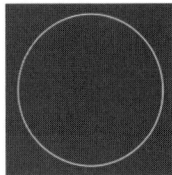

图2.50　三点

5. 通过相切—相切—半径绘制圆

步骤1：打开文件。打开文件D：\AutoCAD2024\work\ch02.03\01\ 圆01-ex。

步骤2：选择命令。单击"默认"功能选项卡中的 圆 按钮，在系统弹出的下拉菜单中选择 相切, 相切, 半径 命令。

步骤3：定义第1个相切对象。在系统 ⊙ ▾ CIRCLE 指定对象与圆的第1个切点: 的提示下，靠近左侧选取圆（代表后期所创建的圆将在左侧位置与圆相切）。

步骤4：定义第2个相切对象。在系统 ⊙ ▾ CIRCLE 指定对象与圆的第2个切点: 的提示下，选取水平直线作为第2个相切对象。

步骤5：定义圆的半径。在系统 ⊙ ▾ CIRCLE 指定圆的半径 <5.0000>: 的提示下输入圆的半径值（例如5）按Enter键确认，效果如图2.51所示，

说明：在定义第1个相切对象时，如果靠近右侧选取圆，则此时将得到右侧相切的圆，如图2.52所示。

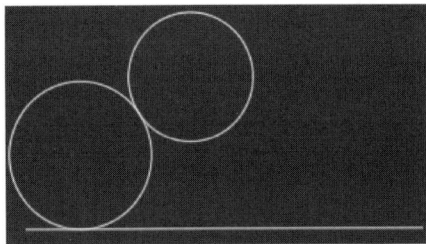

图2.51　相切、相切、半径

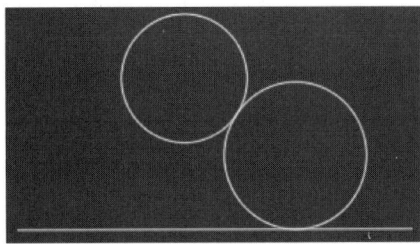

图2.52　靠近右侧选取相切对象

6. 通过相切—相切—相切绘制圆

步骤1：打开文件。打开文件D：\AutoCAD2024\work\ch02.03\01\ 圆02-ex。

步骤2：选择命令。单击"默认"功能选项卡中的 圆 按钮，在系统弹出的下拉菜单中选择 相切, 相切, 相切 命令。

步骤3：定义第1个相切对象。在系统 ⊙ ▾ CIRCLE 指定圆的圆心或 [三点(3P) 两点(2P) 切点、切点、半径(T)] 3p 指定圆上的第1个点: tan 到 的提示下，靠近

下侧选取如图 2.53 所示的圆 1。

步骤 4：定义第 2 个相切对象。在系统 ⊙▾ CIRCLE 指定圆上的第 2 个点: _tan 到 的提示下，靠近下侧选取如图 2.53 所示的直线 1。

步骤 5：定义第 3 个相切对象。在系统 ⊙▾ CIRCLE 指定圆上的第 3 个点: _tan 到 的提示下，靠近下侧选取如图 2.53 所示的直线 2。

步骤 6：完成创建。系统会自动根据选择的 3 个相切对象得到如图 2.54 所示的圆。

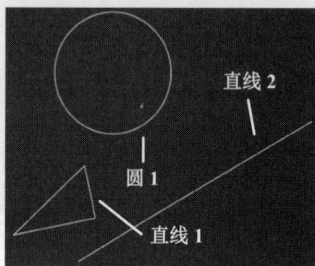

图 2.53　定义相切对象　　　　　　图 2.54　相切—相切—相切

2.3.2　圆弧的绘制

AutoCAD 向用户提供了 11 种绘制圆弧的方法：三点、起点—圆心—端点、起点—圆心—角度、起点—圆心—长度、起点—端点—角度、起点—端点—方向、起点—端点—半径、圆心—起点—端点、圆心—起点—角度、圆心—起点—长度及连续。

1. 通过三点—绘制圆弧

步骤 1：选择命令。单击"默认"功能选项卡中的 圆弧 按钮，在系统弹出的下拉菜单中选择 三点 命令，如图 2.55 所示。

说明：调用三点圆弧命令还有两种方法。

方法一：选择下拉菜单 绘图(D) → 圆弧(A) → 三点(P) 命令。

方法二：在命令行中输入 ARC 命令，并按 Enter 键。

步骤 2：定义圆弧的起点。在系统 ▾ ARC 指定圆弧的起点或 [圆心(C)]: 的提示下，将鼠标光标移至屏幕上的任意位置并单击，即可确定圆弧的起点位置。

步骤 3：定义圆弧的第 2 个点。在系统 ▾ ARC 指定圆弧的第 2 个点或 [圆心(C) 端点(E)]: 的提示下，将鼠标光标移至屏幕上的任意位置并单击，即可确定圆弧的第 2 个点位置。

步骤 4：定义圆弧的端点。在系统 ▾ ARC 指定圆弧的端点: 的提示下，将鼠标光标移至屏幕上的任意位置并单击，即可确定圆弧的端点位置，完成后的效果如图 2.56 所示。

2. 通过起点—圆心—端点绘制圆弧

步骤 1：选择命令。单击"默认"功能选项卡中的 圆弧 按钮，在系统弹出的下拉菜单中选择 起点, 圆心, 端点 命令。

步骤 2：定义圆弧的起点。在系统 ▾ ARC 指定圆弧的起点或 [圆心(C)]: 的提示下，将鼠标光标移至屏幕上的任意位置并单击，即可确定圆弧的起点位置。

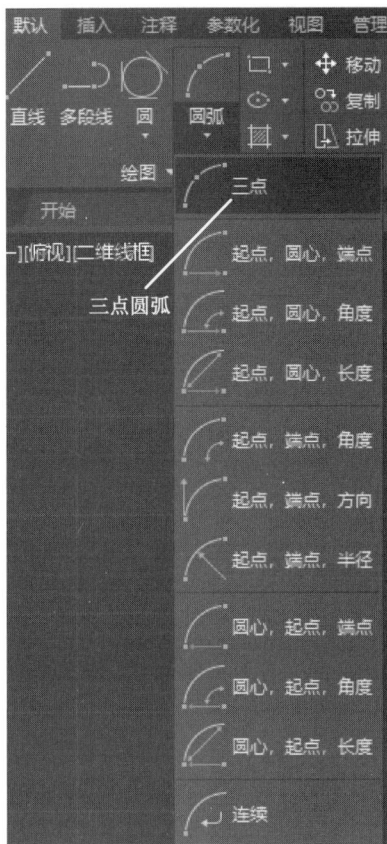

图 2.55　选择命令

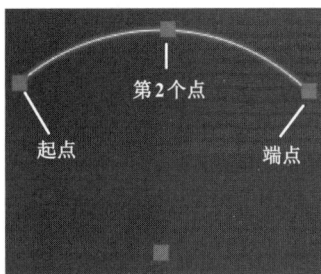

图 2.56　三点圆弧

步骤 3：定义圆弧的圆心。在系统 ▼ ARC 指定圆弧的圆心: 的提示下，将鼠标光标移至屏幕上的任意位置并单击，即可确定圆弧圆心位置。

步骤 4：定义圆弧的端点。在系统 ▼ ARC 指定圆弧的端点(按住 Ctrl 键以切换方向)或 [角度(A) 弦长(L)]: 的提示下，将鼠标光标移至屏幕上的任意位置并单击，即可确定圆弧的端点位置，完成后的效果如图 2.57 所示。

3. 通过起点—圆心—角度绘制圆弧

步骤 1：选择命令。单击"默认"功能选项卡中的 圆弧 按钮，在系统弹出的下拉菜单中选择 起点, 圆心, 角度 命令。

步骤 2：定义圆弧的起点。在系统 ▼ ARC 指定圆弧的起点或 [圆心(C)]: 的提示下，将鼠标光标移至屏幕上的任意位置并单击，即可确定圆弧的起点位置。

步骤 3：定义圆弧的圆心。在系统 ▼ ARC 指定圆弧的圆心: 的提示下，将鼠标光标移至屏幕上的任意位置并单击，即可确定圆弧圆心位置。

步骤 4：定义圆弧的角度。在系统 ▼ ARC 指定夹角(按住 Ctrl 键以切换方向): 的提示下，在图形区角度文本框中输入角度值（例如 60），按 Enter 键确认，完成后的效果如图 2.58 所示。

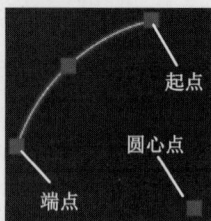

图 2.57　起点、圆心、端点

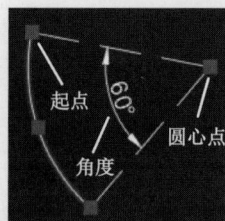

图 2.58　起点、圆心、角度

说明：系统默认会将起点绕着圆心逆时针旋转得到圆弧，如果读者想顺时针创建圆弧，则可以在系统提示 ⌐ ARC 指定夹角(按住 Ctrl 键以切换方向): 时，按住 Ctrl 键，然后输入角度。

4. 通过起点—圆心—长度绘制圆弧

步骤 1：选择命令。单击"默认"功能选项卡中的 圆弧 按钮，在系统弹出的下拉菜单中选择 ⟋ 起点，圆心，长度 命令。

步骤 2：定义圆弧的起点。在系统 ⌐ ARC 指定圆弧的起点或 [圆心(C)]: 的提示下，将鼠标光标移至屏幕上的任意位置并单击，即可确定圆弧的起点位置。

步骤 3：定义圆弧的圆心。在系统 ⌐ ARC 指定圆弧的圆心: 的提示下，将鼠标光标移至屏幕上的任意位置并单击，即可确定圆弧圆心位置。

步骤 4：定义圆弧的长度。在系统 ⌐ ARC 指定弦长(按住 Ctrl 键以切换方向): 的提示下，在图形区的长度文本框中输入长度值（例如 40），按 Enter 键确认，完成后的效果如图 2.59 所示。

说明：

圆弧长度值是指圆弧起点与终点之间的直线长度，而不是圆弧的弧长。

系统默认会将起点绕着圆心逆时针旋转得到圆弧，如果读者想顺时针创建圆弧，则可以在系统提示 ⌐ ARC 指定弦长(按住 Ctrl 键以切换方向): 时，按住 Ctrl 键，然后输入角度。

读者在绘制起点、圆心、长度的圆弧时，起点与圆心的相对位置不同所绘制的圆弧也会不同。

5. 通过起点—端点—角度绘制圆弧

步骤 1：选择命令。单击"默认"功能选项卡中的 圆弧 按钮，在系统弹出的下拉菜单中选择 ⟋ 起点，圆点，角度 命令。

步骤 2：定义圆弧的起点。在系统 ⌐ ARC 指定圆弧的起点或 [圆心(C)]: 的提示下，将鼠标光标移至屏幕上的任意位置并单击，即可确定圆弧的起点位置。

步骤 3：定义圆弧的端点。在系统 ⌐ ARC 指定圆弧的端点: 的提示下，将鼠标光标移至屏幕上的任意位置并单击，即可确定圆弧的端点位置。

步骤 4：定义圆弧的角度。在系统 ⌐ ARC 指定夹角(按住 Ctrl 键以切换方向): 的提示下，在图形区角度文本框中输入角度值（例如 70），按 Enter 键确认，完成后的效果如图 2.60 所示。

说明：系统默认会将起点绕着圆心逆时针旋转得到圆弧，如果读者想顺时针创建圆弧，则可以在系统提示 ⌐ ARC 指定夹角(按住 Ctrl 键以切换方向): 时，按住 Ctrl 键，然后输入角度。

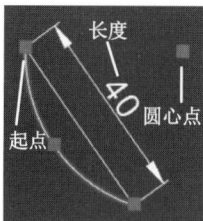

图 2.59 起点、圆心、长度

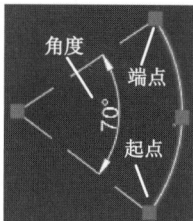

图 2.60 起点、端点、角度

6. 通过起点—端点—方向绘制圆弧

步骤 1：选择命令。单击"默认"功能选项卡中的 圆弧 按钮，在系统弹出的下拉菜单中选择 起点，端点，方向 命令。

步骤 2：定义圆弧的起点。在系统 ARC 指定圆弧的起点或 [圆心(C)]: 的提示下，将鼠标光标移至屏幕上的任意位置并单击，即可确定圆弧的起点位置。

步骤 3：定义圆弧的端点。在系统 ARC 指定圆弧的端点: 的提示下，将鼠标光标移至屏幕上的任意位置并单击，即可确定圆弧圆心位置。

步骤 4：定义圆弧的方向。在系统 ARC 指定圆弧起点的相切方向(按住 Ctrl 键以切换方向): 的提示下，相对于起点水平向右移动鼠标，在水平虚线的合适位置单击即可确定方向，完成后的效果如图 2.61 所示。

说明：相同的起点与端点，不同的相切角度方向所得到的圆弧也是不同的，角度为 0°时，效果如图 2.61 所示；角度为向下 90°时，效果如图 2.62 所示；角度为 180°时，效果如图 2.63 所示；角度为向上 90°时，效果如图 2.64 所示；角度为其他特殊值时，效果如图 2.65 所示。

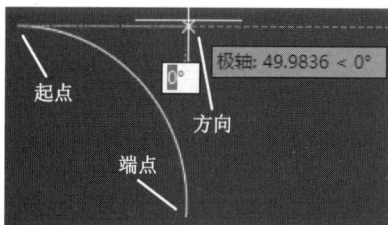

图 2.61 起点、端点、方向

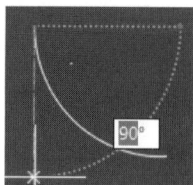

图 2.62 向下 90°

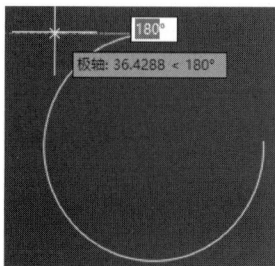

图 2.63 180°

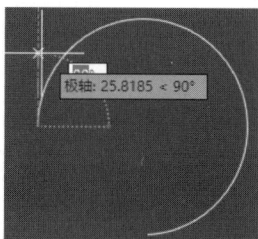

图 2.64 向上 90°

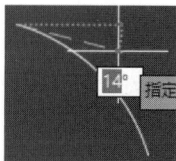

图 2.65 其他特殊角度

7. 通过起点—端点—半径绘制圆弧

步骤 1：选择命令。单击"默认"功能选项卡中的██按钮，在系统弹出的下拉菜单中选择 ⟋起点、端点、半径 命令。

步骤 2：定义圆弧的起点。在系统 ⟋ ▾ ARC 指定圆弧的起点或 [圆心(C)]: 的提示下，将鼠标光标移至屏幕上的任意位置并单击，即可确定圆弧的起点位置。

步骤 3：定义圆弧的端点。在系统 ⟋ ▾ ARC 指定圆弧的端点: 的提示下，将鼠标光标移至屏幕上的任意位置并单击，即可确定圆弧圆心位置。

步骤 4：定义圆弧的半径。在系统 ⟋ ▾ ARC 指定圆弧的半径(按住 Ctrl 键以切换方向): 的提示下，在图形区的半径文本框中输入半径值（例如 30），按 Enter 键确认，完成后的效果如图 2.66 所示。

说明：在给定半径值时，半径值必须大于或等于起点与端点之间连线长度的一半，否则将无法正确地生成圆弧。

8. 通过圆心—起点—端点绘制圆弧

步骤 1：选择命令。单击"默认"功能选项卡中的██按钮，在系统弹出的下拉菜单中选择 ⟋圆心、起点、端点 命令。

步骤 2：定义圆弧的圆心。在系统 ⟋ ▾ ARC 指定圆弧的圆心: 的提示下，将鼠标光标移至屏幕上的任意位置并单击，即可确定圆弧圆心位置。

步骤 3：定义圆弧的起点。在系统 ⟋ ▾ ARC 指定圆弧的起点: 的提示下，将鼠标光标移至屏幕上的任意位置并单击，即可确定圆弧的起点位置。

步骤 4：定义圆弧的端点。在系统 ⟋ ▾ ARC 指定圆弧的端点(按住 Ctrl 键以切换方向)或 [角度(A) 弦长(L)]: 的提示下，将鼠标光标移至屏幕上的任意位置并单击，即可确定圆弧的端点位置，完成后的效果如图 2.67 所示。

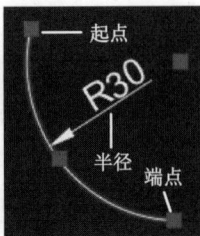

图 2.66　起点、端点、半径

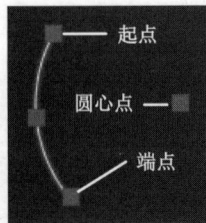

图 2.67　圆心、起点、端点

9. 通过圆心—起点—角度绘制圆弧

步骤 1：选择命令。单击"默认"功能选项卡中的██按钮，在系统弹出的下拉菜单中选择 ⟋圆心、起点、角度 命令。

步骤 2：定义圆弧的圆心。在系统 ⟋ ▾ ARC 指定圆弧的圆心: 的提示下，将鼠标光标移至屏幕上的任意位置并单击，即可确定圆弧圆心位置。

步骤 3：定义圆弧的起点。在系统 ⟋ ▾ ARC 指定圆弧的起点: 的提示下，将鼠标光标移至屏幕上的任意位置并单击，即可确定圆弧的起点位置。

步骤4：定义圆弧的角度。在系统 ▾ ARC 指定夹角(按住 Ctrl 键以切换方向): 的提示下，在图形区角度文本框中输入角度值（例如90），按 Enter 键确认，完成后的效果如图 2.68 所示。

10. 通过圆心—起点—长度绘制圆弧

步骤1：选择命令。单击"默认"功能选项卡中的 ▨ 按钮，在系统弹出的下拉菜单中选择 ▨ 圆心，起点，长度 命令。

步骤2：定义圆弧的圆心。在系统 ▾ ARC 指定圆弧的圆心: 的提示下，将鼠标光标移至屏幕上的任意位置并单击，即可确定圆弧圆心位置。

步骤3：定义圆弧的起点。在系统 ▾ ARC 指定圆弧的起点: 的提示下，将鼠标光标移至屏幕上的任意位置并单击，即可确定圆弧的起点位置。

步骤4：定义圆弧的长度。在系统 ▾ ARC 指定弦长(按住 Ctrl 键以切换方向): 的提示下，在图形区的长度文本框中输入长度值（例如40），按 Enter 键确认，完成后的效果如图 2.69 所示。

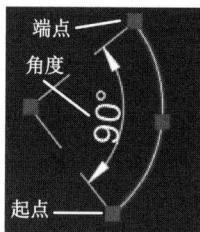

图 2.68　圆心、起点、角度　　　　图 2.69　圆心、起点、长度

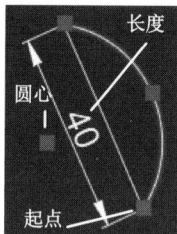

说明：圆弧长度值是指圆弧起点与终点之间的直线长度，不是圆弧的弧长。

11. 通过连续绘制圆弧

步骤1：绘制直线。选择直线命令，绘制如图 2.70 所示的直线。

步骤2：选择命令。单击"默认"功能选项卡中的 ▨ 按钮，在系统弹出的下拉菜单中选择 ▨ 连续 命令。

步骤3：定义圆弧的端点。在系统 ▾ ARC 指定圆弧的端点(按住 Ctrl 键以切换方向): 的提示下，将鼠标光标移至屏幕上的合适位置并单击，即可确定圆弧的端点位置，完成后的效果如图 2.71 所示。

图 2.70　绘制直线　　　　图 2.71　连续圆弧

说明：连续圆弧的起点为上一步所绘制对象的端点位置，所绘制的圆弧与上一步绘制的对象为相切关系。如果上一步所绘制的对象为封闭对象（例如圆），则此时系统将往前找上一步所绘制的开放对象。

2.3.3　椭圆的绘制

椭圆与圆很相似，不同之处在于椭圆有不同的 x 和 y 半径，而圆的 x 和 y 半径是相同的，在数学中，椭圆是平面上到两个固定点的距离之和是同一个常数的点的轨迹，这两个固定点叫作焦点。

AutoCAD 向用户提供了两种绘制椭圆的方法：通过圆心绘制椭圆及通过轴端点绘制椭圆。

1. 通过圆心绘制椭圆

步骤 1：选择命令。单击"默认"功能选项卡后的 按钮，在系统弹出的下拉菜单中选择 圆心 命令，如图 2.72 所示。

说明： 调用椭圆命令还有两种方法。

方法一： 选择下拉菜单 绘图(D) → 椭圆(E) → 圆心(C) 命令。

方法二： 在命令行中输入 ELLIPSE 命令，并按 Enter 键。

图 2.72　选择命令

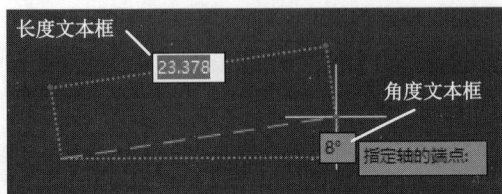

步骤 2：定义椭圆中心点。在系统 ELLIPSE 指定椭圆的中心点: 的提示下，将鼠标光标移至屏幕上的任意位置并单击，即可确定椭圆的圆心位置。

步骤 3：定义椭圆长半轴及角度。在如图 2.73 所示的绘图区长度文本框中输入长半轴长度值（例如 30），按 Tab 键切换到角度文本框，输入椭圆的角度值（例如 10）。

步骤 4：定义椭圆短半轴。在系统 ELLIPSE 指定另一条半轴长度或 [旋转(R)]: 的提示下，输入椭圆的短半轴长度值（例如 16），完成后的效果如图 2.74 所示。

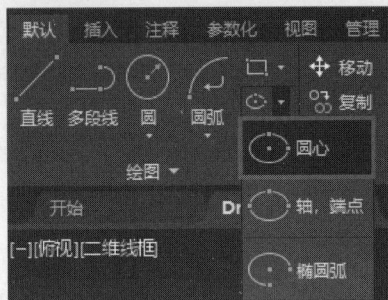

图 2.73　定义长半轴以及角　　　　　　　图 2.74　通过圆心绘制椭圆

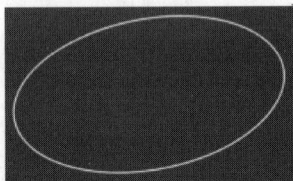

说明： 当定义短半轴长度时，读者除了可以输入具体的值外，还可以通过旋转的方式控制短半轴的大小，旋转的角度范围为 0°～90°，角度越大，离心率就越大，在系统 ELLIPSE 指定另一条半轴长度或 [旋转(R)]: 的提示下输入 R，然后按 Enter 键，当输入的角度为 0° 时，图形将会是一个圆，如图 2.75 所示；当输入的角度为 30° 时，如图 2.76 所示；当输入的角度为 80° 时，如图 2.77 所示。

2. 通过轴端点绘制椭圆

步骤 1：选择命令。单击"默认"功能选项卡 后的 按钮，在系统弹出的下拉菜单中选择 轴,端点 命令。

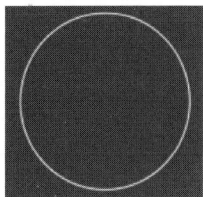

图 2.75 旋转角度为 0°

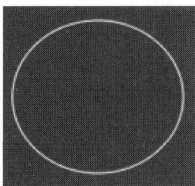

图 2.76 旋转角度为 30°

图 2.77 旋转角度为 80°

步骤 2：定义第 1 个端点。在系统 ⊙▾ ELLIPSE 指定椭圆的轴端点或 [圆弧(A) 中心点(C)]：的提示下，将鼠标光标移至屏幕上的任意位置并单击，即可确定第 1 个端点位置。

步骤 3：定义第 2 个端点。在系统 ⊙▾ ELLIPSE 指定轴的另一个端点：的提示下，在绘图区捕捉到水平虚线（说明所绘制的椭圆为水平方向），在如图 2.78 所示的长度文本框中输入长轴长度值（例如 70）。

步骤 4：定义第 3 个端点。在系统 ⊙▾ ELLIPSE 指定另一条半轴长度或 [旋转(R)]：的提示下，在长度文本框中输入短半轴的长度值（例如 25），完成后如图 2.79 所示。

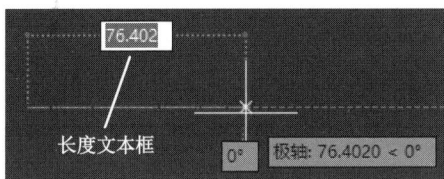

图 2.78 定义第 2 个端点

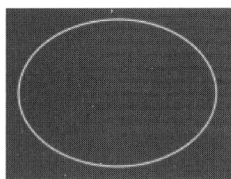

图 2.79 通过轴端点

2.3.4 椭圆弧的绘制

椭圆弧就是绘制椭圆后通过两点来确定椭圆弧。椭圆弧是椭圆的一部分，在某些设计中经常会用到椭圆弧。

▶ 2min

步骤 1：选择命令。单击"默认"功能选项卡 ⊙▾ 后的 ⊙▾ 按钮，在系统弹出的下拉菜单中选择 ⊙ 椭圆弧 命令，如图 2.80 所示。

步骤 2：定义椭圆弧中心点。在系统 ⊙▾ ELLIPSE 指定椭圆弧的轴端点或 [中心点(C)]：的提示下，选择 中心点(C) 选项（或者在命令行输入 C，然后按 Enter 键），在系统 ⊙▾ ELLIPSE 指定椭圆的中心点：的提示下，将鼠标光标移至屏幕上的任意位置并单击，即可确定椭圆的圆心位置。

步骤 3：定义椭圆长半轴及角度。在绘图区长度文本框中输入长半轴长度值（例如 50），按 Tab 键切换到角度文本框，输入椭圆的角度值（例如 0）。

步骤 4：定义椭圆短半轴。在系统 ⊙▾ ELLIPSE 指定另一条半轴长度或 [旋转(R)]：的提示下，输入椭圆的短半轴长度值（例如 25）。

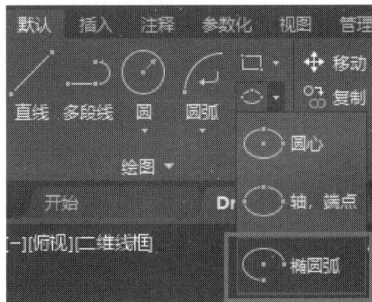

图 2.80 选择命令

步骤5：定义椭圆弧起始角度。在系统 ⊙▾ ELLIPSE 指定起点角度或 [参数(P)]: 的提示下，输入起始角度值（例如30°）。

步骤6：定义椭圆弧终止角度。在系统 ⊙▾ ELLIPSE 指定端点角度或 [参数(P) 夹角(I)]: 的提示下，输入终止角度值（例如220°），完成后的效果如图2.81所示。

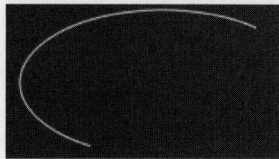

图2.81　椭圆弧

2.3.5　圆环的绘制

圆环实际上是具有一定宽度的闭合多段线。圆环常用于在电路图中表示焊点或创建填充的实心圆。

1. 内环值不为0的圆环

步骤1：选择命令。单击"默认"功能选项卡"绘图"后的▾节点，在系统弹出的列表中选择◎命令，如图2.82所示。

说明：调用圆环命令还有两种方法。

方法一：选择下拉菜单 绘图(D) → ◎ 圆环(D) 命令。

方法二：在命令行中输入DONUT命令，并按Enter键。

步骤2：定义圆环内径值。在系统 ◎▾ DONUT 指定圆环的内径 <0.5000>: 的提示下，输入内径值（例如10）。

步骤3：定义圆环外径值。在系统 ◎▾ DONUT 指定圆环的外径 <1.0000>: 的提示下，输入外径值（例如20）。

步骤4：定义圆环位置。在系统 ◎▾ DONUT 指定圆环的中心点或 <退出>: 的提示下，将鼠标光标移至屏幕上的任意位置并单击，即可确定圆环位置，效果如图2.83所示，读者可以继续在绘图区单击，以便放置多个圆环，或者按Esc键结束圆环操作。

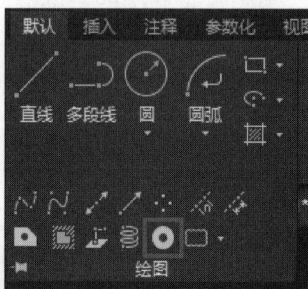

图2.82　选择命令

图2.83　内径不为0的圆环

说明：圆环的填充颜色默认为白色（背景是黑色），用户可以通过选中圆环，然后在如图2.84所示的"默认"功能选项卡"特性"区域的"对象颜色"下拉列表中选择合适的颜色，当选择的颜色为红色时效果如图2.85所示。

2. 内环值为0的圆环

步骤1：选择命令。单击"默认"功能选项卡"绘图"后的▾节点，在系统弹出的列

表中选择 ⊙ 命令。

步骤2：定义圆环内径值。在系统 ⊙ ▾ DONUT 指定圆环的内径 <0.5000>: 的提示下，输入内径值 0 并按 Enter 键确认。

步骤3：定义圆环外径值。在系统 ⊙ ▾ DONUT 指定圆环的外径 <1.0000>: 的提示下，输入外径值（例如20）。

步骤4：定义圆环位置。在系统 ⊙ ▾ DONUT 指定圆环的中心点或 <退出>: 的提示下，将鼠标光标移至屏幕上的任意位置并单击，即可确定圆环位置，效果如图 2.86 所示，读者可以继续在绘图区单击，以便放置多个圆环，或者按 Esc 键结束圆环操作。

图 2.84　对象颜色下拉列表

图 2.85　红色填充

图 2.86　内径为 0 的圆环

2.4　点对象的绘制

在 AutoCAD 中，点对象可用作节点或参考点，点对象分为单点、多点、定数等分点和定距等分点。

2.4.1　单点的绘制

使用单点命令，一次只能绘制一个点。

步骤1：设置点样式。选择下拉菜单"格式"→"点样式"命令，系统会弹出如图 2.87 所示的"点样式"对话框，选取如图 2.87 所示的点样式，单击"确定"按钮完成设置。

步骤2：选择命令。选择下拉菜单 绘图(D) → 点(O) → 单点(S) 命令。

说明：读者在命令行中输入 POINT 命令，并按 Enter 键，也可以执行命令。

步骤3：定义点位置。在系统 ▾ POINT 指定点: 的提示下，将鼠标光标移至屏幕上的任意位置并单击，即可确定点的

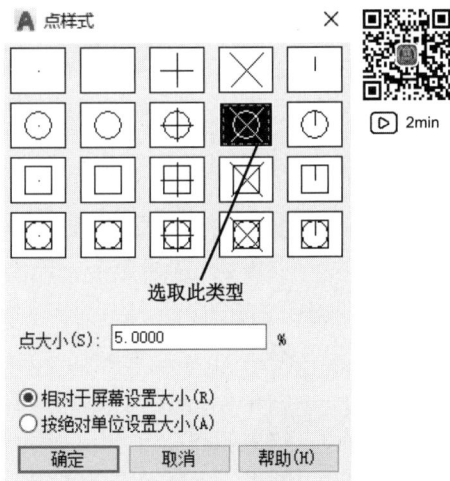

选取此类型

点大小(S): 5.0000　%

◉ 相对于屏幕设置大小(R)
○ 按绝对单位设置大小(A)

确定　取消　帮助(H)

图 2.87　"点样式"对话框

位置，如图 2.88 所示。

2.4.2　多点的绘制

使用多点命令，一次可以绘制多个点。

图 2.88　单点

步骤 1：选择命令。单击"默认"功能选项卡"绘图"后的 ▼ 节点，在系统弹出的列表中选择 ⁝⁝ 命令，如图 2.89 所示。

说明：读者也可以选择下拉菜单 绘图(D) → 点(O) → ⁝⁝ 多点(P) 命令。

步骤 2：定义点位置。在系统 ▼ POINT 指定点: 的提示下，将鼠标光标移至屏幕上的任意点处连续单击，即可确定多个点的位置，如图 2.90 所示。

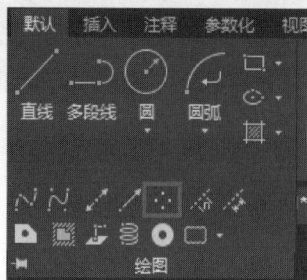

图 2.89　选择命令

图 2.90　多点

2.4.3　定数等分点的绘制

使用定数等分命令，可以在现有的对象上均匀地分布一些点。下面以图 2.91 为例，介绍绘制定数等分点的一般操作过程。

（a）绘制前

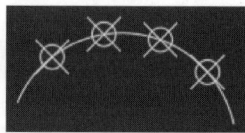

（b）绘制后

图 2.91　定数等分点

步骤 1：打开练习文件 D：\AutoCAD2024\work\ch02.04\ 定数等分 -ex。

步骤 2：选择命令。单击"默认"功能选项卡"绘图"后的 ▼ 节点，在系统弹出的列表中选择 ⁓ 命令。

步骤 3：选择要定数等分的对象。选取如图 2.91（a）所示的圆弧作为定数等分的对象。

步骤 4：定义线段数。在系统 ▼ DIVIDE 输入线段数目或 [块(B)]: 的提示下，输入数目值（例如 5），效果如图 2.91（b）所示。

说明：当线段数为 5 时，系统会自动在圆弧上创建 4 个点，从而将圆弧均匀地分成 5

段，当要等分的对象为开放对象时，创建的点的数量会比所给定的线段数少一个；当要分割的对象为封闭对象时，创建的点的数量会与所给定的线段数相同，如图 2.92 所示。

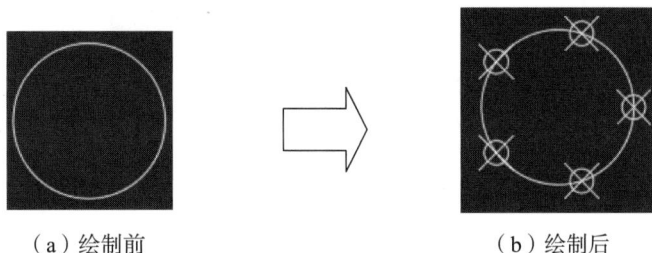

（a）绘制前　　　　　　　　　　　（b）绘制后

图 2.92　封闭对象

2.4.4　定距等分点的绘制

"定距等分"命令可以将对象按给定的数值进行等距离划分。下面以图 2.93 为例，介绍绘制定距等分点的一般操作过程。

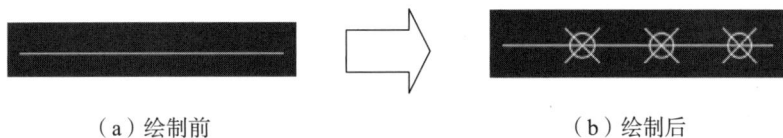

（a）绘制前　　　　　　　　　　　（b）绘制后

图 2.93　定距等分点

步骤 1：打开练习文件 D：\AutoCAD2024\work\ch02.04\ 定距等分 -ex。

步骤 2：选择命令。单击"默认"功能选项卡"绘图"后的▾节点，在系统弹出的列表中选择▨命令。

步骤 3：选择要定距等分的对象。在系统 ⋯ ▾ MEASURE 选择要定距等分的对象: 的提示下，选取如图 2.93（a）所示直线作为定距等分的对象。

注意：在拾取直线时，如果拾取方框偏向于左侧位置，系统就以左侧端点为起始点进行划分距离，效果如图 2.93（b）所示，否则就以右侧端点作为起始点进行划分距离，效果如图 2.94 所示。

图 2.94　右侧端点起点

步骤 4：定义线段长度。在系统 ⋯ ▾ MEASURE 指定线段长度或 [块(B)]: 的提示下，输入长度值（例如 35），效果如图 2.93（b）所示。

说明：长度值 35 的含义是以系统判断的起点作为基础，沿着等分对象移动 35 的距离，从而得到一个点，然后以所创建的点作为参考，再次沿着等分对象移动35的距离创建第2个点，以此类推，从而可以得到多个点，如图2.95所示。

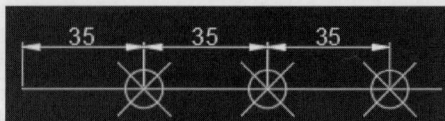

图2.95　线段长度

2.5　多线的绘制

多线是一种复合线，它是由连续的直线段复合组成；它在建筑制图中是必不可少的工具。它的显著的特点就是可以一次性绘制多条线段。

2.5.1　绘制多线

1. 绘制普通多线

下面以图2.96为例，介绍绘制普通多线的一般操作过程。

步骤1：选择命令。选择下拉菜单 绘图(D) → 多线(U) 命令（或者在命令行输入MLINE并按Enter键）。

步骤2：定义多线起点。在系统 MLINE 指定起点或 [对正(J) 比例(S) 样式(ST)]: 的提示下，将鼠标光标移至屏幕上的任意位置并单击，即可确定起点位置。

步骤3：定义多线通过点。在系统 MLINE 指定下一点: 的提示下，在图形区相对于起点水平向右移动鼠标，当捕捉到水平虚线时，输入水平多线的长度值（例如100）并按Enter键确认；在图形区相对于上一点竖直向下移动鼠标，当捕捉到竖直虚线时，输入竖直多线的长度值（例如80）并按Enter键确认；在图形区相对于上一点水平向左移动鼠标，当捕捉到水平虚线时，输入水平多线的长度值（例如100）并按Enter键确认。

图2.96　普通多线

步骤4：结束操作。按Esc键完成多线的绘制。

2. 设置多线的对齐方式

系统在默认情况下多线的对齐方式为上对齐，如图2.97所示。读者可以根据实际需求进行调整，在系统 MLINE 指定起点或 [对正(J) 比例(S) 样式(ST)]: 的提示下，选择 对正(J) 选项（或者在命令行输入J，然后按Enter键），在系统 MLINE 输入对正类型 [上(T) 无(Z) 下(B)] <上>: 的提示下，选择合适的类型即可；当对正方式为 下(B) 时，效果如图2.98所示，当对正方式为 无(Z) 时，效果如图2.99所示。

3. 设置多线的比例

多线比例是用来设置调整多线之间的间距的，如图2.100所示的20间距尺寸。

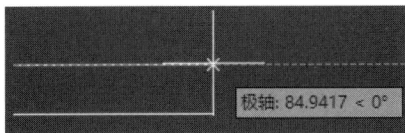

图 2.97　上对正

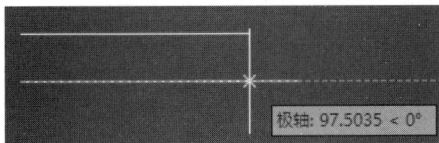

图 2.98　下对正

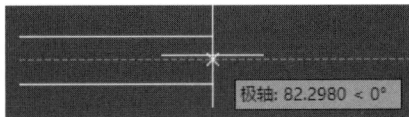

图 2.99　无对齐

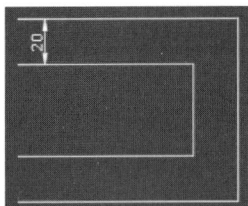

图 2.100　多线比例 20

系统在默认情况下多线的比例为 20，读者可以根据实际需求进行调整，在系统 ▶ MLINE 指定起点或 [对正(J) 比例(S) 样式(ST)]: 的提示下，选择 比例(S) 选项（或者在命令行输入 S，然后按 Enter 键），在系统 ▶ MLINE 输入多线比例 <20.00>: 的提示下，输入合适的比例即可；当将比例设置为 10 时，效果如图 2.101 所示，当将比例设置为 50 时，效果如图 2.102 所示。

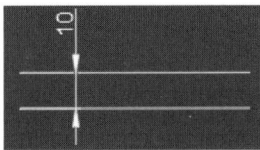

图 2.101　多线比例 10

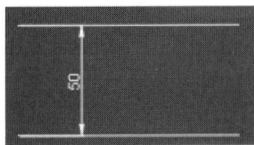

图 2.102　多线比例 50

4. 设置多线样式

多线样式用来控制多线的线段数量、线型、颜色、斜接及封口等参数。选择下拉菜单 格式(O) ➞ 多线样式(M)... 命令（或者在命令行输入 MLSTYLE 并按 Enter 键），系统会弹出如图 2.103 所示的"多线样式"对话框。

图 2.103"多线样式"对话框部分选项的说明如下。

（1）置为当前 按钮：用于设置后续创建的多线的当前多线样式（注意：不能将外部参照中的多线样式设定为当前样式）。

（2）新建(N)... 按钮：用于显示"创建新的多线样式"对话框，如图 2.104 所示，从中可以创建新的多线样式。

（3）修改(M)... 按钮：用于显示"修改多线样式"对话框，如图 2.105 所示，从中可以修改选定的多线样式。

注意：不能编辑图形中正在使用的任何多线样式的元素和多线特性。如果要编辑现有多线样式，则必须在使用该样式绘制任何多线之前进行。

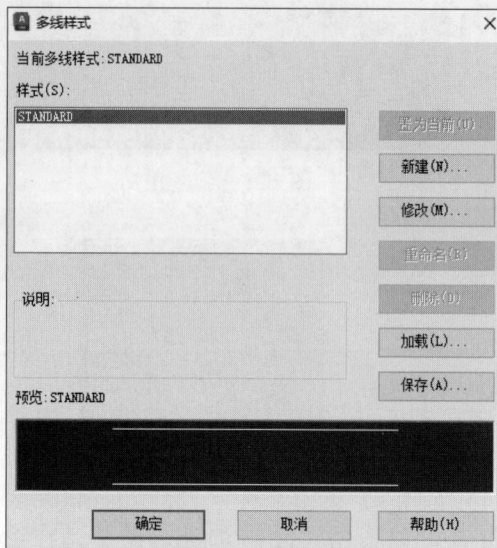

图 2.103　多线样式

图 2.104　创建新的多线样式

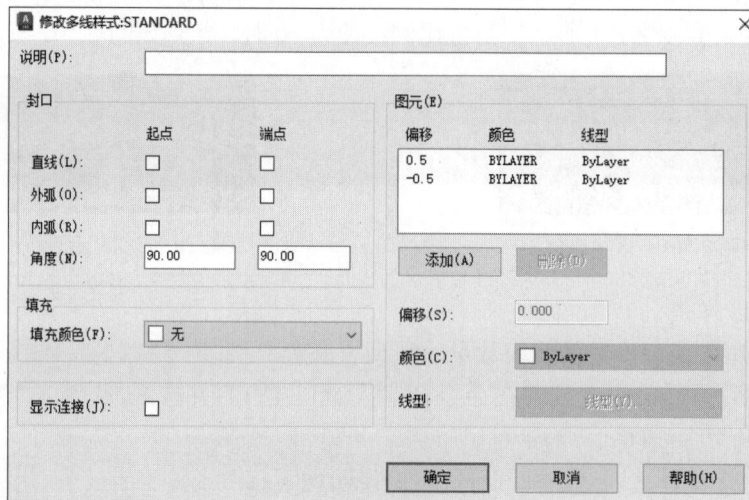

图 2.105　修改多线样式

（4）重命名(R) 按钮：用于重命名当前选定的多线样式。

注意：不能重命名 STANDARD 多线样式。

（5）删除(D) 按钮：用于从"样式"列表中删除当前选定的多线样式，不能删除 STANDARD 多线样式、当前多线样式或正在使用的多线样式。

（6）加载(L)... 按钮：用于显示"加载多线样式"对话框，读者可以从指定的 MLN 文件加载多线样式。

（7） 保存(A)... 按钮：用于将多线样式保存或复制到多线库文件。

图 2.105 "修改多线样式"对话框部分选项的说明如下。

（1） 封口 区域：用于控制多线起点和端点的封口；当选择直线时，效果如图 2.106 所示（起点与终点均为直线封口）；当选择外弧时，效果如图 2.107 所示（起点与终点均为圆弧封口）；当选择内弧时，效果如图 2.108 所示；当同时选择内弧与外弧时，效果如图 2.109 所示。

图 2.106 直线封口

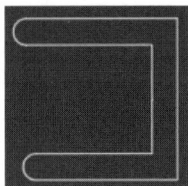

图 2.107 外弧封口

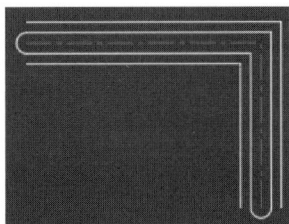

图 2.108 内弧封口

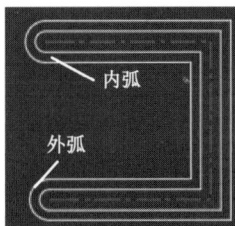

图 2.109 内弧与外弧封口

（2） 角度(N): 文本框：用于控制起点与端点封口的角度，如图 2.110 所示。

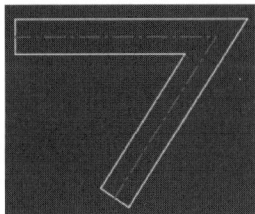

（a）起点和端点均为 90°

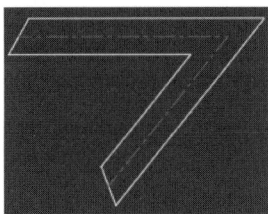

（b）起点和端点均为 60°

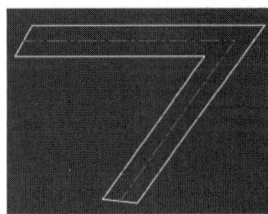

（c）起点为 60°而端点为 120°

图 2.110 角度

（3） 填充 区域：用于设置多线的背景填充，如图 2.111 所示。

（a）无填充

（b）黄色填充

图 2.111 填充

（4） 显示连接(J) 复选框：用于控制每条多线线段顶点处连接的显示，效果如图 2.112 所示。

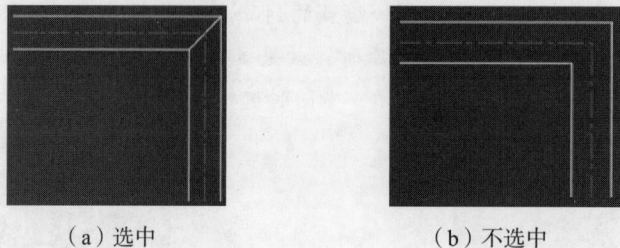

（a）选中　　　　　　　　　　　　（b）不选中

图 2.112　显示连接

（5） 图元(E) 区域：用于设置添加或者修改现有多线元素的特定属性（偏移、颜色和线型），系统默认有两个图元，如图 2.113 所示，绘制的效果如图 2.114 所示；读者可以通过单击 添加(A) 按钮增加图元数量，如图 2.115 所示，单击 删除(D) 按钮删除现有图元。

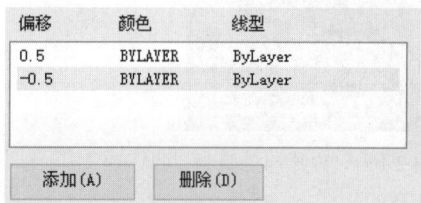

图 2.113　系统默认图元

图 2.114　两个图元

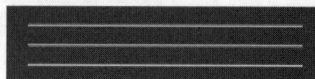

图 2.115　增加图元

（6） 偏移(S) 文本框：用于为多线样式中的每个元素指定偏移比例，如图 2.116 所示，具体间距值的计算方法可参考图 2.117。

图 2.116　偏移

图 2.117　间距值

（7） 颜色(C) 下拉列表：用于显示并设置多线样式中元素的颜色，如图 2.118 所示。如果选择"选择颜色"，则将显示如图 2.119 所示的"选择颜色"对话框。

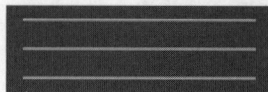

（a）默认颜色

（b）自定义颜色

图 2.118　颜色

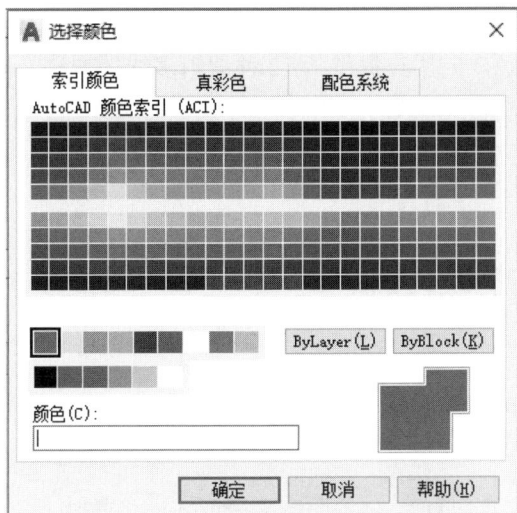

图 2.119　选择颜色

（8）线型按钮：用于显示并设置多线样式中元素的线型，如图 2.120 所示。如果选择
线型(Y)... ，则系统将弹出如图 2.121 所示的"选择线型"对话框，该对话框列出了已
加载的线型。读者如果要加载新线型，则可以单击 加载(L)... 按钮。系统会弹出如图 2.122 所
示的"加载或重载线型"对话框，在该对话框可以选择要加载的新的线型。

（a）默认线型

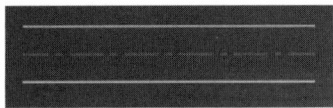

（b）自定义线型

图 2.120　线型

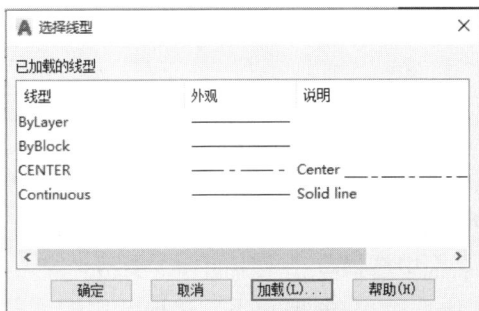

图 2.121　选择线型

图 2.122　加载或重载线型

2.5.2　编辑多线

在创建多线后，往往还需要进行编辑，读者可以选择下拉菜单 修改(M) → 对象(O) → 多线(M)...

8min

命令（或者在命令行输入 MLEDIT 并按 Enter 键），系统会弹出如图 2.123 所示的"多线编辑工具"对话框，AutoCAD 向用户提供了 12 种编辑多线的方法。

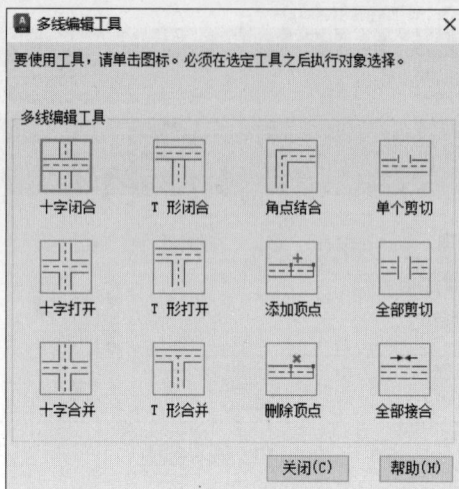

图 2.123　多线编辑工具

1. 十字闭合

用于在两条多线之间创建闭合的十字交点，下面以图 2.124 为例，介绍十字闭合的一般操作过程。

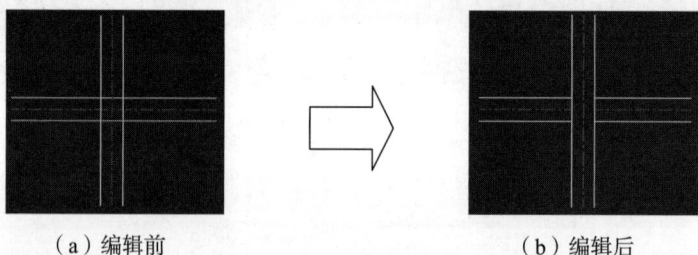

（a）编辑前　　　　　　　　　　　（b）编辑后

图 2.124　十字闭合

步骤 1：打开练习文件 D：\AutoCAD2024\work\ch02.05\ 多线编辑 01。

步骤 2：选择命令。选择下拉菜单 修改(M) → 对象(O) → 多线(M)... 命令（或者在命令行输入 MLEDIT 并按 Enter 键），系统会弹出"多线编辑工具"对话框。

步骤 3：选择类型。在"多线编辑工具"对话框中选择 （十字闭合）类型。

步骤 4：选择第 1 条多线。在系统 MLEDIT 选择第一条多线: 的提示下，选取水平多线作为参考。

步骤 5：选择第 2 条多线。在系统 MLEDIT 选择第二条多线: 的提示下，选取竖直多线作为参考。

步骤 6：结束操作。按 Esc 键结束编辑操作。

说明：在选取编辑对象时，如果选取的顺序不同，则结果也不同，当将水平多线作为第一参考且将竖直多线作为第二参考时，效果如图 2.124（b）所示；当将竖直多线作为第一参考且将水平多线作为第二参考时，效果如图 2.125 所示。

图 2.125　调整顺序

2. 十字打开

用于在两条多线之间创建打开的十字交点，下面以图 2.126 为例，介绍十字打开的一般操作过程。

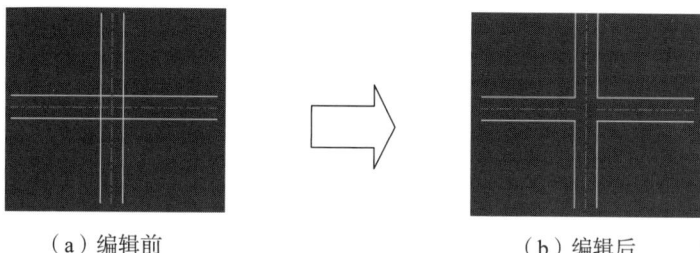

（a）编辑前　　　　　　　　　　　　　（b）编辑后

图 2.126　十字打开

步骤 1：打开练习文件 D：\AutoCAD2024\work\ ch02.05\ 多线编辑 01。

步骤 2：选择命令。选择下拉菜单 修改(M) → 对象(O) → 多线(M)... 命令（或者在命令行输入 MLEDIT 并按 Enter 键），系统会弹出"多线编辑工具"对话框。

步骤 3：选择类型。在"多线编辑工具"对话框中选择 （十字打开）类型。

步骤 4：选择第 1 条多线。在系统 MLEDIT 选择第1条多线: 的提示下，选取水平多线作为参考。

步骤 5：选择第 2 条多线。在系统 MLEDIT 选择第2条多线: 的提示下，选取竖直多线作为参考。

步骤 6：结束操作。按 Esc 键结束编辑操作。

说明：在选取编辑对象时，如果选取的顺序不同，则结果也不同，当将水平多线作为第一参考且将竖直多线作为第二参考时，效果如图 2.126（b）所示；当将竖直多线作为第一参考且将水平多线作为第二参考时，效果如图 2.127 所示（系统会自动对第一参考多线的中心线进行修剪）。

图 2.127　调整顺序

3. 十字合并

用于在两条多线之间创建合并的十字交点，下面以图 2.128 为例，介绍十字合并的一般操作过程。

步骤 1：打开练习文件 D：\AutoCAD2024\work\ ch02.05\ 多线编辑 01。

步骤 2：选择命令。选择下拉菜单 修改(M) → 对象(O) → 多线(M)... 命令（或者在命令行输入 MLEDIT 并按 Enter 键），系统会弹出"多线编辑工具"对话框。

步骤 3：选择类型。在"多线编辑工具"对话框中选择 （十字合并）类型。

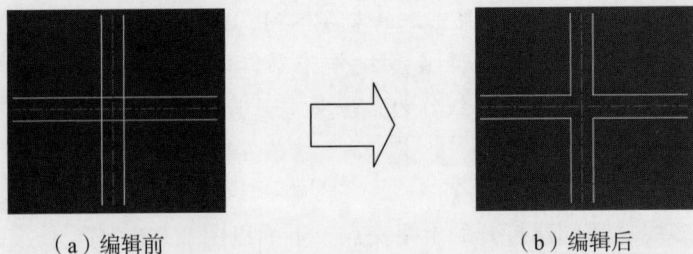

（a）编辑前　　　　　　　　　（b）编辑后

图 2.128　十字合并

步骤 4：选择第 1 条多线。 在系统 🗝 MLEDIT 选择第1条多线：的提示下，选取水平多线作为参考。

步骤 5：选择第 2 条多线。 在系统 🗝 MLEDIT 选择第2条多线：的提示下，选取竖直多线作为参考。

步骤 6：结束操作。 按 Esc 键结束编辑操作。

说明： 在选取编辑对象时，不同的顺序对最后的结果不产生影响。

4. T 形闭合

用于在两条多线之间创建闭合的 T 形交点，在系统弹出的"多线编辑工具"对话框中选择▥（T 形闭合）类型，选取两个多线参考即可。

需要注意：

不同的选择顺序效果会不同，当将水平多线作为第一参考且将竖直多线作为第二参考时，效果如图 2.129 所示；当将竖直多线作为第一参考且将水平多线作为第二参考时，效果如图 2.130 所示。

选取第一参考的位置不同，结果也会不同，当靠近右侧选取第一参考时，结果如图 2.129 所示，当靠近左侧选取时，结果如图 2.131 所示。

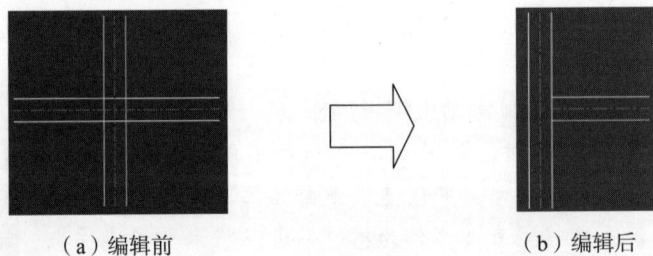

（a）编辑前　　　　　　　　　（b）编辑后

图 2.129　T 形闭合顺序（1）

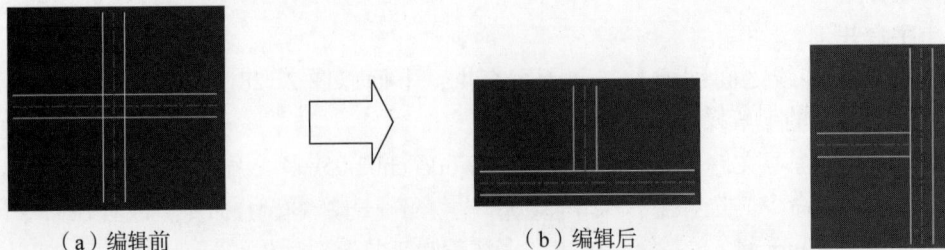

（a）编辑前　　　　　　　（b）编辑后

图 2.130　T 形闭合顺序（2）　　　　　　　图 2.131　选择位置

5. T 形打开

用于在两条多线之间创建打开的 T 形交点，在系统弹出的"多线编辑工具"对话框中选择 ⬚（T 形打开）类型，选取两个多线参考即可。

需要注意：

不同的选择顺序效果会不同，当将水平多线作为第一参考且将竖直多线作为第二参考时，效果如图 2.132 所示；当将竖直多线作为第一参考且将水平多线作为第二参考时，效果如图 2.133 所示。

选取第一参考的位置不同，结果也会不同，当靠近右侧选取第一参考时，结果如图 2.132 所示，当靠近左侧选取时，结果如图 2.134 所示。

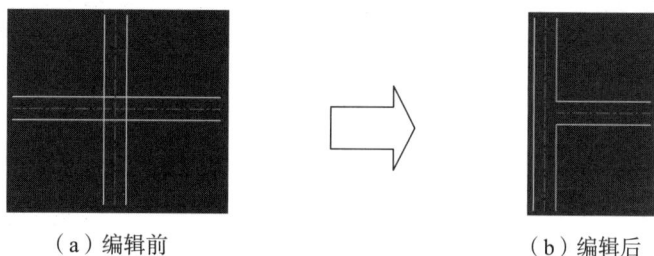

（a）编辑前　　　　　　　　　　　　　（b）编辑后

图 2.132　T 形打开顺序（1）

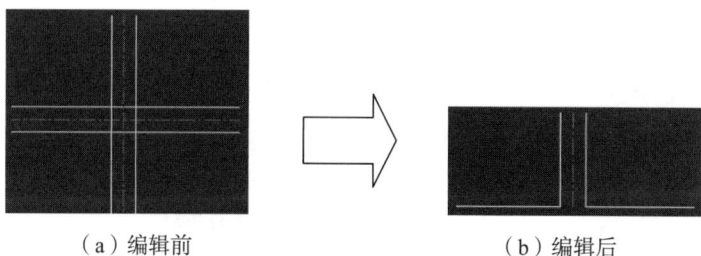

（a）编辑前　　　　　　　　　（b）编辑后

图 2.133　T 形打开顺序（2）

图 2.134　选择位置

6. T 形合并

用于在两条多线之间创建合并的 T 形交点，在系统弹出的"多线编辑工具"对话框中选择 ⬚（T 形合并）类型，选取两个多线参考即可。

需要注意，不同的选择顺序效果也会不同，当将水平多线作为第一参考且将竖直多线作为第二参考时，效果如图 2.135 所示；当将竖直多线作为第一参考且将水平多线作为第二参考时，效果如图 2.136 所示。

选取第一参考的位置不同，结果也会不同，当靠近右侧选取第一参考时，结果如图 2.135 所示，当靠近左侧选取时，结果如图 2.137 所示。

7. 角点结合

用于在多线之间创建角点结合，将多线修剪或延伸到它们的交点处；在系统弹出的"多线编辑工具"对话框中选择 ⬚（角点结合）类型，选取两个多线参考即可。

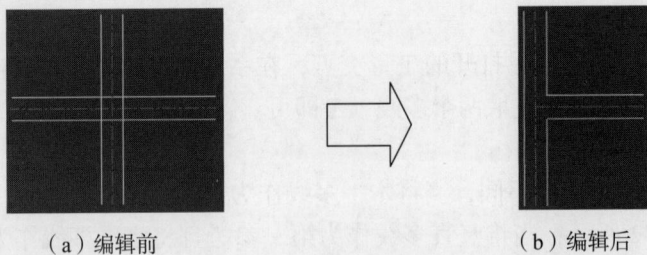

（a）编辑前　　　　　　　　　　　　　　　（b）编辑后

图 2.135　T 形合并顺序（1）

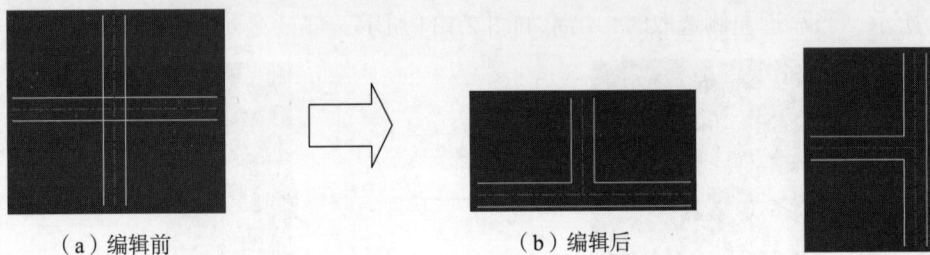

（a）编辑前　　　　　　　　（b）编辑后　　　　　　　　图 2.137　选择位置

图 2.136　T 形合并顺序（2）

需要注意，选取多线的位置决定了编辑后保留的位置，当靠近右侧选取水平多线且靠近上侧选取竖直多线时，结果如图 2.138 所示。

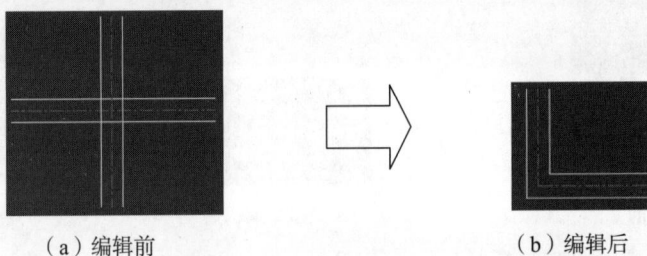

（a）编辑前　　　　　　　　　　　　　　　（b）编辑后

图 2.138　角点结合

当原始多线没有相交时，通过交点结合可以实现相互延伸，从而得到拐角效果，如图 2.139 所示。

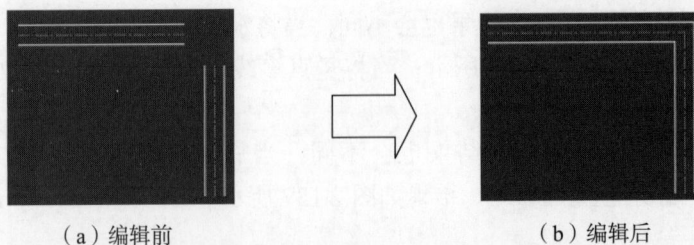

（a）编辑前　　　　　　　　　　　　　　　（b）编辑后

图 2.139　角点结合

8. 添加顶点

用于在多线上添加一个分割点；在系统弹出的"多线编辑工具"对话框中选择 （添加顶点）类型，选取需要添加的多线即可，效果如图 2.140 所示。

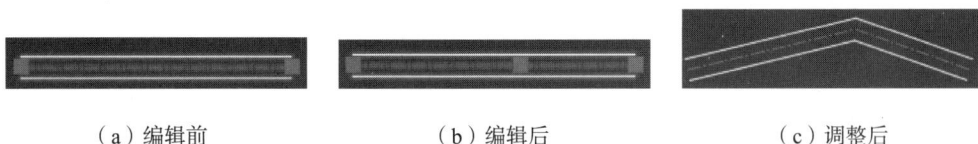

（a）编辑前　　　　　　　　（b）编辑后　　　　　　　　（c）调整后

图 2.140　添加顶点

9. 删除顶点

用于在多线上删除一个分割点；在系统弹出的"多线编辑工具"对话框中选择 （删除顶点）类型，在现有多线的顶点处单击选取即可，效果如图 2.141 所示。

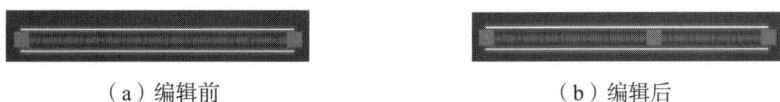

（a）编辑前　　　　　　　　　　　（b）编辑后

图 2.141　删除顶点

10. 单个剪切

用于在选定多线元素中创建剪切；在系统弹出的"多线编辑工具"对话框中选择 （单个剪切）类型，在现有的多线上选取两个剪切点即可，效果如图 2.142 所示。

（a）编辑前　　　　　　　　　　　（b）编辑后

图 2.142　单个剪切

11. 全部剪切

用于创建穿过整条多线的剪切；在系统弹出的"多线编辑工具"对话框中选择 （全部剪切）类型，在现有的多线上选取两个剪切点即可，效果如图 2.143 所示。

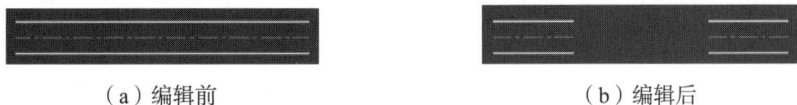

（a）编辑前　　　　　　　　　　　（b）编辑后

图 2.143　全部剪切

12. 全部接合

用于将已被剪切的多线线段重新接合起来；在系统弹出的"多线编辑工具"对话框中选择 （全部接合）类型，在现有的多线上选取两个接合点即可，效果如图 2.144 所示。

（a）编辑前　　　　　　　　　　　　　（b）编辑后

图 2.144　全部接合

2.6　多段线的绘制

多段线是指由一系列直线段、圆弧段相互连接而成的图元。它是一个整体，如图 2.145 所示，并且可有一定的宽度，宽度值既可以是一个常数，如图 2.146 所示，也可以沿着线段的长度方向逐渐变化，如图 2.147 所示。

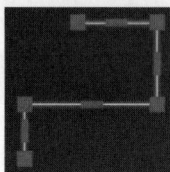

图 2.145　多段线（整体）　　　图 2.146　多段线（宽度）　　　图 2.147　多段线（宽度渐变）

2.6.1　绘制多段线

1. 绘制普通直线多段线

下面以图 2.148 为例，介绍绘制普通直线多段线的一般操作过程。

步骤 1：选择命令。单击"默认"功能选项卡中的 ⟋⟍（多段线）按钮，如图 2.149 所示。

图 2.148　普通多段线　　　　　　　　图 2.149　选择命令

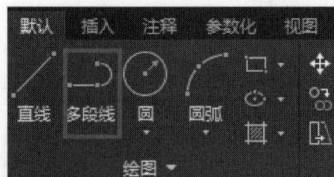

说明： 调用多段线命令还有两种方法。

方法一：选择下拉菜单 绘图(D) ➝ 多段线(P) 命令。

方法二：在命令行中输入 PLINE 命令，并按 Enter 键。

步骤 2：定义多段线起点。在系统 ⟋⟍ ▾ PLINE 指定起点: 的提示下，将鼠标光标移至屏幕上的任意位置并单击，即可确定起点位置。

步骤 3：定义多段线的第 1 条直线段。水平向右移动光标，当捕捉到水平虚线时，在长度文本框中输入直线段的长度值（例如 200）。

步骤 4：定义多段线的第 2 条直线段。竖直向下移动光标，当捕捉到竖直虚线时，在长度文本框中输入直线段的长度值（例如 300）。

步骤 5：定义多段线的第 3 条直线段。水平向右移动光标，当捕捉到水平虚线时，在长度文本框中输入直线段的长度值（例如 200）。

步骤 6：定义多段线的第 4 条直线段。竖直向上移动光标，当捕捉到竖直虚线时，在长度文本框中输入直线段的长度值（例如 300）。

步骤 7：定义多段线的第 5 条直线段。水平向右移动光标，当捕捉到水平虚线时，在长度文本框中输入直线段的长度值（例如 200）。

步骤 8：结束操作。按 Esc 键完成多段线的绘制。

2. 绘制带有圆弧的多段线

下面以图 2.150 为例，介绍绘制带有圆弧的多段线的一般操作过程。

图 2.150　带有圆弧的多段线

步骤 1：选择命令。选择"默认"功能选项卡中的 ⬛（多段线）命令。

步骤 2：定义多段线的起点。在系统 ▾ PLINE 指定起点： 的提示下，将鼠标光标移至屏幕上的任意位置并单击，即可确定起点位置。

步骤 3：定义多段线的第 1 条直线段。水平向右移动光标，当捕捉到水平虚线时，在长度文本框中输入直线段的长度值（例如 300）。

步骤 4：定义多段线的第 1 条圆弧段。在系统的提示下，选择 圆弧(A) 选项，在绘图区竖直向下移动光标，当捕捉到竖直虚线时，输入圆弧的直径值（例如 150）。

步骤 5：定义多段线的第 2 条直线段。在系统的提示下，选择 直线(L) 选项，在图形区水平向左移动光标，当捕捉到水平虚线时，在长度文本框中输入直线段的长度值（例如 300）。

步骤 6：定义多段线的第 2 条圆弧段。在系统的提示下，选择 圆弧(A) 选项，在绘图区竖直向上移动光标，当捕捉到竖直虚线时，输入圆弧的直径值（例如 150）。

步骤 7：结束操作。按 Esc 键完成多段线的绘制。

3. 绘制恒定宽度的多段线

下面以图 2.151 为例，介绍绘制恒定宽度多段线的一般操作过程。

步骤 1：选择命令。选择"默认"功能选项卡中的 ⬛（多段线）命令。

步骤 2：定义多段线的起点。在系统 ▾ PLINE 指定起点： 的提示下，将鼠标光标移至屏幕上的任意位置并单击，即可确定起点位置。

步骤3：定义多段线的宽度，在系统的提示下，选择 宽度(W) 选项，在系统"指定起点宽度"的提示下输入起点的宽度值（例如20），在系统"指定起点宽度"的提示下直接按 Enter 键确认。

步骤4：定义多段线的第1条直线段。竖直向下移动光标，当捕捉到竖直虚线时，在长度文本框中输入直线段的长度值（例如400）。

步骤5：定义多段线的第1条圆弧段。在系统的提示下，选择 圆弧(A) 选项，在绘图区水平向右移动光标，当捕捉到水平虚线时，输入圆弧的直径值（例如200）。

图 2.151　恒定宽度多段线

步骤6：结束操作。按 Esc 键完成多段线的绘制。

4. 绘制可变宽度的多段线

下面以图 2.152 为例，介绍绘制可变宽度多段线的一般操作过程。

步骤1：选择命令。选择"默认"功能选项卡中的 ▭ （多段线）命令。

步骤2：定义多段线的起点。在系统 ✎ PLINE 指定起点: 的提示下，将鼠标光标移至屏幕上的任意位置并单击，即可确定起点位置。

步骤3：定义多段线的宽度，在系统的提示下，选择 宽度(W) 选项，在系统"指定起点宽度"的提示下输入起点的宽度值（例如 0），在系统"指定起点宽度"的提示下输入起点的宽度值（例如 8）。

步骤4：定义多段线的第1条圆弧段。在系统的提示下，依次选择 圆弧(A) 、 方向(D) 选项，在绘图区竖直向下移动光标，将捕捉到的竖直虚线作为圆弧的相切方向，然后水平向左移动光标，当捕捉到水平虚线时，输入圆弧的直径值（例如 50），按 Esc 键完成多段线的绘制，效果如图 2.153 所示。

图 2.152　可变宽度多段线

图 2.153　圆弧段多段线

步骤5：绘制多段线的第1条直线段。选择"默认"功能选项卡中的 ▭ （多段线）命令；在系统 ✎ PLINE 指定起点: 的提示下，将鼠标光标移至步骤4创建的圆弧的端点处单击，即可确定起点位置；在系统的提示下，选择 宽度(W) 选项，在系统"指定起点宽度"的提示下输入起点的宽度值（例如 5），在系统"指定起点宽度"的提示下直接按 Enter 键确认；竖直向上移动光标，当捕捉到竖直虚线时，在长度文本框中输入直线段的长度值（例如 10），按 Esc 键完成多段线的绘制，效果如图 2.154 所示。

步骤 6：绘制宽度变化的多段线。选择"默认"功能选项卡中的 ■⊃（多段线）命令；在系统 ⊶ PLINE 指定起点： 的提示下，将鼠标光标移至步骤 5 创建的直线的上端点处单击，即可确定起点位置；在系统的提示下，选择 宽度(W) 选项，在系统"指定起点宽度"的提示下输入起点的宽度值（例如 10），在系统"指定起点宽度"的提示下输入起点的宽度值（例如 0）；竖直向上移动光标，当捕捉到竖直虚线时，在长度文本框中输入直线段的长度值（例如 12），按 Esc 键完成多段线的绘制，效果如图 2.155 所示。

图 2.154　直线段多段线　　　　图 2.155　变化的多段线

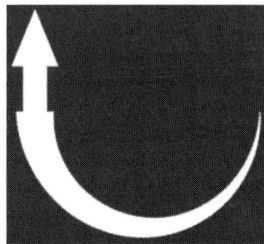

5. 绘制闭合多段线

下面以图 2.156 为例，介绍绘制闭合多段线的一般操作过程。

图 2.156　闭合多段线

步骤 1：选择命令。选择"默认"功能选项卡中的 ■⊃（多段线）命令。

步骤 2：定义多段线的起点。在系统 ⊶ PLINE 指定起点： 的提示下，将鼠标光标移至屏幕上的任意位置并单击，即可确定起点的位置。

步骤 3：定义多段线的第 1 条直线段。在图形区的长度文本框中输入 70，按 Tab 键切换到角度文本框，输入角度值 150。

步骤 4：定义多段线的第 2 条直线段。水平向左移动光标，当捕捉到水平虚线时，在长度文本框中输入直线段的长度值（例如 150）。

步骤 5：定义多段线的第 3 条直线段。竖直向下移动光标，当捕捉到竖直虚线时，在长度文本框中输入直线段的长度值（例如 70）。

步骤 6：定义多段线的第 4 条直线段。水平向右移动光标，当捕捉到水平虚线时，在长度文本框中输入直线段的长度值（例如 150）。

步骤 7：闭合多段线。在系统的提示下，选择 闭合(C) 选项完成自动闭合。

2.6.2　编辑多段线

1. 闭合多段线

下面以图 2.157 为例，介绍绘制闭合多段线的一般操作过程。

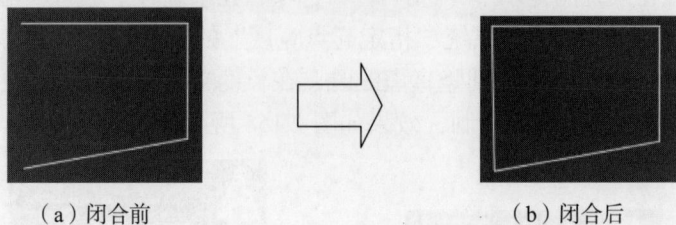

（a）闭合前　　　　　　　　　　　　　（b）闭合后

图 2.157　闭合多段线

步骤 1：打开练习文件 D：\AutoCAD2024\work\ch02.06\闭合多段线 -ex。

步骤 2：选择命令。选择下拉菜单 修改(M) → 对象(O) → 多段线(P) 命令（或者在命令行输入 PEDIT 并按 Enter 键）。

步骤 3：选择要编辑的多段线。在系统 PEDIT 选择多段线或 [多条(M)]：的提示下，选取如图 2.157（a）所示的多段线。

步骤 4：选择编辑类型。在系统弹出的如图 2.158 所示的输入选项下拉列表中选择"闭合"。

步骤 5：结束操作。按 Esc 键完成多段线的编辑。

图 2.158　输入
选项下拉列表

2. 打开多段线

下面以图 2.159 为例，介绍绘制打开多段线的一般操作过程。

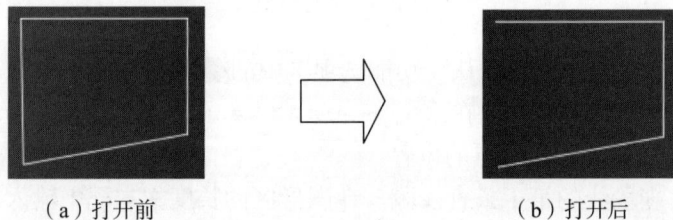

（a）打开前　　　　　　　　　　　　　（b）打开后

图 2.159　打开多段线

步骤 1：打开练习文件 D：\AutoCAD2024\work\ch02.06\ 打开多段线 -ex。

步骤 2：选择命令。选择下拉菜单 修改(M) → 对象(O) → 多段线(P) 命令。

步骤 3：选择要编辑的多段线。在系统 PEDIT 选择多段线或 [多条(M)]：的提示下，选取如图 2.159（a）所示的多段线。

步骤 4：选择编辑类型。在系统弹出的输入选项下拉列表中选择"打开"。

步骤 5：结束操作。按 Esc 键完成多段线的编辑。

3. 合并多段线

下面以图 2.160 为例，介绍绘制合并多段线的一般操作过程。

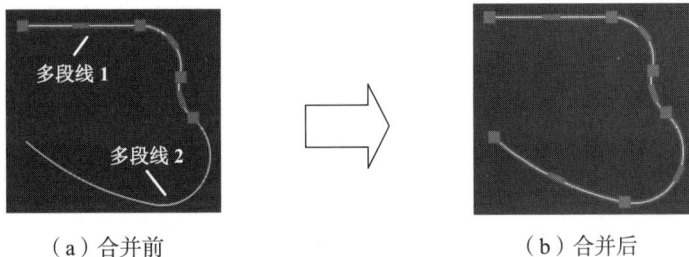

（a）合并前　　　　　　　　　（b）合并后

图 2.160　合并多段线

步骤 1：打开练习文件 D：\AutoCAD2024\work\ch02.06\ 合并多段线 -ex。

步骤 2：选择命令。选择下拉菜单 修改(M) → 对象(O) → 多段线(P) 命令。

步骤 3：选择要编辑的多段线。在系统 PEDIT 选择多段线或 [多条(M)]: 的提示下，选取如图 2.160（a）所示的多段线 1。

步骤 4：选择编辑类型。在系统弹出的输入选项下拉列表中选择"合并"选项。

步骤 5：选择要合并的多段线。在系统 PEDIT 选择对象: 的提示下，选取如图 2.160（a）所示的多段线 2。

说明：合并的对象既可以是多段线，也可以是普通直线圆弧，如图 2.161 所示。

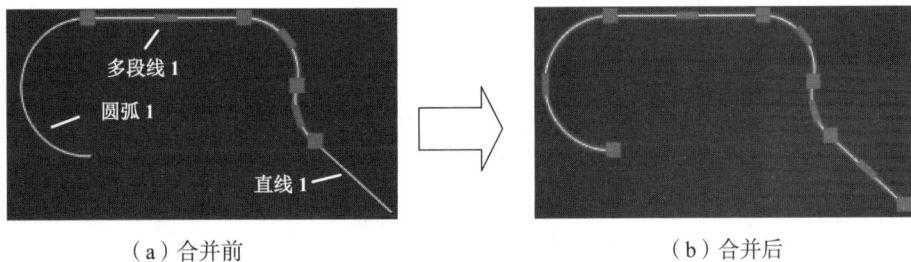

（a）合并前　　　　　　　　　（b）合并后

图 2.161　合并多段线

步骤 6：结束操作。按 Esc 键完成多段线的编辑。

2.7　样条曲线的绘制

样条曲线是一种拟合曲线，它是由一组点定义的光滑曲线，其创建方法是将一组点用光滑的曲线连接起来。这种类型的曲线适宜于表达具有不规则变化曲率半径的曲线，例如，船体、手机的轮廓曲线、机械图形的断面、地形外貌轮廓线等。

1. 指定点创建拟合样条曲线

下面以图 2.162 为例，介绍指定点创建拟合样条曲线的一般操作过程。

步骤1：选择命令。单击"默认"功能选项卡"绘图"后的 ▾ 节点，在系统弹出的列表中选择 ⌇ 命令，如图2.163所示。

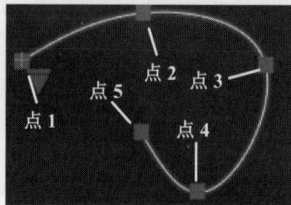

图2.162　指定点创建拟合样条曲线

图2.163　选择命令

说明： 调用样条曲线命令还有两种方法。

方法一： 选择下拉菜单 绘图(D) → 样条曲线(S) → ⌇ 拟合点(F) 命令。

方法二： 在命令行中输入SPLINE命令，并按Enter键。

步骤2：定义第1个点。在系统 ⌇▾ SPLINE 指定第1个点或 [方式(M) 节点(K) 对象(O)]: 的提示下，将鼠标光标移至屏幕上如图2.162所示的点1位置处并单击，即可确定第1个点的位置。

步骤3：定义第2个点。在系统 ⌇▾ SPLINE 输入下一个点或 [起点切向(T) 公差(L)]: 的提示下，将鼠标光标移至屏幕上如图2.162所示的点2位置处并单击，即可确定第2个点的位置。

说明：

起点相切是用来控制起点处的相切方向的。

公差是用来控制样条曲线与拟合点之间的位置公差的，当公差值为0时，样条曲线必须通过拟合点，当公差值大于0时，样条曲线将在指定的公差范围内通过拟合点，公差值不可以小于0，效果如图2.164所示。

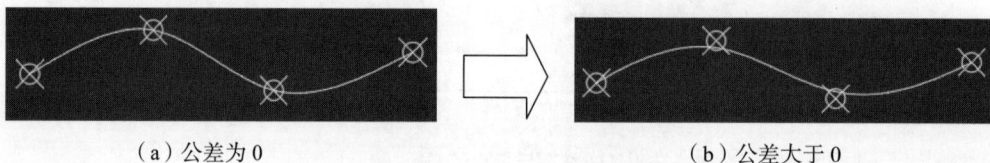

（a）公差为0　　　　　　　　　　（b）公差大于0

图2.164　公差

步骤4：定义第3个点。在系统 ⌇▾ SPLINE 输入下一个点或 [端点相切(T) 公差(L) 放弃(U)]: 的提示下，将鼠标光标移至屏幕上如图2.162所示的点3位置处并单击，即可确定第3个点的位置。

步骤5：定义第4个点。在系统 ⌇▾ SPLINE 输入下一个点或 [端点相切(T) 公差(L) 放弃(U) 闭合(C)]: 的提示下，将鼠标光标移至屏幕上如图2.162所示的点4位置处并单击，即可确定第4个点的位置。

步骤6：定义第5个点。在系统 ⌇▾ SPLINE 输入下一个点或 [端点相切(T) 公差(L) 放弃(U) 闭合(C)]: 的提示下，将鼠标光标移至屏幕上如图 2.162 所示的点 5 位置处并单击，即可确定第 5 个点的位置。

步骤 7：结束操作。在图形区右击，选择"确定"完成操作。

2. 指定点创建控制点样条曲线

下面以图 2.165 为例，介绍指定点创建控制点样条曲线的一般操作过程。

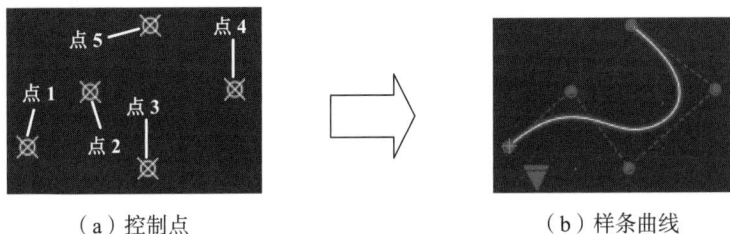

（a）控制点   （b）样条曲线

图 2.165   指定点创建控制点样条曲线

步骤 1：打开练习文件 D：\AutoCAD2024\work\ch02.07\ 控制点样条曲线 -ex。

步骤 2：选择命令。单击"默认"功能选项卡"绘图"后的▼节点，在系统弹出的列表中选择📉命令，如图 2.166 所示。

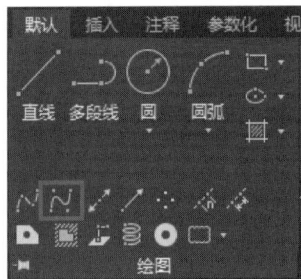

图 2.166   选择命令

步骤 3：定义第 1 个点。在系统 ▼ SPLINE 指定第 1 个点或 [方式(H) 节点(K) 对象(O)]: 的提示下，将鼠标光标移至屏幕上如图 2.165 所示的点 1 位置处并单击，即可确定第 1 个点的位置。

步骤 4：定义第 2 个点。在系统 ▼ SPLINE 输入下一个点: 的提示下，将鼠标光标移至屏幕上如图 2.165 所示的点 2 位置处并单击，即可确定第 2 个点的位置。

步骤 5：定义第 3 个点。在系统 ▼ SPLINE 输入下一个点或 [放弃(U)]: 的提示下，将鼠标光标移至屏幕上如图 2.165 所示的点 3 位置处并单击，即可确定第 3 个点的位置。

步骤 6：定义第 4 个点。在系统 ▼ SPLINE 输入下一个点或 [闭合(C) 放弃(U)]: 的提示下，将鼠标光标移至屏幕上如图 2.165 所示的点 4 位置处并单击，即可确定第 4 个点的位置。

步骤 7：定义第 5 个点。在系统 ▼ SPLINE 输入下一个点或 [闭合(C) 放弃(U)]: 的提示下，将鼠标光标移至屏幕上如图 2.165 所示的点 5 位置处并单击，即可确定第 5 个点的位置。

步骤 8：结束操作。在图形区右击，选择"确定"完成操作。

3. 指定对象创建控制点样条曲线

用户可以将使用多段线功能绘制的二维或者三维多段线样条直接转换为样条曲线，并且删除原有的多段线。

样条曲线相比于多段线主要有以下几点优势：样条曲线可以占用更少的磁盘空间；样条曲线的后期形状调整及控制更方便；样条曲线的绘制精度比多段线更高。

下面以图 2.167 为例，介绍指定对象创建控制点样条曲线的一般操作过程。

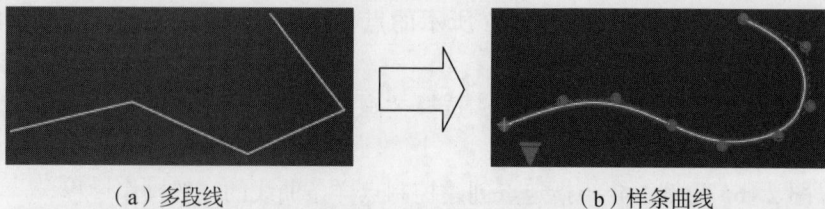

（a）多段线　　　　　　　　　　　　　　　　（b）样条曲线

图 2.167　指定对象创建控制点样条曲线

步骤 1：打开练习文件 D：\AutoCAD2024\work\ch02.07\ 指定对象创建样条曲线 -ex。

步骤 2：编辑多段线。选择下拉菜单 修改(M) → 对象(O) → ↪ 多段线(P) 命令，在系统的提示下选取如图 2.167（a）所示的多段线，在系统弹出的输入选项下拉列表中选择"拟合"，按 Esc 键完成多段线的编辑，效果如图 2.168 所示。

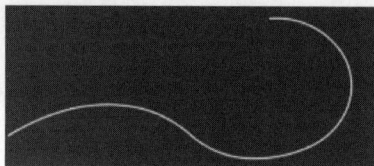

图 2.168　编辑多段线

步骤 3：选择命令。单击"默认"功能选项卡"绘图"后的 ▾ 节点，在系统弹出的列表中选择 ∿ 命令。

步骤 4：定义创建方法。在系统 ∿ ▾ SPLINE 指定第 1 个点或 [方式(M) 节点(K) 对象(O)]:的提示下，选择 对象(O) 选项。

步骤 5：选择对象。在系统 ∿ ▾ SPLINE 选择多段线:的提示下，选取步骤 2 编辑的多段线，然后按 Enter 键确定，完成转换。

2.8　徒手绘图

2.8.1　徒手线

徒手绘图是一种将鼠标当作画笔进行绘制图形的方法，使用徒手绘图功能可以轻松地绘制形状非常不规则的图形（如不规则的边界或地形的等高线、轮廓线、签名及一些特殊的符号），另外在使用数字化仪追踪现有图形时，该功能也非常有用。

徒手线是由许多单独的直线对象或多段线来创建的，线段越短，徒手线就越准确，但线段太短会大大地增加图形文件的字节数，因此在开始创建徒手画线之前，有必要设置每个线段的长度或增量。

下面以图 2.169 为例，介绍绘制徒手线的一般操作过程。

步骤 1：选择命令。在命令行输入 SKETCH，按 Enter 键确认。

步骤 2：设置徒手线类型。在系统 ⊙ ▾ SKETCH 指定草图或 [类型(T) 增量(I) 公差(L)]: 的提示下，选择 类型(T) 选项，在系统 ▾ SKETCH 输入草图类型 [直线(L) 多段线(P) 样条曲线(S)] <直线>: 的提示下，选择 多段线(P) 选项。

说明：

当选择直线类型时，绘制的徒手线为一根根直线，如图 2.170 所示；当选择多段线类型时，绘制的徒手线将会是整体的多段线，如图 2.171 所示；当选择样条曲线类型时，绘制的徒手线将会是样条曲线类型，如图 2.172 所示。

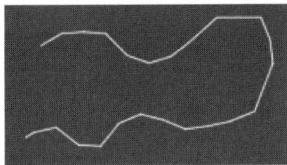

图 2.169　徒手线

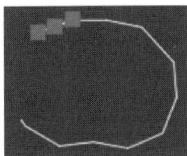

图 2.170　直线类型　　　　图 2.171　多段线类型　　　　图 2.172　样条曲线类型

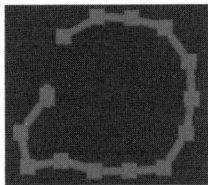

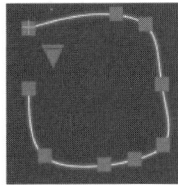

步骤 3：设置徒手线增量。在系统 ⊙ ▾ SKETCH 指定草图或 [类型(T) 增量(I) 公差(L)]: 的提示下，选择 增量(I) 选项，在系统 ⊙ ▾ SKETCH 指定草图增量 <1.0000>: 的提示下，输入增量值 10。

说明：

当增量比较大时，直线段的长度就会大，如图 2.173 所示；当增量比较小时，直线段的长度就会小，如图 2.174 所示。

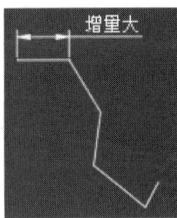

图 2.173　增量大

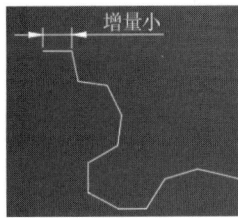

图 2.174　增量小

步骤 4：绘制徒手线。在图形区任意位置单击开始徒手线绘制，然后移动鼠标系统会自动根据鼠标移动位置绘制徒手线。

步骤 5：结束徒手线的绘制。按 Enter 键结束徒手线的绘制。

2.8.2　修订云线

修订云线是由一系列圆弧组成的多段线，绘制后的图形形状如云彩。在检查或用红线圈检阅图形时，可以用到修订云线功能。

▷ 4min

1. 开放修订云线

下面以图 2.175 为例，介绍绘制开放修订云线的一般操作过程。

图 2.175　开放修订云线

步骤 1：选择命令。选择下拉菜单 绘图(D) → 🌥 修订云线(V) 命令（在命令行中输入 REVCLOUD 命令，并按 Enter 键。）。

步骤 2：绘制图形。在系统 □▾ REVCLOUD 指定第1个点或 [弧长(A) 对象(O) 矩形(R) 多边形(P) 徒手画(F) 样式(S) 修改(M)] <对象>: 的提示下，在图形区单击开始绘制修订云线，根据如图 2.175 所示的形状移动鼠标，当达到想要效果后按 Enter 键确认。

步骤 3：定义方向。在系统 □▾ REVCLOUD 反转方向 [是(Y) 否(N)] <否>: 的提示下，直接按 Enter 键采用默认方向。

2. 封闭修订云线

下面以图 2.176 为例，介绍绘制封闭修订云线的一般操作过程。

图 2.176　封闭修订云线

步骤 1：选择命令。选择下拉菜单 绘图(D) → 🌥 修订云线(V) 命令（在命令行中输入 REVCLOUD 命令，并按 Enter 键。）。

步骤 2：绘制图形。在系统 □▾ REVCLOUD 指定第1个点或 [弧长(A) 对象(O) 矩形(R) 多边形(P) 徒手画(F) 样式(S) 修改(M)] <对象>: 的提示下，在图形区单击开始绘制修订云线，根据如图 2.176 所示的形状移动鼠标，当封闭时系统会自动结束修订云线功能。

3. 利用对象绘制修订云线

下面以图 2.177 为例，介绍利用对象绘制修订云线的一般操作过程。

步骤 1：打开练习文件 D：\AutoCAD2024\work\ch02.08\ 修订云线 -ex。

步骤 2：选择命令。选择下拉菜单 绘图(D) → 🌥 修订云线(V) 命令。

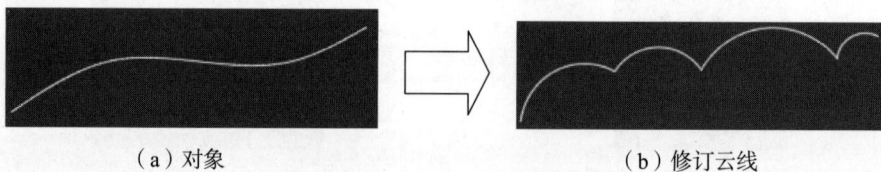
（a）对象　　　　　　　　　　　　　　（b）修订云线
图 2.177　利用对象绘制修订云线

步骤 3：选择类型。在系统 □▾ REVCLOUD 指定第1个点或 [弧长(A) 对象(O) 矩形(R) 多边形(P) 徒手画(F) 样式(S) 修改(M)] <对象>: 的提示下，选择 对象(O) 选项。

步骤 4：选择对象。在系统 □▾ REVCLOUD 选择对象: 的提示下，选取如图 2.177 所示的样条曲线对象。

说明：用户可以选择的对象类型包括直线、样条曲线、多段线、矩形、多边形、圆和圆弧等。

步骤 5：定义方向。在系统 □▾ REVCLOUD 反转方向 [是(Y) 否(N)] <否>: 的提示下，直接按 Enter 键采用默认方向。

4. 绘制特定形状（矩形、多边形、徒手画）的修订云线

下面以图 2.178 为例，介绍绘制特定形状修订云线的一般操作过程。

步骤 1：选择命令。单击"默认"功能选项卡"绘图"后的 ▼ 节点，在系统弹出的列表中选择 □ 后的 ▼ 节点，然后选择 矩形 命令，如图 2.179 所示。

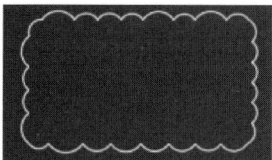

图 2.178 矩形修订云线

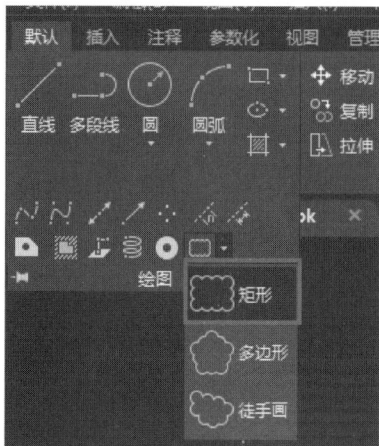

图 2.179 选择命令

说明： 用户可以选择下拉菜单 绘图(D) → 修订云线(V) 命令，在系统的提示下选择 矩形(R) 选项。

步骤 2：定义弧长大小。在系统 ▼ REVCLOUD 指定第 1 个角点或 [弧长(A) 对象(O) 矩形(R) 多边形(P) 徒手画(F) 样式(S) 修改(M)] <对象>： 的提示下，选择 弧长(A) 选项，在系统 ▼ REVCLOUD 指定圆弧的大约长度 <519.9054>： 的提示下，输入弧长 20。

步骤 3：定义矩形的第 1 个角点。在系统 ▼ REVCLOUD 指定第 1 个角点或 [弧长(A) 对象(O) 矩形(R) 多边形(P) 徒手画(F) 样式(S) 修改(M)] <对象>： 的提示下，将鼠标光标移至屏幕上的任意位置并单击，即可确定第 1 个角点位置。

步骤 4：定义矩形对角点。在图形区的长度文本框中输入矩形长度值 200，按 Tab 键切换到宽度文本框，输入宽度值 100。

5. 修订云线的样式

选择修订云线命令，在系统 ▼ REVCLOUD 指定第 1 个角点或 [弧长(A) 对象(O) 矩形(R) 多边形(P) 徒手画(F) 样式(S) 修改(M)] <对象>： 的提示下，选择 样式(S) 选项，在系统 ▼ REVCLOUD 选择圆弧样式 [普通(N) 手绘(C)] <普通>： 的提示下，选择合适的修订云线样式即可。修订云线有两种样式：普通样式（如图 2.180 所示）与手绘样式（如图 2.181 所示）。

图 2.180 普通样式

图 2.181 手绘样式

2.9 上机实操

上机实操 1 如图 2.182 所示，上机实操 2 如图 2.183 所示。

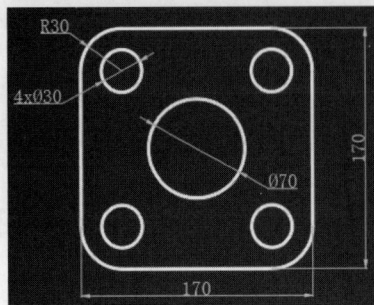

图 2.182　实操 1

图 2.183　实操 2

第3章　精确高效绘图方法

3.1　使用坐标

3.1.1　坐标系概述

在 AutoCAD 中，坐标系的原点（0，0）位于绘图区的左下角，如图 3.1 所示。在绘图过程中，可以用 4 种不同形式的坐标来指定点的位置。分别为绝对直角坐标、相对直角坐标、绝对极坐标及相对极坐标。

3.1.2　绝对直角坐标

绝对直角坐标是用当前点与坐标原点在 x 方向和 y 方向上的距离来表示的，形式为（x，y），如图 3.2 所示。

▷ 5min

下面以通过（0，0）、（5，5）、（5，10）、（3，15）与（0，15）绘制如图 3.3 所示的封闭图形为例介绍输入绝对直角坐标的一般方法。

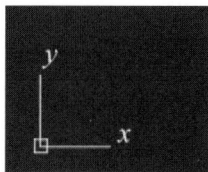

图 3.1　坐标原点

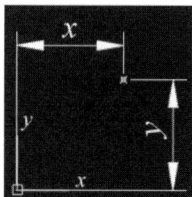

图 3.2　绝对直角坐标

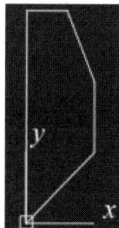

图 3.3　绝对直角坐标

步骤 1：在状态栏中单击 ▦ 按钮，关闭动态输入功能。

步骤 2：选择命令。单击"默认"功能选项卡"绘图"区域中的 ▦ 命令。

步骤 3：定义第 1 个点。在命令行 ▾ LINE 指定第1个点: 的提示下，在命令行输入 0，0，然后按 Enter 键确认。

说明：输入点坐标时建议读者将输入法设置为美式键盘输入法。

步骤 4：定义第 2 个点。在命令行 ╱▾ LINE 指定下一点或 [放弃(U)]: 的提示下，在命令行输入 5，5，然后按 Enter 键确认。

步骤 5：定义第 3 个点。在命令行 ╱▾ LINE 指定下一点或 [放弃(U)]: 的提示下，在命令行输入 5，10，然后按 Enter 键确认。

步骤 6：定义第 4 个点。在命令行 ╱▾ LINE 指定下一点或 [闭合(C) 放弃(U)]: 的提示下，在命令行输入 3，15，然后按 Enter 键确认。

步骤 7：定义第 5 个点。在命令行 ╱▾ LINE 指定下一点或 [闭合(C) 放弃(U)]: 的提示下，在命令行输入 0，15，然后按 Enter 键确认。

步骤 8：封闭图形。在命令行 ╱▾ LINE 指定下一点或 [闭合(C) 放弃(U)]: 的提示下，选择 闭合(C) 选项。

3.1.3　相对直角坐标

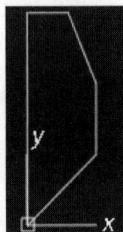

相对直角坐标是用当前点与前一点的相对位置来定义当前点的位置的，形式为（@x，y），如图 3.4 所示。

下面以绘制如图 3.5 所示的封闭图形为例介绍输入相对直角坐标的一般方法。

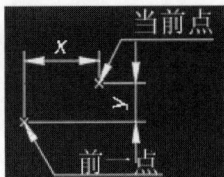

图 3.4　相对直角坐标　　　　　图 3.5　相对直角坐标

说明：如图 3.5 所示的图形点的坐标与如图 3.3 所示的图形点的坐标一致。

步骤 1：在状态栏中确认已经关闭动态输入功能。

步骤 2：选择命令。单击"默认"功能选项卡"绘图"区域中的■命令。

步骤 3：定义第 1 个点。在命令行 ▾ LINE 指定第 1 个点: 的提示下，在命令行输入 0，0，然后按 Enter 键确认。

步骤 4：定义第 2 个点。在命令行 ╱▾ LINE 指定下一点或 [放弃(U)]: 的提示下，在命令行输入 @5，5，然后按 Enter 键确认。

步骤 5：定义第 3 个点。在命令行 ╱▾ LINE 指定下一点或 [放弃(U)]: 的提示下，在命令行输入 @0，5，然后按 Enter 键确认。

步骤 6：定义第 4 个点。在命令行 ╱▾ LINE 指定下一点或 [闭合(C) 放弃(U)]: 的提示下，在命令行输入 @-2，5，然后按 Enter 键确认。

步骤 7：定义第 5 个点。在命令行 ╱▾ LINE 指定下一点或 [闭合(C) 放弃(U)]: 的提示下，在命令行输入 @-3，0，然后按 Enter 键确认。

步骤8：封闭图形。在命令行 ▾ LINE 指定下一点或 [闭合(C) 放弃(U)]: 的提示下，选择 闭合(C) 选项。

注意：绝对直角坐标与相对直角坐标的区别如下。

通过输入（0,0）、（5,5）、（5,10）、（3,15）与（0,15）绝对直角坐标与通过输入（0, 0）、（@5，5）、（@0，5）、（@-2，5）与（@-3，0）相对直角坐标得到的结果完全一致。

3.1.4　绝对极坐标

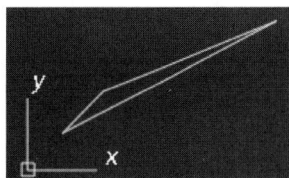

绝对极坐标是通过两个要素来定义的，一是当前点与原点的距离，二是当前点和原点的连线与 x 轴的夹角（夹角是指以 x 轴正方向为0°）。沿逆时针方向旋转的角度，其表示形式是（距离值 < 角度值），如图3.6所示。

下面以3点绘制如图3.7所示的三角形为例，介绍输入绝对极坐标的一般方法。

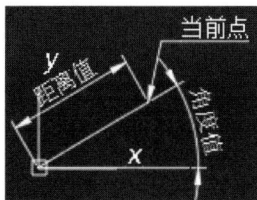

图3.6　绝对极坐标　　　　　　　　　　图3.7　绝对极坐标

第1个点的坐标值为1，1（绝对直角坐标）。

第2个点与原点之间的距离为3，第2个点与原点之间的连线与水平轴的夹角为45°（3<45）。

第3个点与原点之间的距离为8，第3个点与原点之间的连线与水平轴的夹角为30°（8<30）。

步骤1：在状态栏中确认已经关闭动态输入功能。

步骤2：选择命令。单击"默认"功能选项卡"绘图"区域中的 ▉ 命令。

步骤3：定义第1个点。在命令行 ▾ LINE 指定第1个点: 的提示下，在命令行输入1，1，然后按 Enter 键确认。

步骤4：定义第2个点。在命令行 ▾ LINE 指定下一点或 [放弃(U)]: 的提示下，在命令行输入3<45，然后按 Enter 键确认。

步骤5：定义第3个点。在命令行 ▾ LINE 指定下一点或 [放弃(U)]: 的提示下，在命令行输入8<30，然后按 Enter 键确认。

步骤6：闭合图形。在命令行 ▾ LINE 指定下一点或 [闭合(C) 放弃(U)]: 的提示下，选择 闭合(C) 选项。

3.1.5　相对极坐标

相对极坐标通过指定当前点与前一点的距离和角度来定义当前点的位置，其表示形式是（@ 距离值 < 角度值），如图3.8所示。

下面以绘制如图 3.9 所示的封闭图形为例介绍输入相对极坐标的一般方法。

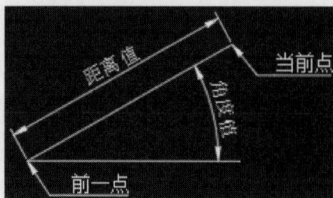

图 3.8　相对极坐标

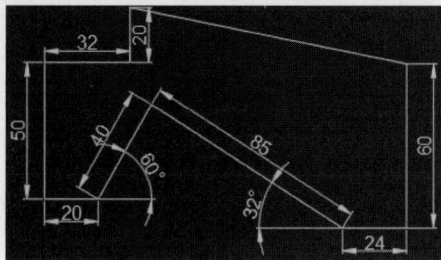

图 3.9　相对极坐标

步骤 1：在状态栏中确认已经关闭动态输入功能。

步骤 2：选择命令。单击"默认"功能选项卡"绘图"区域中的▮命令。

步骤 3：定义第 1 个点。在命令行 ⁄▾ LINE 指定第 1 个点: 的提示下，将鼠标移动到图形区域合适的位置单击即可确定第 1 个点。

步骤 4：定义第 2 个点。在命令行 ⁄▾ LINE 指定下一点或 [放弃(U)]: 的提示下，在命令行输入 @20<270，然后按 Enter 键确认。

步骤 5：定义第 3 个点。在命令行 ⁄▾ LINE 指定下一点或 [放弃(U)]: 的提示下，在命令行输入 @32<180，然后按 Enter 键确认。

步骤 6：定义第 4 个点。在命令行 ⁄▾ LINE 指定下一点或 [闭合(C) 放弃(U)]: 的提示下，在命令行输入 @50<270，然后按 Enter 键确认。

步骤 7：定义第 5 个点。在命令行 ⁄▾ LINE 指定下一点或 [闭合(C) 放弃(U)]: 的提示下，在命令行输入 @20<0，然后按 Enter 键确认。

步骤 8：定义第 6 个点。在命令行 ⁄▾ LINE 指定下一点或 [闭合(C) 放弃(U)]: 的提示下，在命令行输入 @40<60，然后按 Enter 键确认。

步骤 9：定义第 7 个点。在命令行 ⁄▾ LINE 指定下一点或 [闭合(C) 放弃(U)]: 的提示下，在命令行输入 @85<328，然后按 Enter 键确认。

步骤 10：定义第 8 个点。在命令行 ⁄▾ LINE 指定下一点或 [闭合(C) 放弃(U)]: 的提示下，在命令行输入 @24<0，然后按 Enter 键确认。

步骤 11：定义第 9 个点。在命令行 ⁄▾ LINE 指定下一点或 [闭合(C) 放弃(U)]: 的提示下，在命令行输入 @60<90，然后按 Enter 键确认。

步骤 12：封闭图形。在命令行 ⁄▾ LINE 指定下一点或 [闭合(C) 放弃(U)]: 的提示下，选择闭合(C) 选项。

3.1.6　用户坐标系

任何一个 AutoCAD 图形都使用一个固定的坐标系，称为世界坐标系（WCS），并且图形中的任何点在世界坐标系中都有一个确定的 x、y、z 坐标。同时，也可以根据需要在三维空间中的任意位置和任意方向定义新的坐标系，这种类型的坐标系称为用户坐标系

（UCS）。

1. 新建用户坐标系

下面以图 3.10 为例来说明新建用户坐标系的意义和操作过程。本实例需要在矩形内部绘制一个横放的 T 形，T 形左下角与矩形左下角的水平与竖直间距分别为 10 与 6，如果原始坐标系位置不在矩形左下角点，则 T 形左下角的位置就不容易确定，如果用户可以在矩形左下角创建一个用户坐标系，则 T 形左下角的位置就很容易确定（直接输入绝对直角坐标 10，6 即可）。

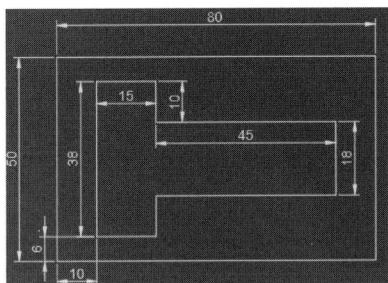

图 3.10　用户坐标系

步骤 1：新建文件。选择快速访问工具栏中的 ▣ 命令，在"选择样板"对话框中选择 acadiso 的样板文件，然后单击 打开(O) ▾ 按钮。

步骤 2：绘制矩形。选择矩形命令，在任意位置绘制如图 3.11 所示的长度为 80 且宽度为 50 的矩形。

步骤 3：新建用户坐标系。选择下拉菜单 工具(T) → 新建 UCS(W) → ⊿ 原点(N) 命令，在系统 ∟·UCS 指定新原点 <0,0,0>: 的提示下，在图形区捕捉矩形的左下角点放置用户坐标系，完成后如图 3.12 所示。

图 3.11　绘制矩形

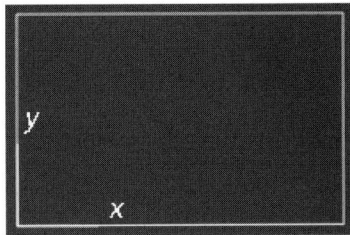

图 3.12　用户坐标系

步骤 4：绘制直线。在状态栏中确认打开动态输入功能，选择"直线"命令，在系统 ╱·LINE 指定第 1 个点: 的提示下，输入绝对直角坐标值 10，6，然后按 Enter 键确认；竖直向上移动鼠标捕捉到竖直虚线，然后在长度文本框中输入长度值 38，按 Enter 键确定；水平向右移动鼠标捕捉到水平虚线，然后在长度文本框中输入长度值 15，按 Enter 键确定；竖直向下移动鼠标捕捉到竖直虚线，然后在长度文本框中输入长度值 10，按 Enter 键确定；水平向右移动鼠标捕捉到水平虚线，然后在长度文本框中输入长度值 45，按 Enter 键确定；竖直向下移动鼠标捕捉到竖直虚线，然后在长度文本框中输入长度值 18，按 Enter 键确定；水平向左移动鼠标捕捉到水平虚线，然后在长度文本框中输入长度值 45，按 Enter 键确定；竖直向下移动鼠标捕捉到竖直虚线，然后在长度文本框中输入长度值 10，按 Enter 键确定；在 LINE 指定下一点或 [闭合(C) 放弃(U)]: 的提示下选择"闭合"选项完成 T 形图形的绘制。

2. 保存用户坐标系（命名 UCS）

用户创建一个坐标系后，系统会以未命名的名称显示，如图 3.13 所示。当创建另外一个用户坐标系时，系统仍以未命名的名称显示，并且会将前面创建的第 1 个未命名坐标系覆盖，如果想保留创建的用户坐标系就需要进行重新命名；在进行复杂的图形设计时，往往要在许多位置创建 UCS，创建 UCS 后对其进行重命名，以后需要时就能够通过其名称迅速地回到该命名的坐标系。

下面介绍重命名用户坐标系的方法。

步骤 1：选择命令。选择下拉菜单 工具(T) → 命名 UCS(U)... 命令，系统会弹出 UCS 对话框。

步骤 2：重新命名。在 UCS 对话框"命名 UCS"选项卡中右击"未命名"的坐标系，在弹出的快捷菜单中选择"重命名"命令，然后输入新的名称（例如 UCS01），效果如图 3.14 所示。

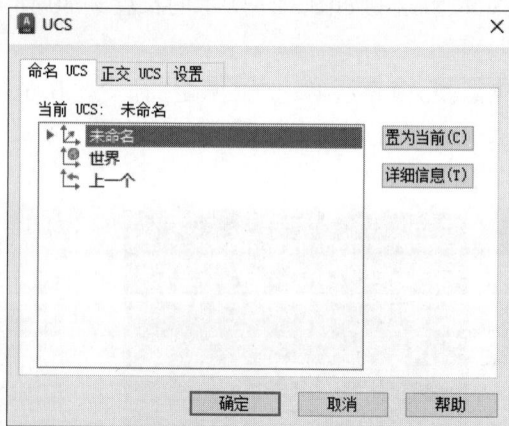

图 3.13　未命名

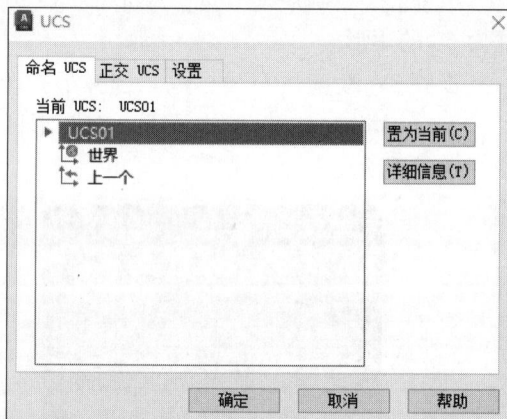

图 3.14　重命名

说明：

更改名称时，读者也可以在用户坐标系上缓慢单击两次，然后输入新的名称。

现有文件包含两个坐标系（世界坐标系与用户定义的 UCS01 坐标系），现在正在使用的是 UCS01 坐标系（UCS01 前有 ▶），如果想使用世界坐标系，则可以选中世界坐标系，然后单击对话框中的 置为当前(C) 按钮，最后单击 确定 按钮即可。

3.2 使用对象捕捉

3.2.1 对象捕捉

在精确绘图过程中，经常需要在图形对象上选取某些特征点，如圆心、切点、交点、端点和中点等，此时如果使用 AutoCAD 提供的对象捕捉功能，则可迅速、准确地捕捉到这些点的位置，从而精确地绘制图形，以此来提高我们的绘图速度。

1. 打开关闭对象捕捉

单击软件状态栏中的▣按钮，当▣加亮显示时，代表对象捕捉已经打开；当▣没有加亮显示时，代表对象捕捉已经关闭。

说明： 打开关闭对象捕捉还有以下几种方法。

方法一： 按 F3 快捷键。

方法二： 选择下拉菜单 工具(T) → 绘图设置(F)... 命令，系统会弹出如图 3.15 所示的"草图设置"对话框，单击 对象捕捉 功能选项卡，选中 ☑启用对象捕捉 (F3)(O) 代表对象捕捉已经打开，取消选中 □启用对象捕捉 (F3)(O) 代表对象捕捉已经关闭。

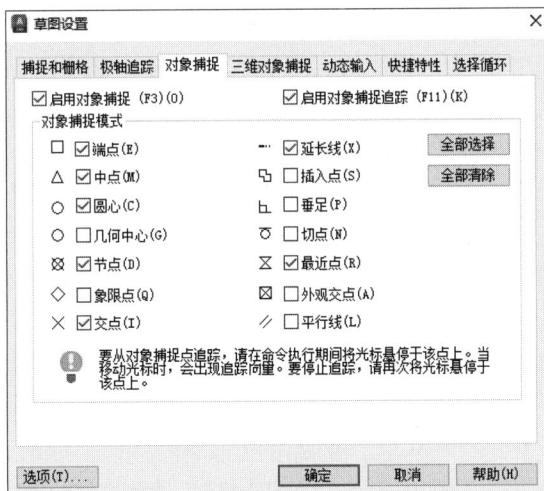

图 3.15 "草图设置"对话框

方法三： 按快捷键 Ctrl+F。

2. 对象捕捉的设置

在如图 3.15 所示的"草图设置"对话框中，对象捕捉模式 区域可以设置捕捉的类型，前面有 ☑ 代表可以捕捉，前面有 □ 代表不可以捕捉，下面对各个捕捉类型进行简要说明。

（1）☑端点(E)：用于捕捉几何对象的最近端点或者角点。

（2）☑中点(M)：用于捕捉几何对象的中点。

（3）☑圆心(C)：用于捕捉圆弧、圆、椭圆或椭圆弧的中心点。

（4）□几何中心(G)：用于捕捉任意闭合多段线和样条曲线的质心（比较常见的为矩形或者多边形），如图 3.16 所示。

（5）☑节点(D)：用于捕捉点对象、标注定义点或标注文字原点。

（6）□象限点(Q)：用于捕捉圆弧、圆、椭圆或椭圆弧的象限点，如图 3.17 所示。

（7）☑交点(I)：用于捕捉几何对象的相交点。

（8）☑延长线(X)：用于当光标经过对象的端点时，显示临时延长线或圆弧，以便用户在延长线或圆弧上指定点。

（9）□插入点(S)：用于捕捉对象（如属性、块或文字）的插入点。

（10）□垂足(P)：用于捕捉垂直于选定几何对象的点，如图 3.18 所示。

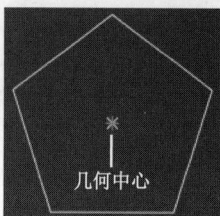  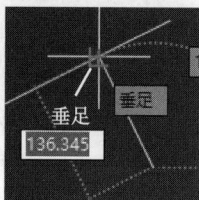

图 3.16　几何中心　　　　　图 3.17　象限点　　　　　图 3.18　垂足

（11）□切点(N)：用于捕捉到圆弧、圆、椭圆、椭圆弧、多段线圆弧或样条曲线的切点。

（12）☑最近点(R)：用于捕捉到对象（如圆弧、圆、椭圆、椭圆弧、直线、点、多段线、射线、样条曲线或构造线）的最近点。

（13）□外观交点(A)：用于捕捉在三维空间中不相交，但在当前视图中看起来可能相交的两个对象的视觉交点。

（14）□平行线(L)：用于通过悬停光标来约束新直线段、多段线线段、射线或构造线以使其与标识的现有线性对象平行。

3. 对象捕捉的使用——自动捕捉

开启自动捕捉后，当系统要求用户指定一个点时，把光标放在某对象上，系统便会自动捕捉到该对象上符合条件的特征点，并显示出相应的标记，如果光标在特征点处多停留一段时间，则会显示该特征点的提示，这样用户在选点之前，只需先预览一下特征点的提示，然后确认就可以了。

4. 对象捕捉的使用——使用捕捉工具栏

打开捕捉工具条的方法：选择下拉菜单 工具(T) ➝ 工具栏 ➝ AutoCAD ，在弹出的下拉菜单中勾选 ✓ 对象捕捉 ，即可显示如图 3.19 所示的"捕捉"工具栏。

在具体绘制图形的过程中，当系统要求用户指定一个点时（例如选择直线命令后，系统要求指定一点作为直线的起点），用户可以单击该工具栏中相应的特征点按钮，再把光标移到要捕捉对象上的特征点附近，系统即可捕捉到该特征点，如图 3.19 所示的"对象捕捉"工具栏各按钮的功能说明如下。

图 3.19　"对象捕捉"工具栏

（1）临时追踪点：通常与其他对象捕捉功能结合使用，用户可以根据一个追踪参考点移动光标，即可看到追踪路径，后期可在追踪路径上拾取一点。

（2）捕捉自：通常与其他对象捕捉功能结合使用，用于拾取一个与捕捉点有一定偏移量的点。

（3）捕捉到端点：用于捕捉对象的端点，包括圆弧、椭圆弧、多线线段、直线线段、多段线的线段、射线的端点，以及实体及三维面边线的端点。

（4）捕捉到中点：用于捕捉对象的中点，包括圆弧、椭圆弧、多线、直线、多段线的线段、样条曲线、构造线的中点，以及三维实体和面域对象任意一条边线的中点。

（5）捕捉到交点：用于捕捉两个对象的交点。

（6）捕捉到外观交点：用于捕捉两个对象的外观交点，这两个对象实际上在三维空间中并不相交，但在屏幕上显得相交。

（7）捕捉至延长线（也叫"延伸对象捕捉"）：用于捕捉沿着直线或圆弧的自然延伸线上的点，一般可以与交点结合使用。

（8）捕捉到圆心：用于捕捉圆弧对象的圆心。

（9）捕捉到象限点：用于捕捉圆弧、圆、椭圆、椭圆弧或多段线弧段的象限点。

（10）捕捉到切点：用于捕捉圆、圆弧、椭圆、椭圆弧或者样条曲线上的切点。

（11）捕捉到垂足：用于捕捉垂直于对象的交点。

（12）捕捉到平行线：用于创建与现有直线段平行的直线段（包括直线或多段线线段）。

（13）捕捉到插入点：用于捕捉属性、形、块或文本对象的插入点。

（14）捕捉到节点：用于捕捉点对象，此功能对于捕捉用 POINT 和 MEASURE 命令插入的点对象特别有用。

（15）捕捉到最近点：用于捕捉在一个对象上离光标最近的点。

（16）无捕捉：不使用任何对象捕捉模式，即暂时关闭对象捕捉模式。

（17）对象捕捉设置：单击该按钮，系统会弹出"草图设置"对话框。

5. 对象捕捉的使用——使用捕捉字符

在绘图时，当系统要求用户指定一个点时，可输入所需的捕捉命令的字符，再把光标移到要捕捉对象的特征点附近，这样便可选择现有对象上的所需特征点，如表 3.1 所示。

表 3.1　捕捉快捷字符

捕 捉 类 型	对 应 命 令	捕 捉 类 型	对 应 命 令
临时追踪点	TT	捕捉自	FROM
端点捕捉	ENDP	中点捕捉	MID
交点捕捉	INT	外观交点捕捉	APPINT
延长线捕捉	EXT	圆心捕捉	CEN

续表

捕 捉 类 型	对 应 命 令	捕 捉 类 型	对 应 命 令
象限点捕捉	QUA	切点捕捉	TAN
垂足捕捉	PER	平行线捕捉	PAR
插入点捕捉	INS	最近点捕捉	NEA
节点捕捉	NOD		

6. 对象捕捉的使用——使用捕捉快捷菜单

在绘图时，当系统要求用户指定一个点时，可按 Shift 键（或 Ctrl 键）并同时在绘图区右击，系统会弹出如图 3.20 所示的对象捕捉快捷菜单。在该菜单上选择需要的捕捉命令，再把光标移到要捕捉对象的特征点附近，这样便可选择现有对象上的所需特征点。

7. 对象捕捉案例

对象捕捉案例如图 3.21 所示。

步骤 1：新建文件。选择快速访问工具栏中的 📄 命令，在"选择样板"对话框中选择 acadiso 的样板文件，然后单击 打开(O) 按钮。

步骤 2：绘制第 1 个圆。选择圆心直径命令，在系统的提示下输入 0，0，然后按 Enter 键确认，在系统的提示下输入圆的直径值为 8，然后按 Enter 键确认，效果如图 3.22 所示。

步骤 3：绘制第 2 个圆。选择圆心直径命令，在系统的提示下直接捕捉步骤 2 所绘制的圆的圆心，然后在系统的提示下输入圆的直径值 14，然后按 Enter 键确认，效果如图 3.23 所示。

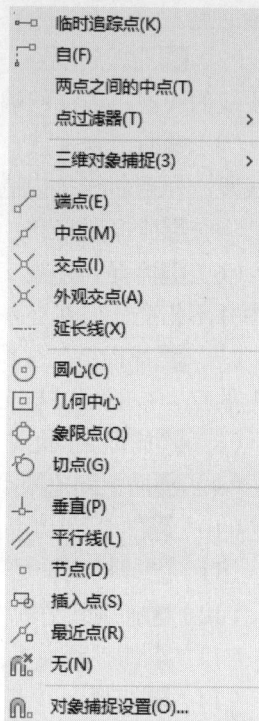

🞊 临时追踪点(K)	
🔲 自(F)	
两点之间的中点(T)	
点过滤器(T) ▸	
三维对象捕捉(3) ▸	
🞜 端点(E)	
🞜 中点(M)	
✕ 交点(I)	
✕ 外观交点(A)	
┈ 延长线(X)	
⊙ 圆心(C)	
▣ 几何中心(G)	
🞉 象限点(Q)	
🞅 切点(G)	
⊥ 垂直(P)	
∥ 平行线(L)	
▫ 节点(D)	
🏗 插入点(S)	
🏗 最近点(R)	
🙾 无(N)	
🞋 对象捕捉设置(O)...	

图 3.20　"对象捕捉"快捷菜单

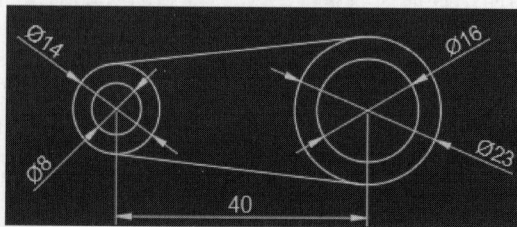

图 3.21　"对象捕捉"案例

步骤 4：绘制第 3 个圆。选择圆心直径命令，在系统的提示下输入 40，0，然后按 Enter 键确认，在系统的提示下输入圆的直径值 16，然后按 Enter 键确认，效果如图 3.24 所示。

步骤 5：绘制第 4 个圆。选择圆心直径命令，在系统的提示下直接捕捉步骤 4 所绘制的圆的圆心，在系统的提示下输入圆的直径值 23，然后按 Enter 键确认，效果如图 3.25 所示。

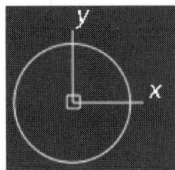

图 3.22　第 1 个圆

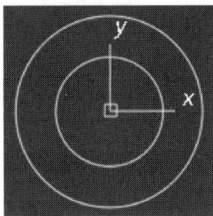

图 3.23　第 2 个圆

图 3.24　第 3 个圆

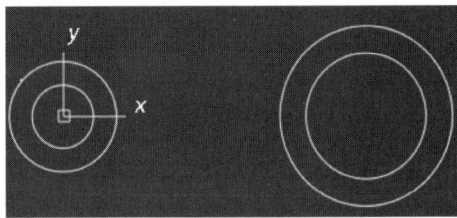

图 3.25　第 4 个圆

步骤 6：绘制相切直线 1 的第 1 个切点位置。选择直线命令，在系统的提示下输入 tan（相切的捕捉字符）按 Enter 键确定，然后在图形区步骤 3 所绘制的圆的上方选取第 1 个相切点，如图 3.26 所示。

步骤 7：绘制相切直线 1 的第 2 个切点位置。在"对象捕捉"工具条中单击 📐（捕捉到相切）按钮，然后在步骤 5 所绘制的圆的上方选取第 2 个相切位置，如图 3.27 所示，按 Esc 键完成操作，绘制完成后的效果如图 3.28 所示。

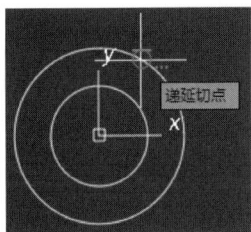

图 3.26　相切点 1

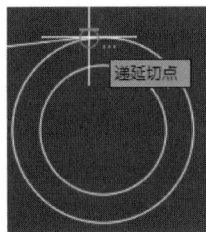

图 3.27　相切点 2

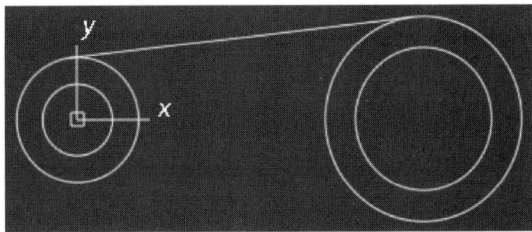

图 3.28　直线 1

步骤 8：绘制相切直线 2 的第 1 个切点位置。选择直线命令，在系统的提示下，按住 Shift 键并同时在绘图区右击，在系统弹出的快捷菜单中选择 ◯ 切点(G)，然后在图形区步骤 3 所绘制的圆的下方选取第 1 个相切点。

步骤 9：绘制相切直线 2 的第 2 个切点位置。在系统的提示下，按住 Ctrl 键并同时在绘图区右击，在系统弹出的快捷菜单中选择 ◯ 切点(G)，然后在步骤 5 所绘制的圆的下方选取第 2 个相切位置，按 Esc 键完成操作，绘制完成后的效果如图 3.29 所示。

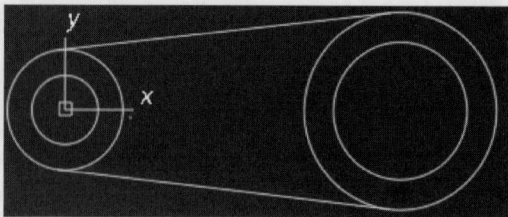

图 3.29　直线 2

3.2.2　捕捉与栅格

在 AutoCAD 绘图中，使用捕捉和栅格功能，就像使用坐标纸一样，可以直观地利用距离和位置参照进行图形的绘制，从而提高绘图效率。栅格的间距和捕捉的间距可以独立地设置。

说明："捕捉"与"对象捕捉"是两个不同的概念，"捕捉"是指控制鼠标光标在屏幕上移动的间距，使鼠标光标只能按设定的间距跳跃着移动，而"对象捕捉"是指捕捉对象的中点、端点和圆心等特征点。

1. 栅格

栅格是由规则的点阵图案组成的，使用这些栅格类似于在一张坐标纸上绘图。虽然参照栅格在屏幕上可见，但不会作为图形的一部分被打印出来。栅格点只分布在图形界限内，有助于将图形边界可视化、对齐对象，以及使对象之间的距离可视化。用户可根据需要打开和关闭栅格，也可在任何时候修改栅格的间距。

打开或关闭栅格功能的操作方法是：单击屏幕下部状态栏中的 ▦ 按钮，当 ▦ 加亮显示时，代表栅格已经打开，此时在图形区将布满栅格点；当 ▦ 没有加亮显示时，代表栅格已经关闭。

说明：打开或关闭栅格功能还有 3 种方法。

方法一：按 F7 键。

方法二：按快捷键 Ctrl ＋ G。

方法三：选择下拉菜单 工具(T) → ┗┛ 绘图设置(F)... 命令，系统会弹出"草图设置"对话框，单击 捕捉和栅格 功能选项卡，选中 ☑启用栅格 (F7)(G) 代表栅格已经打开，取消选中 □启用栅格 (F7)(G) 代表栅格已经关闭，如图 3.30 所示。

修改栅格间距的方法如下：

选择下拉菜单 工具(T) → ┗┛ 绘图设置(F)... 命令，系统会弹出"草图设置"对话框，单击 捕捉和栅格 功能选项卡，在 栅格 X 轴间距(N): 文本框中设置相邻两个栅格之间的水平间距，如图 3.31 所示，在 栅格 Y 轴间距(I): 文本框中设置相邻两个栅格之间的竖直间距，如图 3.31 所示，在 每条主线之间的栅格数(J): 文本框设置主线之间的栅格数目，如图 3.31 所示。

2. 捕捉

捕捉用于设置鼠标光标一次移动的间距。

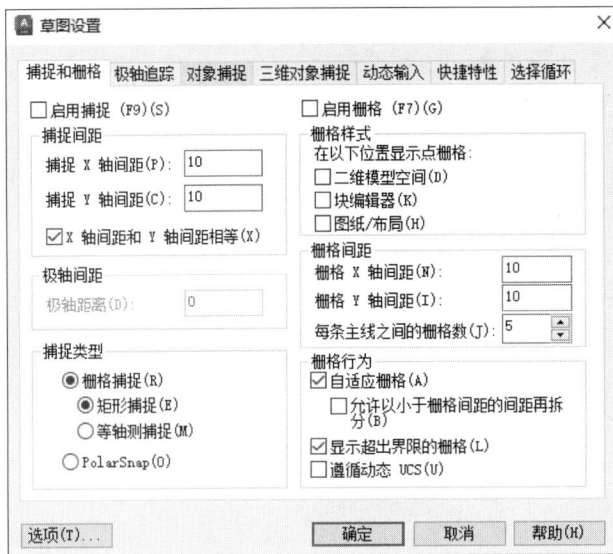

图 3.30　捕捉与栅格

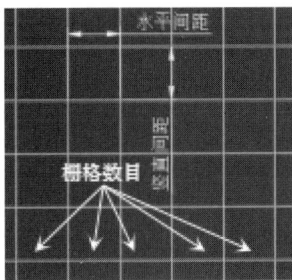

图 3.31　栅格间距

打开或关闭捕捉功能的操作方法是：单击屏幕下部状态栏中的▦按钮，当▦加亮显示时，代表捕捉已经打开；当▦没有加亮显示时，代表捕捉已经关闭。

说明：打开或关闭捕捉功能还有 3 种方法。

方法一：按 F9 键。

方法二：按快捷键 Ctrl + B。

方法三：选择下拉菜单 工具(T)→ 绘图设置(F)... 命令，系统会弹出"草图设置"对话框，单击 捕捉和栅格 功能选项卡，选中☑启用捕捉 (F9)(S) 代表捕捉已经打开，取消选中□启用捕捉 (F9)(S) 代表捕捉已经关闭。

3.2.3　极轴追踪

当绘制或编辑对象时，极轴追踪有助于按相对于前一点的特定距离和角度增量来确定点的位置。打开极轴追踪后，当命令行提示指定第 1 个点时，在绘图区指定一点；当命令行提示指定下一点时，绕前一点转动光标，即可按预先设置的角度增量显示出经过该点且与 x 轴成特定角度的无限长的辅助线（这是一条虚线），此时就可以沿辅助线追踪得到所需的点。

打开或关闭极轴追踪功能的操作方法是：单击屏幕下部状态栏中的◔按钮，当◔加亮显示时，代表极轴追踪已经打开；当◔没有加亮显示时，代表极轴追踪已经关闭。

说明：打开或关闭极轴追踪功能还有两种方法。

方法一：按 F10 键。

方法二：选择下拉菜单 工具(T)→ 绘图设置(F)... 命令，系统会弹出"草图设置"对话框，单击 极轴追踪 功能选项卡，选中☑启用极轴追踪 (F10)(P) 代表极轴追踪已经打开，取消选中

□启用极轴追踪 (F10)(P) 代表极轴追踪已经关闭。

极轴追踪的参数设置：选择下拉菜单 **工具(T)** → 绘图设置(F)... 命令，在系统弹出的"草图设置"对话框中选择 极轴追踪 功能选项卡，如图 3.32 所示。

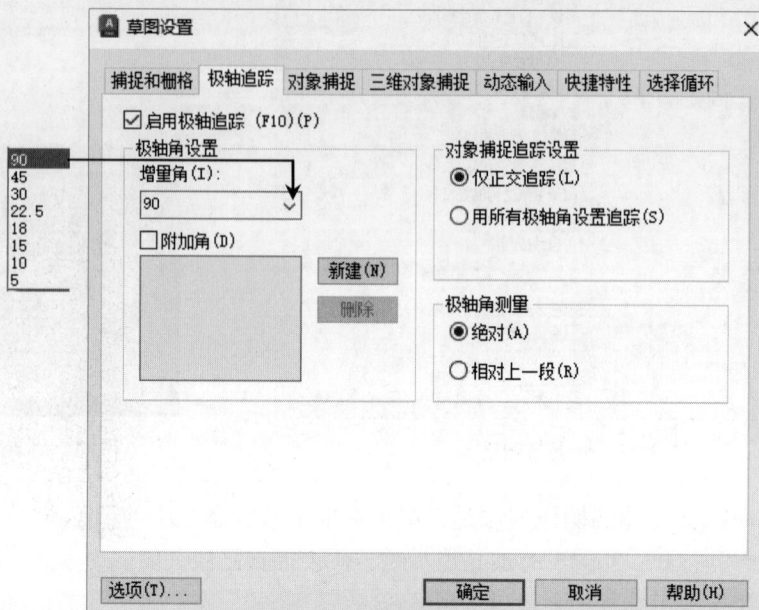

图 3.32　极轴追踪

图 3.32 "极轴追踪"功能选项卡中各选项的说明如下。

（1）极轴角设置 区域：用于设置极轴追踪的捕捉角度。

（2）增量角(I) 下拉列表：用于设置显示极轴追踪对齐路径的极轴角增量，用户既可以输入任何角度，也可以从列表中选择 90、45、30、22.5、18、15、10 或 5 这些常用角度；系统默认选择 90 选项，此时在绘图时，系统将可以捕捉 0°、90°、180°、270°、360°（每隔 90°捕捉一次），如图 3.33 所示。

（3）☑附加角(D) 选项：用于对列表中的附加角度进行捕捉（附加角度是绝对角度）。

（4）新建(N) 按钮：用于添加极轴追踪附加捕捉角度，用户最多可以添加 10 个附加角。用户单击 新建(N) 按钮后需要在附加角列表中输入要捕捉的附加角度（例如 26°），添加附加角后在绘图时将可以捕捉到附加的角度，如图 3.34 所示。

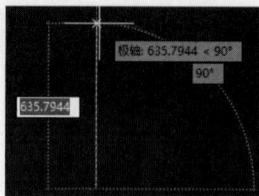

图 3.33　90°增量角

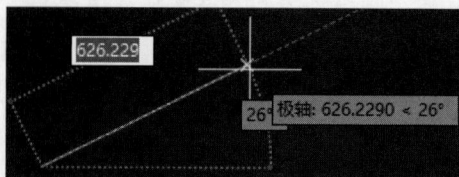

图 3.34　新建附加角

（5）删除按钮：用于删除选定的附加角度。

（6）对象捕捉追踪设置区域：用于设定对象捕捉追踪选项。

（7）◉仅正交追踪(L)选项：用于当对象捕捉追踪打开时，仅显示已获得的对象捕捉点的正交（水平/垂直）对象捕捉追踪路径。

（8）○用所有极轴角设置追踪(S)选项：用于将极轴追踪设置应用于对象捕捉追踪。使用对象捕捉追踪时，光标将从获取的对象捕捉点起沿极轴对齐角度进行追踪。

（9）极轴角测量区域：用于设定测量极轴追踪对齐角度的基准。

（10）◉绝对(A)选项：根据当前用户坐标系（UCS）确定极轴追踪角度。

（11）○相对上一段(R)选项：用于根据上一个绘制线段确定极轴追踪角度。

下面以绘制如图 3.35 所示的图形为例，介绍使用极轴追踪绘制图形的一般方法。

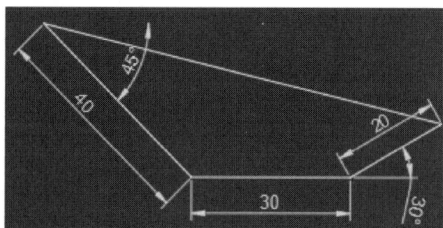

图 3.35　极轴追踪案例

步骤 1：新建文件。选择快速访问工具栏中的□命令，在"选择样板"对话框中选择 acadiso 的样板文件，然后单击 打开(O) ▼ 按钮。

步骤 2：设置极轴追踪参数。选择下拉菜单 工具(T) → 绘图设置(F)... 命令，在"草图设置"对话框中单击 极轴追踪 功能选项卡，在 增量角(I) 下拉列表中选择 30，单击 新建(N) 按钮，在附加角列表中输入附加角 315，如图 3.36 所示，单击 确定 按钮完成设置。

步骤 3：绘制第 1 条直线。选择直线命令，在系统的提示下将鼠标移动到图形区域的合适位置单击即可确定第 1 个点，然后捕捉到 315° 的角度线，在长度文本框中输入直线长度值 40，按 Enter 键确认，效果如图 3.37 所示。

图 3.36　极轴追踪设置

图 3.37　直线 1

步骤 4：绘制第 2 条直线。捕捉到 0° 的角度线，在长度文本框中输入直线长度值 30，按 Enter 键确认，效果如图 3.38 所示。

步骤 5：绘制第 3 条直线。捕捉到 30° 的角度线，在长度文本框中输入直线长度值 20，按 Enter 键确认，效果如图 3.39 所示。

步骤 6：封闭图形。在命令行 `▾ LINE 指定下一点或 [闭合(C) 放弃(U)]:` 的提示下，选择 `闭合(C)` 选项。

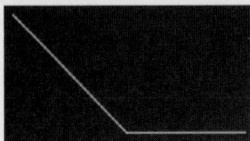

图 3.38　直线 2

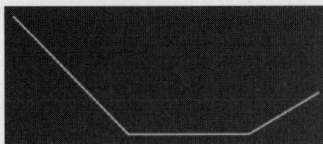

图 3.39　直线 3

3.2.4　对象捕捉追踪

对象捕捉追踪是指按与对象的某种特定关系来追踪点。一旦启用了对象捕捉追踪，并设置了一个或多个对象捕捉模式（如圆心、中点等），当命令行提示指定一个点时，将光标移至要追踪的对象上的特征点（如圆心、中点等）附近并停留片刻（不要单击），就会显示特征点的捕捉标记和提示，绕特征点移动光标，系统会显示追踪路径，用户可在路径上选择一点。

打开或关闭对象捕捉追踪功能的操作方法是：单击屏幕下部状态栏中的 ∠ 按钮，当 ∠ 加亮显示时，代表对象捕捉追踪已经打开；当 ∠ 没有加亮显示时，代表对象捕捉追踪已经关闭。

说明：打开或关闭对象捕捉追踪功能还有两种方法。

方法一：按 F11 键。

方法二：选择下拉菜单 `工具(T)` → `绘图设置(F)...` 命令，系统会弹出"草图设置"对话框，单击 `对象捕捉` 功能选项卡，选中 `☑启用对象捕捉追踪 (F11)(K)` 代表对象捕捉追踪已经打开，取消选中 `□启用对象捕捉追踪 (F11)(K)` 代表对象捕捉追踪已经关闭。

下面以绘制如图 3.40 所示的图形为例，介绍使用对象捕捉追踪绘制图形的一般方法。

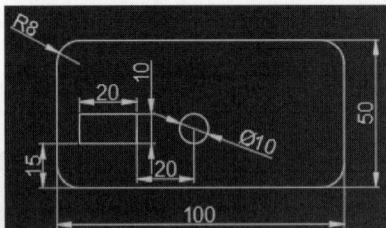

图 3.40　对象捕捉追踪案例

步骤 1：新建文件。选择快速访问工具栏中的 命令，在"选择样板"对话框中选择 acadiso 的样板文件，然后单击 `打开(O)` ▾ 按钮。

步骤 2：绘制圆角矩形。选择矩形命令，在系统的提示下选择"圆角"选项，将圆角半径值设置为8，然后在系统的提示下将鼠标移动到图形区域的合适位置单击即可确定矩形的第1个角点，选择"尺寸"选项，将长度值设置为100，将宽度值设置为50，在合适位置单击放置矩形，效果如图3.41所示。

步骤3：绘制普通矩形。选择矩形命令，在系统的提示下选择"圆角"选项，将圆角半径值设置为0，然后在系统的提示下，将鼠标移动至如图3.41所示的端点处并停留片刻，然后竖直向上缓慢移动鼠标，在捕捉到竖直虚线的前提下输入间距值15，在系统的提示下选择"尺寸"选项，将长度值设置为20，将宽度值设置为10，在右上方位置单击放置矩形，效果如图3.42所示。

图3.41　圆角矩形

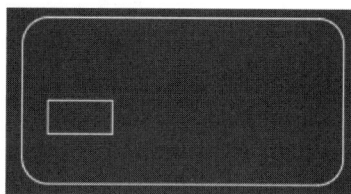

图3.42　普通矩形

步骤4：绘制圆。选择圆心直径命令，在系统的提示下，将鼠标移动至步骤3绘制的矩形的右侧竖直直线的中点处并停留片刻，然后水平向右缓慢移动鼠标，在捕捉到水平虚线的前提下输入间距值20，在系统的提示下输入圆的直径10并按Enter键确认，效果如图3.43所示。

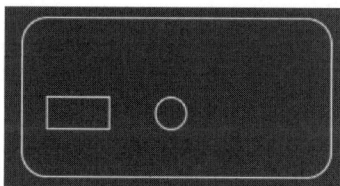

图3.43　圆

3.2.5　正交模式

在绘图过程中，有时需要只允许鼠标光标在当前的水平或竖直方向上移动，以便快速、准确地绘制图形中的水平线和竖直线。在这种情况下，可以使用正交模式。在正交模式下，只能绘制水平或垂直方向的直线。

打开或关闭正交功能的操作方法是：单击屏幕下部状态栏中的█按钮，当█加亮显示时，代表对象正交已经打开；当█没有加亮显示时，代表对象正交已经关闭。

说明：打开或关闭正交功能还有两种方法。

方法一：按F8键。

方法二：按快捷键Ctrl+L。

3.2.6　动态输入

动态工具提示提供了另外一种方法来输入命令。当动态输入处于启用状态时，工具提示将在光标附近动态地显示更新信息。当命令正在运行时，可以在工具提示文本框中指定选项和值，如图 3.44 所示。

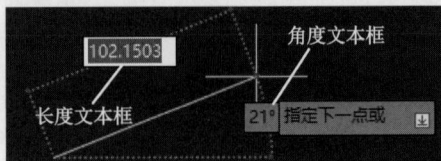

图 3.44　动态输入

3.3　上机实操

上机实操 1 如图 3.45 所示，上机实操 2 如图 3.46 所示。

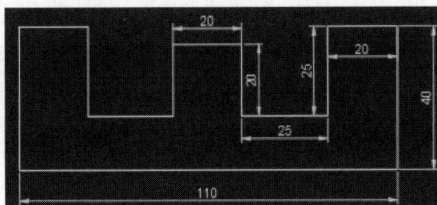

图 3.45　实操 1

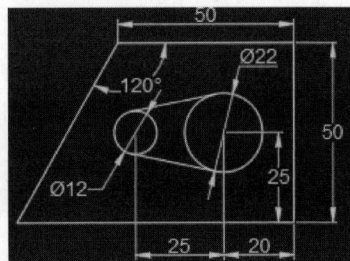

图 3.46　实操 2

第 4 章

图形的编辑

在 AutoCAD 中，可以对绘制的图元（包括文本）进行移动、复制、旋转等编辑操作。这样就可以提高我们的绘图速度及绘图的灵活性。

4.1　选择对象

在编辑操作之前，首先需要选取所要编辑的对象，系统会高亮显示所选的对象，如图 4.1 所示，而这些对象也就构成了选择集。选择集既可以包含单个或多个对象，也可以包含更复杂的对象编组。选择对象的方法非常灵活，既可以在选择编辑命令前先选取对象，也可以在选择编辑命令后选取对象，还可以在选择编辑命令前使用 SELECT 命令选取对象。

4.1.1　编辑操作前选取

对于简单对象（包括图元、文本等）的编辑，我们常常可以先选择对象，然后选择如何编辑它们。选择对象时，可以用鼠标单击选取单个对象或者使用窗口（或交叉窗口）选取多个对象。当选中某个对象时，它会被高亮显示，同时称为"夹点"的小方框会出现在被选对象的要点上。被选择对象的类型不同，夹点的位置也不相同，例如，圆或者圆弧对象会在圆心和象限点出现夹点（如图 4.1 所示）、直线对象会在端点和中点出现夹点（如图 4.2 所示）。

▶ 5min

图 4.1　选取圆

图 4.2　选取直线

1. 单击选取

将鼠标光标置于要选取的对象的边线上并单击，该对象就被选取了，用户还可以继续单击选择其他的对象。

此方法的优势：操作简单、方便、直观。

此方法的不足：效率不高、精确度低。使用单击选取的方法一次只能选取一个对象，若要选取的对象很多，则操作就非常烦琐；如果在排列密集、凌乱的图形中选取需要的对象，则很容易错选或多选对象。

2. 窗口选取

在绘图区某处单击，从左至右移动鼠标，即可产生一个临时的矩形选择窗口（以实线方式显示），在矩形选择窗口的另一对角点单击，此时就可以选中矩形窗口中的对象。

下面以选取如图 4.3 所示的图形为例来介绍窗口选取的一般操作过程。

（a）选取前　　　　　　　　　　　　（b）选取后

图 4.3　窗口选取

步骤 1：打开练习文件 D：\AutoCAD2024\work\ch04.01\ 选取对象 01-ex。

步骤 2：指定矩形的第 1 个点。在绘图区中，将光标移至图中的 A 点处并单击。

步骤 3：指定矩形的第 2 个点。在命令行 `▭▾指定对角点或 [栏选(F) 圈围(WP) 圈交(CP)]:` 的提示下，将光标向右移至图形中的 B 点处并单击，此时便选中了矩形窗口中的圆，不在该窗口中或者只有部分在该窗口中的对象则没有被选中。

注意：当进行窗口选取时，矩形窗口中的颜色为蓝色，边线为实线。

3. 窗交选取

用鼠标在绘图区某处单击，从右至左移动鼠标，即可产生一个临时的矩形选择窗口（以虚线方式显示），在此窗口的另一对角点单击，便选中了该窗口中的对象及该窗口相交的对象。

下面以选取如图 4.4 所示的图形为例来介绍窗交选取的一般操作过程。

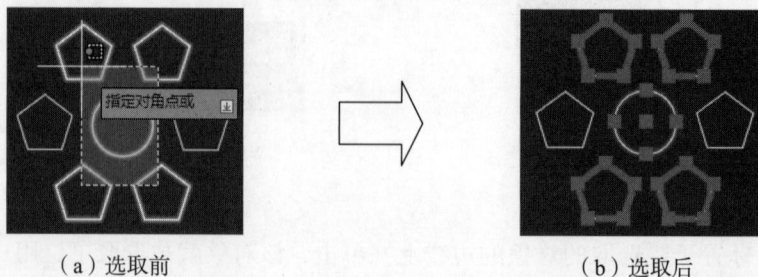

（a）选取前　　　　　　　　　　　　（b）选取后

图 4.4　窗交选取

步骤 1：打开练习文件 D：\AutoCAD2024\work\ch04.01\ 选取对象 01-ex。

步骤 2：指定矩形的第 1 个点。在绘图区中，将光标移至图中的 A 点处并单击。

步骤 3：指定矩形的第 2 个点。在命令行 □▾指定对角点或 [栏选(F) 圈围(WP) 圈交(CP)]: 的提示下，将光标向右移至图形中的 B 点处并单击，此时位于这个矩形窗口内或者与该窗口相交的对象均被选中。

注意：在使用框选时，从左至右（不管从左下到右上，还是从左上到右下）框选对象必须将要选的对象全部框选在矩形框内才能选中，而从右至左（不管从右下到左上，还是从右上到左下），只要要选择的图元有一部分在框选的矩形框内，这些对象都将被选中。当从左至右和从右至左框选时，矩形框的颜色是可以区分的。

---

4. 全部选择

选择下拉菜单 编辑(E) → ↳ 全部选择(L) 命令（或者使用快捷键 Ctrl+A），可选择屏幕中的所有可见和不可见的对象，当对象在冻结或锁定层上则不能用该命令选取。

4.1.2　编辑操作中选取

在选择某个编辑命令后，系统会提示选择对象。此时可以选择单个对象或者使用其他的对象选择方法来选择多个对象。在选择对象时，可以把它们添加到当前选择集中。当选择了至少一个对象之后，还可以将对象从选择集中去掉（按 Shift 键）。若要结束将对象添加到选择集的操作，则可按 Enter 键继续执行命令。一般情况下，编辑命令将作用于整个选择集。

1. 单击选取

用户在执行完编辑命令后，在系统 选择对象: 的提示下，将鼠标光标置于要选取的对象的边线上并单击，此时该对象以高亮的方式显示，表示已被选中，用户还可以继续单击以选择其他的对象。

2. 窗口方式

当系统要求用户选择对象时，可采用绘制一个矩形窗口的方法来选择对象。用户在执行完编辑命令后，在系统 选择对象: 的提示下，在命令行中输入字母 W 后按 Enter 键，然后在命令行的提示下，定义矩形的第 1 个角点与第 2 个角点，此时位于这个矩形窗口内的对象会被选中，不在该窗口内或者只有部分在该窗口内的对象则不被选中。

3. 最后方式

用户在执行完编辑命令后，在系统 选择对象: 的提示下，在命令行中输入字母 L 后按 Enter 键，系统会自动选择最后绘制的对象。

4. 全部方式

用户在执行完编辑命令后，在系统 选择对象: 的提示下，在命令行中输入字母 ALL 后按 Enter 键，此时图形中的所有对象都会被选中（锁定或者冻结的图层除外）。

5. 栏选方式

通过构建一条开放的多点栅栏（多段直线）来选择对象，执行操作后，所有与栅栏线相接触的对象都会被选中，"栏选"方式定义的多段直线可以自身相交。用户在执行完编辑命令后，在系统 选择对象: 的提示下，在命令行中输入字母 F 后按 Enter 键，然后确定多段直线的多个位置点，按 Enter 键后与多段直线相交的对象都会被选中。

6. 圈围方式

通过构建一个封闭多边形并将它作为选择窗口来选取对象，完全包围在多边形中的对象将会被选中。多边形可以是任意形状，但不能自身相交。用户在执行完编辑命令后，在系统 选择对象: 的提示下，在命令行中输入字母 WP 后按 Enter 键，然后依次指定多边形的各位置点，系统根据位置点创建多边形，按 Enter 键后完全包围在多边形中的对象都会被选中。

7. 圈交方式

通过绘制一个封闭多边形并将它作为交叉窗口来选取对象，位于多边形内或与多边形相交的对象都将被选中。用户在执行完编辑命令后，在系统 选择对象: 的提示下，在命令行中输入字母 CP 后按 Enter 键，然后依次指定多边形的各位置点，系统会根据位置点创建多边形，按 Enter 键后完全包围在多边形中的对象及与多边形相交的对象都会被选中。

8. 加入和扣除方式

在选择对象的过程中，经常会不小心选取了某个不想选取的对象，此时就要用到扣除方式以将不想选取的对象取消选择，而当在选择集中还有某些对象未被选取时，则可以使用加入方式继续进行选择。用户在执行完编辑命令后，在系统 选择对象: 的提示下，可以选取多个需要编辑的对象；如果用户想要扣除对象，则可以在命令行中输入字母 R 后按 Enter 键，这表示转换到从选择集中删除对象的模式，在系统 删除对象: 的提示下，选取需要扣除的对象即可；如果用户想要添加对象，则可以在命令行中输入字母 A 后按 Enter 键，这表示转换到向选择集中添加对象的模式，在系统 选择对象: 的提示下，选取需要添加的对象即可。

9. 交替方式

当在一个密集的图形中选取某对象时，如果该对象与其他一些对象的距离很近或者相互交叉，则将很难准确地选择此对象，此时可以使用交替选取方式来选取。用户在执行完编辑命令后，在系统 选择对象: 的提示下，将鼠标光标移至图 4.5 中的圆形、直线和矩形的交点处，按住 Shift 键不放，连续按空格键，被预选的对象在圆、三角形和直线三者间循环切换，当图中的对象以高亮的方式显示时，表示其此时正被系统预选。

4.1.3　快速选择

使用快速选择功能，用户可以选择与一个特殊特性集合相匹配的对象，例如想要选取图形中所有长度小于 3 的线段。使用 SELECT 命令可创建一个选择集，并将获得的选择集用于后续的编辑命令中。

下面还是以选取如图 4.6 所示图形中所有长度小于 5 的直线为例，介绍快速选择的一般方法。

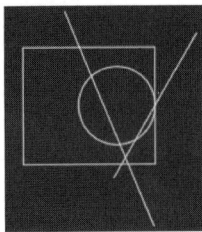

图 4.5　交替方式

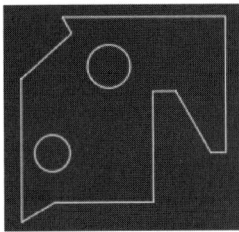

图 4.6　快速选择

步骤 1：打开练习文件 D：\AutoCAD2024\work\ch04.01\ 选取对象 03-ex。

步骤 2：选择命令。选择下拉菜单 工具(T) → 快速选择(K)... 命令，系统会弹出如图 4.7 所示的"快速选择"对话框。

步骤 3：设置选择范围。在"快速选择"对话框 应用到(Y)：下拉列表中选择"整个图形"。

步骤 4：设置对象类型。在 对象类型(B)：下拉列表中选择"直线"。

步骤 5：设置选择规则。在 特性(P)：区域选择"长度"，在 运算符(O)：下拉列表中选择 < 小于 ，在 值(V)：文本框中输入 5。

说明：通过步骤 3 ～ 步骤 5 的设置就可以在整个图形中快速选取所有长度小于 5 的直线。

步骤 6：单击 确定 按钮，完成快速选取，效果如图 4.8 所示。

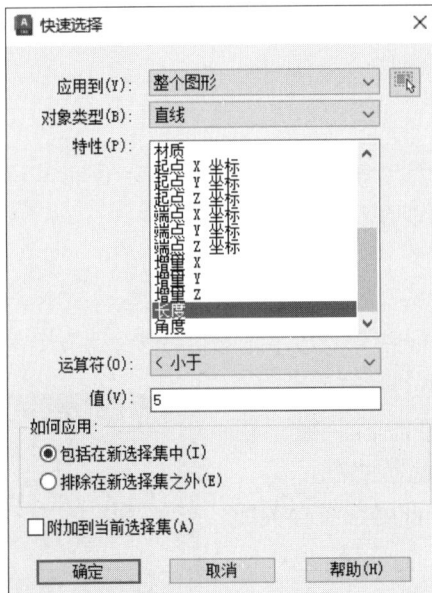

图 4.7　"快速选择"对话框

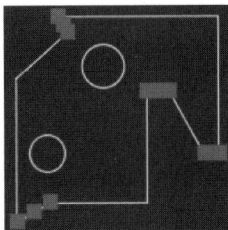

图 4.8　快速选择结果

4.1.4 过滤选择

使用过滤选择功能可以在绘图区中快速地选择具有某些特征的对象。下面以选取如图 4.9 所示图形中的所有圆之外的对象为例，介绍过滤选择的一般方法。

步骤 1：打开练习文件 D:\AutoCAD2024\work\ch04.01\选取对象 04-ex。

步骤 2：选择命令。在命令行输入 FILTER 命令后，按 Enter 键，系统会弹出如图 4.10 所示的"对象选择过滤器"对话框。

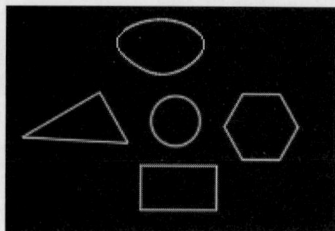

图 4.9　过滤选择

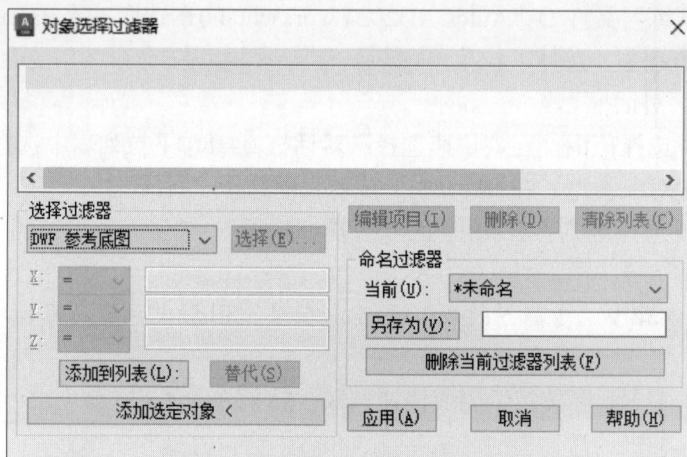

图 4.10　"对象选择过滤器"对话框

步骤 3：设置过滤条件。

（1）在 选择过滤器 下拉列表中选择 ** 开始　　NOT ，表示对以下项目进行逻辑非运算，然后单击 添加到列表(L): 按钮，** 开始　　NOT 选项便会出现在过滤器列表中。

（2）在 选择过滤器 下拉列表中选择"圆"选项，然后单击 添加到列表(L): 按钮，"圆"选项便会出现在过滤器列表中。

（3）在 选择过滤器 下拉列表中选择 ** 结束　　NOT ，表示对以下项目进行逻辑非运算，然后单击 添加到列表(L): 按钮，** 结束　　NOT 选项便会出现在过滤器列表中。

步骤 4：命名过滤器。在"对象选择过滤器"对话框 另存为(V): 后的文本框中输入名字 glr，并单击 另存为(V): 按钮。

步骤 5：单击对话框下方的 应用(A) 按钮，此时系统会关闭该对话框，并切换到绘图窗口；在命令行中输入字母 ALL，然后按 Enter 键。此时在当前选择集中符合条件的对象均会以高亮的方式显示，表示已被选中，效果如图 4.11 所示。

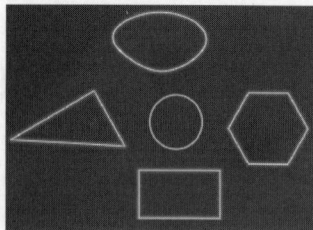

图 4.11　过滤选择结果

4.2　调整对象

4.2.1　删除对象

在编辑图形的过程中，如果图形中的一个或多个对象已经不再需要了，就可以用删除命令将其删除。

下面以如图 4.12 所示的图形为例，介绍删除对象的一般操作过程。

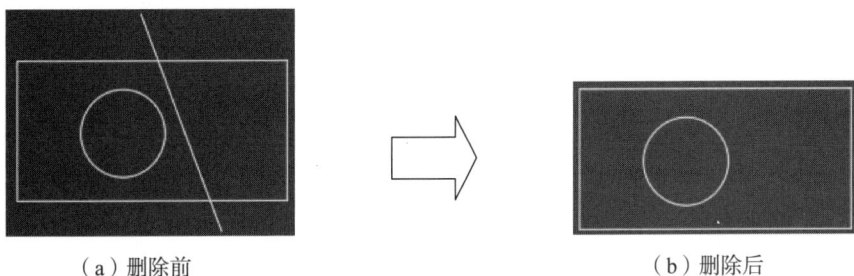

（a）删除前　　　　　　　　　　　　　　　（b）删除后

图 4.12　删除对象

步骤 1：打开练习文件 D：\AutoCAD2024\work\ch04.02\ 删除对象 -ex。

步骤 2：选择命令。选择"默认"功能选项卡"修改"区域中的 🖊 命令，如图 4.13 所示。

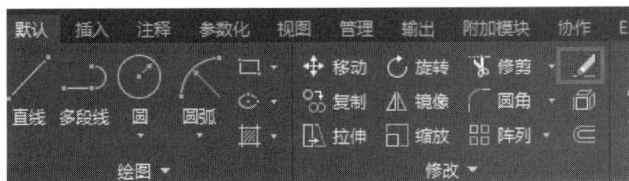

图 4.13　选择命令

说明：调用删除命令还有两种方法。

方法一：选择下拉菜单 修改(M) → ✂ 删除(E) 命令。

方法二：在命令行中输入 ERASE 命令，并按 Enter 键。

步骤 3：选择对象。在系统 ✂ ERASE 选择对象: 的提示下，选取如图 4.12（a）所示的直线对象，此时图中的直线会被删除。

说明：在系统 ✂ ERASE 选择对象: 的提示下用户可以选取多个需要删除的对象，最后按 Enter 键结束选取即可。

4.2.2　移动对象

在绘图过程中，经常要将一个或多个对象同时移动到指定的位置，此时就要用到移动命令。

下面以如图 4.14 所示的图形为例，介绍移动对象的一般操作过程。

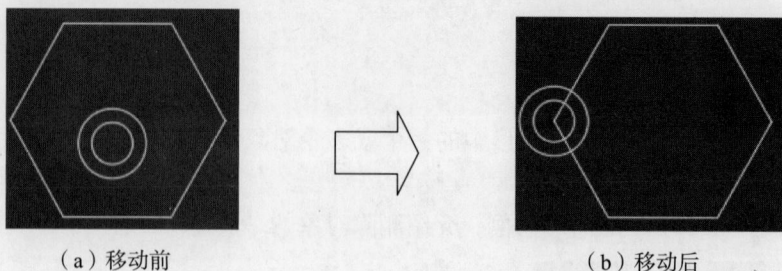

（a）移动前　　　　　　　　　　　　　　　　（b）移动后

图 4.14　移动对象

步骤 1：打开练习文件 D：\AutoCAD2024\work\ch04.02\ 移动对象 -ex。

步骤 2：选择命令。选择"默认"功能选项卡"修改"区域中的 ⊕ 移动 命令，如图 4.15 所示。

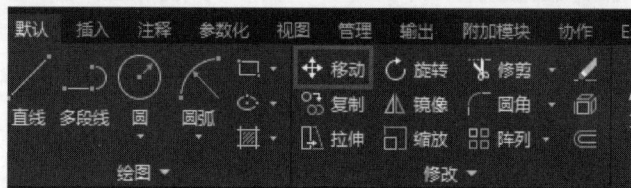

图 4.15　选择命令

说明： 调用移动命令还有两种方法。

方法一： 选择下拉菜单 修改(M) → ⊕ 移动(V) 命令。

方法二： 在命令行中输入 MOVE 命令，并按 Enter 键。

步骤 3：选择对象。在系统 ▾MOVE 选择对象：的提示下，选取如图 4.14（a）所示的两个圆对象，按 Enter 键确认。

步骤 4：定义移动基点。在系统 ▾MOVE 指定基点或 [位移(D)] ＜位移＞：的提示下，选取圆的圆心作为基点。

说明： 在系统 ▾MOVE 指定基点或 [位移(D)] ＜位移＞：的提示下用户还可以通过选择 位移(D) 选项，在系统 ▾MOVE 指定位移 ＜0.0000，0.0000，0.0000＞：的提示下，直接输入目标位置与原位置在 x、y、z 轴的间距坐标，例如输入（10，20，0），代表将移动对象沿着 x 方向移动 10，沿着 y 方向移动 20。

步骤 5：定义移动的目标点。在系统 ▾MOVE 指定第 2 个点或 ＜使用第 1 个点作为位移＞：的提示下，选取多边形最左侧的端点作为目标点。

4.2.3　旋转对象

旋转对象就是使一个或多个对象以一个指定的点为中心，按指定的旋转角度或一个相对于基础参考角的角度来旋转。

1. 普通旋转

下面以如图 4.16 所示的图形为例，介绍旋转对象的一般操作过程。

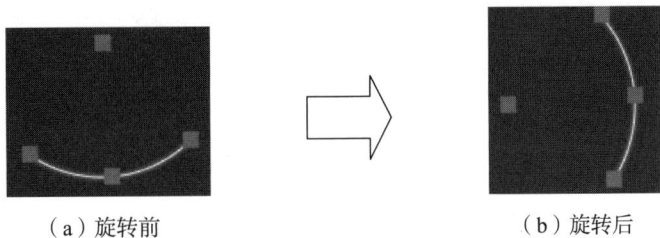

（a）旋转前   （b）旋转后

图 4.16 旋转对象

步骤 1：打开练习文件 D：\AutoCAD2024\work\ch04.02\ 旋转对象 01-ex。

步骤 2：选择命令。选择"默认"功能选项卡"修改"区域中的 旋转 命令，如图 4.17 所示。

图 4.17 选择命令

说明： 调用旋转命令还有两种方法。

方法一：选择下拉菜单 修改(M) → 旋转(R) 命令。

方法二：在命令行中输入 ROTATE 命令，并按 Enter 键。

步骤 3：选择对象。在系统 ROTATE 选择对象: 的提示下，选取如图 4.16（a）所示的圆弧对象，按 Enter 键确认。

步骤 4：定义旋转基点。在系统 ROTATE 指定基点: 的提示下，选取圆弧的圆心作为基点。

步骤 5：定义旋转角度。在系统 ROTATE 指定旋转角度, 或 [复制(C) 参照(R)] <0>: 的提示下，输入旋转角度 90 后按 Enter 键确认。

说明： 当输入的值为正值时，系统将旋转对象绕着基点按照逆时针方向进行旋转，如果输入的值为负值，则系统将旋转对象绕着基点按照顺时针方向进行旋转。

2. 旋转复制

下面以如图 4.18 所示的图形为例，介绍旋转复制对象的一般操作过程。

步骤 1：打开练习文件 D：\AutoCAD2024\work\ch04.02\ 旋转对象 02-ex。

步骤 2：选择命令。选择"默认"功能选项卡"修改"区域中的 旋转 命令。

步骤 3：选择对象。在系统 ROTATE 选择对象: 的提示下，选取如图 4.18（a）所示的两个圆弧对象，按 Enter 键确认。

（a）旋转前　　　　　　　　　　　　（b）旋转后

图 4.18　旋转复制对象

步骤 4：定义旋转基点。在系统 ▾ ROTATE 指定基点: 的提示下，选取大圆的圆心作为基点。

步骤 5：定义旋转角度。在系统 ▾ ROTATE 指定旋转角度, 或 [复制(C) 参照(R)] <0>: 的提示下，选择 复制(C) 选项，然后输入旋转角度 60 后按 Enter 键确认。

3. 根据参考旋转

下面以如图 4.19 所示的图形为例，介绍根据参考旋转的一般操作过程。

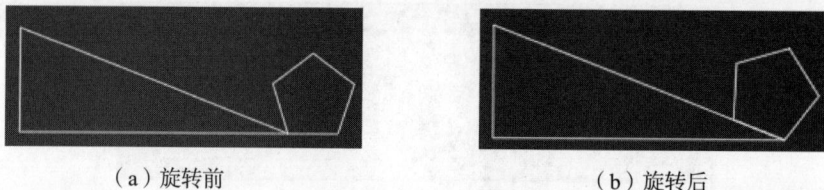

（a）旋转前　　　　　　　　　　　　（b）旋转后

图 4.19　根据参考旋转

步骤 1：打开练习文件 D:\AutoCAD2024\work\ch04.02\ 旋转对象 03-ex。

步骤 2：选择命令。选择"默认"功能选项卡"修改"区域中的 ↻ 旋转 命令。

步骤 3：选择对象。在系统 ▾ ROTATE 选择对象: 的提示下，选取如图 4.19（a）所示的五边形对象，按 Enter 键确认。

步骤 4：定义旋转基点。在系统 ▾ ROTATE 指定基点: 的提示下，选取五边形的左下角点作为基点。

步骤 5：定义旋转角度。在系统 ▾ ROTATE 指定旋转角度, 或 [复制(C) 参照(R)] <0>: 的提示下，选择 参照(R) 选项，然后一次选取如图 4.20 所示的 A、B、C 三点。

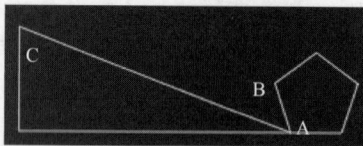

图 4.20　参考点

说明："参照（R）"选项用于以参照方式确定旋转角度，这种方式可以将对象与图形中的几何特征对齐，例如，在图 4.20 中可将多边形的 AB 边与三角形斜边 AC 对齐。

4.3 复制对象

4.3.1 普通复制对象

在绘制图形时，如果要绘制几个完全相同的对象，则通常更快捷、更简便的方法是：绘制了第 1 个对象后，再用复制的方法创建它的一个或多个副本。复制的操作方法灵活多样，⋯⋯⋯⋯⋯⋯是利用 Windows 剪贴板进行复制，第 2 种是利用 AutoC⋯⋯

⋯⋯⋯⋯⋯复制对象，可以从一幅图形复制到另一幅图形⋯⋯⋯⋯⋯之亦然），或者在 AutoCAD 和其他应用程序之间⋯⋯⋯⋯⋯行复制，一次只能复制出一个相同的被选定对象。

下⋯⋯⋯⋯⋯绍不带基点复制的一般操作过程。

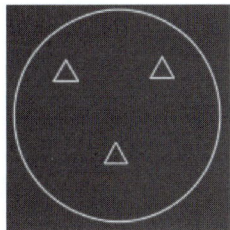

（b）复制后

⋯⋯⋯⋯⋯不带基点复制

步⋯⋯⋯⋯⋯4\work\ch04.03\ 复制 01-ex。
步⋯⋯⋯⋯⋯→ [复制(C)] 命令。
说⋯⋯⋯⋯⋯即按快捷键 Ctrl ＋ C 或者在命令行中输入 COPYC⋯⋯

步骤⋯⋯⋯⋯⋯对象: 的提示下选取如图 4.21（a）所示的三角形作为复⋯⋯

步骤⋯⋯⋯⋯⋯[粘贴(P)] 命令，在系统 ▾ PASTECLIP _pasteclip 指定插入点: 的提示下⋯⋯

说明⋯⋯⋯⋯⋯即按快捷键 Ctrl ＋ V 或者在命令行中输入 PASTECLIP 后按 Enter 键。

步骤 5：重复步骤 4 的操作可以得到其他副本。

不带基点复制的基点不足：一次只可以复制一个副本；无法准确定义副本的位置。

方法二：带基点复制。

带基点复制可以有效地解决不带基点复制无法准确定义副本位置的问题。下面以如图 4.22 所示的图形为例，介绍带基点复制的一般操作过程。

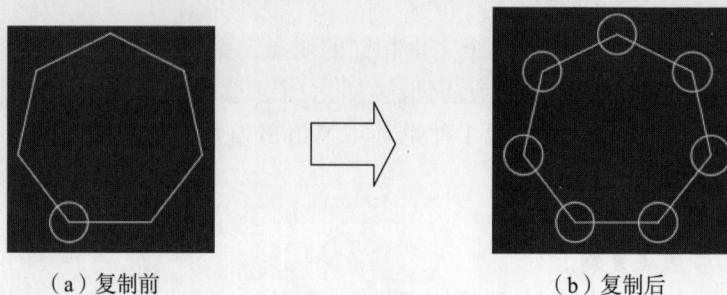

（a）复制前　　　　　　　　　　　　　　　（b）复制后

图 4.22　带基点复制

步骤 1：打开练习文件 D：\AutoCAD2024\work\ch04.03\ 复制 02-ex。

步骤 2：选择命令。选择下拉菜单 编辑(E) → 带基点复制(B) 命令。

说明：还有两种选择该命令的方法，即按快捷键 Ctrl + Shift + C 或者在命令行中输入 COPYBASE 后按 Enter 键。

步骤 3：选择基点。在系统 COPYBASE 指定基点：的提示下，选取圆的圆心作为基点。

步骤 4：选择对象。在系统 COPYBASE 选择对象：的提示下选取如图 4.22（a）所示的圆作为复制对象。

步骤 5：粘贴对象。选择下拉菜单 编辑(E) → 粘贴(P) 命令，在系统 PASTECLIP _pasteclip 指定插入点：的提示下，在图形区正七边形的角点处放置即可。

步骤 6：重复步骤 5 的操作可以得到其他副本。

2. 利用 AutoCAD 复制功能

使用 AutoCAD 复制功能可以一次性复制出一个或者多个相同的被选定的对象。下面以如图 4.23 所示的图形为例，介绍带基点复制的一般操作过程。

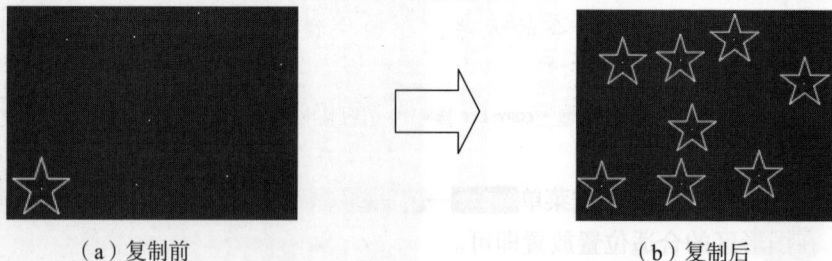

（a）复制前　　　　　　　　　　　　　　　（b）复制后

图 4.23　复制功能

步骤 1：打开练习文件 D：\AutoCAD2024\work\ch04.03\ 复制 03-ex。

步骤 2：选择命令。选择"默认"功能选项卡"修改"区域中的 复制 命令，如图 4.24 所示。

图 4.24　选择命令

步骤 3：选择对象。在系统 ⌐∘∘⊽ COPY 选择对象：的提示下选取如图 4.23（a）所示的五角星作为复制对象。

步骤 4：选择基点。在系统 ⌐∘∘⊽ COPY 指定基点或 [位移(D) 模式(O)] <位移>：的提示下，选取如图 4.25 所示的点作为基点。

步骤 5：选择复制到的点。在系统 ⌐∘∘⊽ COPY 指定第 2 个点或 [阵列(A)] 的提示下，依次选取如图 4.25 所示的点（共计 7 个）作为要复制的点。

步骤 6：完成复制。按 Enter 键完成操作。

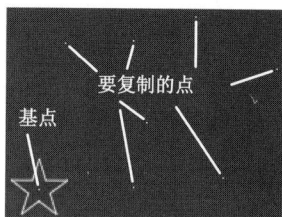

图 4.25　基点与要复制的点

4.3.2　镜像对象

镜像对象主要用来将所选择的源对象相对于某个镜像中心线进行对称复制，从而可以得到源对象的一个副本，这就是镜像对象。镜像对象既可以保留源对象，也可以不保留源对象。

▶ 4min

1. 基本操作

下面以图 4.26 为例，介绍图元镜像的一般操作过程。

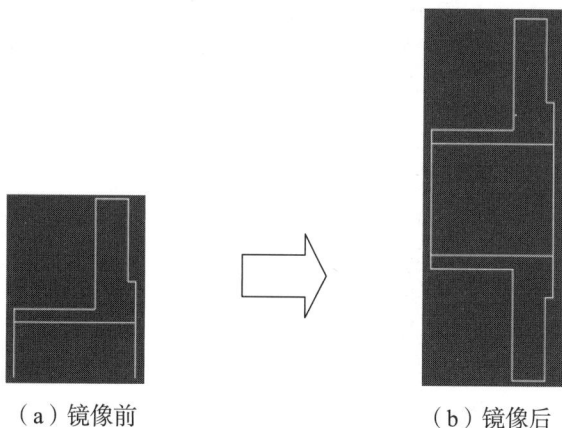

（a）镜像前　　　　　　　　　　　（b）镜像后

图 4.26　镜像对象

步骤 1：打开练习文件 D：\AutoCAD2024\work\ch04.03\ 镜像对象 -ex。

步骤 2：选择命令。选择"默认"功能选项卡"修改"区域中的 ⚠ 镜像 命令，如图 4.27 所示。

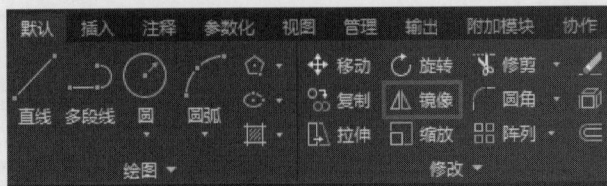

图 4.27　选择命令

说明：调用镜像命令还有两种方法。

方法一：选择下拉菜单 修改(M) → ⚠ 镜像(I) 命令。

方法二：在命令行中输入 MIRROR 命令，并按 Enter 键。

步骤 3：选择对象。在系统 ⚠▼ MIRROR 选择对象: 的提示下选取如图 4.26（a）所示的图形作为复制对象。

步骤 4：选择镜像线参考点。在系统 ⚠▼ MIRROR 指定镜像线的第1点: 的提示下，选取如图 4.26（a）所示图形的左下角点作为第一参考点，在系统 ⚠▼ MIRROR 指定镜像线的第2点: 的提示下，选取如图 4.26（a）所示图形的右下角点作为第二参考点。

步骤 5：设置是否删除源对象。在系统 ⚠▼ MIRROR 要删除源对象吗? [是(Y) 否(N)] <否>: 的提示下，选择 否(N) 选项。

2. 设置 MIRRTEXT 变量

MIRRTEXT 用来设置文本对象镜像后的可读性，当将系统变量 MIRRTEXT 设置为 0 时，保持文本原始方向，使文本具有可读性，如图 4.28 所示（系统默认值为 0）；当将系统变量 MIRRTEXT 设置为 1 时，文本完全镜像，文本没有可读性，如图 4.29 所示。

图 4.28　值为零

图 4.29　值为一

4.3.3　偏移对象

偏移复制是对选定图元（如线、圆弧和圆等）进行同心复制。对于线而言，其圆心为无穷远，因此是平行复制。当偏移曲线对象为圆或者圆弧时所生成的新对象将变大或变小，这取决于将其放置在源对象的哪一边，例如，当将一个圆的偏移对象放置在圆的外面时，将生成一个更大的同心圆；当向圆的内部偏移时，将生成一个小的同心圆。

1. 指定距离偏移

下面以如图 4.30 所示的图形为例，介绍指定距离偏移对象的一般操作过程。

步骤 1：打开练习文件 D：\AutoCAD2024\work\ch04.03\ 距离偏移 -ex。

步骤 2：合并要偏移的多个对象。选择下拉菜单 修改(M) → ← 合并(J) 命令，在系统的提示下选取 4.30（a）所示的两条直线与两端圆弧作为要合并的对象，合并后将会是一个整体的多段线，如图 4.31 所示。

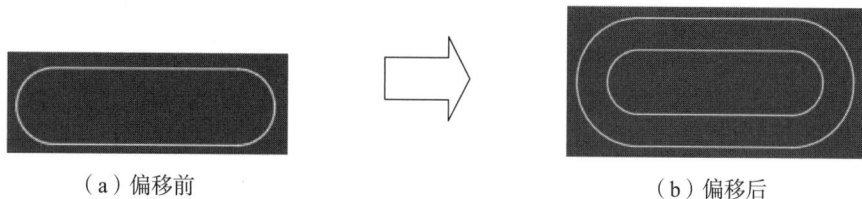

（a）偏移前　　　　　　　　　　　　　　　　（b）偏移后

图 4.30　距离偏移

说明： 偏移的对象只能是一个，因此读者如果想偏移多个对象，则必须提前通过合并命令将多个对象合并为一个整体对象，后期就可以针对此整体对象进行偏移。

步骤 3：选择命令。选择"默认"功能选项卡"修改"区域中的 ⫴ 命令，如图 4.32 所示。

图 4.31　合并对象

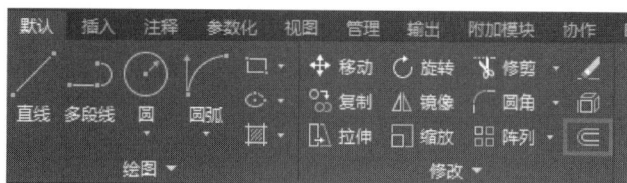

图 4.32　选择命令

说明： 调用偏移命令还有两种方法。

方法一：选择下拉菜单 修改(M) → ⫴ 偏移(S) 命令。

方法二：在命令行中输入 OFFSET 命令，并按 Enter 键。

步骤 4：定义偏移距离。在系统 ▾ OFFSET 指定偏移距离或 [通过(T) 删除(E) 图层(L)] 的提示下，输入偏移距离 10 并按 Enter 键确认。

步骤 5：选择偏移对象。在系统 ⫴▾ OFFSET 选择要偏移的对象，或 [退出(E) 放弃(U)] <退出>: 的提示下，选取步骤 2 创建的合并对象即可。

步骤 6：定义偏移方向。在系统 ⫴▾ OFFSET 指定要偏移的那一侧上的点, 的提示下，在图形外侧单击（代表向外偏移得到源对象的副本）。

步骤 7：完成偏移。按 Enter 键完成操作。

2. 指定通过点偏移

下面以如图 4.33 所示的图形为例，介绍指定通过点偏移对象的一般操作过程。

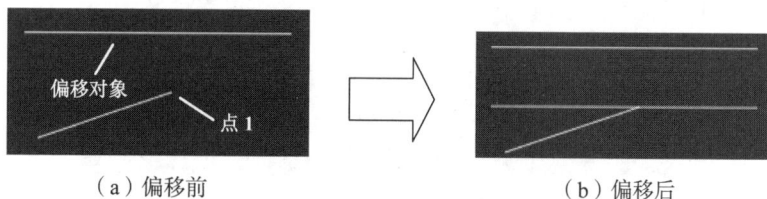

（a）偏移前　　　　　　　　　　　　　　　　（b）偏移后

图 4.33　通过点偏移

步骤 1：打开练习文件 D：\AutoCAD2024\work\ch04.03\ 通过点偏移 -ex。

步骤 2：选择命令。选择"默认"功能选项卡"修改"区域中的 ⊑ 命令。

步骤 3：定义偏移对象。在系统 ⊑▾ OFFSET 指定偏移距离或 [通过(T) 删除(E) 图层(L)] 的提示下，选择 通过(T) 选项，在系统 ⊑▾ OFFSET 选择要偏移的对象, 或 [退出(E) 放弃(U)] <退出>: 的提示下，选取如图 4.33（a）所示的偏移对象。

步骤 4：定义偏移通过点。在系统 ⊑▾ OFFSET 指定通过点或 [退出(E) 多个(M) 放弃(U)] <退出>:的提示下，选取如图 4.33（a）所示的点 1 作为通过点。

步骤 5：完成偏移。按 Enter 键完成操作。

4.3.4　阵列对象

图元的阵列主要用来对所选择的源对象进行规律性复制，从而得到源对象的多个副本，在 AutoCAD 中，软件主要向用户提供了 3 种阵列方法：矩形阵列、环形阵列与沿曲线阵列。

1. 矩形阵列

下面以如图 4.34 所示的图形为例，介绍矩形阵列的一般操作过程。

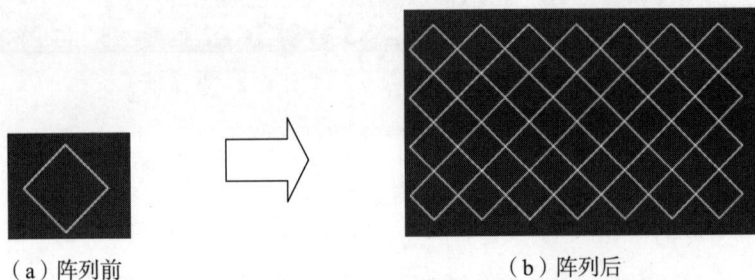

（a）阵列前　　　　　　　　　　　　（b）阵列后

图 4.34　矩形阵列

步骤 1：打开练习文件 D：\AutoCAD2024\work\ch04.03\ 矩形阵列 -ex。

步骤 2：选择命令。单击"默认"功能选项卡"修改"区域中 ▦ 阵列 后的 ▾，在系统弹出的快捷菜单中选择 ▦ 矩形阵列 命令，如图 4.35 所示。

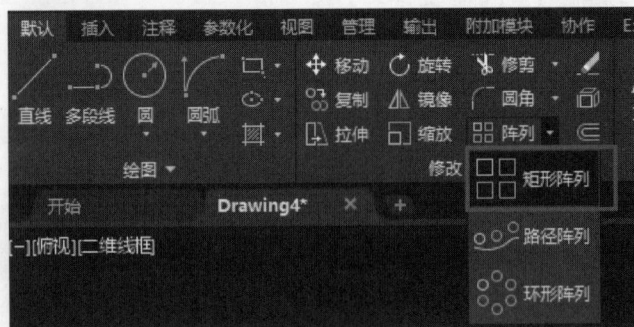

图 4.35　选择命令

步骤 3：选择源对象。在系统 ⊞▾ ARRAYRECT 选择对象：的提示下，选取如图 4.34（a）所示的图形作为阵列源对象

步骤 4：设置阵列参数。在"阵列创建"功能选项卡"列"区域的 ▥ 列数 文本框中输入 7（代表需要 7 列），在"列"区域的 ▥ 介于 文本框中输入值 60（代表相邻两列的间距为 60），在"行"区域的 ▦ 行数 文本框中输入 4（代表需要 4 行），在"行"区域的 ▤ 介于 文本框中输入值 60（代表相邻两列的间距为 60），如图 4.36 所示。

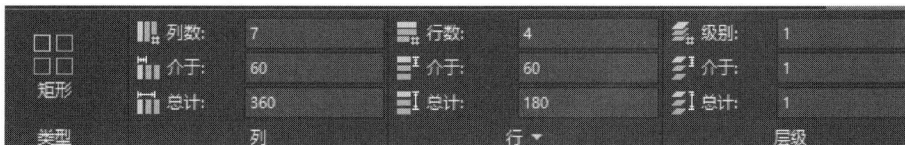

▯▯ ▯▯ 矩形	▥ 列数	7	▦ 行数	4	▰ 级别	1
	▥ 介于	60	▤ 介于	60	▰ 介于	1
	▥ 总计	360	▤ 总计	180	▰ 总计	1
类型	列		行 ▾		层级	

图 4.36 阵列参数

步骤 5：完成阵列。单击"阵列创建"功能选项卡中的 ☑（完成阵列）按钮，完成矩形阵列操作。

2. 环形阵列

下面以如图 4.37 所示的图形为例，介绍环形阵列的一般操作过程。

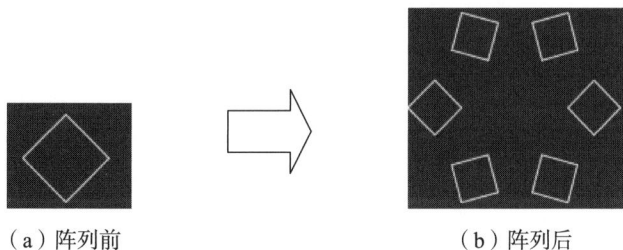

（a）阵列前　　　　　　　　（b）阵列后

图 4.37 环形阵列

步骤 1：打开练习文件 D：\AutoCAD2024\work\ch04.03\ 环形阵列 -ex。

步骤 2：选择命令。单击"默认"功能选项卡"修改"区域中 ▦ 阵列 后的 ▾，在系统弹出的快捷菜单中选择 ▦ 环形阵列 命令。

步骤 3：选择源对象。在系统 ⊞▾ ARRAYRECT 选择对象：的提示下，选取如图 4.37（a）所示的图形作为阵列源对象。

步骤 4：定义阵列中心。在系统 ▦▾ ARRAYPOLAR 指定阵列的中心点或 [基点(B) 旋转轴(A)]：的提示下，将鼠标移动到图 4.37（a）所示图形的最右侧的点上并且停留片刻，然后缓慢向右水平移动鼠标，在捕捉到水平虚线的前提下输入间距值 60。

步骤 5：设置阵列参数。在"阵列创建"功能选项卡"项目"区域的 ▦ 项目数 文本框中输入 6（代表需要 6 个），在"项目"区域的 ▦ 填充 文本框中输入值 360（代表需要在 360 范围内均匀分布 6 个），其他参数采用默认。

说明： 在"阵列创建"对话框"特性"区域中"旋转项目"用来控制阵列后的对象

是否旋转，选中结果如图 4.37（b）所示，不选中结果如图 4.38 所示。

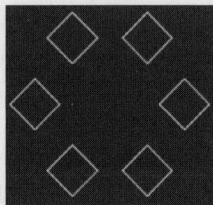

步骤 6：完成阵列。单击"阵列创建"功能选项卡中的 ✔ （完成阵列）按钮，完成环形阵列操作。

图 4.38　不选中旋转项目

3. 沿曲线阵列

下面以如图 4.39 所示的图形为例，介绍沿曲线阵列的一般操作过程。

步骤 1：打开练习文件 D：\AutoCAD2024\work\ch04.03\ 环形阵列 -ex。

步骤 2：选择命令。单击"默认"功能选项卡"修改"区域中 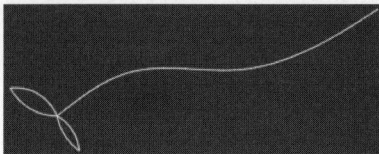 后的 ▾，在系统弹出的快捷菜单中选择  命令。

（a）阵列前 ⟹ （b）阵列后

图 4.39　沿曲线阵列

步骤 3：选择源对象。在系统 ◦ˣ˟ ARRAYPATH 选择对象：的提示下，选取如图 4.39（a）所示的 4 条圆弧对象作为阵列源对象。

步骤 4：选择路径曲线。在系统 ◦ˣ˟ ARRAYPATH 选择路径曲线：的提示下，选取如图 4.39 所示的样条曲线作为路径曲线。

步骤 5：设置阵列参数。在"阵列创建"功能选项卡"特性"区域选择 ⬚定数等分 "定数等分"方法，在"项目"区域的 ⬚ 项目数：文本框中输入 8（代表需要在整个曲线上均匀分布 8 个），其他参数采用默认。

说明：在"阵列创建"对话框"特性"区域中"对齐项目"用来控制是否对齐每个实例，从而与路径方向角度一致，选中结果如图 4.39（b）所示，不选中结果如图 4.40 所示。

图 4.40　不选中对齐项目

步骤 6：完成阵列。单击"阵列创建"功能选项卡中的 ✔按钮，完成沿曲线阵列操作。

4.4　修改对象大小

4.4.1　修剪对象

修剪图形就是指沿着给定的剪切边界来断开对象，并删除该对象位于剪切边某一侧的部分。如果修剪对象没有与剪切边相交，则可以延伸修剪对象，使其与剪切边相交。

5min

被修剪的对象可以是圆弧、圆、椭圆、椭圆弧、直线、多段线、射线、样条曲线及构造线等。修剪的边界可以是圆弧、块、圆、椭圆、椭圆弧、浮动的视口边界、直线、二维和三维多段线、射线、面域、样条曲线、文本及构造线等。

1. 修剪相交对象

下面以如图 4.41 所示的图形为例，介绍修剪相交对象的一般操作过程。

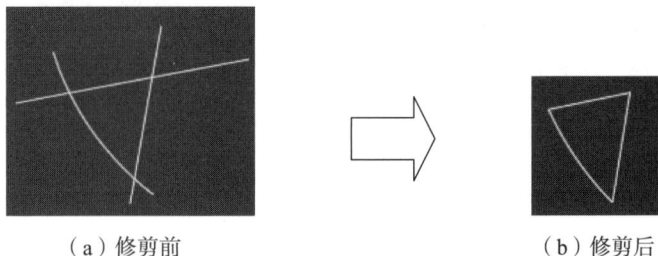

（a）修剪前　　　　　　　　　　　　（b）修剪后

图 4.41　修剪相交对象

步骤 1：打开练习文件 D：\AutoCAD2024\work\ch04.04\ 修剪 01-ex。

步骤 2：选择命令。单击"默认"功能选项卡"修改"区域中 修剪 后的 ，在系统弹出的快捷菜单中选择 修剪 命令，如图 4.42 所示。

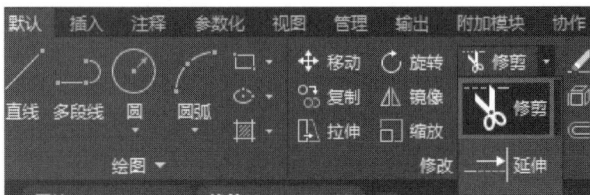

图 4.42　选择命令

说明： 调用修剪命令还有两种方法。

方法一： 选择下拉菜单 修改(M) → 修剪(T) 命令。

方法二： 在命令行中输入 TRIM 命令，并按 Enter 键。

步骤 3：定义修剪边界。在系统 ▼TRIM 选择对象或 [模式(O)] <全部选择>: 的提示下，直接按 Enter 键（代表用所有对象作为修剪边界）。

说明：

如果读者选择完命令后弹出的提示与步骤 3 不同，则可以先选择 模式(O) 选项，然后选

择 标准(S) 选项。

标准模式下修剪功能只可以修剪图形对象的一部分，快速模式下可以修剪图形对象的全部。

快速模式的修剪可以按住左键滑动鼠标，被碰到的对象均会被删除，修剪的效率更高。

步骤4：定义要修剪的对象。在系统的提示下，在需要修剪的对象上依次单击即可。

步骤5：完成修剪。按 Enter 键完成操作。

2. 修剪不相交对象

下面以如图 4.43 所示的图形为例，介绍修剪不相交对象的一般操作过程。

步骤1：打开练习文件 D：\AutoCAD2024\work\ch04.04\ 修剪 02-ex。

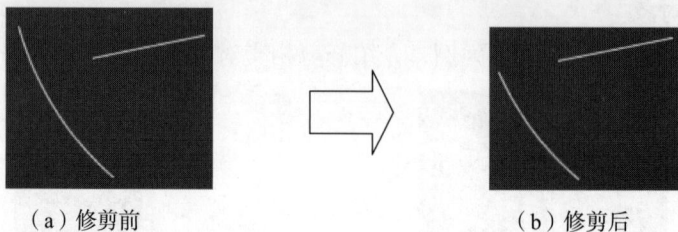

（a）修剪前　　　　　　　　　　　　（b）修剪后

图 4.43　修剪不相交对象

步骤2：选择命令。单击"默认"功能选项卡"修改"区域中 ✂修剪 后的 ▾，在系统弹出的快捷菜单中选择 ✂修剪 命令。

步骤3：定义修剪边界。在系统 ▾ TRIM 选择对象或 [模式(O)] <全部选择>: 的提示下，直接按 Enter 键（代表用所有对象作为修剪边界）。

步骤4：设置修剪模式。在系统的提示下，选择 边(E) 选项，在系统 ▾ TRIM 输入隐含边延伸模式 [延伸(E) 不延伸(N)] <不延伸>: 的提示下，选择 延伸(E) 选项。

步骤5：定义要修剪的对象。在系统的提示下，在需要修剪的对象上单击即可。

步骤6：完成修剪。按 Enter 键完成操作。

4.4.2　延伸对象

延伸对象就是使对象的终点落到指定的某个对象的边界上。延伸的对象可以是圆弧、椭圆弧、直线、开放的二维和三维多段线及射线等。延伸的边界可以是圆弧、块、圆、椭圆、椭圆弧、浮动的视口边界、直线、二维和三维多段线、射线、面域、样条曲线、文本及构造线等。

1. 延伸相交对象

下面以如图 4.44 所示的图形为例，介绍延伸相交对象的一般操作过程。

步骤1：打开练习文件 D：\AutoCAD2024\work\ch04.04\ 延伸 01-ex。

步骤2：选择命令。单击"默认"功能选项卡"修改"区域中 ✂修剪 后的 ▾，在系统弹出的快捷菜单中选择 →延伸 命令。

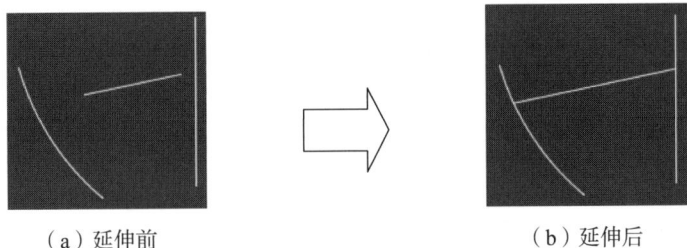

（a）延伸前　　　　　　　　　　　（b）延伸后

图 4.44　延伸相交对象

说明： 调用延伸命令还有两种方法。

方法一：选择下拉菜单 修改(M) ⟶ →| 延伸(D) 命令。

方法二：在命令行中输入 EXTEND 命令，并按 Enter 键。

步骤 3：定义延伸边界。在系统 ▾ TRIM 选择对象或 [模式(O)] <全部选择>: 的提示下，直接按 Enter 键（代表用所有对象作为延伸边界）。

步骤 4：定义要延伸的对象。在系统的提示下，如果靠近左侧选取直线，则系统会将直线沿着左侧延伸到圆弧上，如果靠近右侧选取直线，则系统会将直线沿着右侧延伸到直线上。

步骤 5：完成延伸。按 Enter 键完成操作。

2. 延伸不相交对象

下面以如图 4.45 所示的图形为例，介绍延伸不相交对象的一般操作过程。

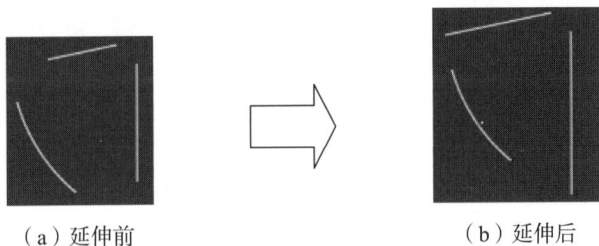

（a）延伸前　　　　　　　　　　　（b）延伸后

图 4.45　延伸不相交对象

步骤 1：打开练习文件 D：\AutoCAD2024\work\ch04.04\ 延伸 02-ex。

步骤 2：选择命令。单击"默认"功能选项卡"修改"区域中 ▾| 修剪 后的 ▾，在系统弹出的快捷菜单中选择 →| 延伸 命令。

步骤 3：定义延伸边界。在系统 ▾ TRIM 选择对象或 [模式(O)] <全部选择>: 的提示下，直接按 Enter 键（代表用所有对象作为延伸边界）。

步骤 4：设置延伸模式。在系统的提示下，选择 边(E) 选项，在系统 ▾ TRIM 输入隐含边延伸模式 [延伸(E) 不延伸(N)] <不延伸>: 的提示下，选择 延伸(E) 选项。

步骤 5：定义要延伸的对象。在系统的提示下，靠近左侧选取上方直线，靠近下方选取右侧直线。

步骤 6：完成延伸。按 Enter 键完成操作。

4.4.3　缩放对象

缩放就是将对象按指定的比例因子相对于基点真实地放大或缩小，通常有以下两种方
式：一是指定缩放的比例因子，二是指定参照。

1. 比例因子缩放

下面以如图 4.46 所示的图形为例，介绍比例因子缩放的一般操作过程。

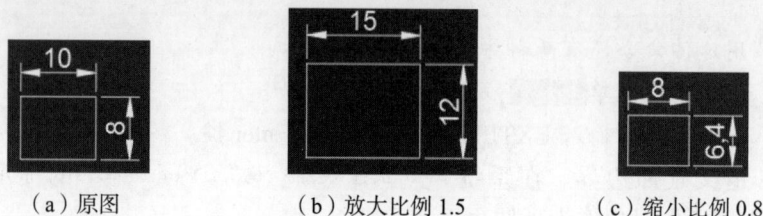

（a）原图　　　　　　（b）放大比例 1.5　　　　　（c）缩小比例 0.8

图 4.46　缩放对象

步骤 1：打开练习文件 D：\AutoCAD2024\work\ch04.04\ 缩放 01-ex。

步骤 2：选择命令。选择"默认"功能选项卡"修改"区域中的 □ 缩放 命令，如图 4.47
所示。

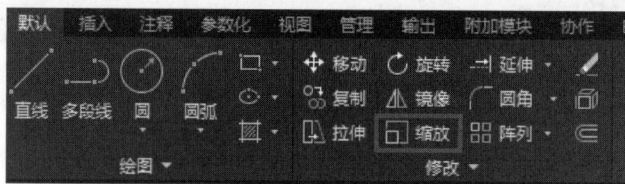

图 4.47　选择命令

说明：调用缩放命令还有两种方法。

方法一：选择下拉菜单 修改(M) → □ 缩放(L) 命令。

方法二：在命令行中输入 SCALE 命令，并按 Enter 键。

步骤 3：定义缩放对象。在系统 □▼ SCALE 选择对象：的提示下，选取如图 4.46（a）所示的
矩形。

步骤 4：定义缩放基点。在系统 □▼ SCALE 指定基点：的提示下，选取矩形的左下角点作为
缩放的基点。

步骤 5：定义缩放比例。在系统 □▼ SCALE 指定比例因子或 [复制(C) 参照(R)] 的提示下输入缩放的比
例。如果输入的比例因子为 0.8，则效果如图 4.46（c）所示，如果输入的比例因子为 1.5，
则效果如图 4.46（b）所示。

说明：当"比例因子"在 0~1 时，将缩小对象；当比例因子大于 1 时，则放大对象。

步骤 6：完成缩放。按 Enter 键完成操作。

2. 参照缩放

当用户想要改变一个对象的大小以使它与另一个对象上的一个尺寸相匹配时,首先可选取"参照"选项,然后指定参照长度和新长度的值,系统将根据这两个值对象进行缩放,缩放比例因子为新长度值/参考长度值;下面以如图 4.48 所示的图形为例,介绍参照缩放的一般操作过程。

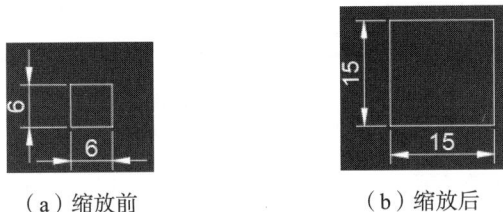

（a）缩放前　　　　　　　　　（b）缩放后

图 4.48　参照缩放

步骤 1：打开练习文件 D：\AutoCAD2024\work\ch04.04\ 缩放 02-ex。

步骤 2：选择命令。选择"默认"功能选项卡"修改"区域中的 缩放 命令。

步骤 3：定义缩放对象。在系统 ▼ SCALE 选择对象：的提示下,选取如图 4.48（a）所示的正方形。

步骤 4：定义缩放基点。在系统 ▼ SCALE 指定基点：的提示下,选取正方形的左下角点作为缩放的基点。

步骤 5：定义缩放比例。在系统 ▼ SCALE 指定比例因子或 [复制(C) 参照(R)] 的提示下,选择 参照(R) 选项,在系统 ▼ SCALE 指定参照长度 <6.0000>：的提示下,输入参考长度值 6 并按 Enter 键确定,在系统 ▼ SCALE 指定新的长度或 [点(P)] <15.0000>：的提示下,输入新的长度值 15 并按 Enter 键确定。

4.4.4　拉伸对象

拉伸对象命令可以改变对象的形状及大小。在拉伸对象时,必须使用一个交叉窗口或交叉多边形来选取整个图形中的部分对象,然后需指定一个放置距离,或者选择一个基点和放置点。

3min

说明：由直线、圆弧、区域填充（SOLID 命令）和多段线等命令绘制的对象,可以通过拉伸来改变其形状和大小。在选取对象时,若整个对象均在选择窗口内,则可对其进行移动；若其一端在选择窗口内,另一端在选择窗口外,则可根据对象的类型,按以下规则进行拉伸。

（1）直线对象：位于窗口外的端点不动,而位于窗口内的端点移动,直线由此而改变。

（2）圆弧对象：与直线类似,但在圆弧改变的过程中,其弦高保持不变,同时由此来调整圆心的位置和圆弧起始角、终止角的值。

（3）区域填充对象：位于窗口外的端点不动,位于窗口内的端点移动,由此来改变图形。

（4）多段线对象：与直线或圆弧相似，但多段线两端的宽度、切线方向及曲线拟合信息均不改变。

对于其他不可以通过拉伸来改变其形状和大小的对象，如果在选取时其定义点位于选择窗口内，则对象发生移动，否则不发生移动，其中，圆对象的定义点为圆心，块对象的定义点为插入点，文字和属性定义的定义点为字符串基线的左端点。

下面以如图 4.49 所示的图形为例，介绍拉伸的一般操作过程。

步骤 1：打开练习文件 D：\AutoCAD2024\work\ch04.04\ 拉伸对象 -ex。

步骤 2：选择命令。选择"默认"功能选项卡"修改"区域中的 ⬚拉伸 命令，如图 4.50 所示。

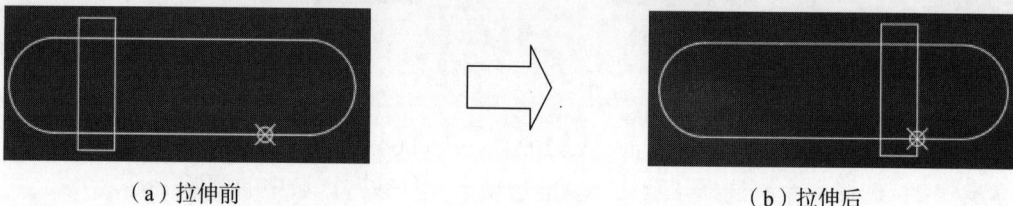

（a）拉伸前　　　　　　　　　　　　　　　　（b）拉伸后

图 4.49　拉伸对象

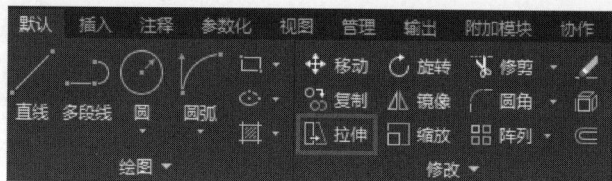

图 4.50　选择命令

说明： 调用拉伸命令还有两种方法。

方法一： 选择下拉菜单 修改(M) → ⬚ 拉伸(H) 命令。

方法二： 在命令行中输入 STRETCH 命令，并按 Enter 键。

步骤 3：定义拉伸对象。在系统 ⬚▾ STRETCH 选择对象：的提示下，选取如图 4.51 所示的长方形与水平两条直线。

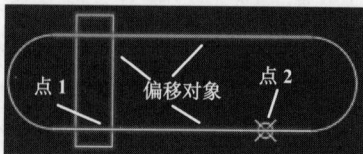

点 1　　　偏移对象　　　点 2

图 4.51　拉伸参数

说明： 用户可以通过窗交方式快速选取对象。

步骤 4：定义拉伸基点。在系统 ⬚▾ STRETCH 指定基点或 [位移(D)] <位移>：的提示下，选取如图 4.51 所示的点 1 作为基点。

步骤 5：定义第 2 个点。在系统 ▢ ▾ STRETCH 指定第2个点或 ‹使用第1个点作为位移›: 的提示下，选取如图 4.51 所示的点 2 作为第 2 个点。

4.4.5 拉长对象

拉长对象是用来改变现有对象的长度的，拉长的对象可以是圆弧、直线、椭圆弧、开放多段线及开放样条曲线等。

▶ 7min

1. 增量拉长

下面以如图 4.52 所示的图形为例，介绍增量拉长的一般操作过程。

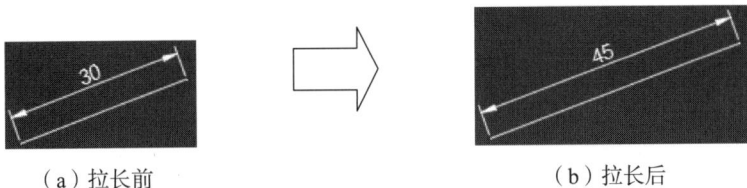

（a）拉长前　　　　　　　　　　　　　（b）拉长后

图 4.52　增量拉长

步骤 1：打开练习文件 D：\AutoCAD2024\work\ch04.04\ 拉长 01-ex。

步骤 2：选择命令。单击"默认"功能选项卡"修改"后的 ▾ 节点，在系统弹出的列表中选择 ╱ 命令，如图 4.53 所示。

说明： 调用拉长命令还有两种方法。

方法一： 选择下拉菜单 修改(M) → ╱ 拉长(G) 命令。

方法二： 在命令行中输入 LENGTHEN 命令，并按 Enter 键。

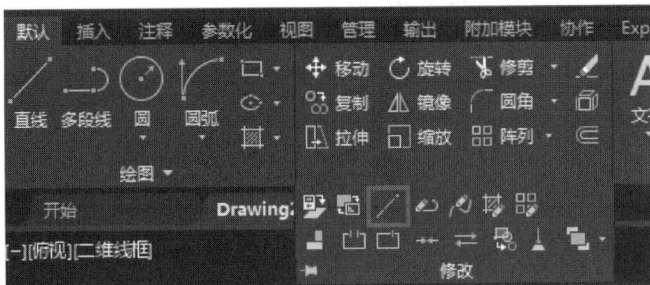

图 4.53　选择命令

步骤 3：定义类型。在系统 ╱ ▾ LENGTHEN 选择要测量的对象或 [增量(DE) 百分比(P) 总计(T) 动态(DY)] ‹总计(T)›: 的提示下，选择 增量(DE) 选项。

步骤 4：定义增量值。在系统 ╱ ▾ LENGTHEN 输入长度增量或 [角度(A)] ‹0.0000›: 的提示下输入长度增量值 15 并按 Enter 键确认。

说明： 如果拉长对象是圆弧，则需要在 ╱ ▾ LENGTHEN 输入长度增量或 [角度(A)] ‹0.0000›: 的提示下，选择 角度(A) 选项，在系统 ╱ ▾ LENGTHEN 输入角度增量 ‹0›: 的提示下输入角度增量，然后选取要拉长的圆弧即可，如图 4.54 所示。

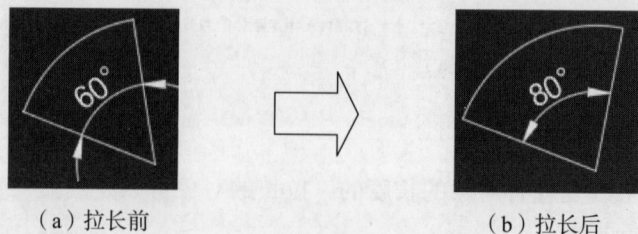

（a）拉长前　　　　　　　　　　　（b）拉长后

图 4.54　增量拉长

注意：增量值既可以为正值（对象变长），如图 4.52（b）、图 4.54（b）所示，也可以为负值（对象变短），如图 4.55 所示。

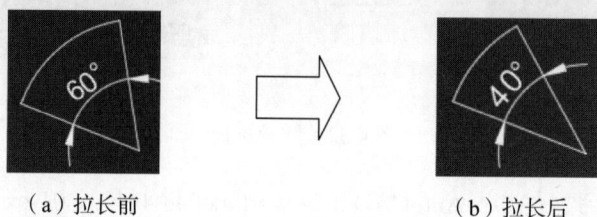

（a）拉长前　　　　　　　　　　　（b）拉长后

图 4.55　增量拉长

步骤 5：定义拉长对象。在系统 ✐ ▾ LENGTHEN 选择要修改的对象或 [放弃(U)] 的提示下，靠近右侧选取如图 4.52（a）所示的直线。

说明：用户可以连续单击以进行拉长操作。

步骤 6：完成拉长操作。按 Enter 键完成。

2. 百分比拉长

用于通过设置拉长后的总长度相对于原长度的百分数来对对象进行拉长。

下面以如图 4.56 所示的图形为例，介绍百分比拉长的一般操作过程。

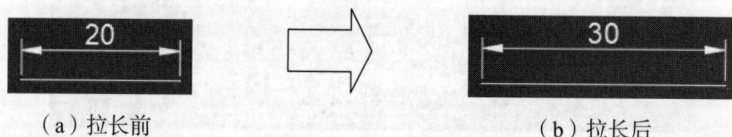

（a）拉长前　　　　　　　　　　　（b）拉长后

图 4.56　百分比拉长

步骤 1：打开练习文件 D：\AutoCAD2024\work\ch04.04\ 拉长 02-ex。

步骤 2：选择命令。单击"默认"功能选项卡"修改"后的 ▾ 节点，在系统弹出的列表中选择 ✐ 命令。

步骤 3：定义类型。在系统 ✐ ▾ LENGTHEN 选择要测量的对象或 [增量(DE) 百分比(P) 总计(T) 动态(DY)] <总计(T)>: 的提示下，选择 百分比(P) 选项。

步骤 4：定义百分比值。在系统 ✐ ▾ LENGTHEN 输入长度百分数 <150.0000>: 的提示下，输入 150 并按 Enter 键确认。

注意：百分比值既可以大于100（对象变长），也可以小于100（对象变短）。

步骤5：定义拉长对象。在系统 ⌐▾ LENGTHEN 选择要修改的对象或 [放弃(U)] 的提示下，靠近右侧选取如图4.56（a）所示的直线。

步骤6：完成拉长操作。按 Enter 键完成。

3. 总计拉长

用于通过设置直线或圆弧拉长后的总长度或圆弧总的包含角来对对象进行拉长。

下面以如图4.57所示的图形为例，介绍总计拉长的一般操作过程。

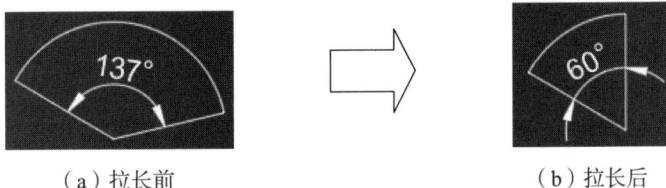

（a）拉长前　　　　　　　　　　　（b）拉长后

图4.57　总计拉长

步骤1：打开练习文件 D：\AutoCAD2024\work\ch04.04\ 拉长 03-ex。

步骤2：选择命令。单击"默认"功能选项卡"修改"后的 ▾ 节点，在系统弹出的列表中选择 ／ 命令。

步骤3：定义类型。在系统 ／▾ LENGTHEN 选择要测量的对象或 [增量(DE) 百分比(P) 总计(T) 动态(DY)] <总计(T)>: 的提示下，选择 总计(T) 选项。

步骤4：定义总计角度值。在系统 ／▾ LENGTHEN 指定总长度或 [角度(A)] <1.0000>: 的提示下，选择 角度(A) 选项，在系统 ／▾ LENGTHEN 指定总角度 <57>: 的提示下，输入60并按 Enter 键确认。

步骤5：定义拉长对象。在系统 ／▾ LENGTHEN 选择要修改的对象或 [放弃(U)] 的提示下，靠近右侧选取如图4.57（a）所示的圆弧。

步骤6：完成拉长操作。按 Enter 键完成。

4. 动态拉长

动态拉长不需要输入数值，直接用鼠标在相应的位置单击即可沿当前的方向拉长。用户选择命令后，在系统 ／▾ LENGTHEN 选择要测量的对象或 [增量(DE) 百分比(P) 总计(T) 动态(DY)] <总计(T)>: 的提示下，选择 动态(DY) 选项，然后选取要调整长度的对象，最后通过确定圆弧或线段的新端点位置来动态地改变对象的长度。

4.5　修饰对象

4.5.1　倒角

倒角命令可以修剪或延伸两个不平行的对象，并通过创建倾斜边连接这两个对象。倒角的对象可以是直线线段、多段线、射线、构造线等。

▶ 3min

1. 基本操作

下面以如图 4.58 所示的图形为例，介绍创建倒角的一般操作过程。

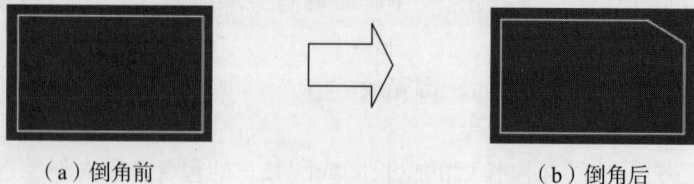

（a）倒角前　　　　　　　　　　　　　　　　（b）倒角后

图 4.58　倒角

步骤 1：打开练习文件 D：\AutoCAD2024\work\ch04.05\ 倒角 -ex。

步骤 2：选择命令。单击"默认"功能选项卡 圆角 后的 ▼ 节点，在系统弹出的列表中选择 倒角 命令，如图 4.59 所示。

图 4.59　选择命令

说明： 调用倒角命令还有两种方法。

方法一： 选择下拉菜单 修改(M) → 倒角(C) 命令。

方法二： 在命令行中输入 CHAMFER 命令，并按 Enter 键。

步骤 3：设置倒角距离参数。在系统 ▼ CHAMFER 选择第1条直线或 [放弃(U) 多段线(P) 距离(D) 角度(A) 修剪(T) 方式(E) 多个(M)]： 的提示下，选择 距离(D) 选项，在系统 ▼ CHAMFER 指定 第1个 倒角距离 <0.0000>： 的提示下，输入第 1 个倒角距离 10 并按 Enter 键确认，在系统 ▼ CHAMFER 指定 第2个 倒角距离 <10.0000>： 的提示下，输入第 2 个倒角距离 6 并按 Enter 键确认。

步骤 4：定义倒角对象。在系统的提示下，选取上方水平直线作为第 1 条直线，在系统的提示下选取右侧竖直直线作为第 2 条直线。

注意：

（1）如果不设置倒角距离而直接选取倒角的两条直线，则系统便会按当前倒角距离进行倒角（当前倒角距离即上一次设置倒角时指定的距离值）。

（2）如果倒角的两个距离为 0，则使用倒角命令后，系统将延长或修剪相应的两条线，使二者相交于一点。

（3）倒角时，若设置的倒角距离太大或倒角角度无效，则系统会分别给出提示。

（4）如果因两条直线平行、发散等原因不能倒角，则系统会给出提示。

（5）对交叉边倒角且倒角后修剪倒角边时，系统总会保留单击处一侧的那部分对象。

2. 选项介绍

（1）多段线(P)选项：可以实现在单一的步骤中对整个二维多段线进行倒角。系统将提示选择二维多段线，在选择多段线后，系统会在此多段线的所有顶点处创建倒角，如图4.60所示。

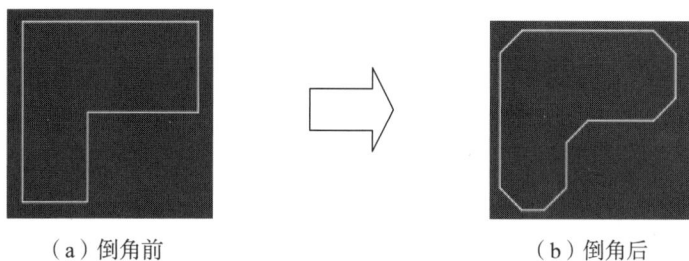

（a）倒角前 　　　　　　　　　　　　（b）倒角后

图 4.60　多段线

（2）角度(A)选项：可以通过设置第 1 条线的倒角的距离和倒角角度来创建倒角，如图 4.61 所示。

（3）修剪(T)选项：用于确定倒角操作的修剪模式，即确定倒角后是否对相应的倒角边进行修剪。在命令行的提示下，选择修剪(T)选项，然后按 Enter 键，命令行会提示 ▼ CHAMFER 输入修剪模式选项 [修剪(T) 不修剪(N)] <修剪>: 。如果选择修剪(T)选项，则倒角后要修剪倒角边，如图 4.62（b）所示；如果选择不修剪(N)，则倒角后不进行修剪，如图 4.62（c）所示。

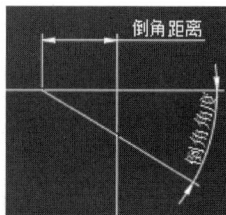

图 4.61　角度选项

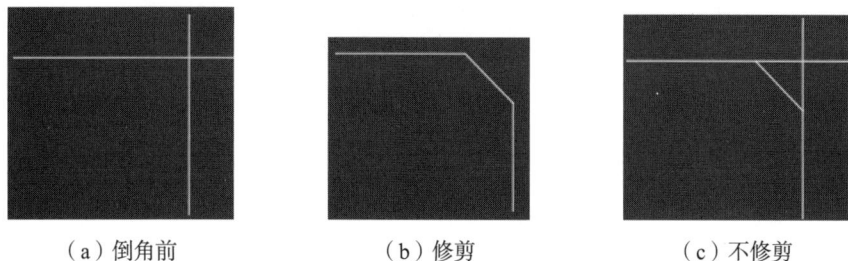

（a）倒角前 　　　　　　　（b）修剪 　　　　　　　（c）不修剪

图 4.62　修剪选项

（4）方式(E)选项：用于确定按什么方法倒角对象。执行该选项后，系统会提示 ▼ CHAMFER 输入修剪方法 [距离(D) 角度(A)] <距离>: ，选取某一选项，再选择要倒角的边线，则系统会自动以上一次设置倒角时对该选项输入的值来创建倒角。

（5）多个(M)选项：用于对多个对象进行倒角。执行该选项后，用户可在系统"选择第一条直线"的提示下连续选择直线，直到按 Enter 键为止。

4.5.2　圆角

圆角命令可以用指定半径的圆弧连接两个对象。圆角对象可以是成对的直线线段、多段线、圆弧、圆、射线或构造线，并且可以对这些圆角对象进行倒圆角处理，也可以为互相平行的直线、构造线和射线添加圆角，还可以对整个多段线进行倒圆角处理。

1. 基本操作

下面以如图 4.63 所示的图形为例，介绍创建圆角的一般操作过程。

步骤 1：打开练习文件 D:\AutoCAD2024\work\ch04.05\ 圆角 -ex。

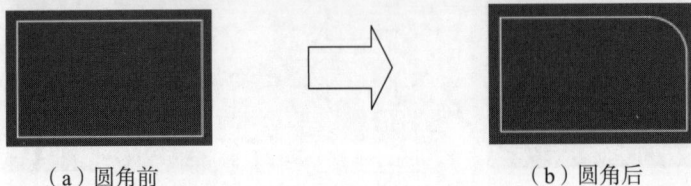

（a）圆角前　　　　　　　　　　　（b）圆角后

图 4.63　圆角

步骤 2：选择命令。单击"默认"功能选项卡 [圆角] 后的 ▼ 节点，在系统弹出的列表中选择 [圆角] 命令，如图 4.64 所示。

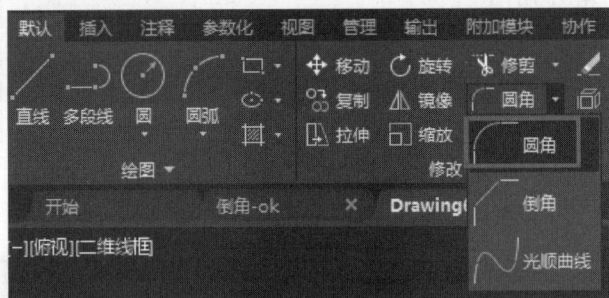

图 4.64　选择命令

说明： 调用圆角命令还有两种方法。

方法一：选择下拉菜单 [修改(M)] → [圆角(F)] 命令。

方法二：在命令行中输入 FILLET 命令，并按 Enter 键。

步骤 3：设置圆角半径参数。在系统的提示下，选择 [半径(R)] 选项，在系统 ⌐ ▼FILLET 指定圆角半径 <0.0000>: 的提示下，输入圆角半径值 10 并按 Enter 键确认。

步骤 4：定义圆角对象。在系统的提示下，选取上方水平直线作为第 1 条直线，在系统的提示下选取右侧竖直直线作为第 2 条直线。

注意：

（1）若圆角半径设置得太大，则倒不出圆角，系统会给出提示。

（2）如果圆角半径为 0，则使用圆角命令后，系统将延长或修剪相应的两条线，使二者相交于一点，不产生圆角。

（3）系统允许对两条平行线倒圆角，系统会将圆角半径自动设为两条平行线距离的一半。

2. 选项介绍

多段线(P) 选项：可以实现在单一的步骤中对整个二维多段线进行圆角。系统将提示选择二维多段线，在选择多段线后，系统会在此多段线的所有顶点处创建圆角，如图 4.65 所示。

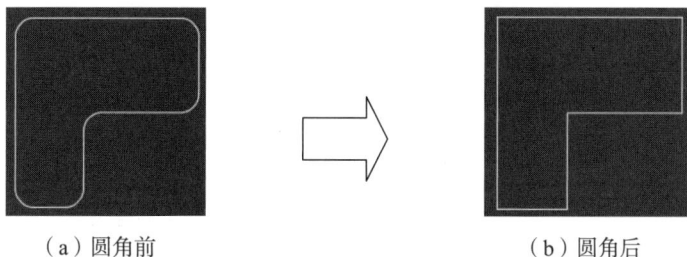

（a）圆角前　　　　　　　　　　　　　（b）圆角后

图 4.65　多段线

修剪(T) 选项：用于确定圆角操作的修剪模式，即确定倒角后是否对相应的倒角边进行修剪。在命令行的提示下，选择 修剪(T) 选项，然后按 Enter 键，命令行会提示 ◤ ▾ FILLET 输入修剪模式选项 [修剪(T) 不修剪(N)] <修剪>:，如果选择 修剪(T) 选项，则圆角后要修剪圆角边，如图 4.66（b）所示；如果选择 不修剪(N)，则圆角后不需要进行修剪，如图 4.66（c）所示。

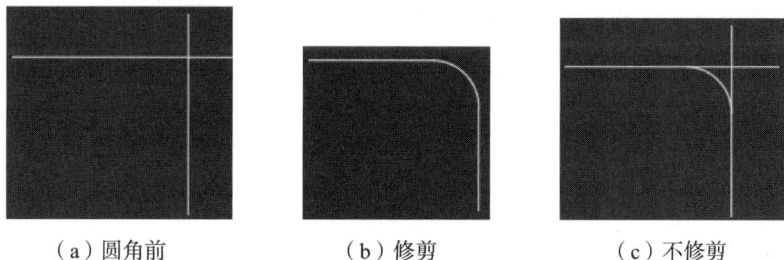

（a）圆角前　　　　　　　（b）修剪　　　　　　　（c）不修剪

图 4.66　修剪选项

多个(M) 选项：用于对多个对象进行圆角。执行该选项后，用户可在系统"选择第一条直线"的提示下连续选择直线，直到按 Enter 键为止。

4.6　其他编辑工具

4.6.1　分解对象

分解对象用于将一个整体的复杂对象（如多段线、块）转换成一个个单一的对象。分

2min

解多段线、矩形、圆环和多边形，可以把它们简化成多条简单的直线段和圆弧对象，然后就可以对它们分别进行修改。

下面以如图 4.67 所示的图形为例，介绍分解对象的一般操作过程。

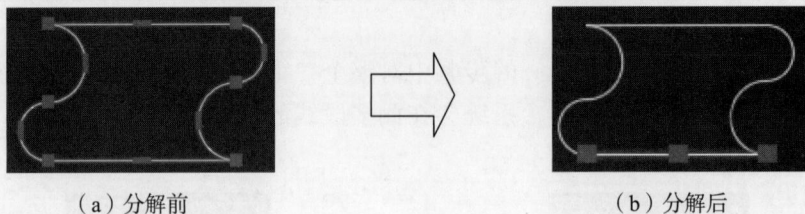

（a）分解前　　　　　　　　　　　　　　　　（b）分解后

图 4.67　分解对象

步骤 1：打开练习文件 D：\AutoCAD2024\work\ch04.06\ 分解 -ex。

步骤 2：选择命令。单击"默认"功能选项卡"修改"区域中的 命令，如图 4.68 所示。

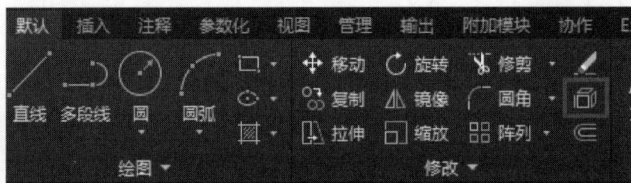

图 4.68　选择命令

说明：调用分解命令还有两种方法。

方法一：选择下拉菜单 修改(M) ➡ 分解(X) 命令。

方法二：在命令行中输入 EXPLODE 命令，并按 Enter 键。

步骤 3：选择分解对象。在系统 ▼ EXPLODE 选择对象：的提示下，选取如图 4.67（a）所示的多段线，并按 Enter 键。

步骤 4：验证结果，单击图形中的任意对象，此时单一对象将被选取，说明多段线已经被分解。

将对象分解后，将出现以下几种情况：

（1）如果原始的多段线具有宽度，则在分解后将丢失宽度信息。

（2）如果分解包含属性的块，则将丢失属性信息，但属性定义会被保留下来。

（3）在分解对象后，原来配置成 By Block（随块）的颜色和线型的显示，将有可能发生改变。

（4）如果分解面域，则面域将被转换成单独的线和圆等对象。

4.6.2　打断对象

使用"打断"命令可以将一个对象断开，或将其截掉一部分。打断的对象可以为直线线段、多段线、圆弧、圆、射线或构造线等。执行打断前需要指定打断点，系统在默认情况下会将选取对象时单击处的点作为第1个打断点。

1. 打断对象

下面以如图4.69所示的图形为例，介绍打断对象的一般操作过程。

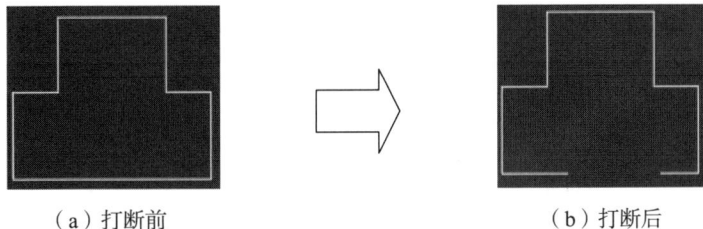

（a）打断前   （b）打断后

图4.69   打断对象

步骤1：打开练习文件 D: \AutoCAD2024\work\ch04.06\ 打断 -ex。

步骤2：选择命令。单击"默认"功能选项卡"修改"后的 ▼ 节点，在系统弹出的列表中选择 凸 命令，如图4.70所示。

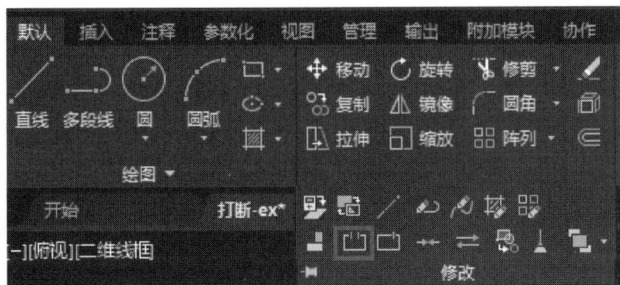

图4.70   选择命令

说明：调用打断命令还有两种方法。

方法一：选择下拉菜单 修改(M) → 凸 打断(K) 命令。

方法二：在命令行中输入 BREAK 命令，并按 Enter 键。

步骤3：选择打断对象。在系统 凸 ▼ BREAK 选择对象: 的提示下，选取如图4.69（a）所示的对象。

说明：在选取对象时在图4.69（b）所示的 A 点处选取。

步骤4：选择打断的第2个点。在系统 凸 ▼ BREAK 指定第2个打断点 或 [第一点(F)]: 的提示下，在如图4.69（b）所示的 B 点处单击选取。

说明：

（1）在系统 凸 ▼ BREAK 指定第2个打断点 或 [第一点(F)]: 的提示下，选择 第一点(F) 选项，用户可以根据实际需求定义第1个打断点。

（2）在系统 凸 ▼ BREAK 选择对象: 的提示下，首先在对象上的某处单击选择该对象，然后

⬚ ▾ BREAK 指定第2个打断点 或 [第一点(F)]:的提示下，输入 @ 并按 Enter 键，则系统便在单击处将对象断开，由于只选取了一个点，所以断开处没有缺口。

（3）如果第 2 个点是在对象外选取的，则系统会将该对象位于两个点之间的部分删除。

（4）对圆的打断，系统按逆时针方向将第 1 个断点到第 2 个断点之间的那段圆弧删除。

2. 打断于点

使用"打断于点"命令可以将对象在一点处断开成两个对象，该命令是从"打断"命令派生出来的。使用"打断于点"命令时，应先选取要被打断的对象，然后指定打断点，系统便可在该断点处将对象打断成相连的两部分。

下面以如图 4.71 所示的图形为例，介绍打断于点的一般操作过程。

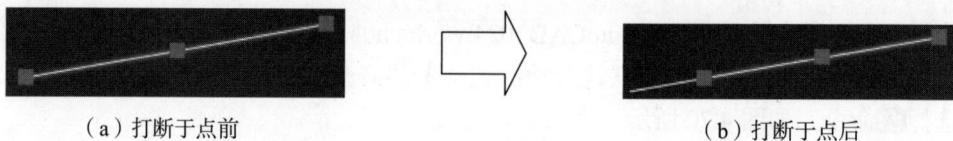

（a）打断于点前　　　　　　　　　　　　（b）打断于点后

图 4.71　打断于点

步骤 1：打开练习文件 D：\AutoCAD2024\work\ch04.06\ 打断于点 -ex。

步骤 2：选择命令。单击"默认"功能选项卡"修改"后的 ▾ 节点，在系统弹出的列表中选择 ▭ 命令。

步骤 3：选择打断于点的对象。在系统 ⬚ ▾ BREAKATPOINT 选择对象:的提示下，选取如图 4.71(a) 所示对象。

步骤 4：选择打断点。在系统 ⬚ ▾ BREAKATPOINT 指定打断点:的提示下，在需要打断的合适位置单击选取即可。

4.7　修改对象特性

在默认情况下，在某层中绘制的对象，其颜色、线型和线宽等特性都与该层属性设置一致，即对象的特性类型为 By Layer（随层）。在实际工作中，经常需要修改对象的特性，这就要求大家应该熟练、灵活地掌握对象特性修改的工具及命令。

1. 使用特性区域修改特性

特性区域如图 4.72 所示，使用特性区域可以修改所有对象的特性（颜色、线型、线宽、打印样式及透明度等），当没有选择对象时，特性区域将显示当前图层的特性，包括图层的颜色、线型、线宽和打印样式；当选择一个对象时，特性区域将显示这个对象相应的属性；当选择多个对象时，特性区域将显示所选择的对象都具有的相同特性（如相同的颜色或线型）。如果这些对象所具有的特性不相同，则相应的控制项为空白；如果要修改某特性，则只需在相应的控制项中选择新的选项。

2. 使用特性窗口修改特性

特性窗口如图 4.73 所示，使用特性窗口修改任何对象的任一特性。选择的对象不同，特性窗口中显示的内容和项目也不同。

如果要显示特性窗口，则可以选择下拉菜单 修改(M) → 特性(P) 命令（或者在命令行中输入 PROPERTIES 命令后按 Enter 键）。

当没有选择对象时，特性窗口将显示当前状态的特性，包括当前的图层、颜色、线型、线宽和打印样式等设置。

图 4.72　特性区域

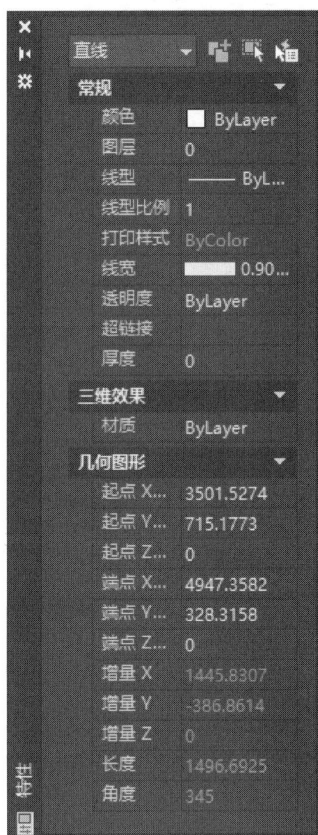

图 4.73　特性窗口

当选择一个对象时，特性窗口将显示选定对象的特性。

当选择多个对象时，特性窗口将只显示这些对象的共有特性，此时可以在特性窗口顶部的下拉列表选择一个特定类型的对象，在这个列表中会显示出当前所选择的每种类型的对象的数量。

3. 使用匹配修改对象特性

匹配对象特性就是将图形中某对象的特性和另外的对象相匹配，即将一个对象的某些或所有特性复制到一个或多个对象上，使它们在特性上保持一致，例如，绘制完一个对象，我们要求它与另外一个对象保持相同的颜色和线型，这时就可以使用特性匹配工具来完成。

下面以如图4.74所示的图形为例，介绍使用匹配修改对象特性的一般操作过程。

步骤1：打开练习文件 D：\AutoCAD2024\work\ch04.07\ 特性 -ex。

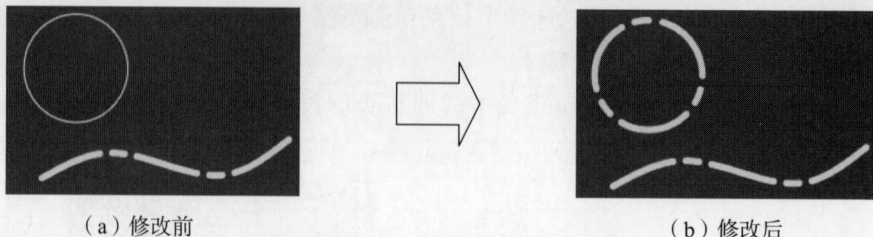

（a）修改前 （b）修改后

图4.74 使用匹配修改特性

步骤2：选择命令。单击"默认"功能选项卡"特性"区域中的 命令，如图4.75所示。

图4.75 选择命令

说明：调用特性命令还有两种方法。

方法一：选择下拉菜单 修改(M) → 特性匹配(M) 命令。

方法二：在命令行中输入 MATCHPROP 命令，并按 Enter 键。

步骤3：选择源对象。在系统 ▾ MATCHPROP 选择源对象：的提示下，选取如图4.74（a）所示的样条曲线。

步骤4：选择目标对象。在系统 ▾ MATCHPROP 选择目标对象或 [设置(S)]：的提示下，选取如图4.74（a）所示的圆。

步骤5：完成操作。按 Enter 键完成匹配。

4.8 使用夹点编辑图形

1. 夹点

夹点是指对象上的控制点。当选择对象时，在对象上会显示出若干个蓝色小方框，这些小方框就是用来标记被选中对象的夹点。对于不同的对象，用来控制其特征的夹点的位置和数量也不相同。

2. 使用夹点编辑图形

当单击对象上的夹点时，系统便会直接进入"拉伸"模式，此时可直接对对象进行拉伸、旋转、移动或缩放操作。

直线对象：使用直线对象上的夹点，可以实现对直线进行移动、拉伸和旋转操作，单击中间的夹点，然后移动鼠标，即可移动该直线，移动到指定位置后，再单击以确定新的位置；单击两端的夹点，然后移动鼠标，可拉伸或转动该直线（转动中心为另一端点）。

圆弧对象：使用圆弧对象上的夹点，可以实现对圆弧进行拉伸操作，单击圆心处的夹点，然后移动鼠标，即可移动该圆弧；单击两端夹点，然后移动鼠标，即可拉伸该圆弧，拉伸到指定位置后单击；单击象限夹点，然后移动鼠标，即可缩放该圆弧。

圆对象：使用圆对象上的夹点，可以实现对圆进行缩放和移动操作，单击圆心处的夹点，然后移动鼠标，即可移动该圆；单击象限夹点，然后移动鼠标，即可缩放该圆。

单击对象上的夹点，然后在命令行的提示下，直接按 Enter 键或右击，在弹出的快捷菜单中选择"移动"命令。系统便会进入"移动"模式，此时可对对象进行移动操作。

单击对象上的夹点，然后在命令行的提示下，连续按两次 Enter 键或输入 RO 后按 Enter 键（或右击，在弹出的快捷菜单中选择"旋转'），便可进入"旋转"模式。此时，可以把对象绕操作点或新的基点旋转。

单击对象上的夹点，在命令行的提示下，连续按 3 次 Enter 键或输入 SC 后按 Enter 键，便可进入"缩放"模式，此时可以对对象相对于操作点或基点进行缩放操作。

选择两对象后，单击直线对象上的夹点，在命令行的提示下，连续按 4 次 Enter 键或输入 MI 后按 Enter 键，便会进入"镜像"模式，此时可以对对象进行镜像操作。

4.9 上机实操

上机实操 1 如图 4.76 所示，上机实操 2 如图 4.77 所示。

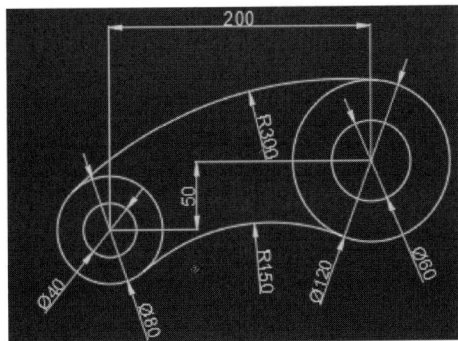

图 4.76 上机实操 1

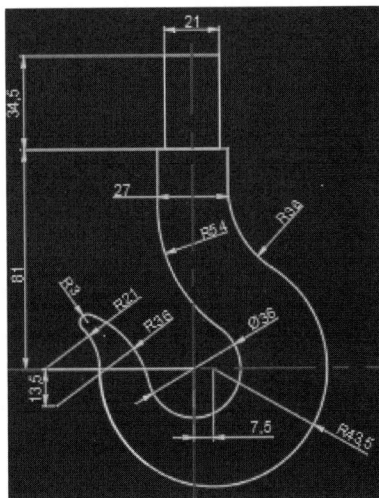

图 4.77 上机实操 2

第 5 章　标 注 尺 寸

5.1　概述

在 AutoCAD 系统中，尺寸标注用于标明图元的大小或图元间的相互位置，以及为图形添加公差符号、注释等，标注后才能反映出图形的完整性。尺寸标注包括线性标注、角度标注、半径标注、直径标注和坐标标注等几种类型。

5.1.1　尺寸组成

如图 5.1 所示，一个完整的尺寸标注应由尺寸数字、尺寸线、尺寸线的端点符号（箭头）及尺寸界线组成，下面分别进行说明。

（1）标注文字：用于表明图形大小的数值，标注文字除了包含一个基本的数值外，还可以包含前缀、后缀、公差和其他的任何文字。在创建尺寸标注时，可以控制标注文字字体及其位置和方向。

（2）尺寸线：标注尺寸线，简称尺寸线，一般是一条两端带有箭头的线段，用于表明标注的范围。尺寸线通常放置在测量区域中，如果空间不足，则可将尺寸线或文字移到测量区域的外部，这取决于标注样式中的放置规则。对于角度标注，尺寸线是一段圆弧。尺寸线应该使用细实线。

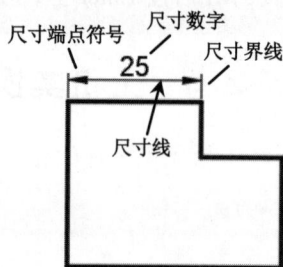

图 5.1　尺寸组成

（3）标注箭头：标注箭头位于尺寸线的两端，用于指出测量的开始和结束位置。系统默认使用闭合的填充箭头符号，此外还提供了多种箭头符号，如建筑标记、小斜线箭头、点和斜杠等，以满足用户的不同需求。

（4）尺寸界线：尺寸界线是标明标注范围的直线，可用于控制尺寸线的位置。尺寸界线也应该使用细实线。

5.1.2　尺寸标注的注意事项

（1）在创建一个尺寸标注时，系统会将尺寸标注绘制在当前图层上，并使用当前标注样式。

（2）在默认状态下，AutoCAD 创建的是关联尺寸标注，即尺寸的组成元素（尺寸线、尺寸界线、箭头和尺寸数字）是作为一个单一的对象处理的，并同测量的对象连接在一起。如果要修改对象的大小尺寸，则尺寸标注也会自动更新以反映出所做的修改。使用 EXPLODE 命令可以把关联尺寸标注转换成分解的尺寸标注，一旦分解后就不能再重新把对象与标注相关联了。

（3）物体的真实大小应以图样上所标注的尺寸数值为依据，与图形的大小及绘图的准确度无关。

（4）当图样中的尺寸以 mm 为单位时，不需要标注计量单位的代号或名称。如果采用其他单位，则必须注明相应计量单位的代号或名称，例如 m、cm 等。

5.2 标注尺寸

5.2.1 线性标注

线性标注用于标注图形对象的线性距离或长度，包括水平标注、垂直标注和旋转标注 3 种类型。水平标注用于标注对象上的两点在水平方向的距离，尺寸线沿水平方向放置；垂直标注用于标注对象上的两点在垂直方向的距离，尺寸线沿垂直方向放置；旋转标注用于标注对象上的两点在指定方向的距离，尺寸线沿旋转角度方向放置。

下面以标注如图 5.2 所示的尺寸为例来介绍线性标注的一般操作过程。

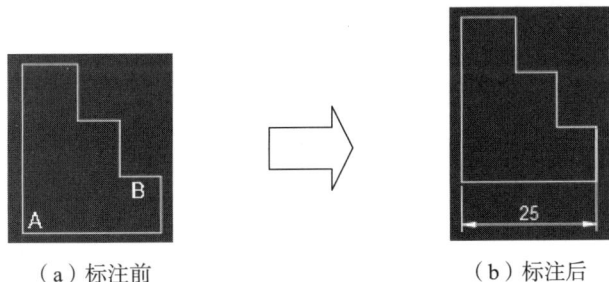

（a）标注前   （b）标注后

图 5.2 线性标注

步骤 1：打开练习文件 D：\AutoCAD2024\work\ch05.02\ 线性标注 -ex。

步骤 2：选择命令。单击"默认"功能选项卡"注释"区域中 ⊢⊣ 线性 后的 ▾，在系统弹出的快捷菜单中选择 ⊢⊣ 线性 命令，如图 5.3 所示。

说明： 调用线性标注命令还有两种方法。

方法一：选择下拉菜单 标注(N) → ⊢⊣ 线性(L) 命令。

方法二：在命令行中输入 DIMLINEAR 命令，并按 Enter 键。

步骤 3：定义第 1 个尺寸界线。在系统 ┌─▾ **DIMLINEAR** 指定第1个尺寸界线原点或 ‹选择对象›: 的提示下，选取如图 5.2（a）所示的 A 点作为第一界线参考。

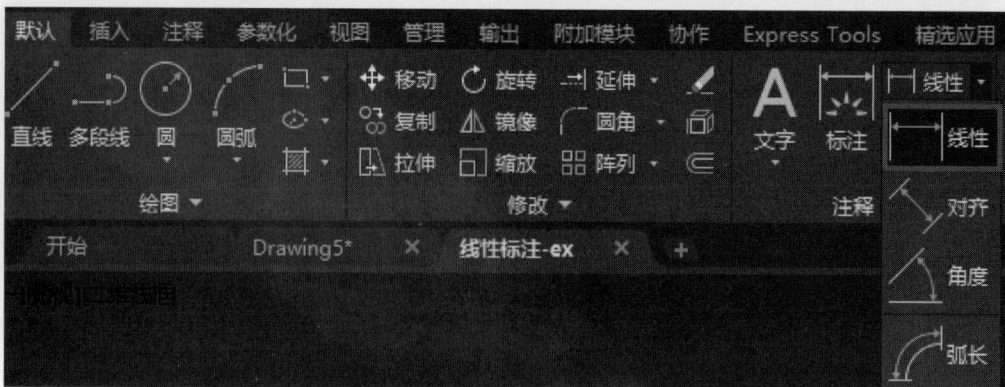

图 5.3　选择命令

步骤 4：定义第 2 个尺寸界线。在系统⊢▼ DIMLINEAR 指定第2个尺寸界线原点：的提示下，选取如图 5.2（a）所示的 B 点作为第二界线参考。

步骤 5：放置尺寸。在系统 [多行文字(M) 文字(T) 角度(A) 水平(H) 垂直(V) 旋转(R)]：的提示下，竖直向下移动鼠标光标，在合适位置单击放置即可。

命令行中部分选项的说明如下。

（1）多行文字(M) 选项：执行该选项后，系统会进入多行文字编辑模式，可以使用"文字格式"工具栏和文字输入窗口输入多行标注文字，如图 5.4 所示。

（2）文字(T) 选项：执行该选项后，系统会提示⊢▼ DIMLINEAR 输入标注文字 <25>：，在该提示下输入新的标注文字，如图 5.5 所示（将值 25 修改为 30）。

（3）角度(A) 选项：执行该选项后，系统会提示⊢▼ DIMLINEAR 指定标注文字的角度：，输入一个角度值后，所标注的文字将旋转该角度，如图 5.6 所示。

（4）水平(H) 选项：用于标注对象沿水平方向的尺寸。执行该选项后，系统接着提示⊢▼ DIMLINEAR 指定尺寸线位置或 [多行文字(M) 文字(T) 角度(A)]：，在此提示下既可以直接确定尺寸线的位置，也可以先执行其他选项，确定标注文字及标注文字的旋转角度，然后确定尺寸线位置。

垂直(V) 选项：用于标注对象沿垂直方向的尺寸。

旋转(R) 选项：用于标注对象沿指定方向的尺寸，如图 5.7 所示。

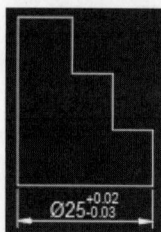 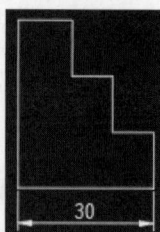  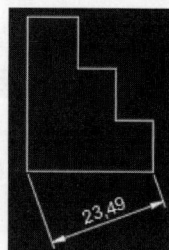

图 5.4　多行文字　　　图 5.5　文字　　　图 5.6　角度　　　图 5.7　旋转

5.2.2 对齐标注

对齐标注用于标注于尺寸界线原点的连线平行的尺寸。

下面以标注如图 5.8 所示的尺寸为例来介绍对齐标注的一般操作过程。

步骤 1：打开练习文件 D：\AutoCAD2024\work\ch05.02\ 对齐标注 -ex。

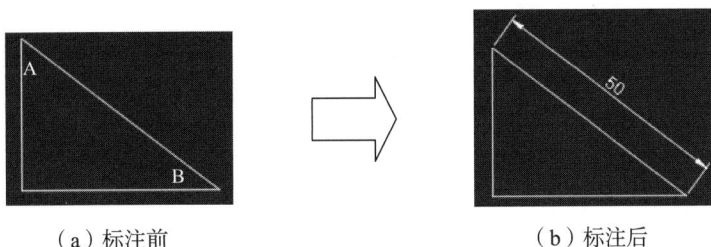

（a）标注前　　　　　　　　　　　　（b）标注后

图 5.8　对齐标注

步骤 2：选择命令。单击"默认"功能选项卡"注释"区域中 线性 后的 ，在系统弹出的快捷菜单中选择 对齐 命令。

说明： 调用对齐标注命令还有两种方法。

方法一：选择下拉菜单 标注(N) → 对齐(G) 命令。

方法二：在命令行中输入 DIMALIGNED 命令，并按 Enter 键。

步骤 3：定义第 1 个尺寸界线。在系统 ▼ DIMALIGNED 指定第 1 个尺寸界线原点或 <选择对象>：的提示下，选取如图 5.8（a）所示的 A 点作为第一界线参考。

步骤 4：定义第 2 个尺寸界线。在系统 ▼ DIMALIGNED 指定第 2 个尺寸界线原点：的提示下，选取如图 5.8（a）所示的 B 点作为第二界线参考。

步骤 5：放置尺寸。在系统 ▼ DIMALIGNED [多行文字(M) 文字(T) 角度(A)]：的提示下，在合适位置单击放置即可。

5.2.3 角度标注

角度标注工具用于标注两条非平行直线间的角度、圆弧包容的角度及部分圆周的角度，也可以标注 3 个点（一个顶点和两个端点）的角度。

下面以标注如图 5.9 所示的尺寸为例来介绍角度标注的一般操作过程。

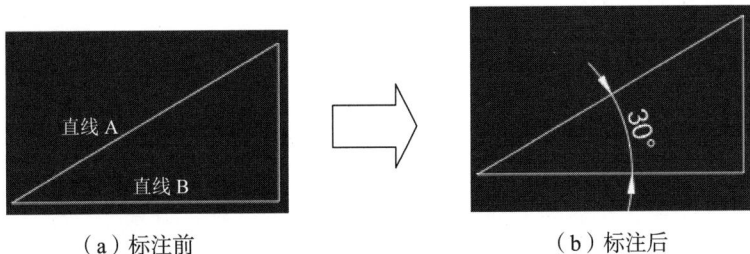

（a）标注前　　　　　　　　　　　　（b）标注后

图 5.9　角度标注

步骤 1：打开练习文件 D：\AutoCAD2024\work\ch05.02\ 角度标注 -ex。

步骤 2：选择命令。单击"默认"功能选项卡"注释"区域中 🗗 线性 后的 ▾，在系统弹出的快捷菜单中选择 △ 角度 命令。

说明： 调用角度标注命令还有两种方法。

方法一： 选择下拉菜单 标注(N) → △ 角度(A) 命令。

方法二： 在命令行中输入 DIMANGULAR 命令，并按 Enter 键。

步骤 3：定义第 1 个对象。在系统 △ ▾ DIMANGULAR 选择圆弧、圆、直线或 <指定顶点>：的提示下，选取如图 5.9（a）所示的直线 A 作为第 1 个对象。

步骤 4：定义第 2 个对象。在系统 △ ▾ DIMANGULAR 选择第 2 条直线：的提示下，选取如图 5.9（a）所示的直线 B 作为第 2 个对象。

步骤 5：放置尺寸。在系统 指定标注弧线位置或 [多行文字(M) 文字(T) 角度(A) 象限点(Q)]：的提示下，在三角形内部的合适位置单击放置即可。

说明： 当标注的对象为圆弧时，系统将自动标注圆弧的夹角，如图 5.10 所示。

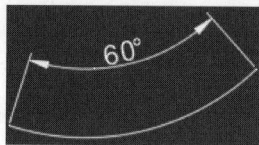

5.2.4 弧长标注

图 5.10 圆弧角度

弧长标注用于测量圆弧或多段线弧线段的长度。弧长标注的典型用法包括测量围绕凸轮的距离或表示电缆的长度。在默认情况下，弧长标注将显示一个圆弧符号。

下面以标注如图 5.11 所示的尺寸为例来介绍弧长标注的一般操作过程。

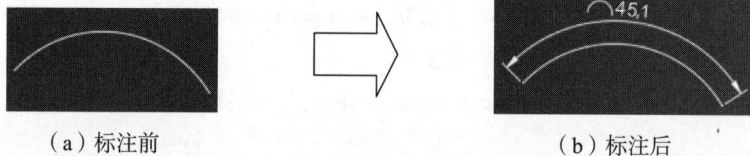

（a）标注前   （b）标注后

图 5.11 弧长标注

步骤 1：打开练习文件 D：\AutoCAD2024\work\ch05.02\ 弧长标注 -ex。

步骤 2：选择命令。单击"默认"功能选项卡"注释"区域中 🗗 线性 后的 ▾，在系统弹出的快捷菜单中选择 ⌒ 弧长 命令。

说明： 调用弧长标注命令还有两种方法。

方法一： 选择下拉菜单 标注(N) → ⌒ 弧长(H) 命令。

方法二： 在命令行中输入 DIMARC 命令，并按 Enter 键。

步骤 3：定义标注对象。在系统 ⌒ ▾ DIMARC 选择弧线段或多段线圆弧段：的提示下，选取如图 5.11（a）所示的圆弧作为标注对象。

步骤 4：放置尺寸。在系统 [多行文字(M) 文字(T) 角度(A) 部分(P) 引线(L)]：的提示下，在圆弧上方的合适位置单击放置即可。

命令行中部分选项的说明如下。

部分(P)选项：用于标注部分弧线段的长度，如图 5.12 所示。

引线(L)选项：用于在标注圆弧长度时添加引线，仅当圆弧（或弧线段）大于 90°时才会显示 引线(L) 选项，无引线(N)选项可在创建引线之前取消 无引线(N) 选项。如果要删除引线，则必须删除弧长标注，然后重新创建不带引线选项的弧长标注，如图 5.13 所示。

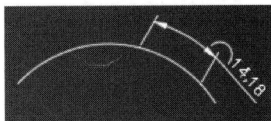
图 5.12　部分

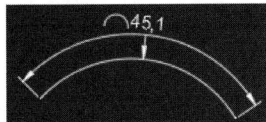
图 5.13　引线

5.2.5　半径标注

半径标注就是标注圆弧和圆的半径尺寸。

下面以标注如图 5.14 所示的尺寸为例来介绍半径标注的一般操作过程。

（a）标注前

（b）标注后

图 5.14　半径标注

步骤 1：打开练习文件 D：\AutoCAD2024\work\ch05.02\半径标注 -ex。

步骤 2：选择命令。单击"默认"功能选项卡"注释"区域中 ├┤ 线性 后的 ▾，在系统弹出的快捷菜单中选择 ⟨ 半径 命令。

说明：调用半径标注命令还有两种方法。

方法一：选择下拉菜单 标注(N) → ⟨ 半径(R) 命令。

方法二：在命令行中输入 DIMRADIUS 命令，并按 Enter 键。

步骤 3：定义标注对象。在系统 ▾ DIMRADIUS 选择圆弧或圆: 的提示下，选取如图 5.14（a）所示的圆弧作为标注对象。

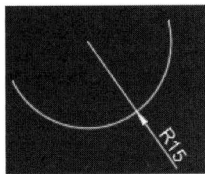
图 5.15　半径标注

说明：标注对象既可以是圆弧，也可以是圆，如图 5.15 所示。

步骤 4：放置尺寸。在系统 ▾ DIMRADIUS 指定尺寸线位置或 [多行文字(M) 文字(T) 角度(A)]: 的提示下，在圆弧下方的合适位置单击放置即可。

5.2.6　折弯半径标注

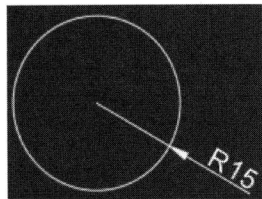

当圆弧的半径比较大且圆心的位置比较远时，图纸的空间不允许我们把尺寸线画得那么长，这就可以采用折弯半径的标注方法标注半径。

下面以标注如图 5.16 所示的尺寸为例来介绍折弯半径标注的一般操作过程。

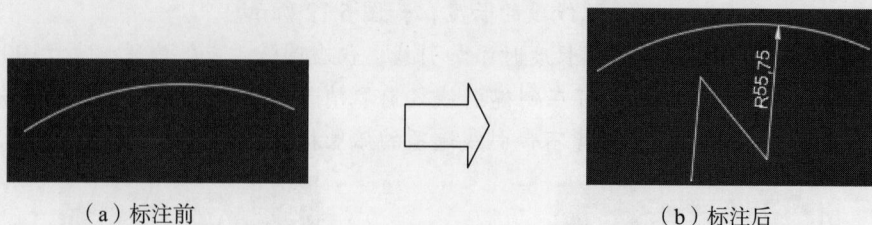

（a）标注前   （b）标注后

图 5.16　折弯半径标注

步骤 1：打开练习文件 D：\AutoCAD2024\work\ch05.02\ 折弯半径标注 -ex。

步骤 2：选择命令。单击“默认”功能选项卡“注释”区域中 █┤█线性 后的 █，在系统弹出的快捷菜单中选择 █▲█折弯 命令。

说明： 调用折弯标注命令还有两种方法。

方法一： 选择下拉菜单 █标注(N) █ → █▲█ 折弯(J) █ 命令。

方法二： 在命令行中输入 DIMJOGGED 命令，并按 Enter 键。

步骤 3：定义标注对象。在系统 █▲ █ DIMJOGGED 选择圆弧或圆：的提示下，选取如图 5.16（a）所示的圆弧作为标注对象。

步骤 4：定义图示中心位置。在系统 █▲ █ DIMJOGGED 指定图示中心位置：的提示下，选取如图 5.17 所示的点 1 位置单击确定中心位置。

步骤 5：定义尺寸线位置。在系统 DIMJOGGED 指定尺寸线位置或 [多行文字(M) 文字(T) 角度(A)]的提示下，选取如图 5.17 所示的点 2 位置单击确定尺寸线位置。

步骤 6：定义折弯位置。在系统 █▲ █ DIMJOGGED 指定折弯位置：的提示下，选取如图 5.17 所示的点 3 位置单击确定折弯位置。

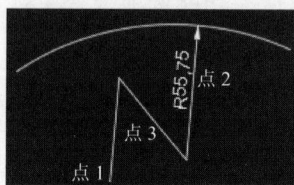

图 5.17　定义位置

5.2.7　直径标注

直径标注就是标注圆弧和圆的直径尺寸，操作方式与半径标注类似。

下面以标注如图 5.18 所示的尺寸为例来介绍直径标注的一般操作过程。

步骤 1：打开练习文件 D：\AutoCAD2024\work\ch05.02\ 直径标注 -ex。

步骤 2：选择命令。单击“默认”功能选项卡“注释”区域中 █┤█线性 后的 █，在系统弹出的快捷菜单中选择 █◎█直径 命令。

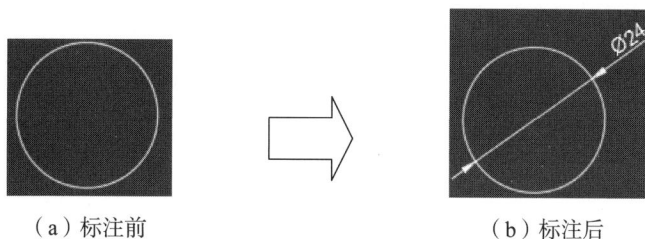

（a）标注前　　　　　　　　　　　（b）标注后

图 5.18　直径标注

说明：调用直径标注命令还有两种方法。

方法一：选择下拉菜单 标注(N) → ⊘ 直径(D) 命令。

方法二：在命令行中输入 DIMDIAMETER 命令，并按 Enter 键。

步骤 3：定义标注对象。在系统 DIMDIAMETER 选择圆弧或圆：的提示下，选取如图 5.18（a）所示的圆作为标注对象。

说明：标注对象既可以是圆，也可以是圆弧，如图 5.19 所示。

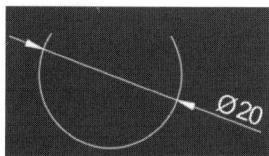

图 5.19　直径标注

步骤 4：放置尺寸。在系统 DIMDIAMETER 指定尺寸线位置或 [多行文字(M) 文字(T) 角度(A)]:的提示下，在圆外侧的合适位置单击放置即可。

5.2.8　坐标标注

使用坐标标注可以标明位置点相对于当前坐标系原点的坐标值，它由 x 坐标（或 y 坐标）和引线组成。

下面以标注如图 5.20 所示的尺寸为例来介绍坐标标注的一般操作过程。

步骤 1：打开练习文件 D：\AutoCAD2024\work\ch05.02\ 坐标标注 -ex。

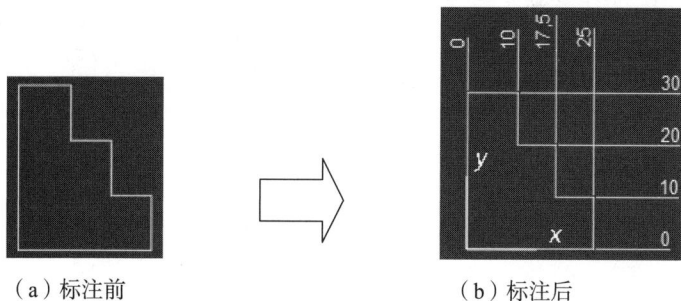

（a）标注前　　　　　　　　　　　（b）标注后

图 5.20　坐标标注

步骤 2：创建用户坐标系。选择下拉菜单 工具(T) → 新建 UCS(W) → ⊥ 原点(N) 命令，在系统 ⊥ ▾ UCS 指定新原点 <0,0,0>： 的提示下，在图形区捕捉图形的左下角点放置用户坐标系，完成后如图 5.21 所示。

步骤 3：选择命令。单击"默认"功能选项卡"注释"区域中 ┠ 线性 后的 ▾，在系统弹出的快捷菜单中选择 ⊥ 坐标 命令。

说明： 调用坐标标注命令还有两种方法。

方法一： 选择下拉菜单 标注(N) → ⊥ 坐标(O) 命令。

方法二： 在命令行中输入 DIMORDINATE 命令，并按 Enter 键。

步骤 4：定义水平标注点。在系统 ⊥ ▾ DIMORDINATE 指定点坐标： 的提示下，选取如图 5.21 所示的点 1 作为标注对象，然后水平移动鼠标，在合适位置放置即可，效果如图 5.22 所示。

步骤 5：定义其他水平标注点。参照步骤 3 与步骤 4 的操作，选取点 2、点 3 与点 4 标注其他水平坐标尺寸，效果如图 5.23 所示。

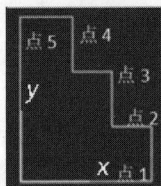

图 5.21　用户坐标系　　　　　图 5.22　水平标注

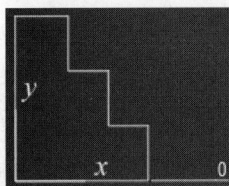

步骤 6：标注竖直坐标尺寸。单击"默认"功能选项卡"注释"区域中 ┠ 线性 后的 ▾，在系统弹出的快捷菜单中选择 ⊥ Y 坐标 命令，在系统的提示下选取如图 5.21 所示的点 5 作为标注对象，然后竖直向上移动鼠标光标，在合适位置放置即可，效果如图 5.24 所示

步骤 7：标注其他竖直坐标尺寸。参考步骤 6 依次选择点 4、点 3 与点 2 标注其他竖直坐标尺寸。

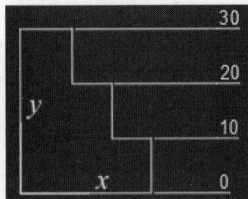

图 5.23　其他水平标注　　　　图 5.24　竖直坐标标注

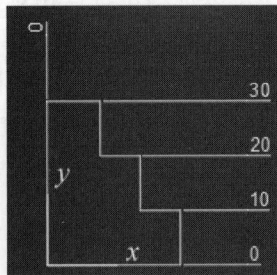

5.2.9　圆心标记

用户在绘制一个圆后通常是看不到圆心位置的，用户可以通过圆心标记命令将圆心位置显示出来。

下面以标注图 5.25 为例来介绍圆心标记的一般操作过程。

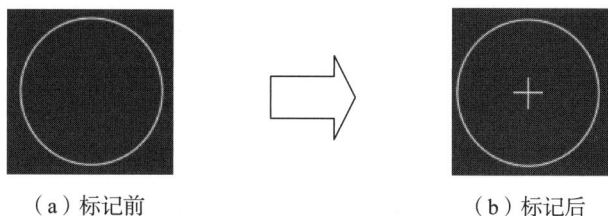

（a）标记前　　　　　　　　　　（b）标记后

图 5.25　圆心标记

步骤 1：打开练习文件 D：\AutoCAD2024\work\ch05.02\ 圆心标记 -ex。

步骤 2：选择命令。选择下拉菜单 标注(N) → 圆心标记(M) 命令。

步骤 3：定义标注对象。在系统 DIMCENTER 选择圆弧或圆: 的提示下，选取如图 5.25（a）所示的圆。

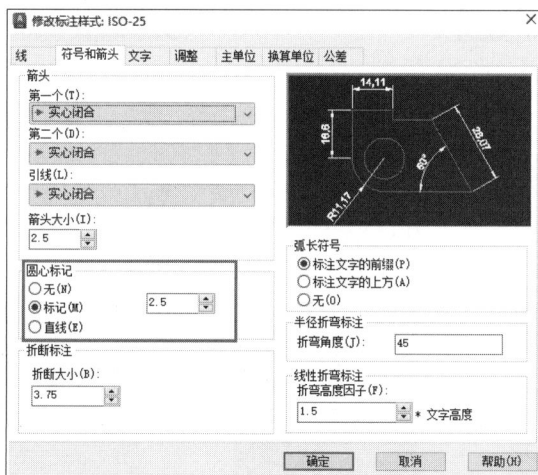

图 5.26　"修改标注样式"对话框

说明：

圆心标记的对象既可以是圆，也可以是圆弧。

圆心标记既可以是短十字线，也可以是中心线，这取决于如图 5.26 所示的"标注样式"对话框的 符号和箭头 选项卡中的 圆心标记 设置，效果如图 5.27 所示。

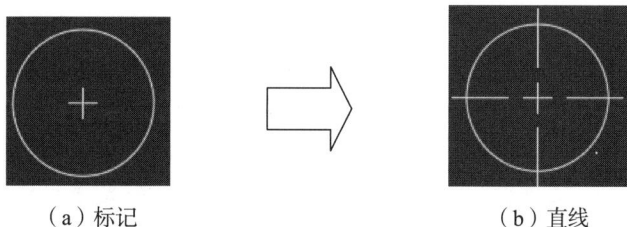

（a）标记　　　　　　　　　　（b）直线

图 5.27　圆心标记

5.2.10　基线标注

基线标注是以已有尺寸的尺寸界线为基线来标注其他尺寸，其他尺寸会以基线为标注起点来进行标注。

下面以标注如图 5.28 所示的尺寸为例来介绍基线标注的一般操作过程。

步骤 1：打开练习文件 D：\AutoCAD2024\work\ch05.02\ 基线标注 -ex。

步骤 2：标注线性尺寸。选择线性标注命令，选取如图 5.29 所示的点 1 作为第一尺寸界线原点，选取如图 5.29 所示的点 2 作为第二尺寸界线原点，然后在右侧合适位置单击放置尺寸，效果如图 5.30 所示。

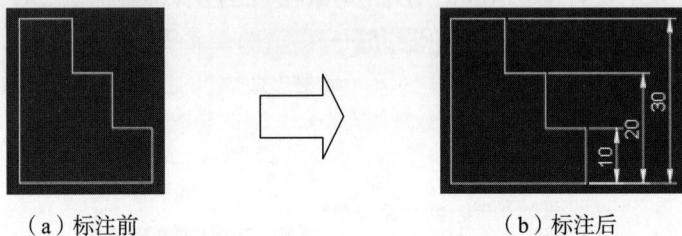

（a）标注前　　　　　　　　　　（b）标注后

图 5.28　基线标注

说明： 注意第一尺寸界线与第二尺寸界线的选取顺序，基线尺寸是具有共同的第一尺寸界线的，如果在创建线性尺寸时，选取点 2 作为第一尺寸界线原点，选取点 1 作为第二尺寸界线原点，标注的基线尺寸如图 5.31 所示。

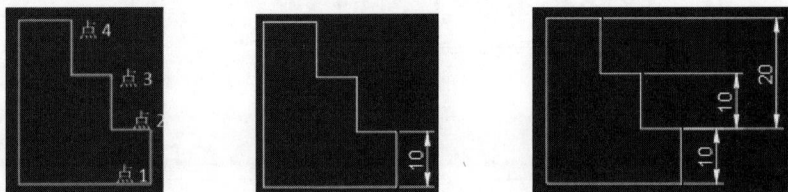

图 5.29　标注参考　　　　图 5.30　线性标注　　　　图 5.31　基线标注

步骤 3：设置基线间距。选择下拉菜单 格式(O) → 标注样式(D)... 命令，系统会弹出"标注样式管理器"对话框，单击 修改(M)... 按钮，系统会弹出"修改标注样式：ISO-25"对话框，单击 线 功能选项卡，在 基线间距(A): 文本框中输入值 5，如图 5.32 所示，其他参数采用默认，依次单击 确定 与 关闭 按钮。

步骤 4：选择命令。选择下拉菜单 标注(N) → 基线(B) 命令。

步骤 5：在系统 ⊏ ▼ DIMBASELINE 指定第 2 个尺寸界线原点或 [选择(S) 放弃(U)] <选择>: 的提示下，选取如图 5.29 所示的点 3，此时系统会自动选取标注"10"的第一尺寸界线作为基线创建基线标注"20"

说明： 系统默认选取最近标注的尺寸作为基线尺寸，如果读者想选取其他尺寸，则可以在系统 ⊏ ▼ DIMBASELINE 指定第 2 个尺寸界线原点或 [选择(S) 放弃(U)] <选择>: 的提示下，选择 选择(S) 选项，

然后在系统 ▭▾ DIMBASELINE 选择基准标注: 的提示下选取需要的基线尺寸即可。

步骤 6：在系统 ▭▾ DIMBASELINE 指定第 2 个尺寸界线原点或 [选择(S) 放弃(U)] <选择>: 的提示下，选取如图 5.29 所示的点 4，此时系统会自动选取标注"10"的第一尺寸界线作为基线创建基线标注"30"。

步骤 7：按两次 Enter 键结束基线标注。

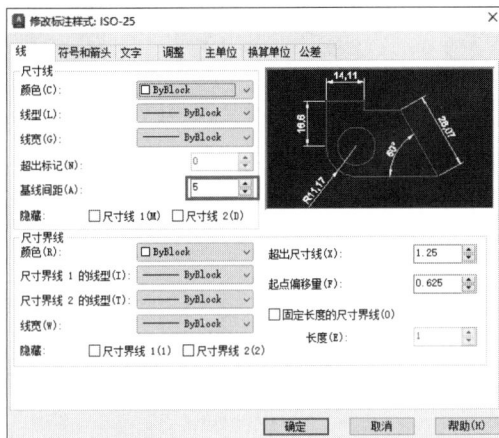

图 5.32 "修改标注样式 ISO-25"对话框

5.2.11 连续标注

连续标注是以已有尺寸的尺寸界线作为基线来标注连续的其他尺寸，其他尺寸会以基线为标注起点来进行标注。

下面以标注如图 5.33 所示的尺寸为例来介绍连续标注的一般操作过程。

步骤 1：打开练习文件 D: \AutoCAD2024\work\ch05.02\ 连续标注 -ex。

步骤 2：标注线性尺寸。选择线性标注命令，选取如图 5.34 所示的点 1 作为第一尺寸界线原点，选取如图 5.34 所示的点 2 作为第二尺寸界线原点，然后在右侧合适位置单击放置尺寸，效果如图 5.35 所示。

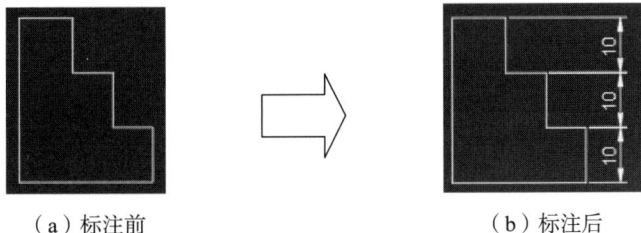

（a）标注前 （b）标注后

图 5.33 连续标注

说明： 注意第一尺寸界线与第二尺寸界线的选取顺序，基线尺寸是具有共同的第一尺寸界线的，如果在创建线性尺寸时，选取点 2 作为第一尺寸界线原点，选取点 1 作为第二尺寸界线原点，则标注的基线尺寸如图 5.36 所示。

步骤 3：选择命令。选择下拉菜单 标注(N) → ⊢⊣⊢ 连续(C) 命令。

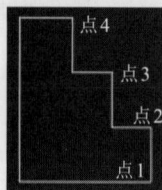 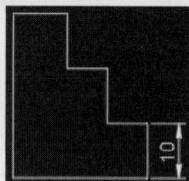 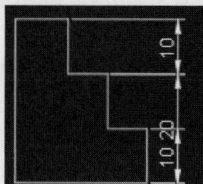

图 5.34　标注参考　　图 5.35　线性标注　　图 5.36　连续标注

步骤 4：在系统 ⊢⊢⊢▼ DIMCONTINUE 指定第 2 个尺寸界线原点或 [选择(S) 放弃(U)] <选择>: 的提示下，选取如图 5.34 所示的点 3，此时系统会自动选取标注"10"的第一尺寸界线作为基线创建连续标注"10"

说明： 系统默认选取最近标注的尺寸作为基线尺寸，如果读者想选取其他尺寸，则可以在系统 ⊢⊢⊢▼ DIMCONTINUE 指定第 2 个尺寸界线原点或 [选择(S) 放弃(U)] <选择>: 的提示下，选择 选择(S) 选项，然后在系统 ⊢⊢⊢▼ DIMCONTINUE 选择连续标注: 的提示下选取需要的连续基准尺寸即可。

步骤 5：在系统 ⊢⊢⊢▼ DIMCONTINUE 指定第 2 个尺寸界线原点或 [选择(S) 放弃(U)] <选择>: 的提示下，选取如图 5.34 所示的点 4，此时系统会自动选取标注"10"的第一尺寸界线作为基线创建连续标注"10"

步骤 6：按两次 Enter 键结束连续标注。

说明： 基线与连续标注的基准尺寸既可以是线性尺寸，也可以是角度尺寸，如图 5.37 所示。

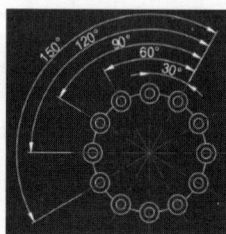 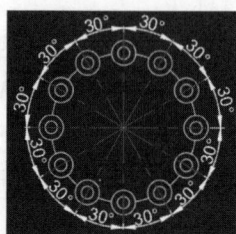

（a）基线标注　　　　　　　　（b）连续标注

图 5.37　角度尺寸

5.2.12　倾斜标注

线性尺寸标注的尺寸界线通常是垂直于尺寸线的，可以修改尺寸界线的角度，使它们相对于尺寸线产生倾斜，这就是倾斜标注。

下面以标注如图 5.38 所示的尺寸为例来介绍倾斜标注的一般操作过程。

步骤 1：打开练习文件 D：\AutoCAD2024\work\ch05.02\ 倾斜标注 -ex。

（a）倾斜前　　　　　　　　　　　　　　　（b）倾斜后

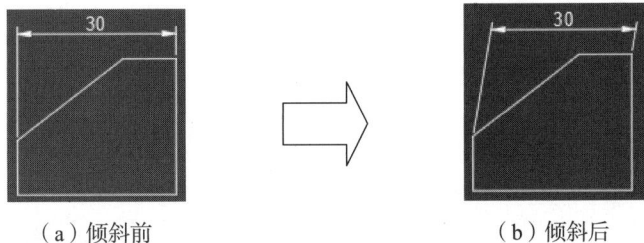

图 5.38　倾斜标注

步骤 2：标注线性尺寸。选择线性标注命令，选取如图 5.39 所示的点 1 作为第一尺寸界线原点，选取如图 5.39 所示的点 2 作为第二尺寸界线原点，然后在上方的合适位置单击放置尺寸，效果如图 5.40 所示。

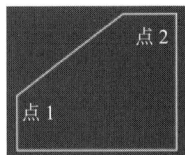

图 5.39　标注参考　　　　　　　　图 5.40　线性标注

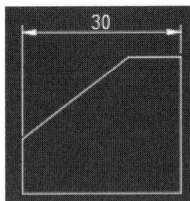

步骤 3：选择命令。选择下拉菜单 标注(N) → 倾斜(Q) 命令。

步骤 4：选择倾斜尺寸。在系统 DIMEDIT 选择对象: 的提示下，选取步骤 2 创建的线性尺寸并按 Enter 键确定。

步骤 5：定义倾斜角度。在系统 DIMEDIT 输入倾斜角度 (按 ENTER 表示无): 的提示下输入 80 并按 Enter 键确定。

5.2.13　折弯线性标注

下面以标注如图 5.41 所示的尺寸为例来介绍折弯线性标注的一般操作过程。

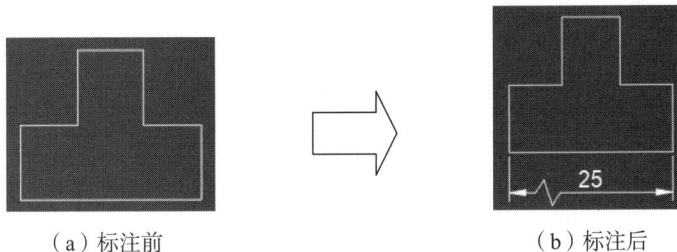

▷ 2min

（a）标注前　　　　　　　　　　　　　　　（b）标注后

图 5.41　折弯线性标注

步骤 1：打开练习文件 D：\AutoCAD2024\work\ch05.02\ 折弯线性标注 -ex。

步骤 2：标注线性尺寸。选择线性标注命令，选取如图 5.42 所示的点 1 作为第一尺寸界线原点，选取如图 5.42 所示的点 2 作为第二尺寸界线原点，然后在下方的合适位置单击放置尺寸，效果如图 5.43 所示。

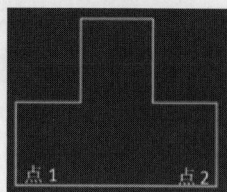

图 5.42　标注参考

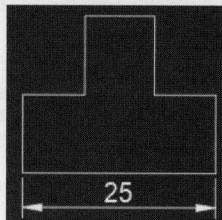

图 5.43　线性标注

步骤 3：选择命令。选择下拉菜单 标注(N) → 折弯线性(J) 命令。

步骤 4：选择要折弯的尺寸。在系统 ⌁▾ DIMJOGLINE 选择要添加折弯的标注或 [删除(R)]: 的提示下，选取步骤 2 创建的线性尺寸。

步骤 5：定义折弯位置。在系统 ⌁▾ DIMJOGLINE 指定折弯位置 (或按 ENTER 键): 的提示下在线性尺寸需要添加折弯的位置单击即可。

5.3　标注样式

5.3.1　新建标注样式

在默认情况下，在为图形对象添加尺寸标注时，系统将采用 STANDARD 标注样式，该样式应用了默认的尺寸标注变量的设置。STANDARD 样式是根据美国国家标准协会（ANSI）标注标准设计的，但是又不完全遵循该协会的设计。如果在开始绘制新图形时选择了米制单位，则 AutoCAD 将使用 ISO-25（国际标准化组织）的标注样式。

用户可以根据已经存在的标注样式定义新的标注样式，这样有利于创建一组相关的标注样式。对于已经存在的标注样式，还可以为其创建一个子样式，子样式中的设置仅用于特定类型的尺寸标注，例如，在一个已经存在的样式中，可以指定一个不同类型的箭头，用于角度标注，或指定一个不同的标注文字颜色，用于坐标标注。

下面介绍创建新的标注样式的操作过程。

步骤 1：选择命令。选择下拉菜单 格式(O) → 标注样式(D)... 命令，系统会弹出如图 5.44 所示的"标注样式管理器"对话框。

图 5.44"标注样式管理器"对话框部分选项的说明如下。

（1） 置为当前(U) 按钮：用于将 样式(S) 中选中的样式设置为当前使用的样式。

（2） 新建(N)... 按钮：用于创建一个新的标注样式。

（3） 修改(M)... 按钮：用于修改选中的标注样式。

（4） 替代(O)... 按钮：用于创建当前标注样式的替代样式。

（5）比较(C)...按钮：用于比较两个不同的标注样式。

（6）样式(S)列表：用于列出当前文件中所有的标注样式。

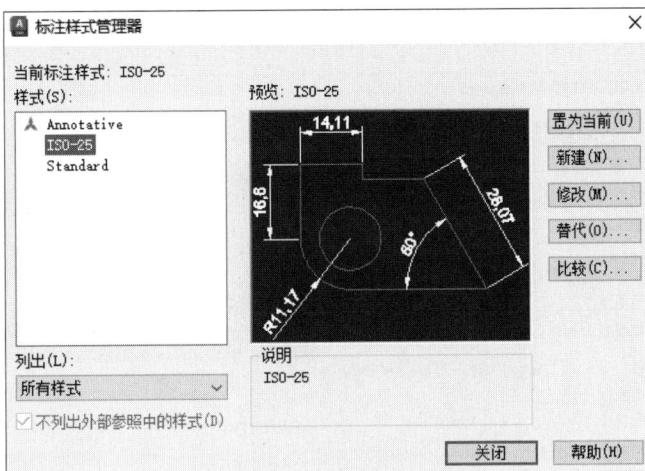

图 5.44 "标注样式管理器"对话框

步骤 2：在"标注样式管理器"对话框中单击新建(N)...按钮，系统会弹出如图 5.45 所示的"创建新标注样式"对话框，在该对话框中，输入新标注样式的名称并选择基础样式和适用范围等（暂时都采用默认）。

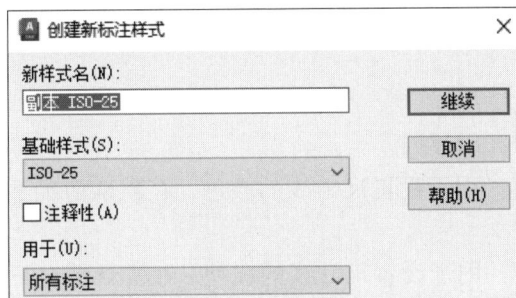

图 5.45 "创建新标注样式"对话框

图 5.45 "创建新标注样式"对话框部分选项的说明如下。

（1）新样式名(N)文本框：用于输入新标注样式的名字。

（2）基础样式(S)下拉列表：选择一种基础样式，新样式将在该基础样式上进行修改。

（3）□注释性(A)复选框：用于是否将创建的标注样式作为注释性标注。

（4）用于(U)列表：指定新建标注样式的适用范围（如果选择特定的范围，则创建子样式）。适用的范围有"所有标注""线性标注""角度标注"等。

步骤 3：在"创建新标注样式"对话框中，单击继续按钮，系统会弹出如图 5.46 所示的"新建标注样式：副本 ISO-25"对话框，在其中可设置新标注样式的各项要素。

5.3.2　设置尺寸线与尺寸界线

使用_线 选项卡，可以设置尺寸标注的尺寸线和尺寸界线的颜色、线型和线宽等。对于任何设置进行的修改都可在预览区域立即看到更新的结果，如图 5.46 所示。

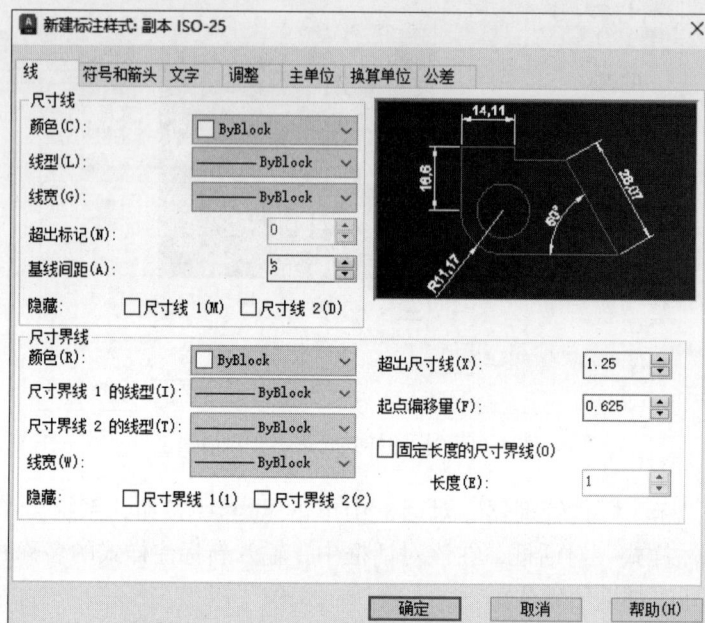

图 5.46　"线"选项卡

1. 设置尺寸线

在_{尺寸线} 区域可以进行以下设置。

（1）_{颜色(C)}下拉列表：用于设置尺寸线的颜色，在默认情况下，尺寸线的颜色随块的颜色，如图 5.47 所示。

（2）_{线型(L)}下拉列表：用于设置尺寸线的线型，在默认情况下，尺寸线的线型随块的线型，如图 5.48 所示。

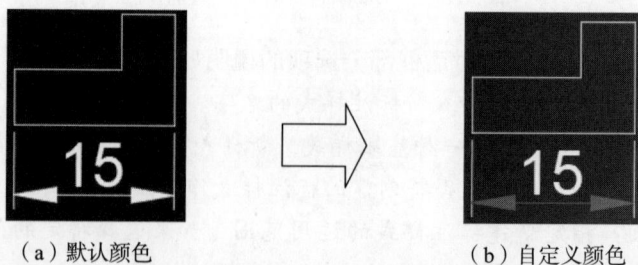

（a）默认颜色　　　　　　　　　（b）自定义颜色

图 5.47　尺寸线颜色

（3）_{线宽(G)}下拉列表：用于设置尺寸线的线宽，在默认情况下，尺寸线的线宽随块的线宽，如图 5.49 所示。

（a）默认线型　　　　　　　　　　　（b）自定义线型

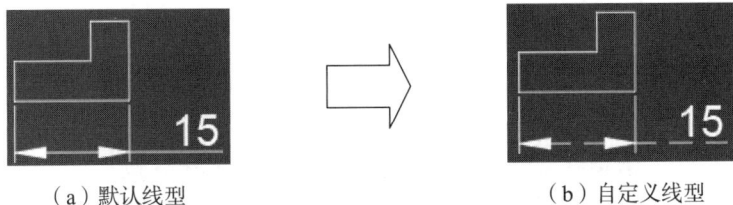

图 5.48　尺寸线线型

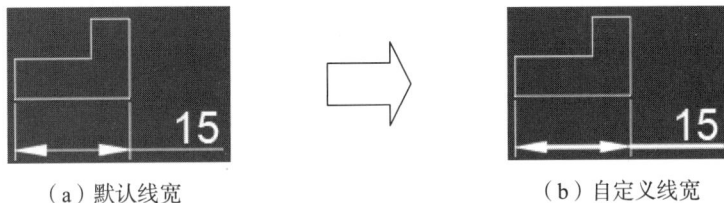

（a）默认线宽　　　　　　　　　　　（b）自定义线宽

图 5.49　尺寸线线宽

（4）超出标记(N)文本框：当尺寸线箭头采用倾斜、建筑标记、小点、积分或无标记等样式时，在该文本框中可以设置尺寸线超出尺寸界线的长度，如图 5.50 所示。

（5）基线间距(A)文本框：在创建基线标注时，可在此设置各尺寸线之间的距离，如图 5.51 所示。

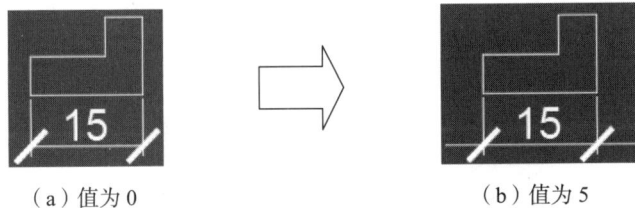

（a）值为 0　　　　　　　　　（b）值为 5

图 5.50　超出标记

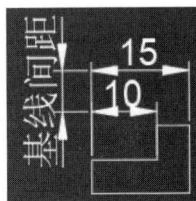

图 5.51　基线间距

（6）隐藏选项组：通过选中□尺寸线 1(M) 或□尺寸线 2(D)复选框，可以隐藏第 1 段或第 2 段尺寸线及其相应的箭头，如图 5.52 所示。

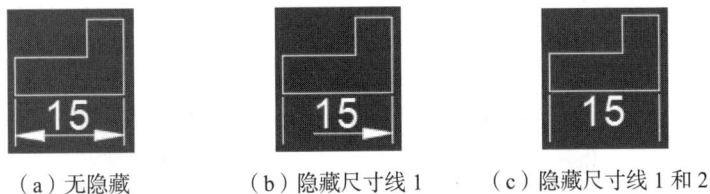

（a）无隐藏　　　　　（b）隐藏尺寸线 1　　　　（c）隐藏尺寸线 1 和 2

图 5.52　隐藏

2. 设置尺寸界线

在尺寸界线区域可以进行以下设置。

（1）颜色(C)下拉列表：用于设置尺寸界线的颜色，在默认情况下，尺寸线的颜色随块的颜色，如图 5.53 所示。

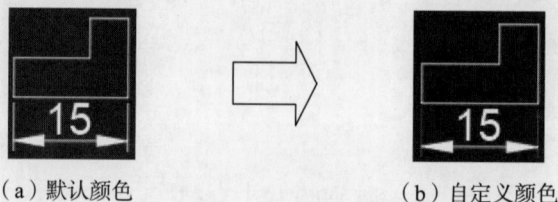

（a）默认颜色　　　　　　　　　　（b）自定义颜色

图 5.53　尺寸界线颜色

（2）线型(L)下拉列表：用于设置尺寸线的线型，在默认情况下，尺寸线的线型随块的线型。

（3）线宽(G)下拉列表：用于设置尺寸线的线宽，在默认情况下，尺寸线的线宽随块的线宽，如图 5.54 所示。

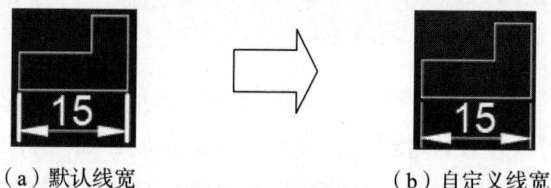

（a）默认线宽　　　　　　　　　　（b）自定义线宽

图 5.54　尺寸界线线宽

（4）隐藏:选项组：通过选中□尺寸界线 1(1)或□尺寸界线 2(2)复选框，可以隐藏第 1 段或第 2 段尺寸界线，如图 5.55 所示。

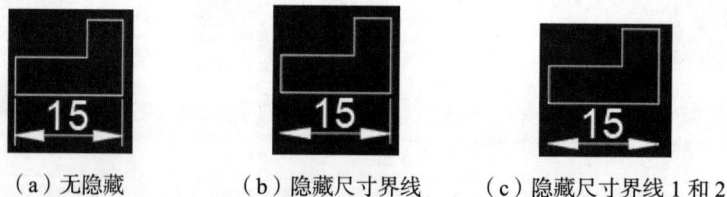

（a）无隐藏　　　　（b）隐藏尺寸界线　　　（c）隐藏尺寸界线 1 和 2

图 5.55　隐藏

（5）超出尺寸线(X):文本框：用于设置尺寸界线超出尺寸线的距离（一般设置为字高的一半），如图 5.56 所示。

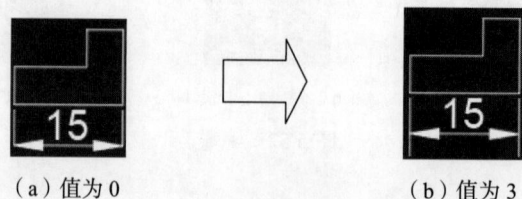

（a）值为 0　　　　　　　　　　（b）值为 3

图 5.56　超出尺寸线

（6）起点偏移量(F):文本框：用于设置尺寸界线的起点与标注起点的距离，如图 5.57 所示。

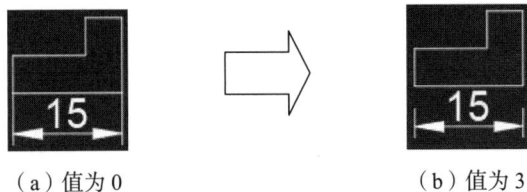

（a）值为 0　　　　　　　　　　　（b）值为 3

图 5.57　起点偏移量

（7）□固定长度的尺寸界线(O)复选框：用于设置尺寸界线从尺寸线开始到标注原点的总长度，如图 5.58 所示。

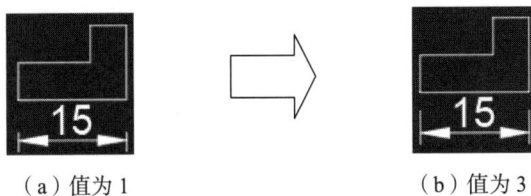

（a）值为 1　　　　　　　　　　　（b）值为 3

图 5.58　固定长度的尺寸界线

5.3.3　设置箭头与符号

1. 设置箭头

在如图 5.59 所示的箭头选项组中，可以设置标注箭头的外观样式及尺寸。为了满足不同类型的图形标注需要，系统提供了 20 多种箭头样式，可以从对应的下拉列表中选择某种样式，如图 5.60 所示，并在箭头大小(I)文本框中设置其大小（一般将箭头大小设置为与文字大小一致），如图 5.61 所示。

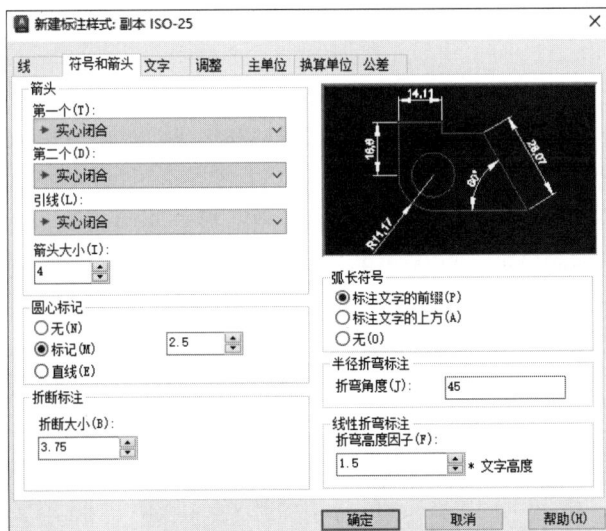

图 5.59　"符号和箭头"选项卡

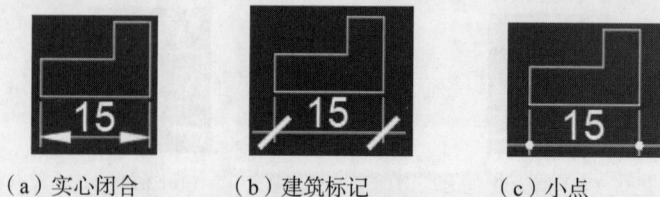

（a）实心闭合　　　　（b）建筑标记　　　　（c）小点

图 5.60　箭头样式

（a）值为 4　　　　　（b）值为 2

图 5.61　箭头大小

此外，用户也可以使用自定义箭头。可在选择箭头的下拉列表中选择"用户箭头…"选项，系统会弹出如图 5.62 所示的"选择自定义箭头块"对话框，在 从图形块中选择 下拉文本框内选择当前图形中已有的块名，然后单击 确定 按钮，此时系统便会以该块作为尺寸线的箭头样式，块的基点与尺寸线的端点重合。

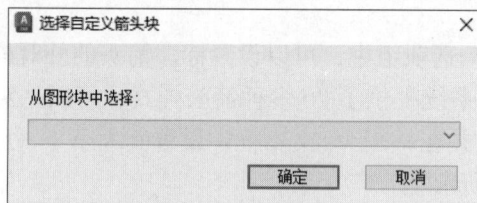

图 5.62　"选择自定义箭头块"对话框

2. 设置圆心标记

在 圆心标记 选项组中，可以设置圆心标记的类型和大小。选择 ◉标记(M) 单选项，将对圆或者圆弧绘制圆心标记，如图 5.63 所示，用户可以在文本框中输入控制圆心标记大小的值，如图 5.64 所示；选中 ◉直线(E) 单选项，用于对圆或圆弧绘制中心线，如图 5.65 所示，用户可以在文本框中输入控制圆心直线大小的值，如图 5.66 所示；如果选中 ◉无(N) 选项，则系统将不能创建圆心标记。

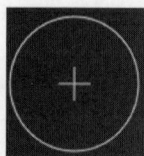

图 5.63　标记

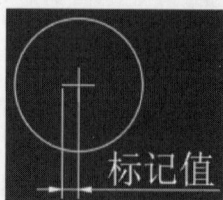

图 5.64　标记值

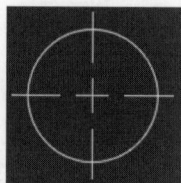

图 5.65　直线

图 5.66　直线值

3. 设置折断标记

折断标注区域的 折断大小(B) 文本框用于设置折断标注的间距大小，如图 5.67 所示。

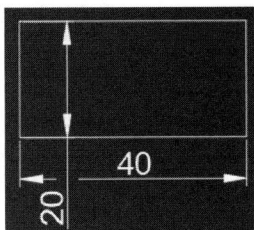

图 5.67 折断标记

4. 设置弧长符号

在 弧长符号 选项组中，可以设置弧长符号。当选中⦿标注文字的前缀(P)时，系统将弧长符号放在标注文字的前面，如图 5.68（a）所示；当选中⦿标注文字的上方(A) 时，系统将弧长符号放在标注文字的上方，如图 5.68（b）所示；当选中⦿无(O) 时，系统将不显示弧长符号，如图 5.68（c）所示。

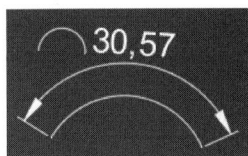（a）前缀 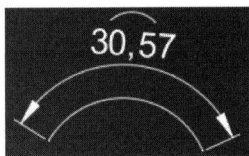（b）上方 （c）无

图 5.68 弧长符号

5. 设置半径折弯标注

半径折弯标注区域中的折弯角度(J) 文本框：确定用于连接半径标注的尺寸界线和尺寸线的横向直线的角度。

6. 设置线性折弯标注

线性折弯标注区域中的折弯高度因子(F) 文本框：用于设置文字折弯高度的比例因子。

说明： 线性折弯高度是通过形成折弯角度的两个定点之间的距离确定的，其值为折弯高度因子与文字高度之积。

5.3.4 设置文字

1. 设置文字外观

在如图 5.69 所示的 文字外观 选项组中，用户可以进行如下设置。

（1）文字样式(Y)下拉列表：用于选择标注的文字样式。也可以单击其后的▦按钮，在弹出的"文字样式"对话框中新建或修改文字样式。

（2）文字颜色(C)下拉列表：用于设置标注文字的颜色，如图 5.70 所示。

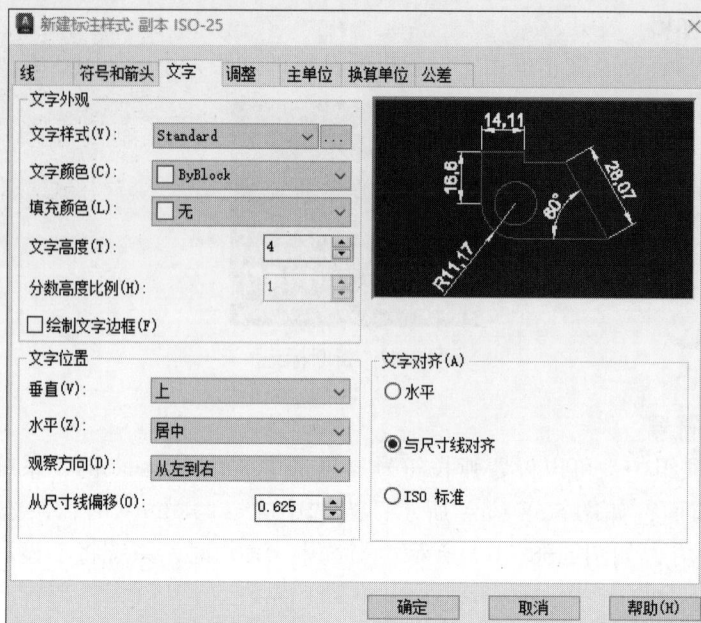

图 5.69　"文字"选项卡

（a）默认颜色

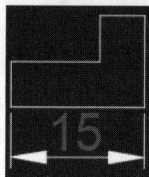
（b）自定义颜色

图 5.70　文字颜色

（3）填充颜色(L)下拉列表：用于设置标注中文字背景的颜色，如图 5.71 所示。

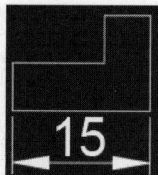
（a）无填充

（b）自定义颜色

图 5.71　填充颜色

（4）文字高度(T)文本框：用于设置标注文字的高度，如图 5.72 所示。

（5）分数高度比例(H)文本框：用于设置标注文字中的分数相对于其他标注文字的比例，系统以该比例值与标注文字高度的乘积作为分数的高度，当单位格式(U)为"分数"时有效。

（a）值为4　　　　　　　　　　（b）值为2

图 5.72　文字高度

（6）☑绘制文字边框(F) 复选框：用于设置是否给标注文字加边框，如图 5.73 所示。

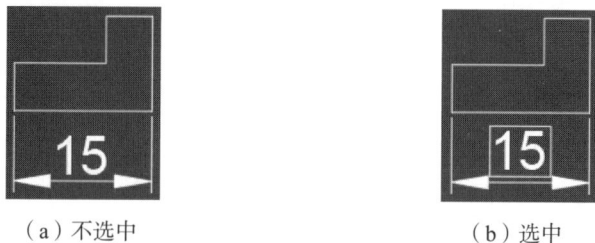

（a）不选中　　　　　　　　　　（b）选中

图 5.73　绘制文字边框

2. 设置文字位置

在如图 5.69 所示的 文字位置 选项组中，用户可以进行如下设置。

（1）垂直(V): 下拉列表：用于设置标注文字相对于尺寸线在垂直方向的位置。当选择"居中"选项时，可以把标注文字放在尺寸线中间，如图 5.74（a）所示；当选择"上"选项时，可以把标注文字放在尺寸线的上方，如图 5.74（b）所示；当选择"外部"选项时，可以把标注文字放在尺寸线上远离标注起点的一侧，如图 5.74（c）所示；当选择 JIS 选项时，可以按照日本工业标准（JIS）规则放置标注文字，如图 5.74（d）所示；当选择"下"选项时，可以把标注文字放在尺寸线的下方，如图 5.74（e）所示。

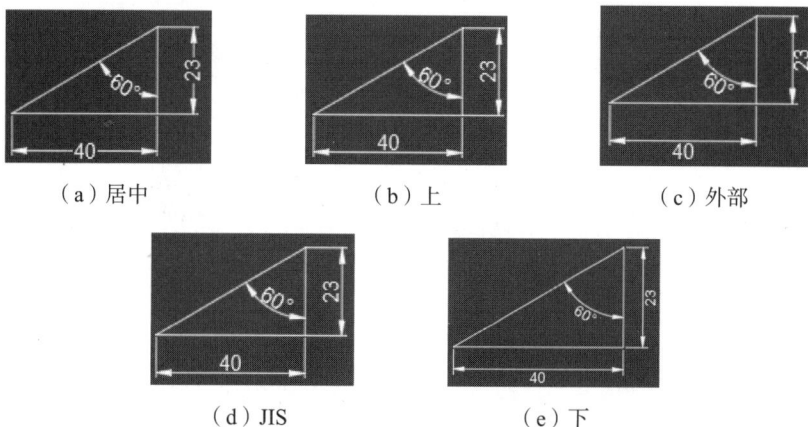

（a）居中　　　　　　　（b）上　　　　　　　（c）外部

（d）JIS　　　　　　　（e）下

图 5.74　垂直下拉列表

（2）**水平(Z):**下拉列表：用于设置标注文字相对于尺寸线和尺寸界线在水平方向的位置。当选择"居中"选项时，可以把标注文字居中放置在尺寸线上，如图 5.75（a）所示；当选择"第 1 条尺寸界线"选项时，可以把标注文字放置在靠近第一尺寸界线侧，如图 5.75（b）所示；当选择"第 2 条尺寸界线"选项时，可以把标注文字放置在靠近第二尺寸界线侧，如图 5.75（c）所示；当选择"第 1 条尺寸界线上方"选项时，可以把标注文字放置在第一尺寸界线上方，如图 5.75（d）所示；当选择"第 2 条尺寸界线上方"选项时，可以把标注文字放置在第二尺寸界线上方，如图 5.75（e）所示。

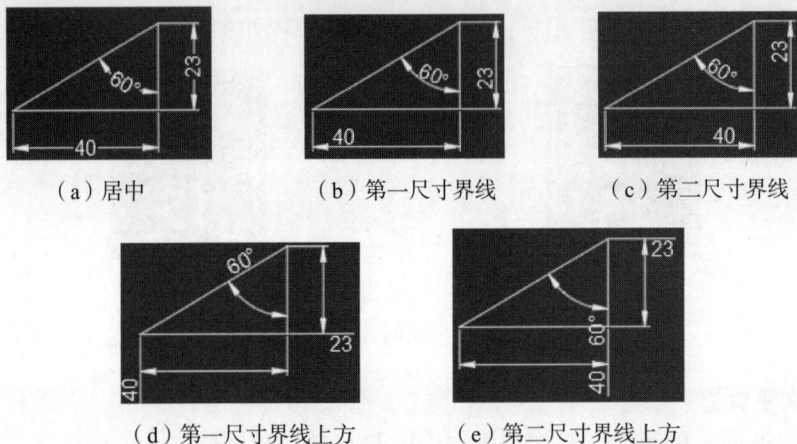

（a）居中　　　　　　（b）第一尺寸界线　　　　　　（c）第二尺寸界线

（d）第一尺寸界线上方　　　　　　（e）第二尺寸界线上方

图 5.75　水平下拉列表

（3）**观察方向(D):**下拉列表：用于设置标注文字的观察方向。当选择"从左到右"选项时，用于按照从左往右的方向观察数字，如图 5.76（a）所示；当选择"从右到左"选项时，用于按照从右往左的方向观察数字，如图 5.76（b）所示。

（a）从左到右　　　　　　　　　　　（b）从右到左

图 5.76　观察方向

（4）**从尺寸线偏移(O):**文本框：用于设置标注文字与尺寸线之间的距离。如果标注文字在垂直方向位于尺寸线的中间，则表示尺寸线断开处的端点与尺寸文字的间距。若标注文字带有边框，则可以控制文字边框与其中文字的距离。

3. 设置文字对齐

在如图 5.69 所示的**文字对齐(A)**选项组中，用户可以设置标注文字的对齐方向。

（1）**◉与尺寸线对齐**复选框：用于使标注文字水平放置，如图 5.77 所示。

（2）◎水平 复选框：用于使标注文字方向与尺寸线方向一致，如图 5.78 所示。

（3）◎ISO 标准 复选框：用于使标注文字按 ISO 标准放置，即当标注文字在尺寸界线之内时，它的方向与尺寸线方向一致，而在尺寸界线之外时将水平放置，如图 5.79 所示。

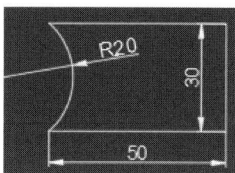

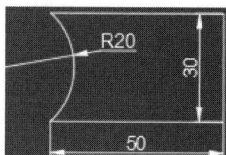

图 5.77　与尺寸线对齐　　　　　图 5.78　水平　　　　　图 5.79　ISO 标准

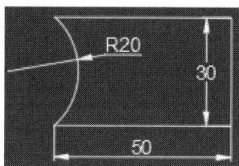

5.3.5　设置尺寸调整

在"新建标注样式"对话框中，使用调整 选项卡，可以调整标注文字、尺寸线、尺寸箭头的位置，如图 5.80 所示。在 AutoCAD 系统中，当尺寸界线间有足够的空间时，文字和箭头将始终位于尺寸界线之间，否则将按调整 选项卡中的设置来放置。

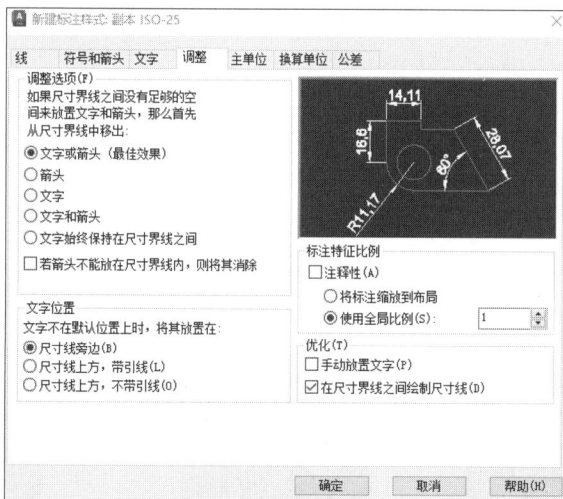

图 5.80　"调整"选项卡

1. 设置选项

当尺寸界线之间没有足够的空间同时放置标注文字和箭头时，通过 调整选项 (F) 选项组中的各种选项，可以设定如何从尺寸界线之间移出文字或箭头对象。

（1）◎文字或箭头 (最佳效果)单选项：用于由系统按最佳效果自动移出文本或箭头。

（2）◎箭头 单选项：用于首先将箭头移出，如图 5.81（a）所示。

（3）◎文字 单选项：用于首先将文字移出，如图 5.81（b）所示。

（4）◎文字和箭头 单选项：用于将文字和箭头都移出，如图 5.81（c）所示。

（5）◎文字始终保持在尺寸界线之间 单选项：用于文本始终保持在尺寸界线之间，箭头既可在尺寸界线内，也可在尺寸界线外，如图 5.81（d）所示。

（6）☑若箭头不能放在尺寸界线内，则将其消除 复选框：如果选中该复选框，则系统将抑制箭头显示，如图 5.81（e）所示。

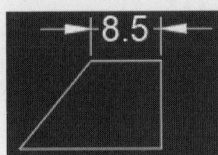
（a）箭头

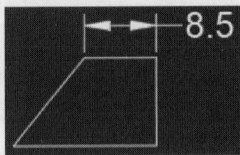
（b）文字

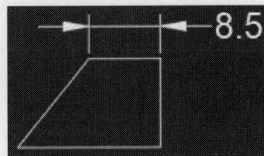
（c）文字和箭头

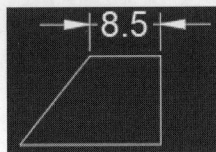
（d）文字始终保持在尺寸界线之间

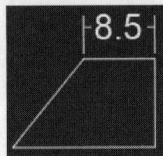
（e）若箭头不能放在尺寸界线内，则将其消除

图 5.81　设置选项

2. 设置文字位置

在 文字位置 选项组中，可以设置将文字从尺寸界线之间移出时文字放置的位置。

（1）◉尺寸线旁边(B) 单选项：用于将标注文字放在尺寸线旁边，如图 5.82（a）所示。

（2）◉尺寸线上方，带引线(L) 单选项：用于将标注文字放在尺寸线的上方并且加上引线，如图 5.82（b）所示。

（3）◉尺寸线上方，不带引线(O) 单选项：用于将标注文字放在尺寸线的上方但不加引线，如图 5.82（c）所示。

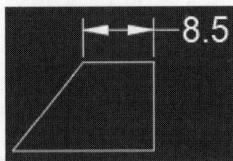
（a）尺寸线旁边

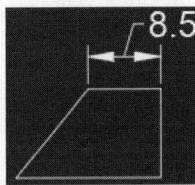
（b）尺寸线上方，带引线

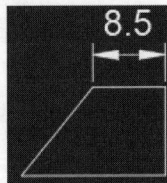
（c）尺寸线上方，不带引线

图 5.82　文字位置

3. 设置标注特征比例

在 标注特征比例 选项组中，可以设置标注特征的比例参数。

（1）☑注释性(A) 复选框：当选中 ☑注释性(A) 复选框时，此标注为注释性标注，◉使用全局比例(S): 和 ○将标注缩放到布局 选项将不可用。

（2）◉使用全局比例(S): 单选项：对所有标注样式设置缩放比例，该比例并不改变尺寸的测量值。

（3）○将标注缩放到布局 单选项：根据当前模型空间视口与图纸空间之间的缩放关系设置比例。

4. 设置优化

在 优化(T) 选项组中，可以对标注文字和尺寸线进行细微调整。

（1）☑在尺寸界线之间绘制尺寸线(D) 复选框：如果选中该复选框，则当尺寸箭头放置在尺寸界线之外时，也在尺寸界线之内绘制出尺寸线。

（2）□手动放置文字(P) 复选框：如果选中该复选框，则忽略标注文字的水平设置，在创建标注时，用户可以指定标注文字放置的位置。

5.3.6 设置主单位

在"新建标注样式"对话框中，使用 主单位 选项卡，用户可以设置主单位的格式与精度等属性，如图5.83所示。

图5.83 "主单位"选项卡

1. 设置线性标注

在 线性标注 选项组中，用户可以设置线性标注的单位格式与精度。

（1）单位格式(U) 下拉列表：用于设置线性标注的尺寸单位格式，包括"科学""小数""工程""建筑""分数""Windows 桌面"选项，其中"Windows 桌面"表示使用 Windows 控制面板区域设置（Regional Settings）中的设置，如图5.84所示。

（2）精度(P) 下拉列表：用于设置线性标注的尺寸的小数位数。

（3）分数格式(M) 下拉列表：当单位格式是分数时，可以设置分数的格式，包括"水平""对角""非堆叠"3种方式，如图5.85所示。

（4）舍入(R) 文本框：用于设置线性尺寸测量值的舍入规则（小数点后的位数由 精度(P): 选项确定）。

（a）科学　　　　　　　　（b）小数　　　　　　　　（c）工程

（d）建筑　　　　　　　　（e）分数　　　　　　　（f）Windows 桌面

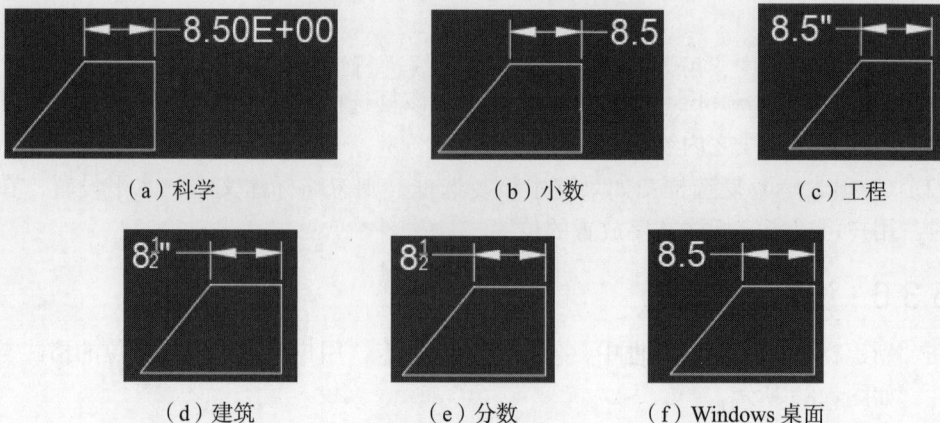

图 5.84　单位格式

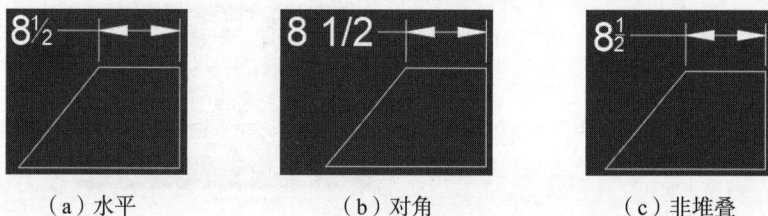

（a）水平　　　　　　　　（b）对角　　　　　　　（c）非堆叠

图 5.85　分数格式

（5）前缀(X):与后缀(S):文本框：用于设置标注文字的前缀和后缀，用户在相应的文本框中输入字符即可。注意：如果输入了一个前缀，则在创建半径或直径尺寸标注时，系统将用指定的前缀代替系统自动生成的半径符号或直径符号。

（6）测量单位比例 区域：在比例因子(E):文本框中可以设置测量尺寸的缩放比例，标注的尺寸值将是测量值与该比例的积，例如输入的比例因子为 5，系统将把 1 个单位的尺寸显示成 5 个单位。如果选中□仅应用到布局标注 复选框，则系统仅对在布局里创建的标注应用比例因子。

（7）消零 选项组：用于是否消除尺寸中的前导和后续的零，如果选中，则将消除前导和后续的零（例如"0.8"变为".8"，"18.6000"变为"18.6"），如果不选中，则将正常显示尺寸中所有的前导和后续的零。

2. 设置角度标注

在角度标注 选项组中，可以使用单位格式(A)下拉列表设置角度的单位格式；使用精度(P)下拉列表设置角度值的精度；在消零 选项组中设置是否消除角度尺寸的前导和后续零。

5.3.7　设置换算单位

在"新建标注样式"对话框中，使用换算单位 选项卡可以显示换算单位及设置换算单位的格式，如图 5.86 所示，通常是显示英制标注的等效米制标注，或米制标注的等效英制标注。

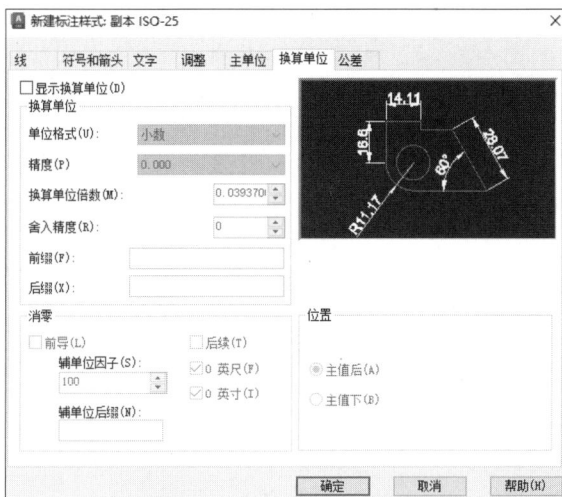

图 5.86 "换算单位"选项卡

如果在 换算单位 选项卡中选中☑显示换算单位(D) 复选框后，则系统将在主单位旁边的方括号中显示换算单位，如图 5.87 所示。用户可以在 换算单位 选项组中设置换算单位的 单位格式(U)、精度(P)、换算单位倍数(M)、舍入精度(R)、前缀(X) 及后缀(S)项目，其设置方法和含义与主单位基本相同。

换算单位倍数的计算方法说明：假如主单位是毫米（mm），换算单位是英寸（in），我们知道 $1in \approx 25.4mm$，所以换算单位的倍数为 $1/25.4 \approx 0.0393700787$。

选项组用于控制换算单位的位置，包括◉主值后(A) 和◉主值下(B) 两种方式，分别表示将换算单位放置在主单位的后面或主单位的下面，如图 5.88 所示。

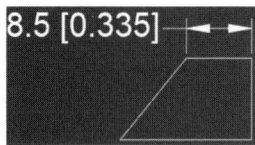

图 5.87 换算单位

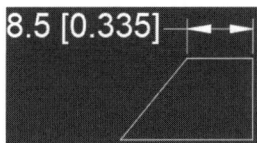

（a）主值后

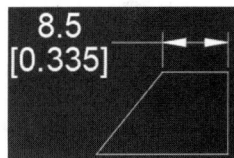

（b）主值下

图 5.88 换算单位位置

5.3.8 设置尺寸公差

在"新建标注样式"对话框中，使用公差 选项卡，可以设置是否在尺寸标注中显示公差及设置公差的格式，如图 5.89 所示。

在公差格式 选项组中，可以对主单位的公差进行如下设置。

（1）方式(M)下拉列表：用于确定以何种方式标注公差，包括"无""对称""极限偏差""极限尺寸""基本尺寸"选项（建议使用 Txt 字体），如图 5.90 所示。

（2）精度(P)下拉列表：用于设置公差的精度，即小数点位数。

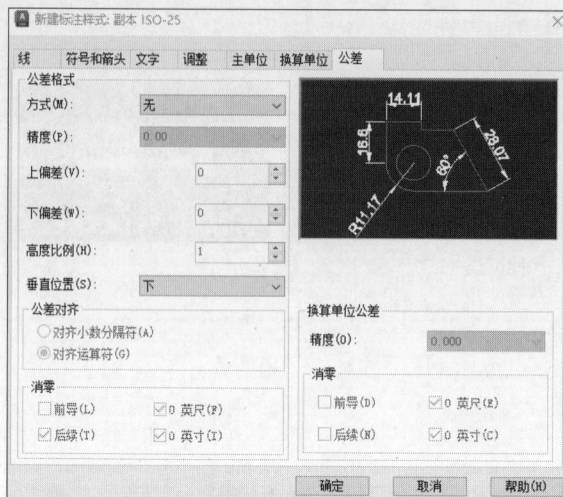

图 5.89 "公差"选项卡

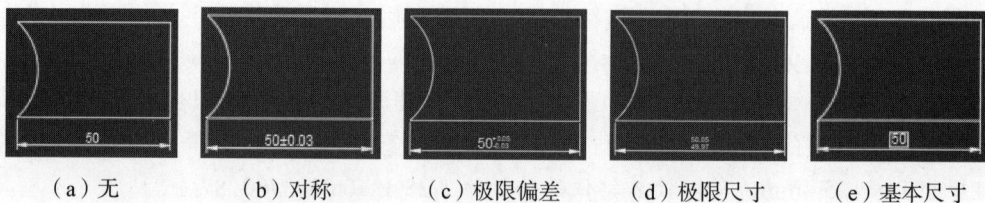

（a）无　　　　　（b）对称　　　　　（c）极限偏差　　　　　（d）极限尺寸　　　　　（e）基本尺寸

图 5.90 方式下拉列表

（3）上偏差(V)与下偏差(W)文本框：用于设置尺寸的上偏差值、下偏差值。

（4）高度比例(H)文本框：用于确定公差文字的高度比例因子，系统将该比例因子与主标注文字高度相乘作为公差文字的高度，如图 5.91 所示。

（a）比例值为 1　　　　　（b）比例值为 0.5

图 5.91 高度比例

（5）垂直位置(S)下拉列表：用于控制公差文字相对于尺寸文字的位置，包括"下""中""上"3种方式，如图 5.92 所示。

（6）公差对齐选项组：用于设置公差的对齐方式◉对齐小数分隔符(A)（通过值的小数分隔符堆叠偏差值）和◉对齐运算符(G)（通过值的运算符堆叠偏差值），此选项组只在公差方式为"极限偏差"与"极限尺寸"时可用。

（7）消零选项组：用于是否消除公差值中的前导和后续的零。

（8）换算单位公差选项组：用于设置换算单位公差的精度和是否消零。

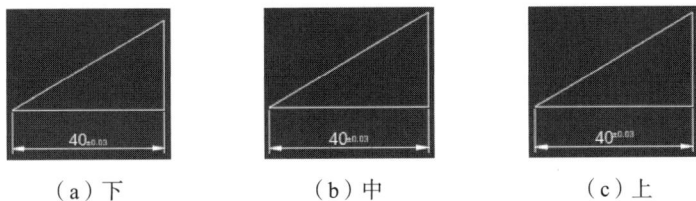

（a）下　　　　　　（b）中　　　　　　（c）上

图 5.92　垂直位置

5.4　公差标注

▶ 3min

尺寸公差一般以最大极限偏差和最小极限偏差的形式显示尺寸、以公称尺寸并带有一个上偏差和一个下偏差的形式显示尺寸和以公称尺寸之后加上一个正负号显示尺寸等。在默认情况下，系统只显示尺寸的公称值，可以通过编辑来显示尺寸的公差。

下面以标注如图 5.93 所示的公差为例，介绍标注公差尺寸的一般操作过程。

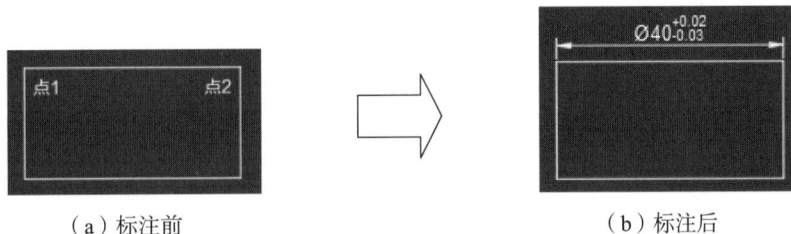

（a）标注前　　　　　　　　　　　　（b）标注后

图 5.93　公差标注

步骤 1：打开练习文件 D：\AutoCAD2024\work\ch05.04\ 公差标注 -ex。

步骤 2：选择命令。单击"默认"功能选项卡"注释"区域中 线性 后的 ，在系统弹出的快捷菜单中选择 线性 命令。

步骤 3：选择参考对象。在系统的提示下依次选择如图 5.93 所示的点 1 与点 2 作为尺寸界线原点参考。

步骤 4：在系统 DIMLINEAR [多行文字(M) 文字(T) 角度(A) 水平(H) 垂直(V) 旋转(R)]：的提示下，选择多行文字(M) 选项，系统会弹出"文字编辑器"选项卡，图形区会弹出文本输入窗口。

步骤 5：在图形区文本输入窗口输入"Φ40+0.02^-0.03"。

注意：

如果上偏差为 0，则输入主尺寸 40 后，需要空一格，然后输入上偏差 0。

直径符号可以在"文字编辑器"选项卡"插入"区域的"符号"节点下选择插入。

步骤 6：堆叠公差文字。在文本输入窗口中选中"+0.02^-0.03"并右击，在弹出的快捷菜单中选择 堆叠 命令。

步骤 7：单击"文字编辑器"选项卡中的✔按钮。

步骤 8：放置尺寸。在图形上方选择一点以确定尺寸的位置。

5.5 多重引线标注

5.5.1 一般操作过程

多重引线标注在创建图形中主要用来标出制图的标准和说明等内容。

下面以标注如图 5.94 所示的标注为例，介绍多重引线标注的一般操作过程。

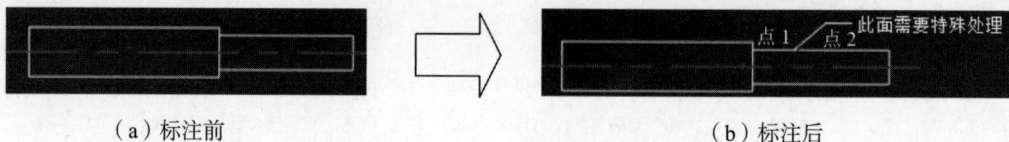

（a）标注前　　　　　　　　　　　　　　　　　（b）标注后

图 5.94　多重引线标注

步骤 1：打开练习文件 D：\AutoCAD2024\work\ch05.05\ 多重引线标注 -ex。

步骤 2：选择命令。单击"默认"功能选项卡"注释"区域中 引线 后的 ，在系统弹出的快捷菜单中选择 引线 命令。

步骤 3：指定引线箭头位置。在系统 指定引线箭头的位置或 [引线基线优先(L) 内容优先(C) 选项(O)] 的提示下，在图 5.94（b）所示的点 1 位置单击以确定箭头位置。

步骤 4：指定引线基线位置。在系统 MLEADER 指定引线基线的位置： 的提示下，在图 5.94（b）所示的点 2 位置单击以确定基线位置。

步骤 5：定义标注文字。在图形区的文本输入框中输入"此面需要特殊处理"，然后单击"文字编辑器"选项卡中的✔按钮。

5.5.2 多重引线样式

通常在创建多重引线标注之前需要先设置多重引线标注样式，这样便可控制引线的外观，同时可指定基线、引线、箭头和内容的格式。用户既可以使用默认的多重引线样式 Standard，也可以创建新的多重引线样式。

步骤 1：选择命令。选择下拉菜单 格式(O) → 多重引线样式(I) 命令，系统会弹出如图 5.95 所示的"多重引线样式管理器"对话框。

图 5.95"多重引线样式管理器"对话框部分选项的说明如下。

（1） 置为当前(U) 按钮：用于将 样式(S) 中选中的样式设置为当前使用的样式。

（2） 新建(N)... 按钮：用于创建一个新的多重引线样式。

（3） 修改(M)... 按钮：用于修改选中的多重引线样式。

（4） 删除(D) 按钮：用于删除不需要的多重引线样式。

（5）样式(S)列表：用于列出当前文件中所有的多重引线样式。

步骤2：在"多重引线样式管理器"对话框中单击 新建(N)... 按钮，系统会弹出如图5.96所示的"创建新多重引线样式"对话框，在该对话框中，输入新标注样式的名称并选择基础样式等（暂时都采用默认）。

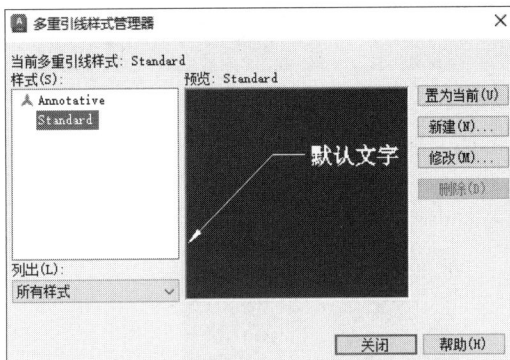

图 5.95 "多重引线样式管理器"对话框　　　　图 5.96 "创建新多重引线样式"对话框

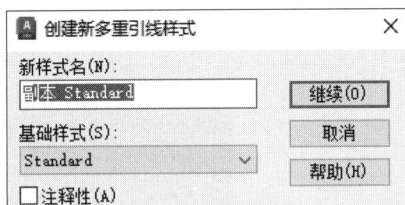

图5.96"创建新多重引线样式"对话框部分选项的说明如下。

（1）新样式名(N)文本框：用于输入新多重引线样式的名字。

（2）基础样式(S)下拉列表：选择一种基础样式，新样式将在该基础样式上进行修改。

（3）□注释性(A)复选框：用于是否将创建的多重引线样式作为注释性标注。

步骤3：在"创建新多重引线样式"对话框中，单击 继续 按钮，系统会弹出如图5.97所示的"修改多重引线样式：副本 Standard"对话框，在其中可设置新多重引线样式的各项要素。

1. 设置引线格式

使用引线格式选项卡可以设置引线和箭头的格式，如图5.97所示。

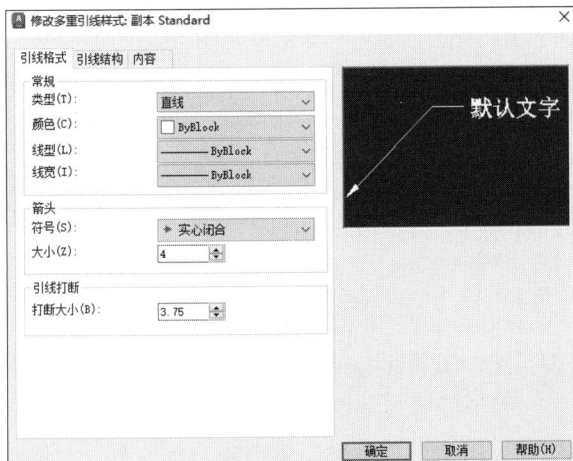

图 5.97 "引线格式"选项卡

（1）类型(T)下拉列表：用于设置引线的类型，可以选择直引线、样条曲线或无引线等，如图 5.98 所示。

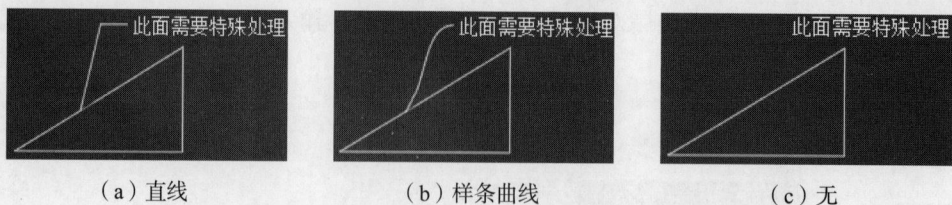

（a）直线　　　　　　　　（b）样条曲线　　　　　　　　（c）无

图 5.98　方式下拉列表

（2）颜色(C)下拉列表：用于设置引线的颜色，如图 5.99 所示。

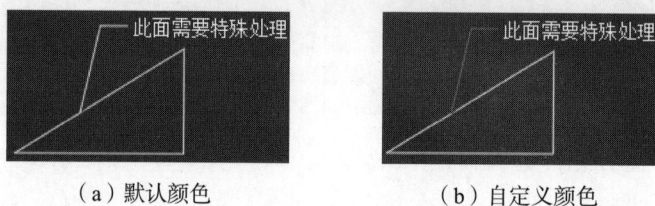

（a）默认颜色　　　　　　　　　　（b）自定义颜色

图 5.99　颜色

（3）线型(L)下拉列表：用于设置引线的线型，如图 5.100 所示。

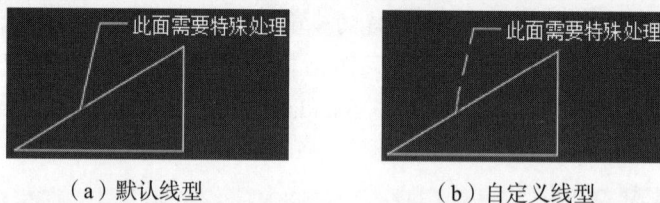

（a）默认线型　　　　　　　　　　（b）自定义线型

图 5.100　线型

（4）线宽(I)下拉列表：用于设置引线的线宽，如图 5.101 所示。

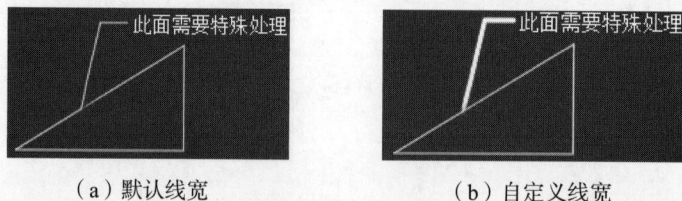

（a）默认线宽　　　　　　　　　　（b）自定义线宽

图 5.101　线宽

（5）符号(S)下拉列表：用于设置多重引线的箭头符号，如图 5.102 所示。

（6）大小(Z)下拉列表：用于设置多重引线的箭头的大小。

（7）打断大小(B)下拉列表：用于设置选择多重引线后用于标注打断命令的打断大小。

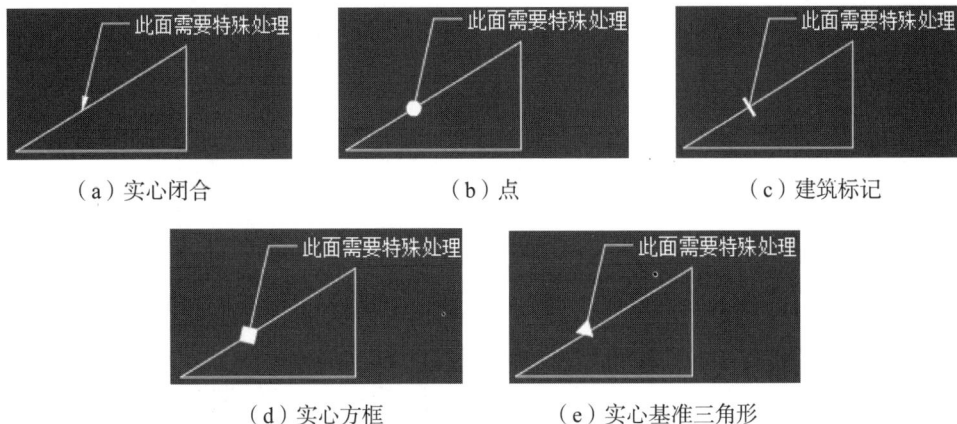

（a）实心闭合　　　　　　　　　（b）点　　　　　　　　　　（c）建筑标记

（d）实心方框　　　　　　　　（e）实心基准三角形

图 5.102　符号

2. 设置引线结构

使用如图 5.103 所示的 ^{引线结构} 选项卡可以设置多重引线的约束和基线。

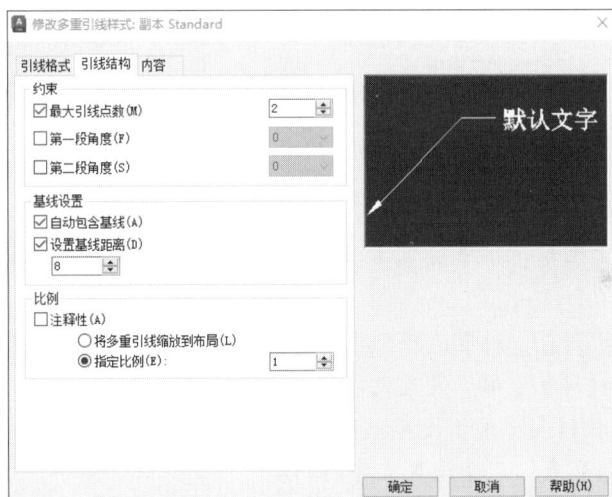

图 5.103　"引线结构"选项卡

图 5.103 "引线结构"选项卡中各选项的功能说明如下。

（1）☑最大引线点数(M) 文本框：用于设置指定多重引线的最大点数（单击的点数）。

（2）☑第一段角度(F) 文本框：用于指定多重引线基线中第 1 个点的角度。

（3）☑第二段角度(S) 文本框：用于指定多重引线基线中第 2 个点的角度。

（4）☑设置基线距离(D) 文本框：设置多重引线基线的固定距离。如果选中☑自动包含基线(A)复选框，则可以将水平基线附着到多重引线内容。

（5）□注释性(A) 复选框：用于将多重引线指定为注释性。如果选中该复选框，则 ◉将多重引线缩放到布局(L) 和 ◉指定比例(E) 选项不可用，其中，◉指定比例(E)单选项用于指定多重引线的缩放比例值，◉将多重引线缩放到布局(L)单选项用于根据模型空间视口和图纸空间视口中的缩放比例确定多重引线的比例因子。

3. 设置内容

使用如图 5.104 所示的 内容 选项卡可以设置多重引线类型和文字选项等内容。

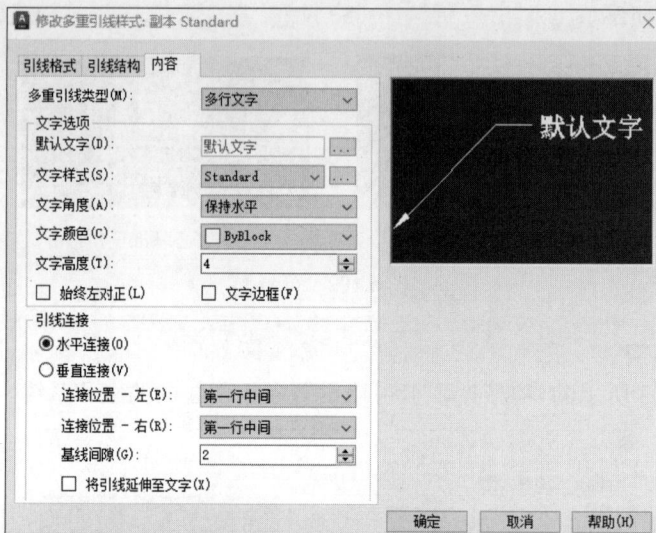

图 5.104　"内容"选项卡

图 5.104"内容"选项卡中各选项的功能说明如下。

（1）多重引线类型(M)文本框：用于设置多重引线时包含文字还是包含块，选择不同对话框中的选择也不同。

（2）文字样式(S)下拉列表：用于选择需要的文字样式。

（3）文字角度(A)下拉列表：用于设置文字的旋转角度。

（4）文字颜色(C)下拉列表：用于设置文字的颜色。

（5）文字高度(T)下拉列表：用于设置文字的高度。

（6）☑ 始终左对正(L)下拉列表：用于设置文字始终左侧对齐。

（7）☑ 文字边框(F)下拉列表：用于为文字添加边框。

（8）◉水平连接(O)单选项：用于将引线插入文字内容的左侧或右侧。水平连接包括文字和引线之间的基线。

（9）◉垂直连接(V)单选项：用于将引线插入文字内容的顶部或底部。垂直连接不包括文字和引线之间的基线。

（10）连接位置－左(E)下拉列表：用于控制文字位于引线左侧时基线连接到文字的方式。

（11）连接位置－右(R)下拉列表：用于控制文字位于引线右侧时基线连接到文字的方式。

（12）基线间隙(G)文本框：用于指定基线和文字之间的距离。

（13）连接位置－上(T)下拉列表：用于将引线连接到文字内容的中上部。单击下拉菜单以在引线连接和文字内容之间插入上画线。

（14）连接位置-下(B)：下拉列表：用于将引线连接到文字内容的底部。单击下拉菜单以在引线连接和文字内容之间插入下画线。

5.6 形位公差标注

5.6.1 概述

在机械制造过程中，不可能制造出尺寸完全精确的零件，往往加工后的零件中的一些元素（点、线、面等）与理想零件存在一定程度的差异，但只要这些差异是在一个合理的范围内，我们就认为其合格。形位公差是标识实际零件与理想零件间差异范围的一个工具。形位公差信息是通过特征控制框来显示的，每个形位公差的特征控制框至少由两个矩形框格组成，第1个矩形框格内放置形位公差的类型符号，例如位置度、平行度、垂直度等符号（各符号的含义可参见表5.1）；第2个矩形框格包含公差值，可根据需要在公差值的前面添加一个直径符号，以及在公差值的后面添加包容条件符号。

表 5.1　形位公差中各符号的含义

符　号	含　义	符　号	含　义
⊕	位置度	⊥	垂直度
◎	同轴度	∠	角度
=	对称度	⌀	圆柱度
//	平行度	○	圆度
▱	平面度	⌒	平面轮廓度
—	直线度	↗	端面圆跳动
⌒	直线轮廓度	↗↗	端面全跳动
⌀	直径符号	Ⓜ	最大包容条件（MMC）
Ⓛ	最小包容条件（LMC）	Ⓢ	不考虑特征尺寸（RFS）
Ⓟ	投影公差		

5.6.2 一般操作过程

1. 不带引线的形位公差

下面以标注如图5.105所示的形位公差为例，介绍标注不带引线的形位公差的一般操作过程。

图 5.105　不带引线的形位公差

步骤 1：打开练习文件 D：\AutoCAD2024\work\ch05.06\ 形位公差 01-ex。

步骤 2：选择命令。选择下拉菜单 标注(N) → 公差(T)... 命令，系统会弹出如图 5.106 所示的"形位公差"对话框。

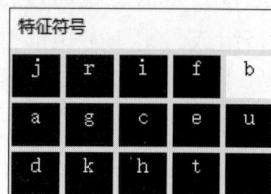

步骤 3：在 符号 区域单击■，系统会弹出图如图 5.107 所示的"特征符号"对话框，选择⊥形位公差符号。

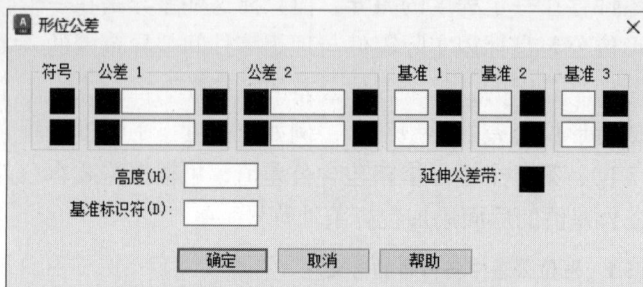

图 5.106　"形位公差"对话框

图 5.107　"特征符号"对话框

步骤 4：定义公差值。在 公差1 区域的文本框中输入公差值 0.03。

步骤 5：定义公差基准。在 基准1 区域的文本框中输入基准符号 A。

步骤 6：单击"形位公差"对话框中的 确定 按钮，在系统 □▾ TOLERANCE 输入公差位置：的提示下，在绘图区的合适位置单击即可确定形位公差的放置位置。

2. 带引线的形位公差

下面以标注如图 5.108 所示的形位公差为例，介绍标注带引线的形位公差的一般操作过程。

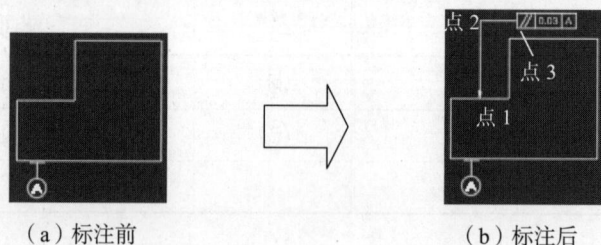

（a）标注前

（b）标注后

图 5.108　带引线的形位公差

步骤 1：打开练习文件 D：\AutoCAD2024\work\ch05.06\ 形位公差 02-ex。

步骤 2：选择命令。在命令行输入 LEADER 命令后按 Enter 键。

步骤 3：指定引线起点。在命令行 ▱▾ LEADER 指定引线起点：的提示下，选取如图 5.108（b）

所示的点 1 处单击确定引线的起点。

步骤 4：指定引线下一点。在系统 ▣▾ LEADER 指定下一点: 的提示下，选取如图 5.108（b）所示的点 2 处单击确定引线的下一点。

步骤 5：指定引线的第 3 个点。在系统 ▣▾ LEADER 指定下一点或 [注释(A) 格式(F) 放弃(U)] <注释>: 的提示下，选取如图 5.108（b）所示的点 3 处单击以确定引线第 3 个点。

步骤 6：设置标注公差类型。在系统的提示下按两次空格或者 Enter 键，在系统 ▣▾ LEADER 输入注释选项 [公差(T) 副本(C) 块(B) 无(N) 多行文字(M)] <多行文字>: 的提示下，选择 公差(T) 选项（或者在如图 5.109 所示的图形区列表中选择"公差"选项）。

步骤 7：设置标注参数。在"形位公差"对话框 符号 区域单击 ▉，在"特征符号"对话框中选择 ∥ 形位公差符号，在 公差 1 区域的文本框中输入公差值 0.03，在 基准 1 区域的文本框中输入基准符号 A，单击"形位公差"对话框中的 确定 按钮。

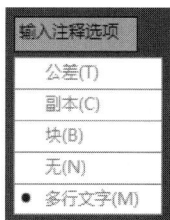

图 5.109　"注释选项"列表

5.7　编辑尺寸标注

5.7.1　使用夹点编辑

当选择尺寸对象时，尺寸对象上也会显示出若干个蓝色小方框，即夹点。可以通过夹点对标注对象进行编辑，例如在图 5.110 中，可以通过夹点移动标注文字的位置。方法是先单击尺寸文字上的夹点，使它成为操作点，然后把尺寸文字拖移到新的位置并单击。同样，选取尺寸线两端的夹点或尺寸界线起点处的夹点，可以对尺寸线或尺寸界线进行移动。

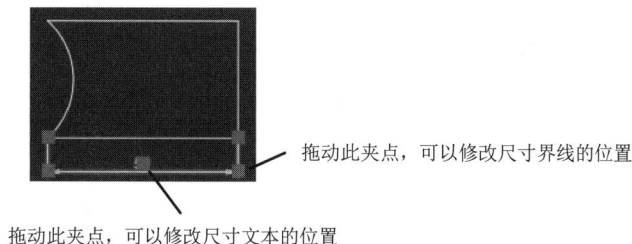

拖动此夹点，可以修改尺寸界线的位置

拖动此夹点，可以修改尺寸文本的位置

图 5.110　使用夹点编辑

5.7.2　使用特性窗口编辑

首先选中图 5.111 中的尺寸 50，然后选择下拉菜单 修改(M) → 特性(P) 命令，系统会弹出该尺寸对象的特性窗口，通过该特性窗口可以编辑该尺寸对象的一些特性，如线型、颜色、线宽、箭头样式等，例如，如果要将图 5.111（a）中尺寸的箭头 2 变成如图 5.111（b）

所示的实心圆点，则可单击特性对话框中的 箭头2 项，并单击下三角形按钮，然后选择下拉列表中的 ● 点 项，如图 5.112 所示。

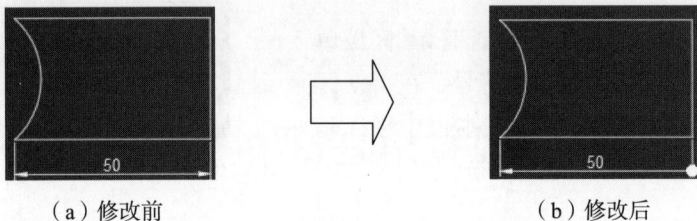

（a）修改前　　　　　　　　　　　　　　　（b）修改后

图 5.111　使用特性窗口修改　　　　　　　　　图 5.112　特性窗口

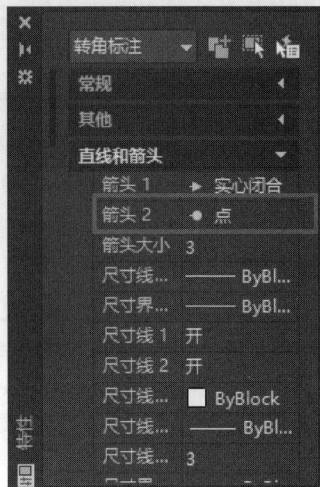

5.7.3　调整文本位置

输入 DIMTEDIT 命令，可以修改指定的尺寸标注文字的位置，执行该命令后，选取一个标注，系统会显示如图 5.113 所示的提示，该提示中的各选项说明如下。

图 5.113　命令行提示

（1）为标注文字指定新位置 选项：用于通过移动鼠标光标将尺寸文字移至任意需要的位置，然后单击。效果如图 5.114 所示。

（2）左对齐(L) 选项：用于使标注文字沿尺寸线左对齐，此选项仅对非角度标注起作用。效果如图 5.115 所示。

（3）右对齐(R) 选项：用于使标注文字沿尺寸线右对齐，此选项仅对非角度标注起作用。效果如图 5.116 所示。

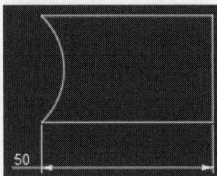

图 5.114　指定新位置　　　　　　图 5.115　左对齐　　　　　　图 5.116　右对齐

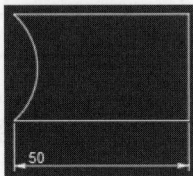

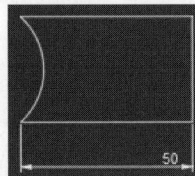

（4）居中(C)选项：用于使标注文字放在尺寸线的中间，效果如图 5.117 所示。

（5）默认(H)选项：用于按默认的位置、方向放置标注文字，效果图与 5.117 一致。

（6）角度(A)选项：用于使尺寸文字旋转某一角度。执行该选项后，输入角度值并按 Enter 键即可，效果如图 5.118 所示。

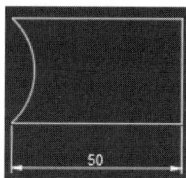

图 5.117　居中与默认　　　　图 5.118　角度

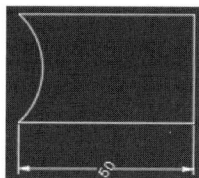

5.7.4　尺寸的替代

使用 标注(N) → 替代(V) 命令，可以临时修改尺寸标注的系统变量的值，从而修改指定的尺寸标注对象。

下面以修改标注变量 DIMCLRD 的值为例介绍尺寸替代的一般操作过程。

步骤 1：选择命令。选择下拉菜单 标注(N) → 替代(V) 命令。

步骤 2：在系统 DIMOVERRIDE 输入要替代的标注变量名或 [清除替代(C)]: 的提示下，输入变量名称 DIMCLRD 并按 Enter 键。

步骤 3：在系统 DIMOVERRIDE 输入标注变量的新值 <BYBLOCK>: 的提示下，输入变量 DIMCLRD 的新值 green 并按 Enter 键；在系统 DIMOVERRIDE 输入要替代的标注变量名: 的提示下，按 Enter 键。

步骤 4：在系统 DIMOVERRIDE 选择对象: 的提示下，选择尺寸 50 的标注对象并按 Enter 键。此时系统会将选中的尺寸标注对象的尺寸线变成绿色（green），如图 5.119 所示。

说明：如果再次执行 替代(V) 命令，则在 输入要替代的标注变量名或 [清除替代(C)]: 的提示下选择"清除替代（C）"，然后选择尺寸线变成绿色（green）的标注对象，则该标注对象的尺寸线又会恢复为原来的颜色。这种替代方式只能修改指定的尺寸标注对象，修改完成后，系统仍将采用当前标注样式中的设置来创建新的尺寸标注。

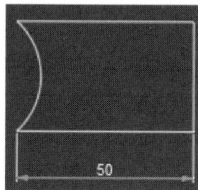

图 5.119　尺寸替代

5.7.5　尺寸标注的编辑

输入 DIMEDIT 命令，可以对指定的尺寸标注进行编辑，执行该命令后，系统的提示信息如图 5.120 所示，对其中的各选项说明如下。

DIMEDIT 输入标注编辑类型 [默认(H) 新建(N) 旋转(R) 倾斜(O)] <默认>:

图 5.120　命令行提示

（1）默认(H)选项：用于按默认的位置、方向放置尺寸文字。

（2）**新建(N)** 选项：用于修改标注文字的内容，如图 5.121 所示。

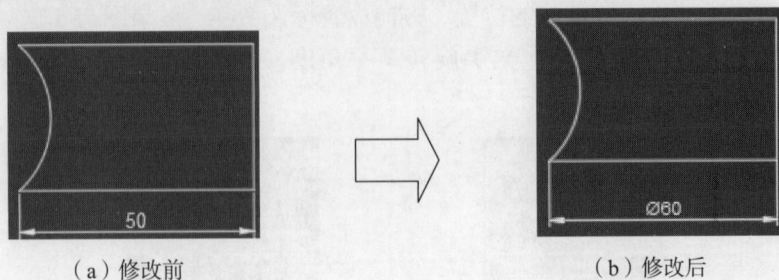

（a）修改前　　　　　　　　　　　　　　　　（b）修改后

图 5.121　新建

（3）**旋转(R)** 选项：用于将尺寸标注文字旋转指定的角度，如图 5.122 所示。

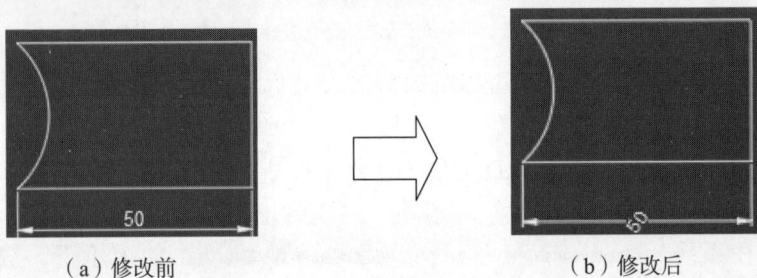

（a）修改前　　　　　　　　　　　　　　　　（b）修改后

图 5.122　旋转

（4）**倾斜(O)** 选项：用于将非角度标注的尺寸界线旋转一角度，如图 5.123 所示。

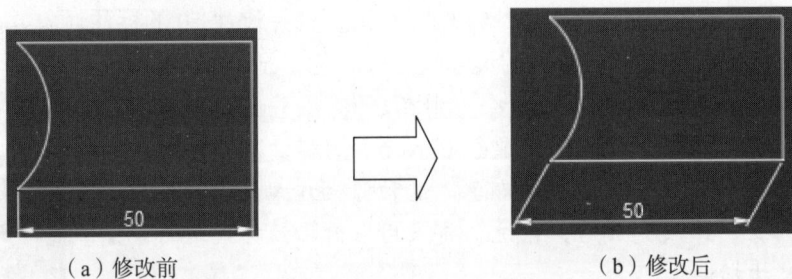

（a）修改前　　　　　　　　　　　　　　　　（b）修改后

图 5.123　倾斜

5.8　上机实操

上机实操 1 如图 5.124 所示，上机实操 2 如图 5.125 所示，上机实操 3 如图 5.126 所示。

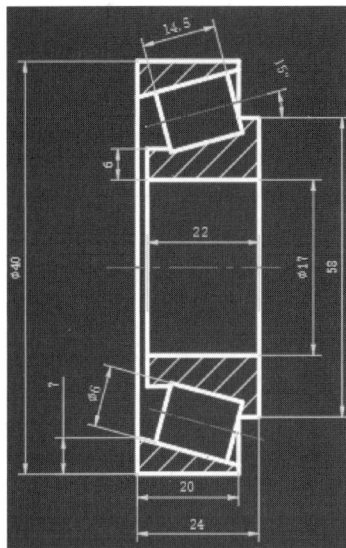

图 5.124 上机实操 1

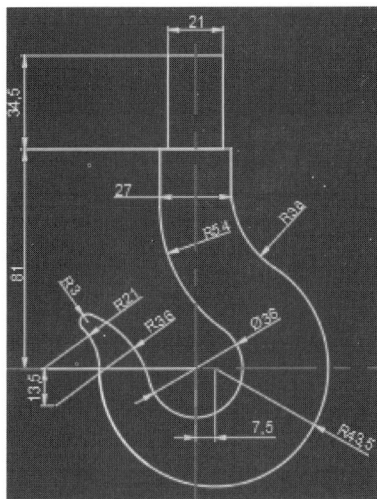

图 5.125 上机实操 2

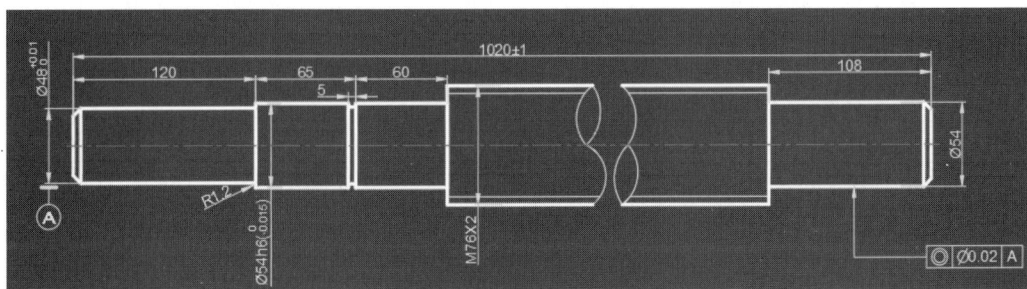

图 5.126 上机实操 3

第 6 章

文字与表格

6.1 文字

与一般的几何对象（如直线、圆和圆弧等）相比，文字对象是一种比较特殊的图元。文字功能是 AutoCAD 中的一项重要的功能，利用文字功能，用户可以在工程图中非常方便地创建一些文字注释，例如机械工程图中的技术要求、装配说明及建筑工程制图中的材料说明、施工要求等。

6.1.1 单行文字

1. 单行文字的一般操作过程

下面以标注如图 6.1 所示的文字为例来介绍创建单行文字的一般操作过程。

图 6.1 单行文字

步骤 1：选择命令。单击"默认"功能选项卡"注释"区域中 **A** 下的 ▼，在系统弹出的快捷菜单中选择 **A** 单行文字命令，如图 6.2 所示。

说明：调用单行文字命令还有两种方法。

图 6.2 选择命令

方法一：选择下拉菜单 绘图(D) → 文字(X) → A 单行文字(S) 命令。

方法二：在命令行中输入 TEXT 命令，并按 Enter 键。

步骤2：定义单行文字起点。在系统 A ▾ TEXT 指定文字的起点 或 [对正(J) 样式(S)]: 的提示下，在图形区任意位置单击即可确定文字起点。

步骤3：定义文字高度。在系统 A ▾ TEXT 指定高度 <2.5000>: 的提示下，输入文字的高度值（例如 2.5）后按 Enter 键确认。

说明： 或者在 A ▾ TEXT 指定高度 <2.5000>: 的提示下，在绘图区指定一点，此点与定位点之间的连线长度就是文字的高度。

步骤4：定义文字旋转角度。在系统 A ▾ TEXT 指定文字的旋转角度 <0>: 的提示下，直接按 Enter 键，表示旋转角度为 0，也就是不旋转。

说明：

在 A ▾ TEXT 指定文字的旋转角度 <0>: 的提示下，输入旋转角度值（例如 30°），表示文字将旋转 30°。

在 A ▾ TEXT 指定文字的旋转角度 <0>: 的提示下，选择一个参考点，参考点与定位点之间的连线与 x 轴的夹角就是文字的旋转角度。

步骤5：输入单行文字。在系统的提示下直接在图形区输入文本框中输入"济宁格宸教育咨询有限公司"

步骤6：结束操作。单击两次 Enter 键完成单行文字的输入。

2. 设置单行文字的对正方法

用户选择单行文字命令后，在系统 A ▾ TEXT 指定文字的起点 或 [对正(J) 样式(S)]: 的提示下，选择 对正(J) 选项，系统会显示如图 6.3 所示的提示，该提示中的各选项说明如下。

图 6.3 命令行提示

（1）左(L) 选项：用于由用户给出的点指定的基线上左对正文字，效果如图 6.4 所示。

（2）居中(C) 选项：用于从基线的水平中心对齐文字，效果如图 6.5 所示。

（3）右(R) 选项：用于由用户给出的点指定的基线上右对正文字，效果如图 6.6 所示。

图 6.4 左对齐 　　　　图 6.5 居中对齐 　　　　图 6.6 右对齐

（4）对齐(A) 选项：用于通过指定基线端点来指定文字的高度和方向，效果如图 6.7 所示。

（5）中间(M) 选项：用于文字在基线的水平中点和指定高度的垂直中点上对齐。中间对齐的文字不保持在基线上，效果如图 6.8 所示。

（6）布满(F) 选项：用于指定文字按照由两点定义的方向和一个高度值布满一个区域，效果如图 6.9 所示。

图 6.7　对齐　　　　　　　图 6.8　中间　　　　　　　图 6.9　布满

（7）左上(TL) 选项：用于指定为文字顶点的左上角对齐文字，效果如图 6.10 所示。
（8）中上(TC) 选项：用于指定为文字顶点的中上角对齐文字，效果如图 6.11 所示。
（9）右上(TR) 选项：用于指定为文字顶点的右上角对齐文字，效果如图 6.12 所示。

图 6.10　左上　　　　　　图 6.11　中上　　　　　　图 6.12　右上

（10）左中(ML) 选项：用于指定为文字顶点的左中角对齐文字，效果如图 6.13 所示。
（11）正中(MC) 选项：用于指定为文字顶点的正中角对齐文字，效果如图 6.14 所示。
（12）右中(MR) 选项：用于指定为文字顶点的右中角对齐文字，效果如图 6.15 所示。

图 6.13　左中　　　　　　图 6.14　正中　　　　　　图 6.15　右中

（13）左下(BL) 选项：用于指定为文字顶点的左下角对齐文字，效果如图 6.16 所示。
（14）中下(BC) 选项：用于指定为文字顶点的中下角对齐文字，效果如图 6.17 所示。
（15）右下(BR) 选项：用于指定为文字顶点的右下角对齐文字，效果如图 6.18 所示。

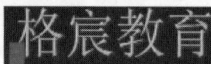

图 6.16　左下　　　　　　图 6.17　中下　　　　　　图 6.18　右下

3. 设置单行文字的文字样式

用户选择单行文字命令后，在命令行 A ▾ TEXT 指定文字的起点 或 [对正(J) 样式(S)]: 的提示下，选择 样式(S) 选项，在系统 A ▾ TEXT 输入样式名或 [?] <Standard>: 的提示下输入要显示的文字样式的名称即可；如果选择 ? 选项，然后按 Enter 键，则显示当前所有的文字样式；如果直接按 Enter 键，则使用默认的文字样式。

4. 创建单行文字的注意事项

在输入文字的过程中，可随时在绘图区任意位置单击，以改变文字的位置。

在输入文字时，如果发现输入有误，则只需按一次 Backspace 键，这样就可以把该文字删除，同时小标记也回退一步。

在输入文字的过程中，不论采用哪种文字对正方式，在屏幕上动态显示的文字都会临时沿基线左对齐排列。结束命令后，文字将按指定的排列方式重新生成。

如果需要标注一些特殊字符，例如在一段文字的上方或下方加画线，标注"。"（度）、"±""Φ"符号等，由于这些字符不能从键盘上直接输入，因此系统提供了相应的控制符以实现这些特殊标注要求。控制符由两个百分号（％％）和紧接其后的一个英文字符（不分大小写）构成，注意百分号％必须是英文环境中的百分号。常见的控制符为％％D：标注"度"（。）的符号；％％P：标注"正负公差"（±）符号；％％C：标注"直径"（Φ）的符号；％％％：标注"百分号"（％）符号。

6.1.2　文字样式

在我们创建文字时，往往系统默认的字体、字高或其他文字特性并不能满足我们的设计要求，例如当前需要的是宋体字，而现在显示的却是楷体字，这就需要更改文字样式，以此来重新设置文字的字高、字宽和倾斜度等文字特性。

1. 新建文字样式

步骤1：选择命令。选择下拉菜单 格式(O) → A 文字样式(S)... 命令，系统会弹出如图6.19所示的"文字样式"对话框。

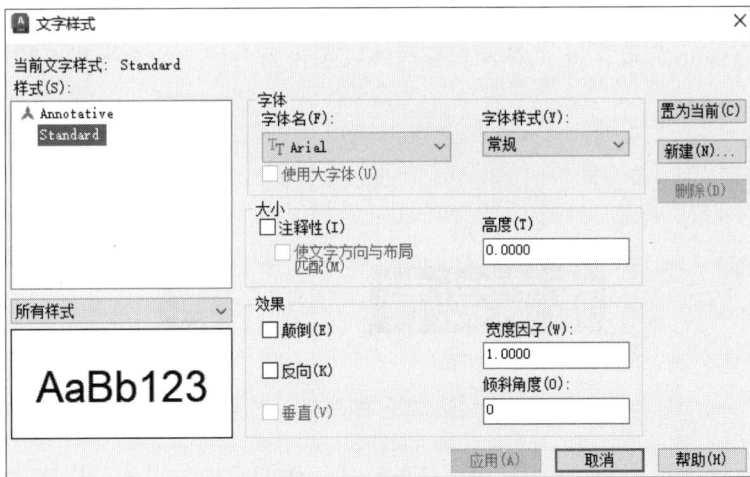

图6.19　"文字样式"对话框

步骤2：在"文字样式"对话框中单击 新建(N)... 按钮，系统会弹出如图6.20所示的"新建文字样式"对话框。

图6.20　"新建文字样式"对话框

步骤3：在"新建文字样式"对话框 样式名: 文本框中输入"长仿宋体"。

步骤4：单击 确定 按钮，完成文字样式的新建。

2. 设置文字样式参数

在"文字样式"对话框可以进行以下设置。

（1）样式(S): 区域：用于列出当前文件所有的文字样式；如果样式名称前有 ⚠，则代表是注释性的文字样式。

（2）当前文字样式: ：用于显示当前正在使用的文字样式。

（3）所有样式 ▼ 样式列表过滤器：用于指定所有样式还是仅使用中的样式显示在样式列表中。

（4）预览：用于显示随着字体的更改和效果的修改而动态更改的样例文字。

（5）字体名(F) 下拉列表：用于列出 Fonts 文件夹中所有注册的 TrueType 字体和所有编译的形（SHX）字体的字体族名，如图 6.21 所示。

格宸教育 格宸教育 格宸教育

（a）Arial （b）汉仪长仿宋体 （c）黑体

图 6.21　字体名

说明：如果字体前带有 @，则代表书写的文字为竖向的，结果如图 6.22 所示。

格宸教育 格宸教育（竖排）

（a）黑体 （b）@黑体

图 6.22　@字体

（6）字体样式(Y): 下拉列表：用于指定字体的格式，例如常规、斜体、粗体及粗斜体等，如图 6.23 所示。

格宸教育 格宸教育 格宸教育 格宸教育

（a）常规 （b）斜体 （c）粗体 （d）粗斜体

图 6.23　字体样式

说明：如果选择的字体不同，则字体样式的内容也会不同，如图 6.24 所示。

（7）☐ 使用大字体(U) 复选框：用于指定亚洲语言的大字体文件。只有SHX文件可以创建"大字体"。

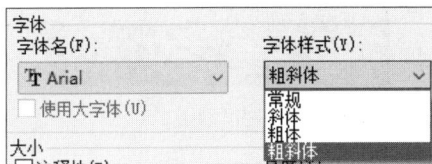 

（a）Arial　　　　　　　　　　　　　　　　（b）楷体

图 6.24　字体样式

（8）高度(T)文本框：用于设置文字的高度；如果输入大于 0 的高度，则将自动为此样式设置文字高度，在创建单行文字时，系统将不会提示输入文字高度；如果输入的高度为 0，则在创建单行文字时，系统将会提示输入文字高度值。

（9）□颠倒(E)复选框：用于颠倒显示文字，如图 6.25 所示。

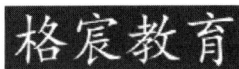 

（a）未选中　　　　　　　　　　　　　　　（b）选中

图 6.25　颠倒

（10）□反向(K)复选框：用于反向显示文字，如图 6.26 所示。

（a）未选中　　　　　　　　　　　　　　　（b）选中

图 6.26　反向

（11）□垂直(V)复选框：用于显示垂直对齐的字符。只有在选定字体支持双向时"垂直"才可用。TrueType 字体的垂直定位不可用，如图 6.27 所示。

（a）未选中　　　　　　　　　　　　　　　（b）选中

图 6.27　垂直

（12）宽度因子(W):文本框：用于设置字符间距。如果输入小于 1.0 的值，则将压缩文字。如果输入大于 1.0 的值，则扩大文字，如图 6.28 所示。

（a）宽度因子 0.5　　　　　（b）宽度因子 1　　　　　（c）宽度因子 1.5

图 6.28　宽度因子

说明： 宽度因子的设置只针对设置后书写的文字有效。

（13） 倾斜角度(O): 文本框：用于设置文字的倾斜角度。用于可以输入一个 −85 和 85 之间的值将使文字倾斜，如图 6.29 所示。

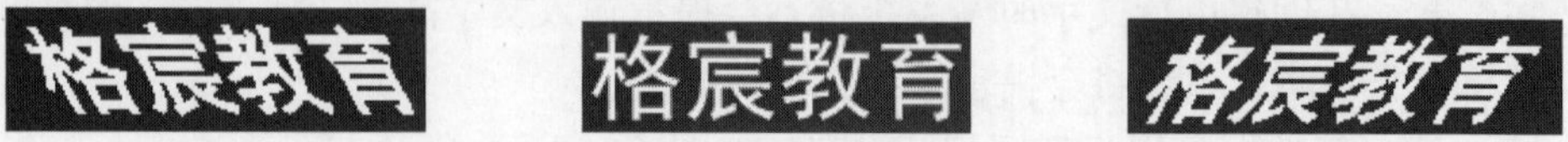

（a）倾斜角度 −30°　　　　　（b）倾斜角度 0°　　　　　（c）倾斜角度 30°

图 6.29　倾斜角度

（14） 置为当前(C) 按钮：用于将在"样式"下选定的样式设定为当前。

（15） 新建(N)... 按钮：用于创建一个新的文字样式。

（16） 删除(D) 按钮：用于删除未使用的文字样式。

6.1.3　多行文字

多行文字是指在指定的文字边界内创建一行或多行文字或若干段落文字，系统将多行文字视为一个整体的对象，这是它和单行文字最显著的一个区别，可对其进行整体的旋转、移动等编辑操作。

1. 多行文字的一般操作过程

下面以标注如图 6.30 所示的文字为例来介绍创建多行文字的一般操作过程。

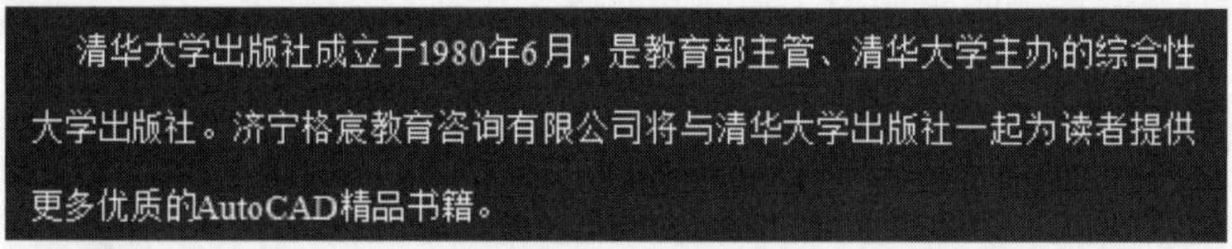

图 6.30　多行文字

步骤 1：选择命令。单击"默认"功能选项卡"注释"区域中 A 下的 ▼，在系统弹出的快捷菜单中选择 A 多行文字 命令，如图 6.31 所示。

步骤 2：在系统 A ▾ MTEXT 指定第一角点: 的提示下，在绘图区任意位置单击，以确定矩形框的第 1 个角点，在系统 指定对角点或 [高度(H) 对正(J) 行距(L) 旋转(R) 样式(S) 宽度(W) 栏(C)] 的提示下，在绘图区任意位置单击，以确定矩形框的第 2 个角点，此时系统会弹出如图 6.32 所示的"文字编辑器"选项卡及文字输入窗口。

说明： 指定的两个角点只表示文本框的大小，并不表示字的高度，这是与单行文字的区别。

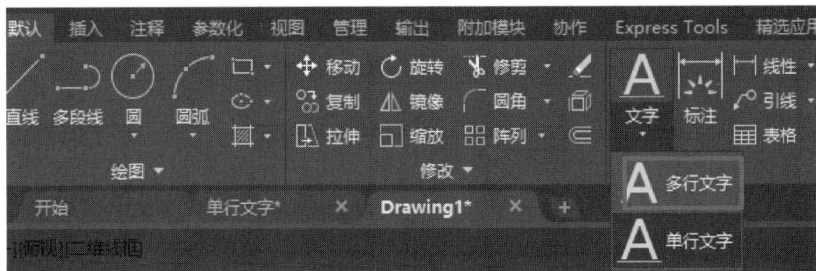

图 6.31　选择命令

图 6.32　"文字编辑器"选项卡

步骤 3：输入文字。在"文字编辑器"选项卡"格式"区域的字体下拉列表中选择"黑体"，在"样式"区域的文字高度文本框中输入值 5，然后切换到中文输入法，在文字输入窗口输入"清华大学出版社成立于 1980 年 6 月，是教育部主管、清华大学主办的综合性大学出版社。济宁格宸教育咨询有限公司将与清华大学出版社一起为读者提供更多优质的 AutoCAD 精品书籍。"

步骤 4：完成输入。单击"文字编辑器"选项卡中的✔按钮完成创建。

说明：如果输入英文文本，则单词之间必须有空格，否则不能自动换行。

2. 修改多行文字样式

双击多行文字后在系统弹出的"文字编辑器"选项卡"样式"区域中选择提前设置的文字样式即可。

3. 修改多行文字段落

双击多行文字后在图形区"文本输入窗口"的标尺上右击，系统会弹出如图 6.33 所示的快捷菜单，选择"段落"命令后会弹出如图 6.34 所示的"段落"对话框，可以在该对话框中设置制表位、段落的对齐方式、段落的间距和行距及段落的缩进等内容。

图 6.33　快捷菜单

4. 堆叠文字的制作

下面以标注如图 6.35 所示的分数为例来介绍堆叠文字的一般操作过程。

步骤 1：选择命令。单击"默认"功能选项卡"注释"区域中 A 下的 ，在系统弹出的快捷菜单中选择 A 多行文字 命令。

步骤 2：在系统的提示下，在绘图区的任意位置单击，以确定矩形框的第 1 个角点，在系统的提示下，在绘图区任意位置单击，以确定矩形框的第 2 个角点，此时系统会弹出"文字编辑器"选项卡及文字输入窗口。

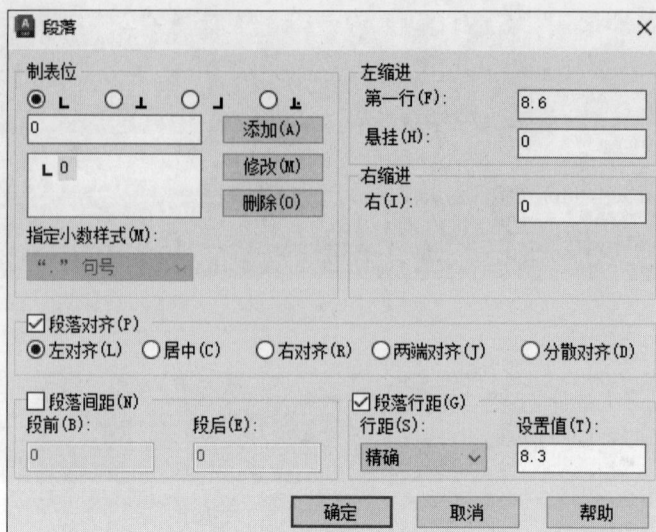

图 6.34 "段落"对话框

步骤 3：输入文字。在文字输入窗口输入"71/3"。

步骤 4：设置堆叠。在文字输入窗口选中 1/3，在"文字编辑器"选项卡"格式"区域选择 ▮命令。

说明： 右击堆叠的文字，选择 堆叠特性 命令，系统会弹出如图 6.36 所示的"堆叠设置"对话框，在此对话框中可以进行堆叠文字，以及堆叠外观的设置。

图 6.35 堆叠文字

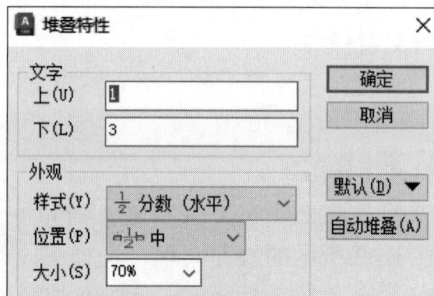

图 6.36 "堆叠特性"对话框

图 6.36"堆叠设置"对话框中部分选项的说明如下。

（1）文字 区域：用于设置堆叠文字的分子和分母。

（2）样式(Y) 选项：用于设置堆叠文字的样式格式，即水平分数（将第 1 个数字堆叠到第 2 个数字的上方，中间用水平线隔开）、斜分数（将第 1 个数字堆叠到第 2 个数字的上方，中间用斜线隔开）、公差（将第 1 个数字堆叠到第 2 个数字的上方，数字之间没有直线）和小数（用于对齐选定文字的分子和分母的小数点的公差样式变化），如图 6.37 所示。

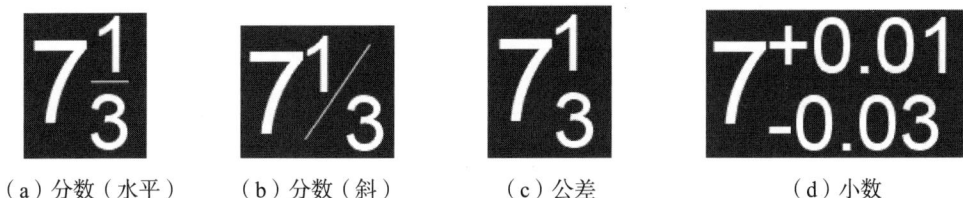

（a）分数（水平）　　（b）分数（斜）　　（c）公差　　　　（d）小数

图 6.37　样式

位置(P) 选项：用于指定分数如何对齐，默认为居中对齐。同一个对象中的所有堆叠文字使用同一种对齐方式，如图 6.38 所示。

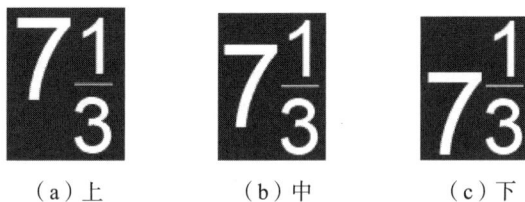

（a）上　　　　　（b）中　　　　　（c）下

图 6.38　位置

大小(S) 选项：用于控制堆叠文字的大小占当前文字样式大小的百分比（从 25% 到 125%），如图 6.39 所示。

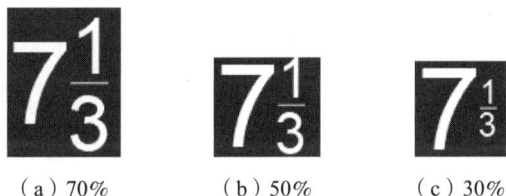

（a）70%　　　　　（b）50%　　　　　（c）30%

图 6.39　大小

6.1.4　插入外部文字

在 AutoCAD 系统中，除了可以直接创建文字对象外，还可以向图形中插入使用其他字处理程序创建的 ASCII 或 RTF 文本文件。系统提供了 3 种不同的插入外部文字的方法：多行文字编辑器的输入文字功能、拖放功能及复制和粘贴功能。

1. 利用多行文字编辑器中的输入文字功能

在文字输入窗口上右击，从弹出的快捷菜单中选择 输入文字(I)… 命令，系统会弹出"选择文件"对话框，首先在其中选择 TXT 或 RTF 格式的文件，然后单击 打开(O) 按钮即可输入文字；输入的文字将插入在文字窗口中当前光标位置处，除了 RTF 文件中的制表符会被转换为空格，行距会被转换为单行以外，输入的文字将保留原有的字符格式和样式特性。

2. 拖动文字

拖动文字就是利用 Windows 将文件中的文字作为多行文字对象进行插入，并使用当前的文字样式和文字高度；如果拖放的文本文件具有其他的扩展名，则软件将把它作为 OLE 对象进行处理。

3. 复制与粘贴文字

利用 Windows 的剪贴板功能，对外部文字进行复制，然后粘贴到当前图形中。

6.1.5　编辑文字

1. 使用特性窗口编辑文字

单击选中要编辑的文字，然后右击，系统会弹出如图 6.40 所示的快捷菜单，选择菜单中的 🔲 特性(S) 命令，即可打开如图 6.41 所示文字特性窗口，利用特性窗口除了可以修改文字内容以外，还可以修改文字的其他特性，例如文字的颜色、图层、厚度、插入点、高度、旋转角度、宽度比例、特殊的效果（如颠倒和反向显示）、倾斜角度及对齐方式等。

如果要修改多行文字对象的文字内容，则最好单击 内容 项中的 … 按钮（当选择内容区域时，此按钮才会变成可见的），然后在创建文字时的界面中编辑文字。

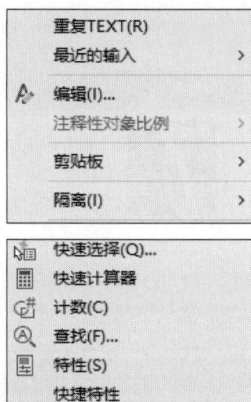

图 6.40　快捷菜单　　　　　　　　图 6.41　特性窗口

2. 按比例缩放文字

如果使用 SCALE 命令缩放文字，在选取多个文字对象时，就很难保证每个文字对象都保持在原来的初始位置。SCALETEXT 命令很好地解决了这一问题，它可以在一次操作中缩放一个或多个文字对象，并且使每个文字对象在按比例缩放的同时，位置保持不变。

下面以缩放如图 6.42 所示的文字为例来介绍缩放文字的一般操作过程。

步骤 1：打开练习文件 D：\AutoCAD2024\work\ch06.01\ 比例缩放 -ex。

步骤 2：选择命令。选择下拉菜单 修改(M) → 对象(O) → 文字(T) → 比例(S) 命令。

（a）缩放前　　　　　　　　　　　　（b）缩放后

图 6.42　缩放文字

步骤 3：选择对象。在系统 ⌐▾ SCALETEXT 选择对象: 的提示下，选取如图 6.42（a）所示的文字并按 Enter 键确认。

步骤 4：定义缩放基点。在系统 ⌐▾ SCALETEXT [现有(E) 左对齐(L) 居中(C) 中间(M) 右对齐(R) 左上(TL) 中上(TC) 右上(TR) 左中(ML) 正中(MC) 右中(MR) 左下(BL) 中下(BC) 右下(BR)] <现有>: 的提示下直接按 Enter 键确认。

步骤 5：定义比例因子。在命令行T 指定新模型高度或 [图纸高度(P) 匹配对象(M) 比例因子(S)] 的提示下，可以直接输入文字的新的高度值（例如 3），然后按 Enter 键确认。

说明： 在系统 指定新模型高度或 [图纸高度(P) 匹配对象(M) 比例因子(S)] 的提示下，如果选择 匹配对象(M) 选项，则在系统 ⌐▾ SCALETEXT 选择具有所需高度的文字对象: 的提示下，选择具有相同高度的目标对象，然后所选文字的高度将与目标文字一致；如果选择 比例因子(S) 选项，则所选文字将按照相同的比例对所选的文字进行缩放。

3. 对齐文字

使用对齐命令可以在不改变文字对象位置的情况下改变一个或多个文字对象的对齐方式。用户可以选择下拉菜单 修改(M) → 文字(T) → A 对正(J) 命令，在系统"选择对象"的提示下，选取要对齐的文字对象，然后在系统 ⌐▾ JUSTIFYTEXT [左对齐(L) 对齐(A) 布满(F) 居中(C) 中间(M) 右对齐(R) 左上(TL) 中上(TC) 右上(TR) 左中(ML) 正中(MC) 右中(MR) 左下(BL) 中下(BC) 右下(BR)] <左对齐>: 的提示下，选取新的对齐方式即可，指定的对齐方式分别作用于每个选择的文字对象，文字对象的位置并不会改变，只是它们的对齐方式（及它们的插入点）会发生改变。

4. 查找与替换文字

AutoCAD 系统提供了查找和替换文字的功能，可以在单行文字、多行文字、块的属性值、尺寸标注中的文字及表格文字、超级链接说明和超级链接文字中进行查找和替换操作。查找和替换功能既可以定位模型空间中的文字，也可以定位图形中任何一个布局中的文字，还可以缩小查找范围，以便在一个指定的选择集中查找。如果正在处理一部分打开的图形，则该命令只考虑当前打开的这一部分图形。

用户可以先在绘图区域右击，然后选择 Q 查找(F)... 命令（也可以选择下拉菜单 编辑(E) → Q 查找(F)... 命令），系统会弹出如图 6.43 所示的"查找与替换"对话框。

在 查找内容(W): 文本框中输入想要查找的文本。

在 查找位置(H) 下拉列表中，可以指定是在整个图形中查找还是在当前选择集中查找。单击"选择对象"按钮 可以定义一个新的选择集。

单击"查找和替换"对话框中的 查找(F) 按钮开始查找后，在图形区域将高度显示所找到的匹配文字串，单击 查找下一个(N) 按钮可以查找下一处文字；用户可以单击 替换(R) 按钮替换所找到的匹配文字。

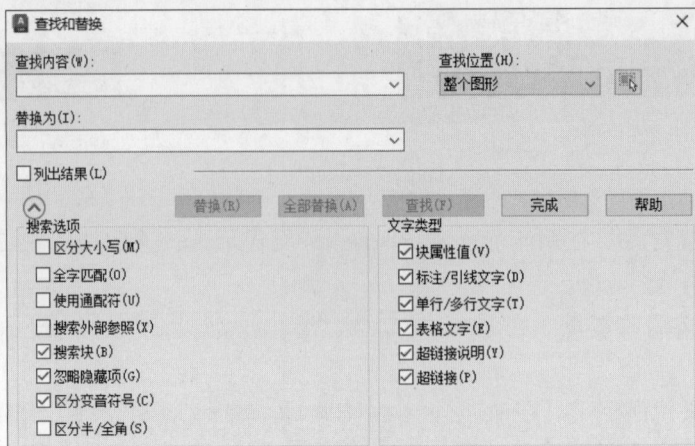

图 6.43 "查找与替换" 对话框

6.2 表格

6.2.1 插入表格

8min

AutoCAD 向用户提供了自动创建表格功能，这是一个非常实用的功能，其应用非常广泛，例如可利用该功能创建机械图中的标题栏、零件明细表、齿轮参数说明表等。

下面以标注如图 6.44 所示的材料明细表为例来介绍插入表格的一般操作过程。

步骤 1：打开练习文件 D:\AutoCAD2024\work\ch06.02\插入表格 -ex。

步骤 2：选择命令。选择"默认"功能选项卡"注释"区域中的 ⊞ 表格 命令，如图 6.45 所示，系统会弹出如图 6.46 所示的"插入表格"对话框。

图 6.44 插入表格

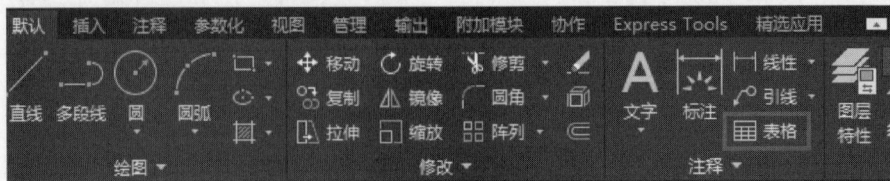

图 6.45 选择命令

步骤 3：设置表格。在"插入表格"对话框 表格样式 区域选择 Standard 表格样式；在 插入方式 区域选择 ◉ 指定插入点 (I) 单选项；在 列和行设置 区域的 列数 (C) 文本框中输入 4，在 列宽 (D): 文本框中输入 20，在 数据行数(R) 文本框中输入 6，在 行高(G) 文本框中输入 1。

　　说明：数据行文本框中输入 6 代表有 6 行数据，一般情况下表格的第 1 行为标题行，第 2 行为表头行，从第 3 行开始是数据行，所以当数据行为 6 时，表格的总行数为 8 行（数据行＋标题行＋表头行）。

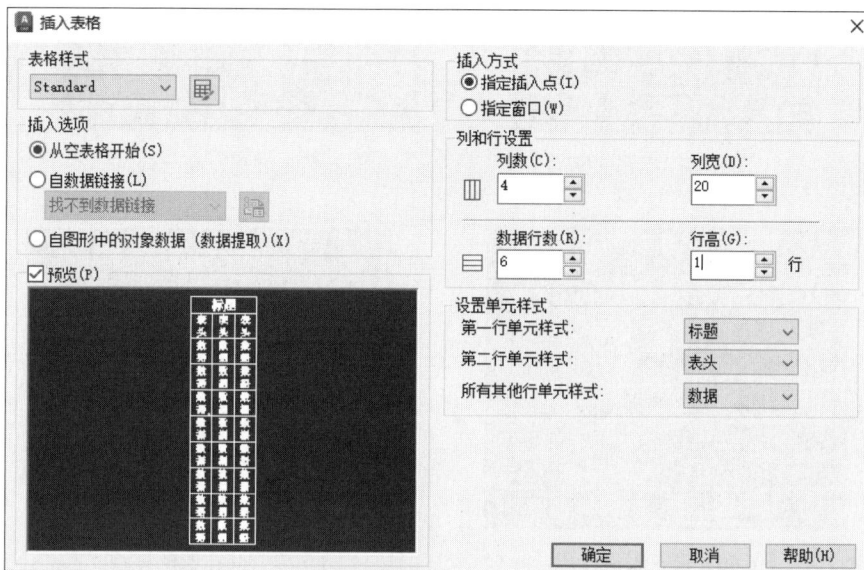

图 6.46 "插入表格"对话框

　　步骤 4：设置单元格式。在"插入表格"对话框 设置单元样式 区域的 第1行单元样式 下拉列表中选择"标题"，在 第2行单元样式 下拉列表中选择"表头"，在 所有其他行单元样式 下拉列表中选择"数据"，单击 确定 按钮完成格式设置。

　　步骤 5：放置表格。在命令行 ▼ TABLE 指定插入点: 的提示下，选择绘图区中合适的一点作为表格放置点。

　　步骤 6：系统会弹出"文字编辑器"选项卡，同时表格的标题单元加亮，文字光标在标题单元的中间。此时用户可输入材料明细表，然后单击"文字编辑器"选项卡中的☑按钮以完成操作，如图 6.47 所示。

　　步骤 7：设置表格的行高与列宽。双击表格（选中表格后选择下拉菜单修改→特性命令），系统会弹出"特性"对话框，然后选中 B 列，在"特性"对话框的"单元宽度"文本框中输入值 30，选中 C 列，在"单元宽度"文本框中输入值 25；选中第 2 行，在"单元高度"文本框中输入值 10，单击"特性"对话框中的図按钮完成设置，效果如图 6.48 所示。

　　步骤 8：输入表格内容。双击 A2 文本框并在其中输入"序号"；采用相同的办法输入其他文本框的内容，如图 6.49 所示。

　　步骤 9：设置表格对齐方式。选中整个表格，然后在"表格单元"选项卡"单元格式"区域中的"对齐"下拉列表中选择"正中"，设置后效果如图 6.50 所示。

图 6.47 标题文字

图 6.48 设置行高与列宽

图 6.49 输入表格内容

图 6.50 设置表格对齐方式

6.2.2 表格样式

表格样式决定了一张表格的外观，它控制着表格中的字体、颜色及文本的高度、行距等特性。在创建表格时，既可以使用系统默认的表格样式，也可以自定义表格样式。

1. 新建表格样式

步骤 1：选择命令。选择下拉菜单 格式(O) → 表格样式(B)... 命令，系统会弹出如图 6.51 所示的"表格样式"对话框。

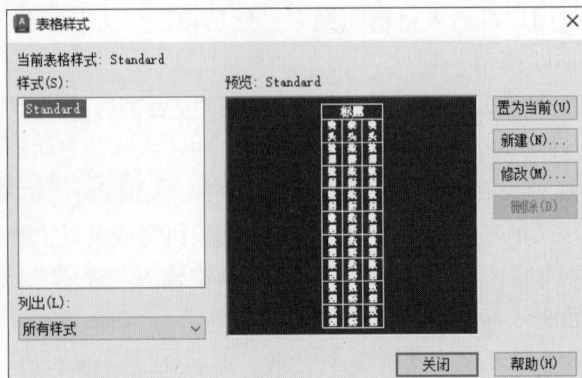

图 6.51 "表格样式"对话框

步骤2：在"表格样式"对话框中单击 新建(N)... 按钮，系统会弹出如图6.52所示的"创建新的表格样式"对话框。

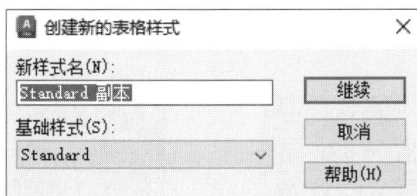

图6.52 "创建新的表格样式"对话框

步骤3：在"创建新的表格样式"对话框 样式名:文本框中输入新的表格样式的名称（采用默认名称）。

步骤4：单击 继续 按钮，完成表格样式的新建，系统会弹出如图6.53所示的"新建表格样式：Standard副本"对话框。

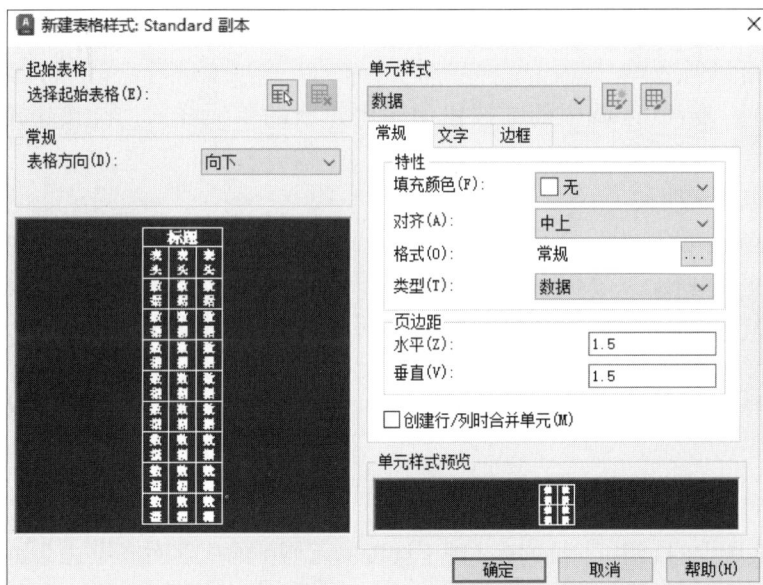

图6.53 "新建表格样式：Standard副本"对话框

2.设置表格样式参数

在"新建表格样式：Standard副本"对话框中可以设置单元格格式、表格方向、边框特性和文字样式等内容。

（1） 起始表格 区域：使用户可以在图形中指定一张表格，用作样例，以此来设置此表格样式的格式。单击 选择起始表格(E):区域后的 按钮，然后选择表格为表格样式的起始表格，这样就可指定要从该表格复制到表格样式的结构和内容；单击 选择起始表格(E):区域后的 按钮，可以将表格从当前指定的表格样式中删除。

（2）常规 区域：通过选择 表格方向(D): 下拉列表中的 向上 和 向下 选项来设置表格的方向。当选择 向上 选项时，标题行和列表行将位于表格底部，表格读取方向为自下而上，如图 6.54 所示；当选择 向下 选项时，标题行和列表行将位于表格顶部，表格读取方向为自上而下，如图 6.55 所示。

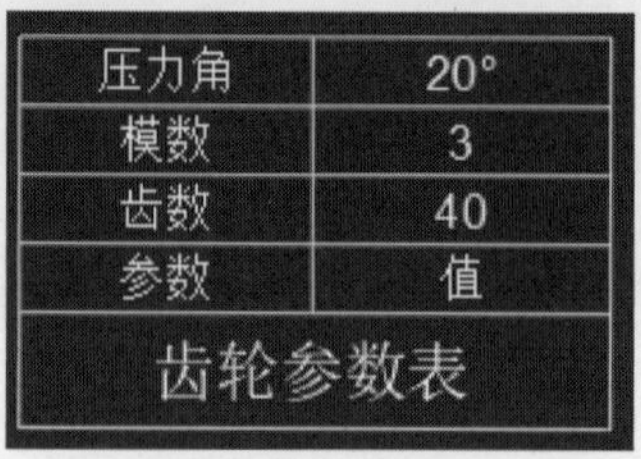

图 6.54　表格方向向上

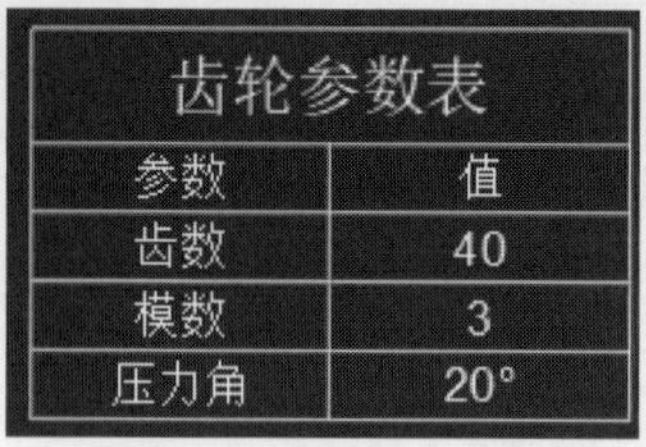

图 6.55　表格方向向下

（3）单元样式 区域：用于定义新的单元样式或修改现有单元样式，可创建任意数量的单元样式。单元样式 下拉列表包括 标题 、 表头 、 数据 、 创建新单元样式... 、 管理单元样式... 选项，其中 标题 、 表头 、 数据 选项可以通过 常规 选项卡、 文字 选项卡和 边框 选项卡进行设置，可以通过 单元样式预览 区域进行预览。单元样式 区域中的 按钮用于创建新的单元样式， 按钮用于管理单元样式。

常规 选项卡的说明如下。

（1）特性 区域中的 填充颜色(F): 下拉列表：用于设置单元格中的背景填充颜色，如图 6.56 所示。

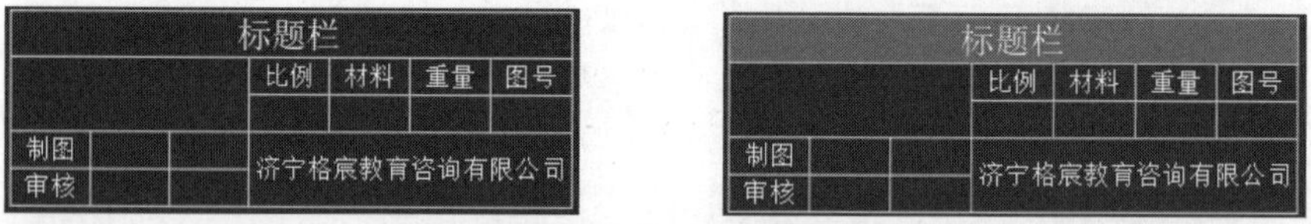

（a）无

（b）自定义颜色

图 6.56　填充颜色

（2）特性 区域中的 对齐(A): 下拉列表：用于设置单元格中的文字对齐方式，如图 6.57 所示。

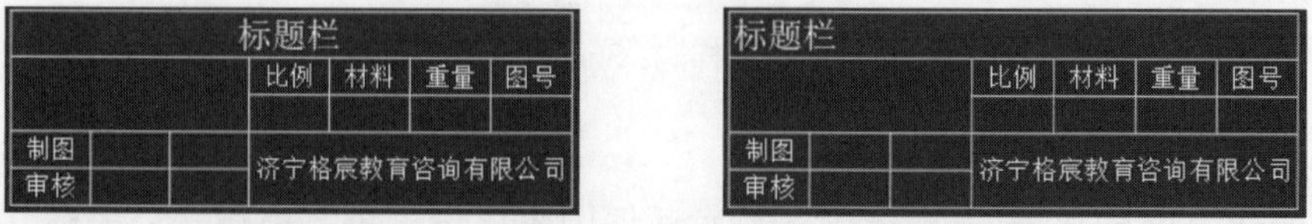

（a）正中

（b）左中

图 6.57　对齐

单击 特性 区域中的 格式(O): 后的 ... 按钮，从弹出的"表格单元格式"文本框中设置表格中的"数据""标题"或"表头"行的数据类型和格式。

（3）特性区域中的类型(T)下拉列表：用于将单元样式指定为标签或数据。

在页边距区域的水平(Z)文本框中输入数据，以设置单元中的文字或块与左右单元边界之间的距离。

在页边距区域的垂直(V)文本框中输入数据，以设置单元中的文字或块与上下单元边界之间的距离。

文字选项卡的说明如下。

（1）文字样式(S)下拉列表：用于选择表格内"数据"单元格中的文字样式。用户可以单击文字样式(S)后的 按钮，从弹出的"文字样式"对话框中设置文字的字体、效果等。

（2）文字高度(I)文本框：用于设置单元格中的文字高度。

（3）文字颜色(C)下拉列表：用于设置单元格中的文字颜色，如图6.58所示。

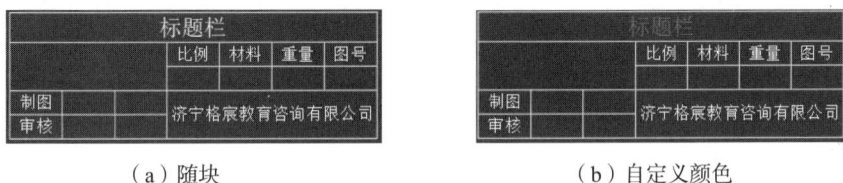

（a）随块 （b）自定义颜色

图6.58 文字颜色

（4）文字角度(G)文本框：用于设置单元格中的文字角度值，默认的文字角度值为0。可以输入 –359 ~ +359 的任意角度值，如图6.59所示。

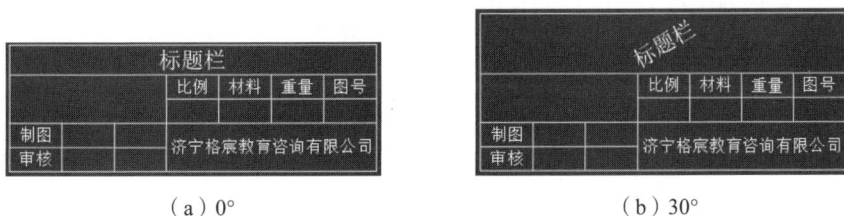

（a）0° （b）30°

图6.59 文字角度

边框选项卡的说明如下。

（1）特性区域中的线宽(L)下拉列表：用于设置应用于指定边界的线宽，如图6.60所示。

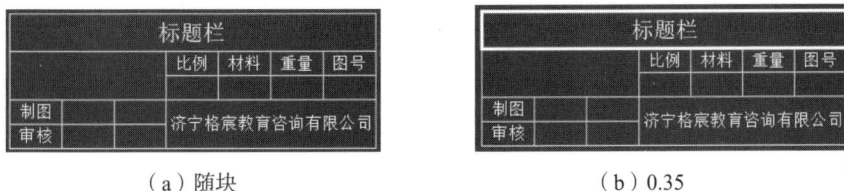

（a）随块 （b）0.35

图6.60 线宽

（2）特性区域中的线型(N)下拉列表：用于设置应用于指定边界的线型，如图6.61所示。

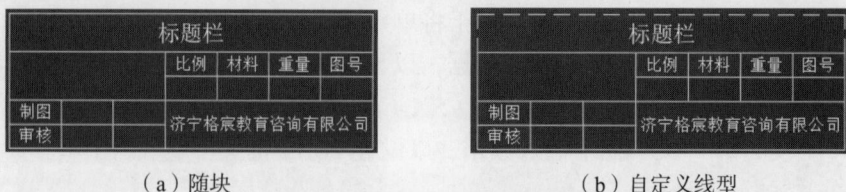

（a）随块　　　　　　　　　　　　　　　　（b）自定义线型

图 6.61　线型

（3）**特性** 区域中的 **颜色(C)**：下拉列表：用于设置应用于指定边界的颜色，如图 6.62 所示。

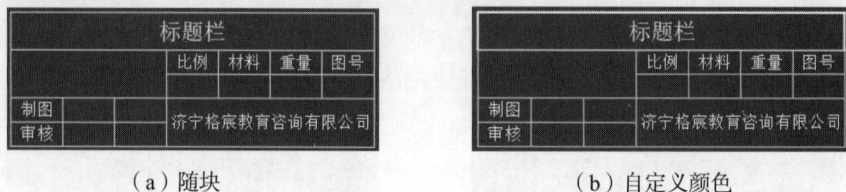

（a）随块　　　　　　　　　　　　　　　　（b）自定义颜色

图 6.62　颜色

选中 **特性** 区域中的 □**双线(U)** 复选框可以将表格边界设置为双线。在 **间距(P)**：文本框中输入值以设置双线边界的间距，默认间距为 1.125，如图 6.63 所示。

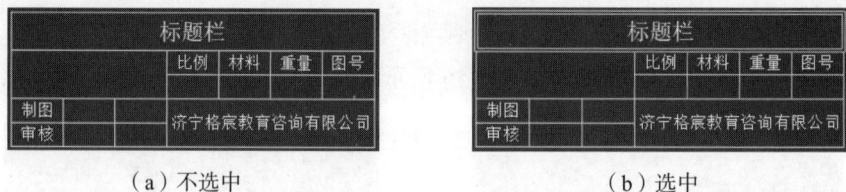

（a）不选中　　　　　　　　　　　　　　　（b）选中

图 6.63　双线

特性 区域中的 8 条边界按钮用于控制单元边界的外观，如图 6.64 所示。

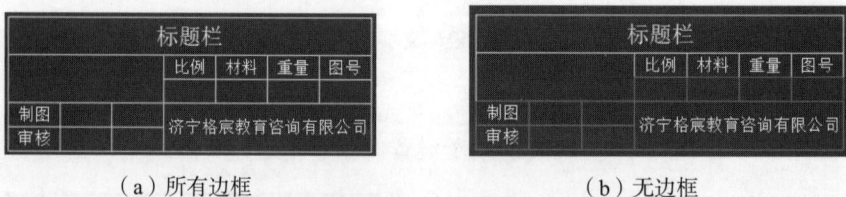

（a）所有边框　　　　　　　　　　　　　　（b）无边框

图 6.64　边框特性

6.2.3　编辑表格

编辑表格主要包括删除或者增加行或者列、删除单元格、合并单元格及编辑单元格的内容等。

1. 删除或者增加行或者列

步骤 1：选中行或者列。首先单击某一列或某一行的一个单元格，然后在列中单击 A、B 或其余的字母即可选中其当前字母下的列。同样选择某一单元格后，在行中单击数字 1、2 或 3，也可以选择某一行。

步骤 2：添加行或者列。在选中的列上右击，在系统弹出的快捷菜单中选择 在左侧插入列 或者 在右侧插入列 即可增加一列，如图 6.65 所示；在选中的行上右击，在系统弹出的快捷菜单中选择 在上方插入行 或者 在下方插入行 即可增加一行，如图 6.66 所示。

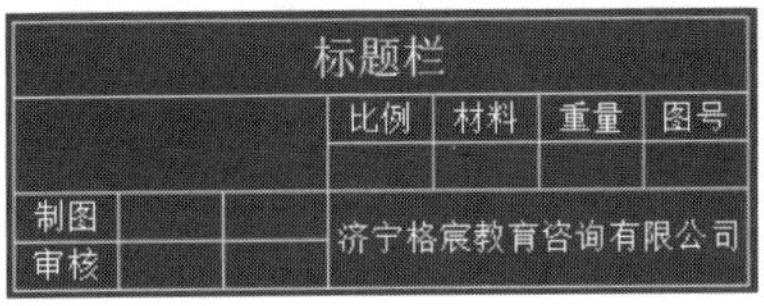

（a）添加前 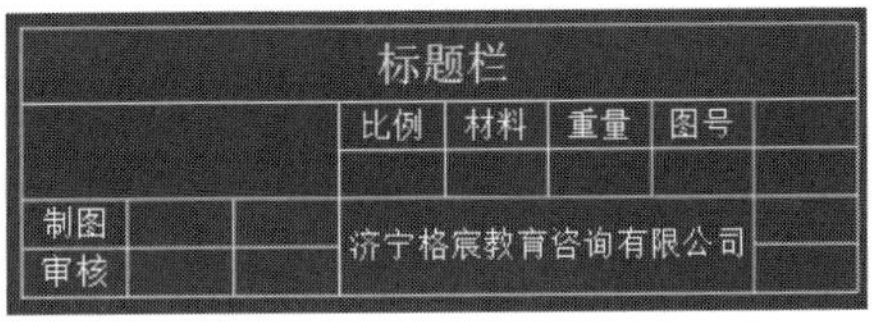　　　　　　　　（b）添加后

图 6.65　添加列

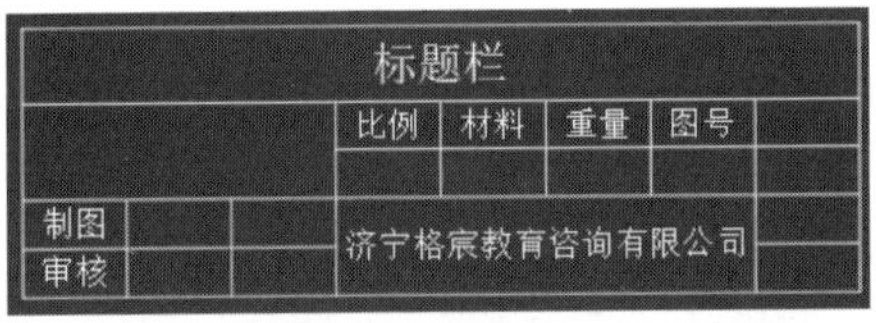

（a）添加前 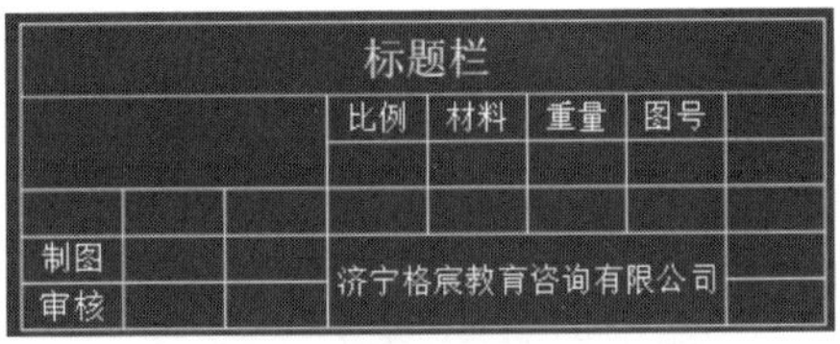　　　　　　　　（b）添加后

图 6.66　添加行

步骤 3：删除行或者列。在选中的列上右击，在系统弹出的快捷菜单中选择 删除列 即可删除一列，如图 6.67 所示；在选中的行上右击，在系统弹出的快捷菜单中选择 删除行 即可删除一行，如图 6.68 所示。

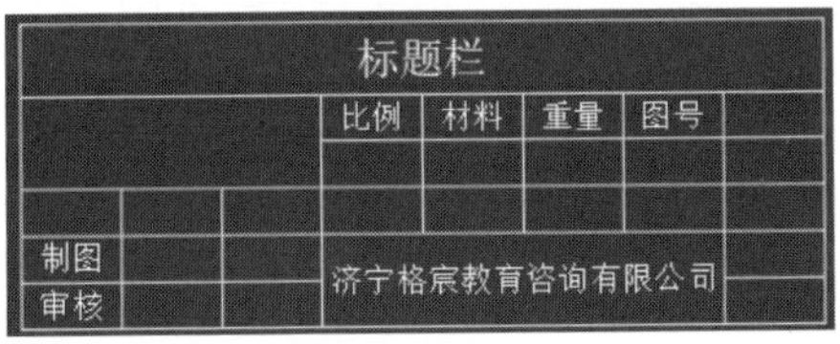

（a）删除前 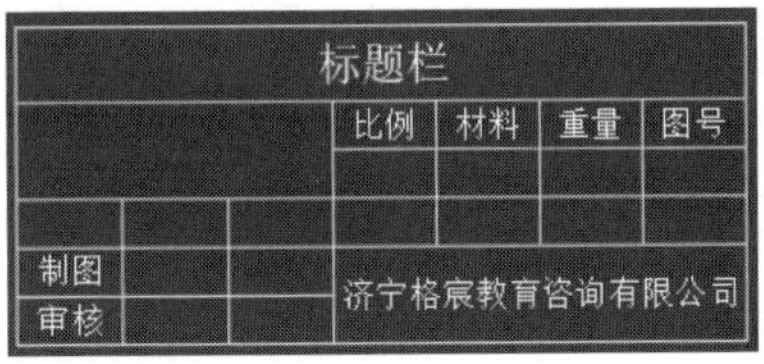　　　　　　　　（b）删除后

图 6.67　删除列

2. 合并与拆分单元格

步骤 1：选中要合并的单元格。按住左键可以框选需要合并的单元格（或者在左上角单元格单击，然后按住 Shift 键不放，在欲选区域的右下角单元中单击）。

步骤 2：合并单元格。选择"表格单元"功能选项卡"合并"区域的 按钮，在系统弹出的快捷菜单中选择"合并全部" 合并全部 命令，如图 6.69 所示。

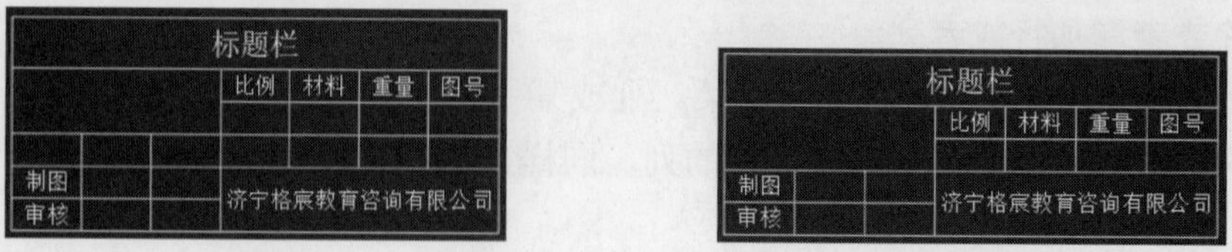

（a）删除前　　　　　　　　　　　（b）删除后

图 6.68　删除行

（a）合并前　　　　　　　　　　　（b）合并后

图 6.69　合并单元格

说明：

选中合并的单元格并右击，在弹出的快捷菜单中选择 取消合并 就可以取消合并。

按行合并用于只将行合并，如图 6.70 所示；按列合并用于只将列合并，如图 6.71 所示。

（a）合并前　　　　　　　　　　　（b）合并后

图 6.70　按行合并

（a）合并前　　　　　　　　　　　（b）合并后

图 6.71　按列合并

6.3　上机实操

上机实操 1 如图 6.72 所示，上机实操 2 如图 6.73 所示。

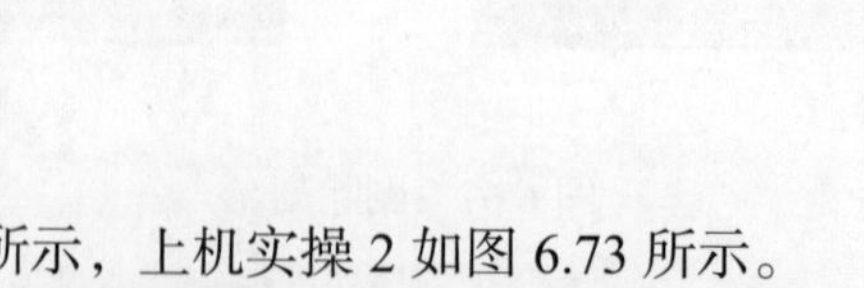

图 6.72　上机实操 1

标记	处数	分区	更改文件夹	签名	年 月 日
设计	(签名)	(年月日)	标准化	签名	(年月日)

（材料标记）

济宁格宸教育咨询有限公司

4×6.5（=26）

阶段标记	重量	比例

（图样名称）

审核					
工艺		批准			

共 张 第 张

（图样代号）

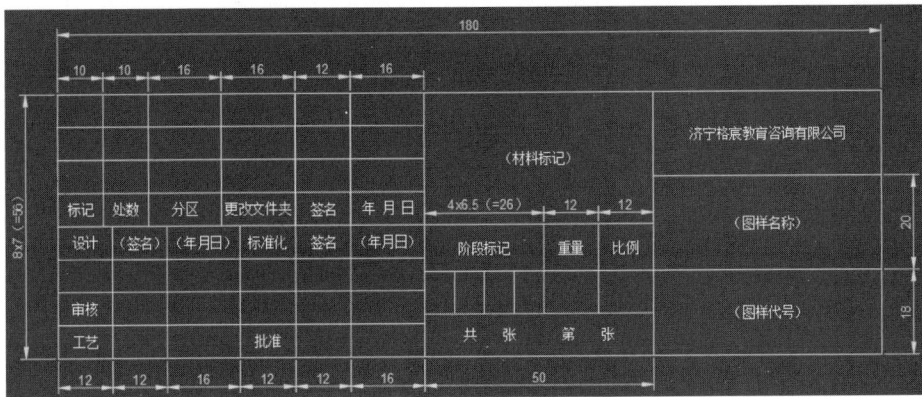

图 6.73 上机实操 2

第 7 章

图　　层

7.1　创建与设置图层

7.1.1　概述

图层是 AutoCAD 系统提供的一个管理工具，它的应用使一个 AutoCAD 图形好像是由多张透明的图纸重叠在一起而组成的，如图 7.1 所示，该图形包含 4 个图层，即轮廓线层（如图 7.2（a）所示）、中心线层（如图 7.2（b）所示）、尺寸线层（如图 7.2（c）所示）和剖面线层（如图 7.2（d）所示）。

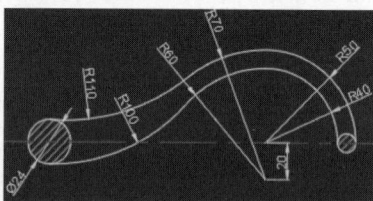

图 7.1　图层概述

（a）轮廓线层

（b）中心线层

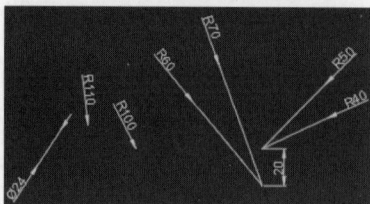

（c）尺寸线层

（d）剖面线层

图 7.2　图层叠加

　　用户可以通过图层来对图形中的对象进行归类处理，例如在机械、建筑等工程制图中，图形中可能包括基准线、轮廓线、虚线、剖面线、尺寸标注及文字说明等元素。如果用图层来管理它们，则不仅能使图形的各种信息清晰、有序，便于观察，而且也会给图形的编辑、修改和输出带来很大的方便。

　　AutoCAD 中的图层具有以下特点：

　　（1）在一张图中可以创建任意数量的图层，并且在每个图层上的对象数目没有任何限制。

　　（2）每个图层都有一个名称。当开始绘制新图时，系统会自动创建层名为 0 的图层，这是系统的默认图层。同时只要图中或块中有标注，系统就会出现设置标注点的 Defpoints 层，但是画在该层的图形只能在屏幕上显示出来，不能打印，其余图层需由用户创建。

　　（3）用户只能在当前激活的图层上绘图。

　　（4）各图层具有相同的坐标系、绘图界限及显示缩放比例。

　　（5）对于每个图层，可以设置其对应的线型和颜色等特性。

　　（6）可以对各图层进行打开、关闭、冻结、解冻、锁定与解锁等操作，以决定各图层的可见性与可操作性。

　　（7）可以把图层指定为打印或不打印图层。

7.1.2　新建图层

　　在绘制一个新图时，系统会自动创建层名为 0 的图层，如图 7.3 所示。这也是系统的默认图层。如果用户要使用图层来组织自己的图形，就需要先创建新图层。

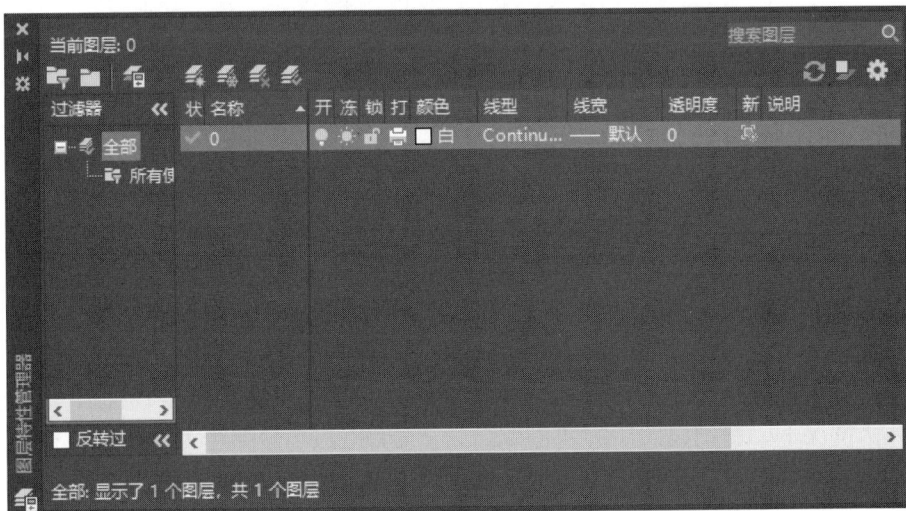

图 7.3　默认图层

　　下面介绍创建新图层的操作过程。

　　步骤 1：选择命令。选择"默认"功能选项卡"图层"区域中的"图层特性" 命令

（如图 7.4 所示），系统会弹出如图 7.3 所示的"图层特性管理器"对话框。

说明： 调用图层命令还有两种方法。

方法一： 选择下拉菜单 格式(O) → 图层(L)... 命令。

方法二： 在命令行中输入 LAYER 命令，并按 Enter 键。

图 7.4　选择命令

步骤 2：新建图层。选择"图层特性管理器"对话框中的 命令，此时在图层列表中会出现一个名称为 图层1 的图层，在默认情况下，新建图层与当前图层的状态、颜色、线型及线宽等设置相同。

步骤 3：设置图层名称。在创建了图层后，可以单击图层名，然后输入一个新的有意义的图层名称（例如轮廓线层）并按 Enter 键。在为创建的图层命名时，图层的名称中不能包含"<"">""∧""："""；""?""*""|"","、"、"="等字符，另外也不能与其他图层重名。

步骤 4：参考步骤 2 与步骤 3 的操作创建细实线、中心线、尺寸标注、剖面线、文字注释图层，如图 7.5 所示。

图 7.5　新建图层

7.1.3　设置图层颜色

为图层设置颜色实际上是设置图层中图形对象的颜色。用户可以为不同的图层设置不同的颜色（当然也可以设置相同的颜色），这样在绘制复杂的图形时，就可以通过不同的颜色来区分图形的各部分。

在默认情况下，新创建图层的颜色被设为 7 号颜色（7 号颜色为白色或黑色，这由背景色决定，如果将背景色设置为白色，则图层颜色就为黑色；如果将背景色设置为黑色，则图层颜色就为白色）。

如果要改变图层的颜色，则可在"图层特性管理器"对话框中单击对应图层的"颜色"列中的图标□，系统会弹出如图 7.6 所示的"选择颜色"对话框，在该对话框中，可以使用 索引颜色 、 真彩色 和 配色系统 3 个选项卡为图层选择颜色，设置如图 7.7 所示的图层颜色。

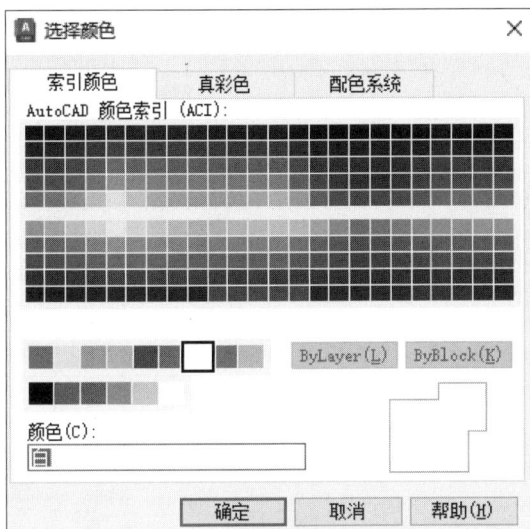

图 7.6 "选择颜色"对话框

（1）索引颜色选项卡：是指系统的标准颜色（ACI 颜色）。在 ACI 颜色表中包含 256 种颜色，每种颜色用一个 ACI 编号（1 ~ 255 的整数）标识。

（2）真彩色选项卡：真彩色使用 24 位颜色定义显示 16M 色彩。当指定真彩色时，可以从"颜色模式"下拉列表中选取 RGB 或 HSL 模式。如果使用 RGB 颜色模式，则可以指定颜色的红、绿、蓝组合；如果使用 HSL 颜色模式，则可以指定颜色的色调、饱和度及亮度要素。

（3）配色系统选项卡：该选项卡中的配色系统下拉列表提供了 17 种定义好的色库列表，从中选择一种色库后，就可以在下面的颜色条中选择需要的颜色。

图 7.7 设置图层颜色

7.1.4 设置图层线型

"图层线型"是指图层上图形对象的线型，如虚线、点画线、实线等。在使用 AutoCAD 系统进行工程制图时，可以使用不同的线型来绘制不同的对象以作区分，还可以对各图层上的线型进行不同的设置。

在国家标准的"机械制图"中，规定的常见线型、宽度和一般应用如表 7.1 所示。

设置已加载线型。在默认情况下，图层的线型被设置为 Continuous（实线）。如果要改变线型，则可在图层列表中单击某个图层"线型"列中的 Continu... 字符，系统会弹出如图 7.8 所示的"选择线型"对话框。在 已加载的线型 列表框中选择线型，然后单击 确定 按钮。

表 7.1 线型名称线宽与应用

序　号	线　型	名　称	线　宽	一 般 应 用
01	▬▬▬▬▬▬	粗实线	d	可见轮廓线、可见过渡线
02	————————	细实线	d/2	尺寸线、尺寸界线、剖面线、断面线、牙底线、引出线、分界线、范围线
03	～～～～～	波浪线	d/2	断裂边界线、视图剖视分界线
04	⌐∨⌐∨⌐	双折线	d/2	断裂处的边界线
05	- - - - - -	虚线	d/2	不可见轮廓线、不可见过渡线
06	– · – · – ·	细点画线	d/2	轴线、对称线、中心线、齿轮节圆和节线
07	▬ · ▬ · ▬	粗点画线	d	有特殊要求的表面表示线
08	– ·· – ·· –	双点画线	d/2	相邻辅助零件的轮廓线、极限位置轮廓线、假想投影轮廓线、中断线

如果已加载的线型不能满足用户的需要，则可进行"加载"操作，将新线型添加到"已加载的线型"列表框中。此时需单击 加载(L)... 按钮，系统会弹出如图 7.9 所示的"加载或重载线型"对话框，从当前线型文件的线型列表中选择需要加载的线型，然后单击 确定 按钮。

AutoCAD 系统中的线型包含在线型库定义文件 acad.1in 和 acadiso.1in 中。在英制测量系统下，使用线型库定义文件 acad.1in；在米制测量系统下，使用线型库定义文件 acadiso.1in。如果需要，则可在"加载或重载线型"对话框中单击 文件(F)... 按钮，从弹出的"选择线型"对话框中选择合适的线型库定义文件。

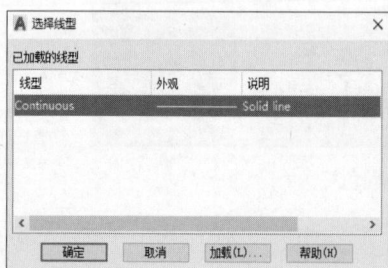

图 7.8 "选择线型"对话框

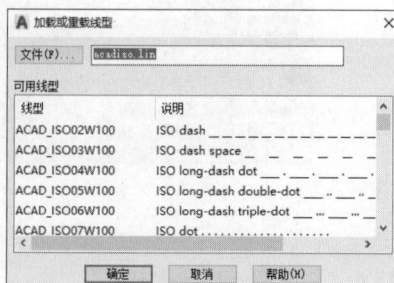

图 7.9 "加载或重载线型"对话框

下面以设置中心线层线型为例来介绍设置线型的一般操作过程。

步骤 1：单击"中心线"层中的 Continu... 按钮，系统会弹出"选择线型"对话框。

步骤 2：加载中心线线型。单击"选择线型"对话框中的 加载(L)... 按钮，系统会弹出

"加载或重载线型"对话框，选择 CENTER 线型，单击 ［确定］ 按钮。

步骤 3：选择中心线线型。在"选择线型"对话框中选择 CENTER 线型，单击 ［确定］ 按钮，完成线型设置，如图 7.10 所示。

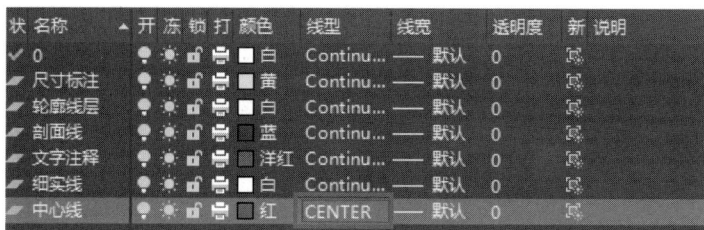

图 7.10　设置线型

7.1.5　设置图层线宽

在 AutoCAD 系统中，用户可以使用不同宽度的线条来表现不同的图形对象，还可以设置图层的线宽，即通过图层来控制对象的线宽。在"图层特性管理器"对话框的 线宽 列中单击某个图层对应的线宽 ── 默认 ，系统便会弹出如图 7.11 所示的"线宽"对话框，可从中选择所需要的线宽。

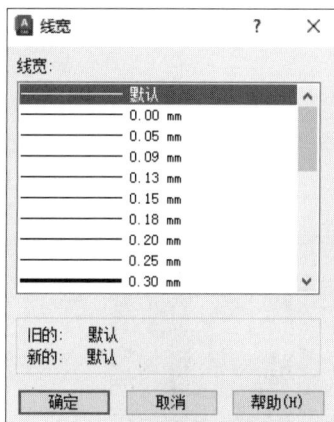

图 7.11　"线宽"对话框

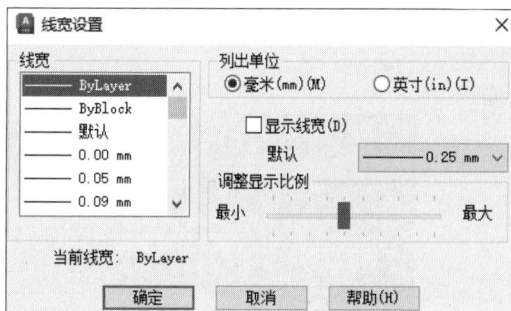

图 7.12　"线宽设置"对话框

另外还可以选择下拉菜单 格式(O) → 线宽(W)... 命令，系统会弹出如图 7.12 所示的"线宽设置"对话框，既可在该对话框中的 线宽 列表框中选择当前要使用的线宽，又可设置线宽的单位和显示比例等参数。各选项的功能说明如下。

（1） 列出单位 选项组：用于设置线条宽度的单位，可选中 ◉毫米(mm)(M) 或 ○英寸(in)(I) 单选项。

（2） ☑显示线宽(D) 复选框：用于设置是否按照实际线宽来显示图形。也可以在绘图时单击屏幕下部的状态栏中的 ▤ （线宽）按钮来显示或关闭线宽。

（3） 默认 下拉列表：用于设置默认线宽值，即取消选中 □显示线宽(D) 复选框后系统所显示的线宽。

（4）调整显示比例 选项区域：移动显示比例滑块，可调节设置的线宽在屏幕上的显示比例。

如果在设置了线宽的层中绘制对象，则在默认情况下在该层中创建的对象就具有层中所设置的线宽，当在屏幕底部状态栏中单击▤按钮使其凹下时，对象的线宽会立即在屏幕上显示出来，如果不想在屏幕上显示对象的线宽，则可再次单击▤按钮使其凸起。

下面以设置中心线层线型为例来介绍设置线型的一般操作过程。

步骤1：单击"轮廓线"层中的 —— 默认 按钮，系统会弹出"线宽"对话框。

步骤2：在"线宽"对话框中选择"0.35mm"类型，然后单击 确定 按钮即可，如图7.13所示。

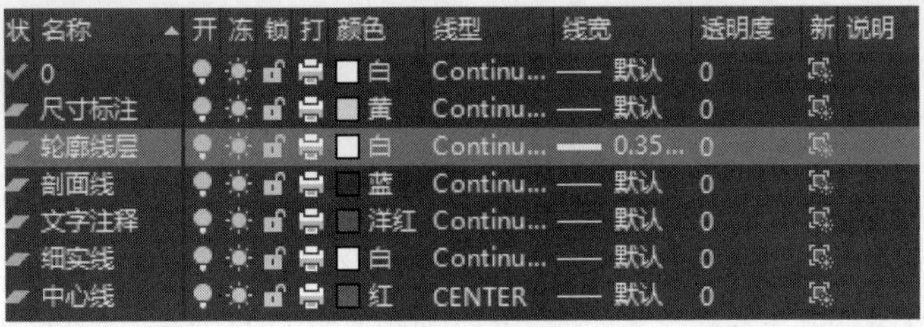

图 7.13　设置线宽

7.1.6　设置图层状态

在"图层特性管理器"对话框中，除了可设置图层的颜色、线型和线宽以外，还可以设置图层的各种状态，如打开/关闭、冻结/解冻、锁定/解锁、是否打印等，如图7.14所示。

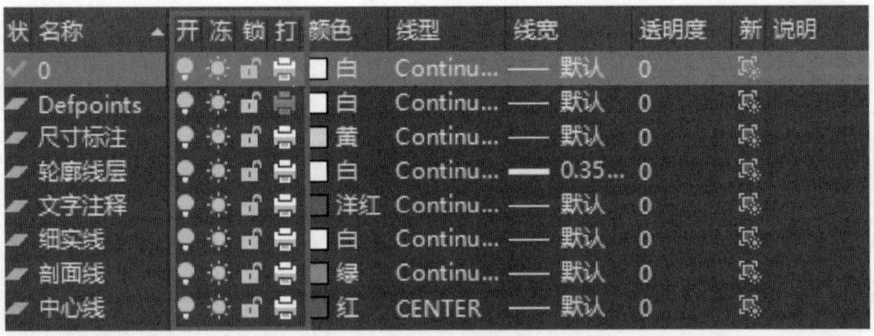

图 7.14　图层状态

图层的打开/关闭状态。在打开状态下，该图层上的图形既可以在屏幕上显示，也可以在输出设备上打印，而在关闭状态下，图层上的图形则既不能显示，也不能打印输出。在"图层特性管理器"对话框中，单击某图层在"开"列中的小灯泡图标💡，可以打开或关闭该图层。如果灯泡的颜色为💡（黄色），则表示处于打开状态；如果灯泡的颜色为💡（蓝色），则表示处于关闭状态。当要关闭当前的图层时，系统会弹出如图7.15所示的"图层-关闭当前图层"显示一条消息对话框，警告正在关闭当前层，如图7.16所示。

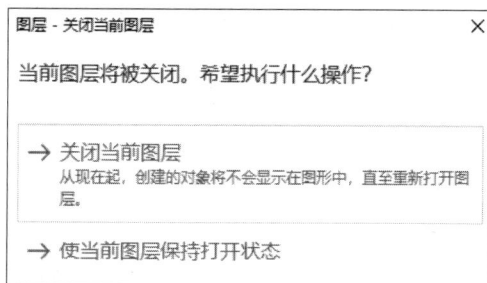

图 7.15　"图层 - 关闭当前图层"对话框

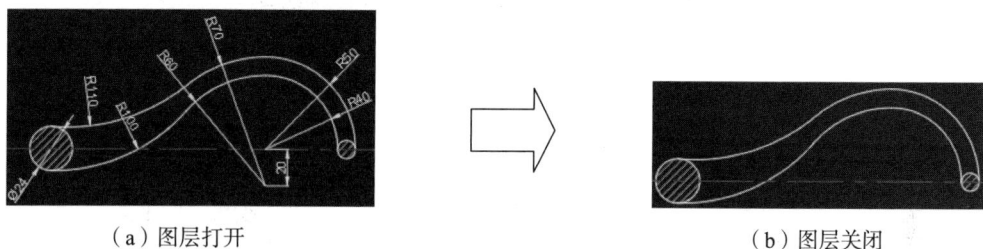

（a）图层打开　　　　　　　　　　　　　（b）图层关闭

图 7.16　图层打开关闭

图层的冻结 / 解冻状态冻结图层，也就是使某图层上的图形对象既不能被显示及打印输出，也不能编辑或修改。解冻则表示使该层恢复能显示、能打印、能编辑的状态。在"图层特性管理器"对话框中，单击"冻结"列中的太阳▒（解冻）或雪花▒（被冻结）图标，可以冻结或解冻图层。

注意：

用户不能冻结当前层，否则系统会弹出如图 7.17 所示的"图层 - 无法冻结"对话框，也不能将冻结层设置为当前层，否则系统会弹出如图 7.18 所示的"图层 - 无法置为当前"对话框。

图层被冻结与被关闭的区别，虽然其上的图形对象都不被显示出来，但冻结图层上的对象不参加处理过程中的运算，而关闭图层上的对象则要参加运算，所以在复杂的图形中冻结不需要的图层，可以加快系统重新生成图形时的速度。

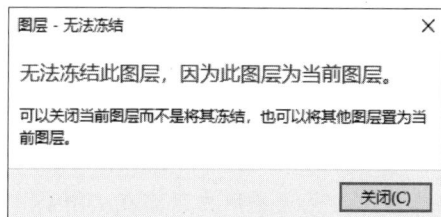

图 7.17　"图层 - 无法冻结"对话框

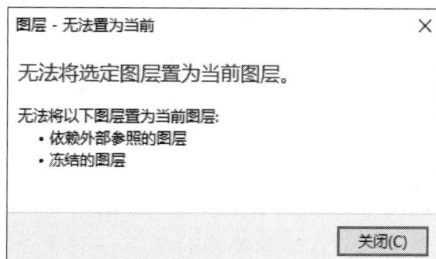

图 7.18　"图层 - 无法置为当前"对话框

图层的锁定 / 解锁状态。锁定图层就是使图层上的对象不能被编辑，但这不影响该图层上的图形对象的显示，用户还可以在锁定的图层上绘制新图形对象，以及使用查询命令和对象捕捉功能。在"图层特性管理器"对话框中，单击"锁定"列中的█小锁或█小锁图标，可以锁定或解锁图层，如图 7.19 所示。

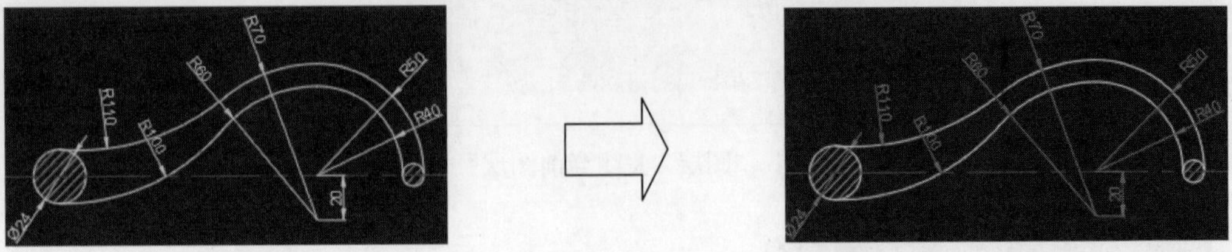

（a）图层解锁　　　　　　　　　　　　　　　（b）图层锁定

图 7.19　图层解锁 / 锁定

图层的打印状态。在"图层特性管理器"对话框中，单击"打印"列中的打印机图标█或█，可以设置图层是否能够被打印。当显示█图标时，表示该层可打印；当显示█图标时，表示该图层不能被打印。打印功能只对可见的图层起作用，即只对没有冻结和没有关闭的图层起作用。

7.2　管理图层

7.2.1　切换当前层

在 AutoCAD 系统中，新对象会被绘制在当前图层上。要把新对象绘制在其他图层上，首先应把这张图层设置成当前图层，下面介绍设置当前图层的两种方法。

方法一：在"图层特性管理器"对话框的图层列表中选择某一图层，然后在该层的层名上双击，即可将该层设置为当前层，此时该层的状态列的图标会变成█，如图 7.20 所示。

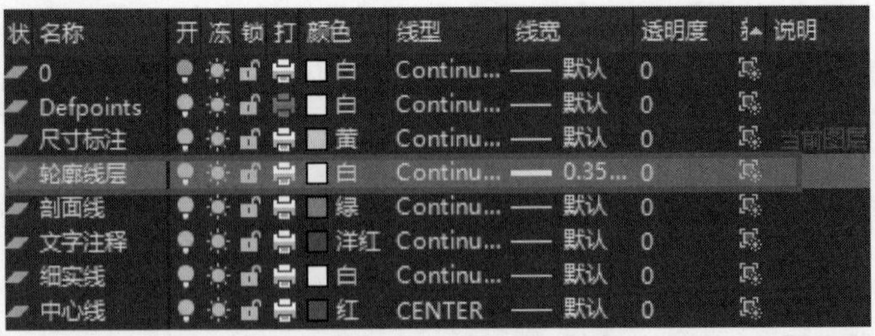

图 7.20　当前图层

方法二：在实际绘图时还有一种更为简单的操作方法，也就是用户只需在"图层"区域的图层控制下拉列表选择要设置为当前层的图层名称，便可实现图层切换，如图 7.21 所示。

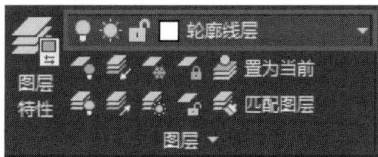

图 7.21 图层区域

7.2.2 改变对象所在的层

当需要修改某一图元所在的图层时，可先选中该图元，然后在"默认"功能选项卡"图层"区域的图层控制下拉列表中选择一个层名，按下键盘上的 Esc 键结束操作。

7.2.3 删除图层

如果不再需要某些图层，则可以将它们删除。选择"默认"功能选项卡"图层"区域中的 命令，在"图层特性管理器"对话框中的图层列表中选定要删除的图层（用户可以通过按住 Shift 键或 Ctrl 键以选取多个层），然后单击 按钮即可。

注意：

（1）0 图层、Defpoints 图层、包含对象的图层和当前图层不能被删除。

（2）依赖外部参照的图层不能被删除。

（3）局部打开图形中的图层也不能被删除，如图 7.22 所示。

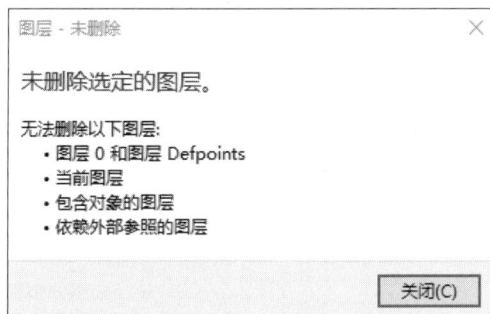

图 7.22 "图层 - 未删除"对话框

7.2.4 过滤图层

过滤图层就是根据给定的特性或条件筛选出想要的图层。当图形中包含大量图层时，这种方法很有用。在"图层特性管理器"对话框中，单击"新建特性过滤器"（ ）按钮，系统会弹出如图 7.23 所示的"图层过滤器特性"对话框，在该对话框中的"过滤器定义"列表框中，通过输入图层名及选择图层的各种特性来设置过滤条件后，便可在"过滤器预览"区域预览筛选出的图层。

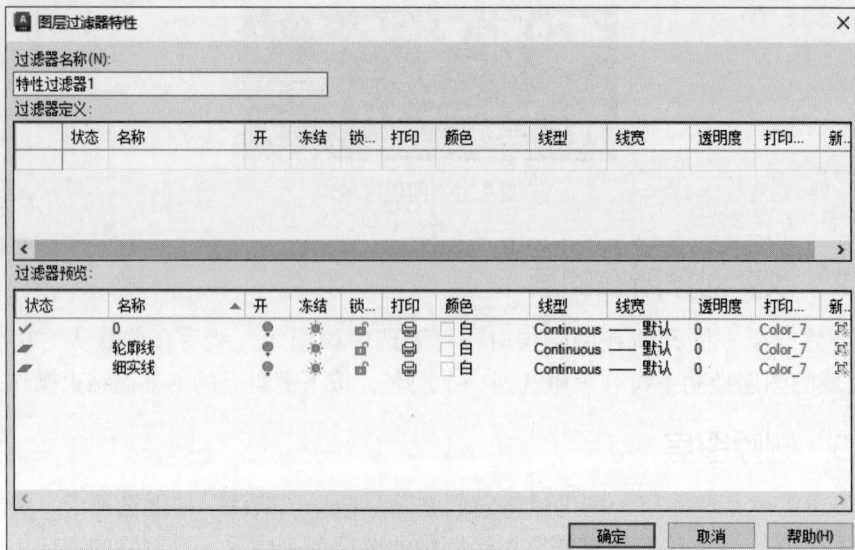

图 7.23　"图层过滤器特性"对话框

　　如果在"图层特性管理器"中选中 ☑反转过滤器(I) 复选框，则只筛选出不符合过滤条件的图层；单击 ⚙ 按钮，系统会弹出如图 7.24 所示的"图层设置"对话框，在此对话框中可以对新图层通知等内容进行设置。

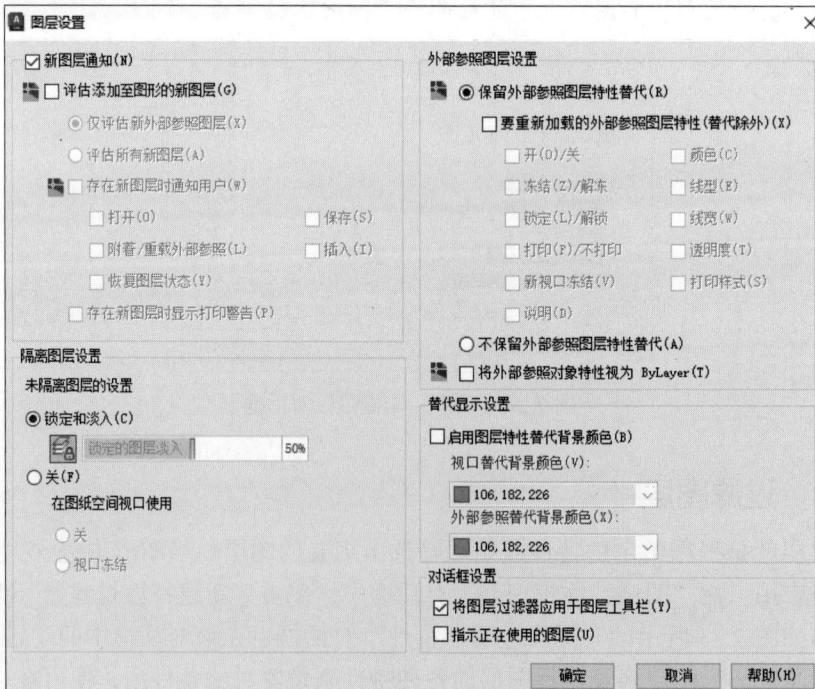

图 7.24　"图层设置"对话框

注意：当在"过滤器定义"列表框中输入图层名称、颜色、线宽、线型及打印样式时，可使用？和＊等通配符，其中＊用来代替任意多个字符，？用来代替任意单个字符。

如果用户不再需要图层的过滤，则可以在"图层特性管理器"→"过滤器"区域选中需要删除的过滤器并且右击，在弹出的快捷菜单中选择 删除 即可。

7.2.5 保存与恢复图层设置

图层设置包括设置图层的状态和特性，如图层是否打开、冻结、锁定、打印，以及设置图层的颜色、线型、线宽和打印样式等。用户可以保存当前各图层的状态，这样当以后改变了图层设置，还可以根据需要选择其中若干项设置恢复到原来的状态。

在"图层特性管理器"对话框中单击"图层状态管理器"（ 📁 ）按钮，系统会弹出如图 7.25 所示的"图层状态管理器"对话框。

"图层状态管理器"对话框中部分选项的说明如下。

（1）图层状态(E) 列表区域：用于显示当前图形中已保存下来的图层状态名称，以及从外部输入进来的图层状态名称。

（2）新建(N)... 按钮：单击 新建(N)... 按钮，系统会弹出如图 7.26 所示的"要保存的新图层状态"对话框，在"新图层状态名"文本框中输入名称，然后单击 确定 按钮即可。

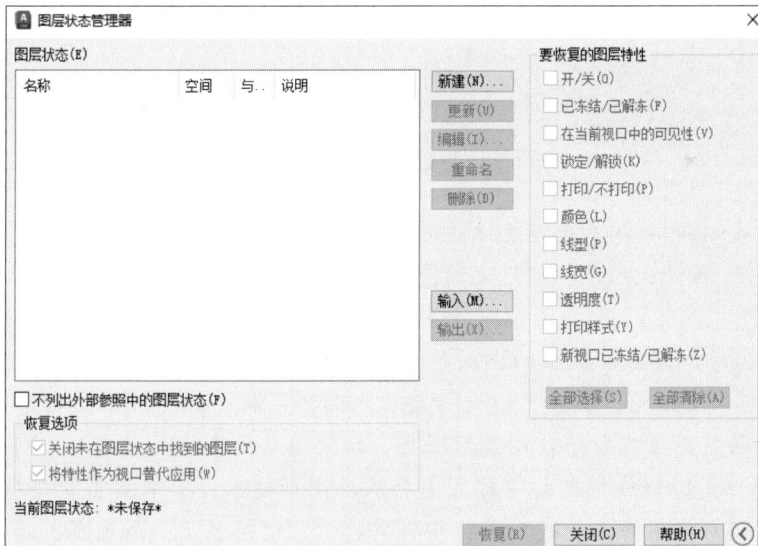

图 7.25 "图层状态管理器"对话框

（3）更新(U) 按钮：用于将图形中的当前图层设置保存到选定的图层状态，从而替换以前保存的设置。

（4）编辑(I)... 按钮：用于显示如图 7.27 所示"编辑图层状态"对话框，从中可以修改选定的图层状态，随后它将自动保存。

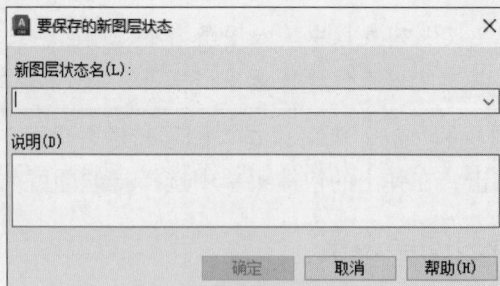

图 7.26 "要保存的新图层状态"对话框

图 7.27 "编辑图层状态"对话框

（5）<u>重命名</u>按钮：用于重命名选定的图层状态。

（6）<u>删除(D)</u>按钮：用于删除选定的图层状态。

（7）<u>输入(M)…</u>按钮：用于显示一个标准文件选择对话框，可以在其中选择DWG、DWS、DWT文件，或先前输出的图层状态（LAS）文件。选择要输入的文件后，将显示"选择图层状态"对话框，从中可以选择要输入的图层状态。输入图层状态时要记住以下事项：输入图层状态可能会导致创建新图层；如果图层状态从图形输入，则当前图形中不可用的图层特性（例如线型或打印样式）将从源图形输入；如果图层状态从LAS文件输入，并且包含图形中不存在的线型或打印样式特性，则将显示一条消息，通知用户无法恢复特性。该消息仅报告所遇到的第1个此种特性。

（8）<u>输出(X)…</u>按钮：用于显示"标准文件选择"对话框，从中可以将选定的图层状态保存到图层状态（LAS）文件中。

（9）<u>要恢复的图层特性</u>区域：用于选择要恢复的图层设置，单击<u>全部选择(S)</u>按钮可以选择所有复选框，单击<u>全部清除(A)</u>按钮可以取消选择的所有复选框。

（10）<u>恢复(R)</u>按钮：单击<u>恢复(R)</u>按钮，可以将选中的图层状态中的指定项设置相应地恢复到当前图形的各图层中。

1. 保存图层设置

如果要保存当前各图层的状态，则可单击"图层状态管理器"对话框中的 新建(N)... 按钮，系统会弹出"要保存的新图层状态"对话框，在 新图层状态名(L): 文本框中输入图层状态的名称（例如格宸），在 说明(D) 文本框中输入相关的图层状态说明文字（例如清华大学出版社专用），然后单击 确定 按钮返回"图层状态"对话框，如图 7.28 所示。

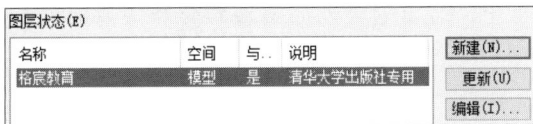

图 7.28　新建图层状态

2. 恢复图层设置

如果图层的设置发生了改变，而我们又希望将它恢复到原来的状态，这时就可以通过"图层特性管理器"对话框恢复以前保存的图层状态。

在"图层特性管理器"对话框中单击"图层状态管理器" 🖫，系统会弹出"图层状态管理器"对话框，选择需要恢复的图层状态名称，然后在 要恢复的图层特性 选项组中选中有关的复选框，单击 恢复(R) 按钮，此时系统即将各图层中指定项的设置恢复到原来状态。

7.2.6　转换图层

转换图层功能是为了实现图形的标准化和规范化而设置的。用户可以转换当前图形中的图层，使之与其他图形的图层结构或 CAD 标准文件相匹配。

选择下拉菜单 工具(T) → CAD 标准(S) → 🗒 图层转换器(L)... 命令，系统会弹出如图 7.29 所示的"图层转换器"对话框。

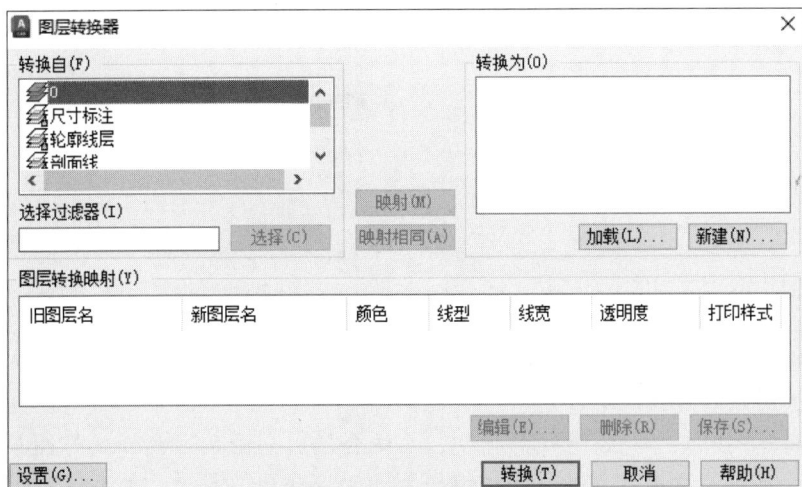

图 7.29　"图层转换器"对话框

如图 7.29 所示"图层转换器"对话框中的主要选项的功能说明如下。

（1）转换自(F)选项组：该选项组列出了当前图形中所有的图层，既可以直接单击要被转换的图层，也可以通过"选择过滤器"来选择。

（2）转换为(O)选项组：该选项组显示了标准的图层名或要转换成的图层名称。单击 加载(L)... 按钮，在系统弹出的"选择图形文件"对话框中，可以选择作为图层标准的图形文件，其图层结构会显示在转换为(O)列表框中；单击 新建(N)... 按钮，在系统弹出的如图 7.30 所示的"新图层"对话框中，可以创建新的图层作为转换匹配图层，新建的图层也会显示在转换为(O)列表框中。

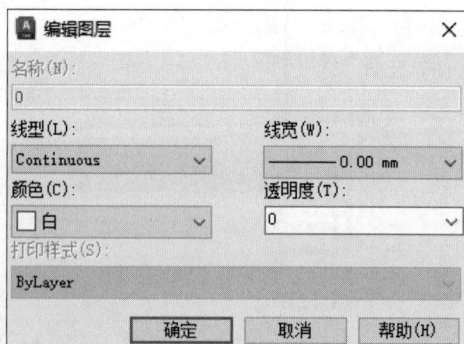

（3） 映射(M) 按钮：单击 映射(M) 按钮，可以将在转换自(F)列表框中选中的图层映射到转换为(O)列表框中选中的图层，当图层被映射后，它将从转换自(F)列表框中被删除。

注意：只有在转换自(F)选项组和转换为(O)选项组中都选择了对应的转换图层后，映射(M) 按钮才可以使用。

（4）映射相同(A)按钮：用于对转换自(F)列表框和转换为(O)列表框中名称相同的图层进行转换映射。与 映射(M) 相比，映射相同(A)可以提高转换效率。

（5）图层转换映射(Y)选项组：在该选项组的列表框中，显示了已经映射的图层名称及相关的特性值。选中其中一个图层并单击 编辑(E)... 按钮，在系统弹出的如图 7.31 所示的"编辑图层"对话框中，可以进一步修改转换后的图层特性；单击 删除(R) 按钮，可以取消该图层的转换，该图层将重新显示在转换自(F)选项组中；单击 保存(S)... 按钮，在系统弹出的"保存图层映射"对话框中可以将图层转换关系保存到一个标准配置文件（*.dws）中。

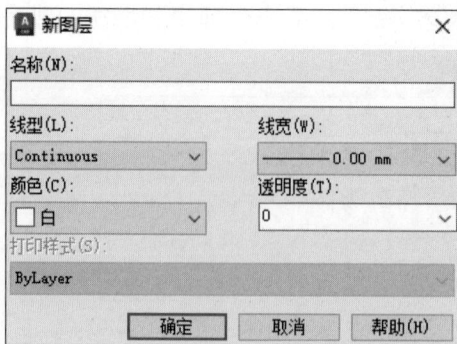

图 7.30 "新图层"对话框　　　　图 7.31 "编辑图层"对话框

（6）设置(G)...按钮：单击 设置(G)... 按钮，在系统弹出的如图 7.32 所示的"设置"对话框中，可以设置图层的转换规则。

（7）转换(T)按钮：单击 转换(T) 按钮，系统会弹出如图 7.33 所示的"图层转换器 - 未保存更改"对话框，建议单击该对话框中的转换并保存映射信息(T)按钮。单击该按钮后，系统开始图层的转换，转换完成后，系统会自动关闭"图层转换器"对话框。

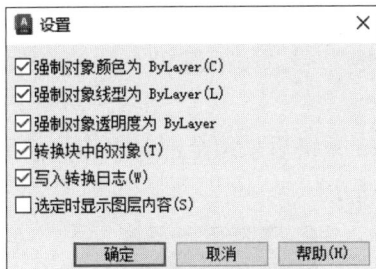

图 7.32 "设置"对话框

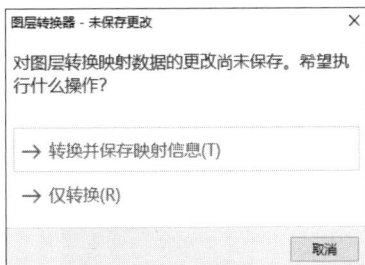

图 7.33 "图层转换器 - 未保存更改"对话框

7.3 使用图层

7min

下面以绘制如图 7.34 所示的图形为例来介绍使用图层的一般操作过程。

步骤 1：打开练习文件 D：\AutoCAD2024\work\ch07.03\ 使用图层 -ex。

步骤 2：绘制水平竖直中心线。将图层切换到"中心线"层，选择直线命令，绘制长度为 120 的水平与竖直直线，如图 7.35 所示。

步骤 3：绘制椭圆。将图层切换到"轮廓线"层，选择圆心椭圆命令，绘制长半轴为 48 且短半轴为 40 的椭圆，如图 7.36 所示。

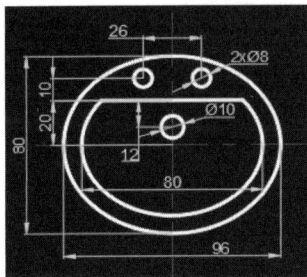

图 7.34 使用图层

图 7.35 水平竖直中心线

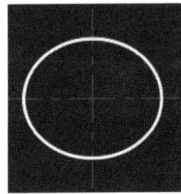

图 7.36 椭圆

步骤 4：偏移椭圆。选择偏移命令，将步骤 3 绘制的椭圆向内偏移 8mm，效果如图 7.37 所示。

步骤 5：偏移水平构造线。选择偏移命令，将步骤 1 绘制的水平构造线向上偏移 20mm，效果如图 7.38 所示。

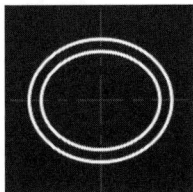

图 7.37 偏移椭圆

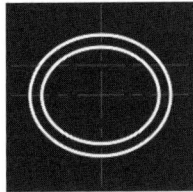

图 7.38 偏移水平构造线

步骤 6：修改对象所在的层。选中步骤 5 偏移得到的构造线，在"默认"功能选项卡"图层"区域的图层控制下拉列表中选择"轮廓线"层，按下键盘上的 Esc 键结束操作，效果如图 7.39 所示。

步骤 7：修剪多余对象。选择修剪命令，按 Enter 键后采用全部对象作为修剪边界，然后在需要修剪的对象上单击即可，效果如图 7.40 所示。

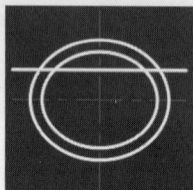

图 7.39　修改对象所在图层　　　　图 7.40　修剪多余对象

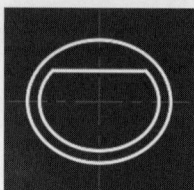

步骤 8：偏移水平构造线。选择偏移命令，将步骤 1 绘制的水平构造线分别向上偏移 8mm 与 30mm，效果如图 7.41 所示。

步骤 9：偏移竖直构造线。选择偏移命令，将步骤 1 绘制的竖直构造线向左向右偏移 13mm，效果如图 7.42 所示。

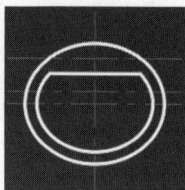

图 7.41　偏移水平构造线　　　　图 7.42　偏移竖直构造线

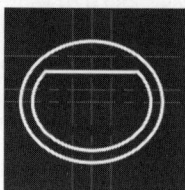

步骤 10：绘制圆。选择圆心直径命令，在如图 7.43 所示的圆心位置绘制直径为 8 的圆，如图 7.43 所示。

步骤 11：绘制圆。选择圆心直径命令，在如图 7.44 所示的圆心位置绘制直径为 10 的圆，如图 7.44 所示。

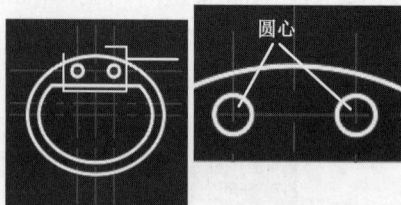

图 7.43　绘制直径为 8 的圆　　　　图 7.44　绘制直径为 10 的圆

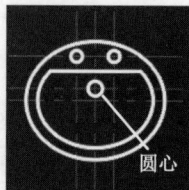

步骤 12：删除多余构造线。选择删除命令，然后选择需要删除的构造线，效果如图 7.45 所示。

步骤 13：标注线性尺寸。将图层切换到"尺寸标注"层，选择线性标注命令，标注如图 7.46 所示的尺寸。

步骤 14：标注直径尺寸。选择直径标注命令，标注如图 7.47 所示的尺寸。

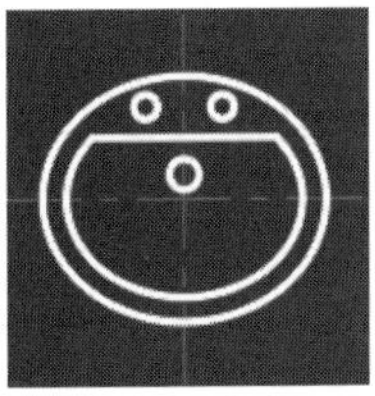

图 7.45　删除多余构造线 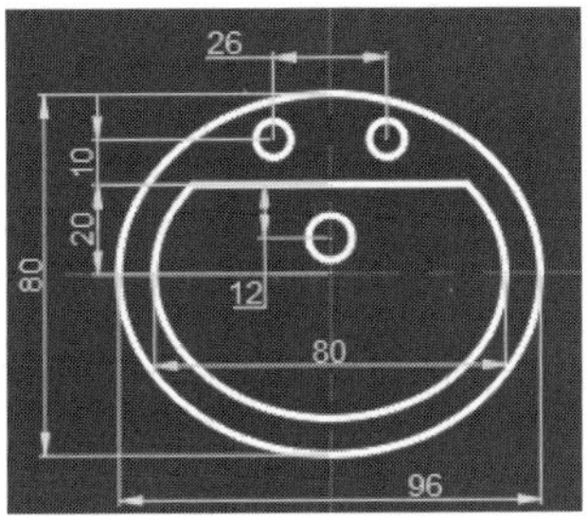　　　　图 7.46　标注线性尺寸 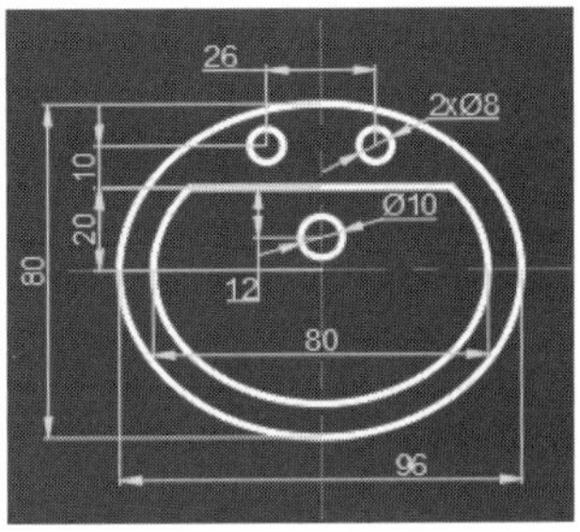　　　　图 7.47　标注直径尺寸

7.4　上机实操

上机实操 1 如图 7.48 所示，上机实操 2 如图 7.49 所示。

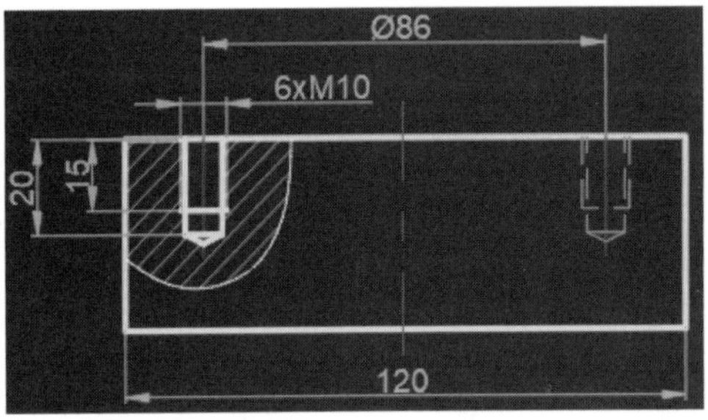

图 7.48　上机实操 1 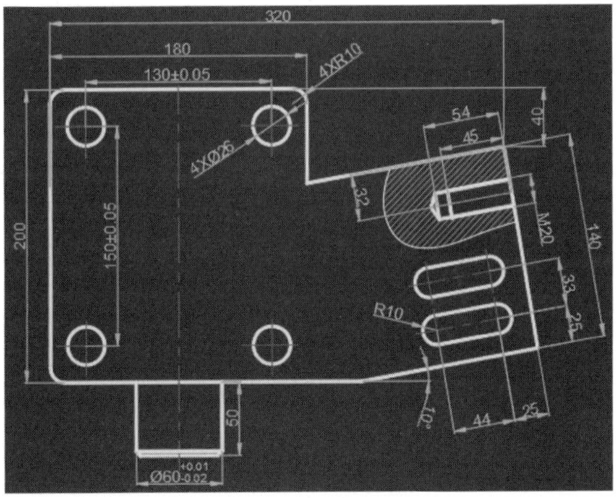　　　　　　　　　图 7.49　上机实操 2

第 8 章

图　块

8.1　基本概述

块一般是由几个图形对象组合而成的，AutoCAD 将块对象视为一个单独的对象。块对象可以由直线、圆弧、圆等对象及定义的属性组成。系统会将块定义自动保存到图形文件中，另外用户也可以将块保存到硬盘上。

AutoCAD 中的图块主要具有以下特点。

（1）可快速生成图形，提高工作效率：把一些常用的重复出现的图形做成块保存起来，使用它们时就可以多次插入当前图形中，从而避免了大量的重复性工作，提高了绘图效率，例如，在机械设计中，可以将表面粗糙度和基准符号做成块。

（2）可减少图形文件大小、节省存储空间：当插入块时，事实上只是插入了原块定义的引用，AutoCAD 仅需要记住这个块对象的有关信息（如块名、插入点坐标及插入比例等），而不是块对象本身。通过这种方法，可以明显减小整个图形文件的大小，这样既满足了绘图要求，又能节省磁盘空间。

（3）便于修改图形，既快速又准确：在一张工程图中，只要对块进行重新定义，图中所有对该块引用的地方均进行相应的修改，不会出现任何遗漏。

（4）可以添加属性，为数据分析提供原始的数据：在很多情况下，文字信息（如零件的编号和价格等）要作为块的一个组成部分引入图形文件中，AutoCAD 允许用户为块创建这些文字属性，并可在插入的块中指定是否显示这些属性，还可以从图形中提取这些信息并将它们传送到数据库中，为数据分析提供原始的数据。

8.2　创建图块

下面以创建如图 8.1 所示的图块为例，介绍创建图块的一般操作过程。

步骤 1：绘制图块图形。

（1）选择多边形命令，绘制内接于圆且半径为 50 的五边形，如图 8.2 所示。

（2）选择直线命令，连接五边形的点得到如图 8.3 所示的图形。

图 8.1　图块

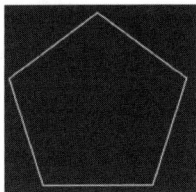

图 8.2　五边形

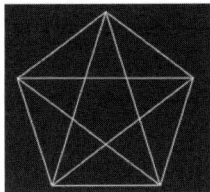

图 8.3　直线

（3）通过单点命令在五边形中心创建单点（此点作为创建图块时的基点来使用）。

（4）通过删除命令删除步骤（1）创建的五边形，删除后如图 8.4 所示。

（5）通过修剪命令修剪掉多余的直线对象，修剪后如图 8.5 所示。

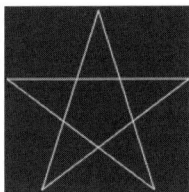

图 8.4　删除

图 8.5　修剪

步骤 2：选择命令。选择"默认"功能选项卡"块"区域中的"创建" 命令，如图 8.6 所示，系统会弹出如图 8.7 所示的"块定义"对话框。

图 8.6　选择命令

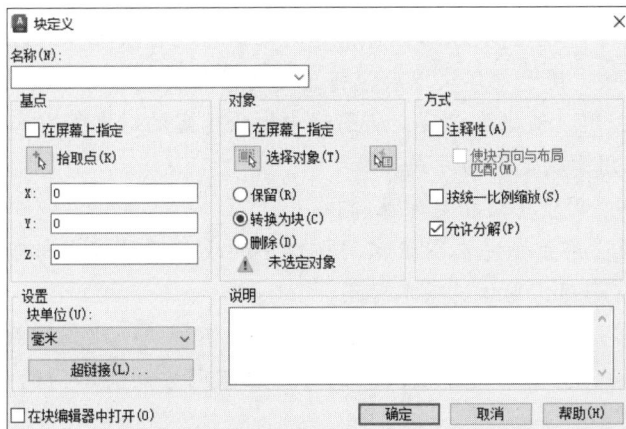

图 8.7　"块定义"对话框

说明：调用图块命令还有两种方法。

方法一：选择下拉菜单 [绘图(D)] → [块(K)] → [创建(M)...] 命令。

方法二：在命令行中输入 BLOCK 命令，并按 Enter 键。

步骤 3：定义图块名称。在"块定义"对话框的 [名称(N):] 文本框中输入图块的名称（例如"五角星"）。

注意：输入名称后不要按 Enter 键。

步骤 4：定义图块基点。在"块定义"对话框的 [基点] 区域选择 [拾取点(K)] 命令，选取步骤 1 中（3）创建的单点作为基点。

步骤 5：定义图块对象。在"块定义"对话框的 [对象] 区域选中 ⊙[转换为块(C)] 单选项，然后单击 [选择对象(T)] 按钮，选取步骤 1 创建的五角星作为图块对象。

步骤 6：定义图块方式。在"块定义"对话框的 [方式] 区域选中 ☑[允许分解(P)] 单选项。

步骤 7：单击"块定义"对话框的 [确定] 按钮，完成图块的创建。

"块定义"对话框中部分选项的说明如下。

（1）[名称(N):] 文本框：用于指定块的名称。名称最多可以包含 255 个字符，包括字母、数字、空格，以及操作系统或程序未作他用的任何特殊字符。

（2）[基点] 区域：用于定义图块的基点。

☐[在屏幕上指定] 单选项：表示关闭对话框时，将提示用户指定基点。

[拾取点(K)] 按钮：表示暂时关闭对话框以使用户能在当前图形中拾取插入基点。

x、y 与 z 文本框：用于直接输入基点的 x、y 与 z 的坐标值。

（3）[对象] 区域：用于指定新块中要包含的对象，以及创建块之后如何处理这些对象，是保留还是删除选定的对象或者将它们转换成块实例。

☐[在屏幕上指定] 单选项：表示关闭对话框时，将提示用户指定对象。

[选择对象(T)] 按钮：表示暂时关闭"块定义"对话框，允许用户选择块对象。选择完对象后，按 Enter 键可返回该对话框。

⊙[保留(R)] 单选项：用于创建块以后，将选定对象保留在图形中作为区别对象。

⊙[转换为块(C)] 单选项：用于创建块以后，将选定对象转换成图形中的块实例。

⊙[删除(D)] 单选项：用于创建块以后，从图形中删除选定的对象。

（4）[方式] 区域：用于指定块的方式。

☑[注释性(A)] 单选项：用于将块指定为注释性。

☑[使方向与布局匹配(M)] 单选项：用于指定在图纸空间视口中的块参照的方向与布局的方向匹配。如果未选择"注释性"选项，则该选项不可用。

☑[按统一比例缩放(S)] 单选项：用于指定是否阻止块参照不按统一比例缩放，选中后图块将必须按照统一比例缩放，如果不选中图块，则可以在不同方向有不同的缩放比例，如图 8.8 所示。

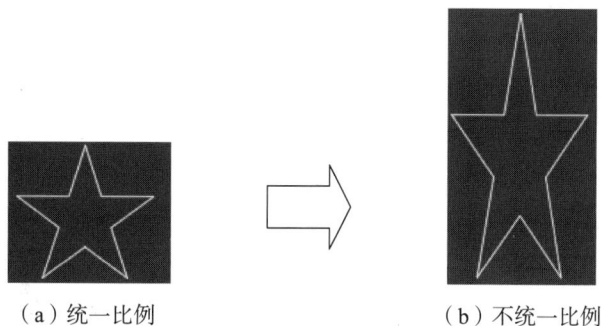

（a）统一比例　　　　　　　　（b）不统一比例

图 8.8　统一比例

☑允许分解(P)单选项：用于指定块参照是否可以被分解，如果不选中，则图块将不允许被分解，如果选中，则图块允许分解。

（5）设置区域：用于指定块的设置。

块单位(U)下拉列表：用于指定块参照插入的单位。

超链接(L)...按钮：用于打开如图 8.9 所示的"插入超链接"对话框，可以使用该对话框将某个超链接与块定义相关联。

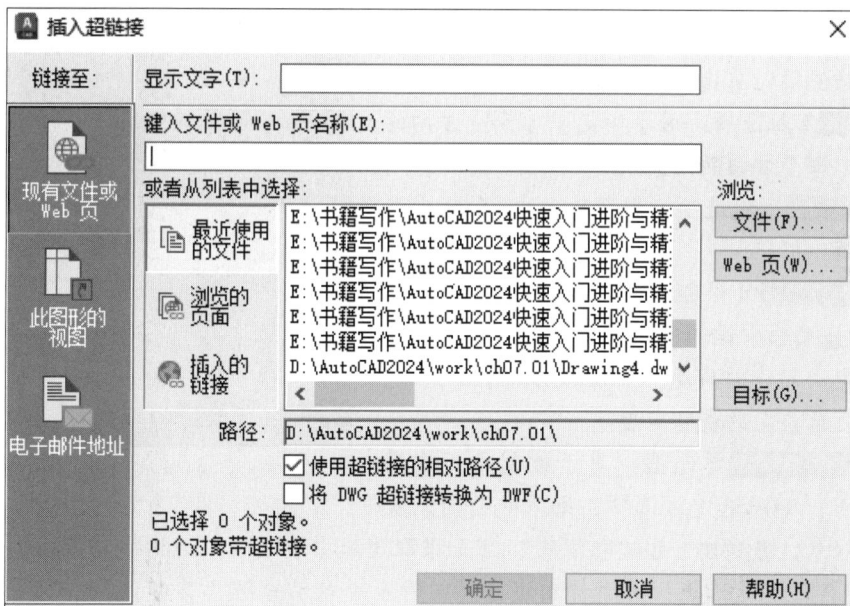

图 8.9　"插入超链接"对话框

（6）说明区域：用于指定块的文字说明。

（7）☐在块编辑器中打开(0)复选框：用于单击"确定"按钮后，在块编辑器中打开当前的块定义。

8.3 插入图块

在创建好图块后，可以将图块插入图形中进行使用。下面介绍插入图块的一般操作步骤。

步骤 1：打开练习文件 D：\AutoCAD2024\work\ch08.03\ 插入图块 -ex。

步骤 2：选择命令。在命令行输入 INSERT 命令后按 Enter 键，系统会弹出如图 8.10 所示的"插入图块"对话框。

步骤 3：选择图块。在"插入图块"对话框选择"五角星"。

步骤 4：定义选项。在 选项 选中 ☑️ 🔛 插入点 复选框，在"比例"下拉列表中选择 统一比例 选项，在其后的文本框中输入统一比例1，在 🔄 旋转 文本框中输入角度 0，取消选中 🔁 重复放置 与 🔂 分解 复选框。

步骤 5：在系统 🔳▾ -INSERT 指定插入点或 [基点(B) 比例(S) 旋转(R)]：的提示下，在图形区的合适位置单击即可。

"插入图块"对话框中部分选项的说明如下。

（1）☑️ 🔛 插入点 复选框：用于指定块的插入点。如果选中该选项，则插入块时使用定点设备或手动输入坐标，即可指定插入点。如果取消选中该选项，则将使用之前指定的坐标。

（2）比例 下拉选项：用于指定 x、y 和 z 方向的比例因子，每个方向的比例值都可以不同。

（3）统一比例 下拉选项：用于为 x、y 和 z 坐标指定单一的比例值。

（4）🔄 旋转 复选框：用于控制插入块的旋转角度。如果选中该选项，则使用定点设备或输入角度指定块的旋转角度。如果取消选中该选项，则将使用之前指定的旋转角度。

（5）🔁 重复放置 复选框：用于控制是否自动重复块插入。如果选中该选项，则系统将自动提

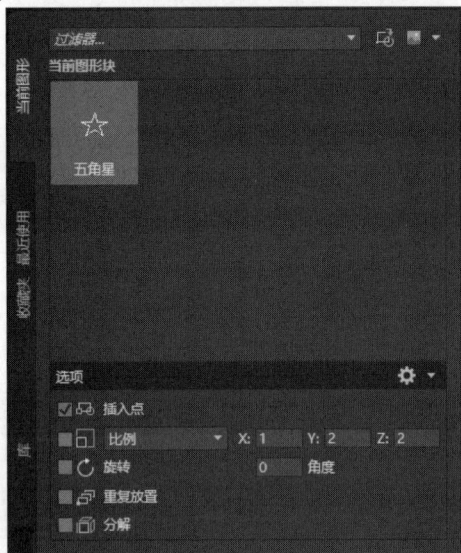

图 8.10 "插入图块"对话框

示其他插入点，直到按 Esc 键取消命令。如果取消选中该选项，则将插入指定的块一次。

（6）🔂 分解 复选框：用于控制块在插入时是否自动分解为其部件对象。作为块将在插入时遭分解的指示，将自动阻止光标处块的预览。

8.4 保存图块（写块）

当用 BLOCK 命令创建块时，块仅可以用于当前的图形中，但是在很多情况下，需

要在其他图形中使用这些块的实例，使用WBLOCK（写块）命令就可以将图形中的全部或部分对象以文件的形式写入磁盘，并且可以像在图形内部定义的块一样，将一个图形文件插入其他图形中。

下面介绍保存图块的一般操作步骤。

步骤1：打开练习文件 D：\AutoCAD2024\work\ch08.04\ 保存块 -ex。

步骤2：选择命令。在命令行输入 WBLOCK 命令后按 Enter 键，系统会弹出如图 8.11 所示的"写块"对话框。

步骤3：定义块的来源。在"写块"对话框 源 区域选择◉块(B) 单选项，然后在右侧的下拉列表中选择"五角星"图块。

图 8.11 "写块"对话框

步骤4：定义块的保存位置。在"写块"对话框 目标 区域的 文件名和路径(F) 文本框中输入块文件的保存路径和名称。

说明： 用户也可以通过单击 文件名和路径(F) 中的 ... 按钮，在系统弹出的"浏览图形位置"对话框中选择合适的位置，输入合适的名称即可。

步骤5：定义块的插入单位。在"写块"对话框 插入单位(U) 下拉列表中选择"毫米"作为单位。

步骤6：单击"写块"对话框中的 确定 按钮，完成图块的保存操作。

"写块"对话框中部分选项的说明如下。

（1）◉块(B) 单选项：用于选取当前文件中使用 BLOCK 命令创建的块作为写入块的来源。所有用 BLOCK 命令创建的块都会列在其后的下拉列表中并指定块的插入点。

（2）◉整个图形(E) 单选项：用于选取当前的全部图形作为写入块的来源。选择此选项后，系统会自动选取全部图形。

（3）◉对象(O) 单选项：用于选取当前的图形中的某些对象作为写入块的来源。选择此选项后，可根据需要使用 基点 选项组和 对象 选项组来设置块的插入基点和组成块的对象。

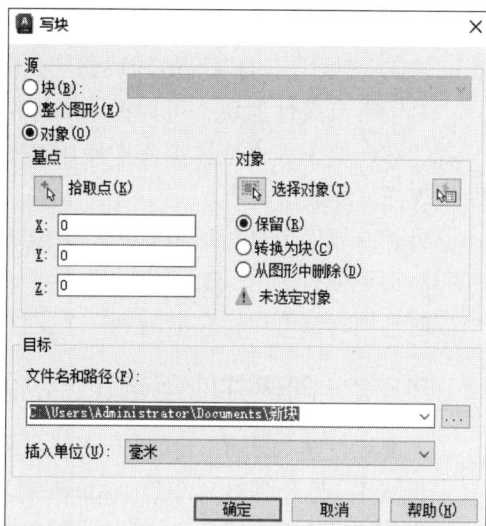

8.5 带属性的图块

8.5.1 图块属性的特点

属性是一种特殊的对象类型，它由文字和数据组成。用户可以用属性来跟踪零件材料和价格等数据。属性可以作为块的一部分保存在块中，块属性由属性标记名和属性值两部分组成，属性值既可以是变化的，也可以是不变的。在插入一个带有属性的块时，AutoCAD 将把固定的属性值随块添加到图形中，并提示输入那些可变的属性值。

对于带有属性的块，可以提取属性信息，并将这些信息保存到一个单独的文件中，这样就能够在电子表格或数据库中使用这些信息进行数据分析，并可利用它来快速生成零件明细表或材料表等内容。

另外，属性值还可以设置成可见或不可见。不可见属性就是不显示和不打印输出的属性，而可见属性就是可以看到的属性。不管使用哪种方式，属性值都一直保存在图形中，当提取它们时都可以把它们写到一个文件中。

8.5.2　创建并使用带属性的图块

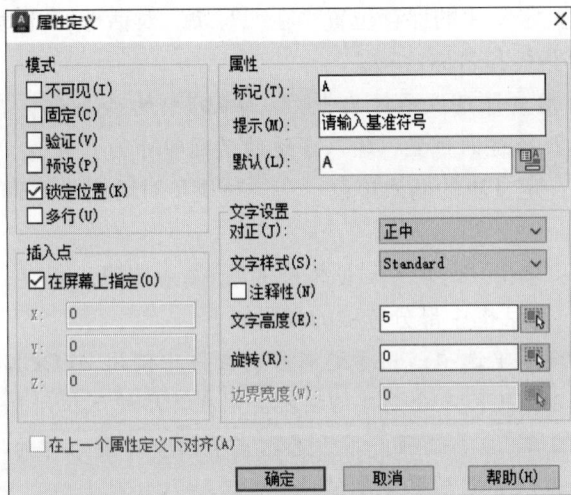

下面以创建如图 8.12 所示的图块介绍创建带属性的图块的一般操作步骤。

步骤 1：打开练习文件 D：\AutoCAD2024\work\ch08.05\ 带属性的图块 -ex。

步骤 2：选择命令。选择下拉菜单 绘图(D) → 块(K) → 定义属性(D)... 命令，系统会弹出如图 8.13 所示的"属性定义"对话框。

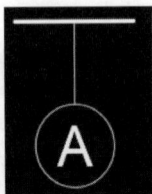

图 8.12　带属性的图块　　　　图 8.13　"属性定义"对话框

步骤 3：定义属性参数。在"属性定义"对话框 属性 区域的 标记(T) 文本框中输入 A，在 提示(M) 文本框中输入"请输入基准符号"，在 默认(L) 文本框中输入 A。

步骤 4：定义属性文字参数。在"属性定义"对话框 文字设置 区域的 对正(J) 下拉列表中选择"正中"，在 文字高度(E) 文本框中输入 5。

步骤 5：放置属性文字。单击"属性定义"对话框中的 确定 按钮，在图形区的任意位置单击便可放置属性文字，然后选中文字，通过移动命令，以属性文字的正中夹点为基点，将其移动到圆心处，效果如图 8.12 所示。

"属性定义"对话框中部分选项的说明如下。

（1）模式区域：用于在插入图块时，设定与块关联的属性值选项。

□不可见(I)复选框：用于指定插入块时不显示或打印属性值。

□固定(C)复选框：用于在插入块时指定属性的固定属性值。

□验证(V)复选框：用于插入块时提示验证属性值是否正确。

□预设(P)复选框：用于在插入块时，将属性设置为其默认值而无须显示提示。仅在提示将属性值设置为在"命令"提示下显示（将ATTDIA设置为0）时，应用"预设"选项。

☑锁定位置(K)复选框：用于锁定块参照中属性的位置。解锁后，属性可以相对于使用夹点编辑的块的其他部分移动，并且可以调整多行文字属性的大小。

□多行(U)复选框：用于指定属性值可以包含多行文字，并且允许用户指定属性的边界宽度。

（2）插入点区域：用于定义图块的插入点。

☑在屏幕上指定(O)复选框：表示关闭对话框时，将提示用户指定插入点。

x、y与z文本框：用于直接输入属性插入点的x、y与z的坐标值。

（3）属性区域：用于指定属性数据。

标记(T)文本框：用于指定用来标识属性的名称。使用任何字符组合（空格除外）输入属性标记。小写字母会被自动转换为大写字母。

提示(M)文本框：用于指定在插入包含该属性定义的块时显示的提示，如果不输入提示，则属性标记将用作提示。如果在"模式"区域选择"固定"模式，则"提示"选项将不可用。

默认(L)文本框：用于指定默认属性值。

📇（插入字段）按钮：用于显示如图8.14所示的"字段"对话框，可以在其中插入一个字段作为属性的全部或部分的值。

（4）文字设置区域：用于设定属性文字的对正、样式、高度和旋转参数。

对正(J)下拉列表：用于设置文字的对正方式。

文字样式(S)下拉列表：用于指定属性文字的预定义样式。

□注释性(N)复选框：用于将属性指定为注释性。如果块是注释性的，则属性将与块的方向相匹配。

文字高度(E)文本框：用于指定属性文字的高度。输入值，或选择"高度"并用定点设备指定高度。此高度为从原点到指定的位置的测量值。如果选择有固定高度（任何非0值）的文字样式，或者在"对正"列表中选择了"对齐"，则"高度"选项不可用。

旋转(R)文本框：用于指定属性文字的旋转角度。输入值，或选择"旋转"并用定点设备指定旋转角度。此旋转角度为从原点到指定的位置的测量值。如果在"对正"列表中选择了"对齐"或"调整"，则"旋转"选项不可用。

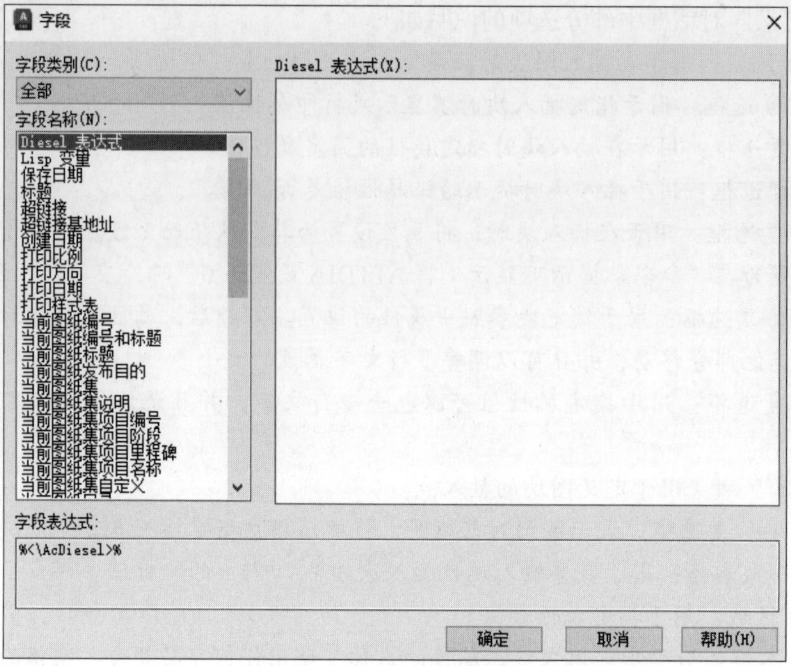

图 8.14 "字段"对话框

边界宽度(W)文本框：换行至下一行前，指定多行文字属性中一行文字的最大长度。值 0 表示对文字行的长度没有限制。此选项只有选中□多行(U) 时才可用。

（5）□在上一个属性定义下对齐(A)复选框：用于将属性标记直接置于之前定义的属性的下面，如果之前没有创建属性定义，则此选项不可用。

步骤 6：创建图块。

（1）选择命令。选择"默认"功能选项卡"块"区域中的"创建"创建命令，系统会弹出"块定义"对话框。

（2）定义图块名称。在"块定义"对话框的名称(N):文本框中输入图块的名称（例如"基准符号"）。

（3）定义图块基点。在"块定义"对话框的基点 区域选择拾取点(K)命令，选取如图 8.15 所示的点作为基点。

（4）定义图块对象。在"块定义"对话框的对象 区域选中⊙转换为块(C) 单选项，然后单击选择对象(T)按钮，选取如图 8.15 所示的整个对象作为图块对象。

（5）定义图块方式。在"块定义"对话框的方式 区域选中☑允许分解(P) 单选项。

（6）单击"块定义"对话框的 确定 按钮，完成图块的创建。

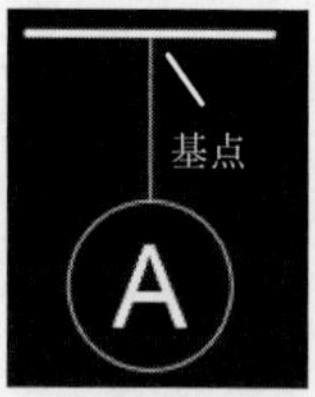

图 8.15 图块基点与对象

8.5.3　编辑块属性

步骤 1：选择命令。选择下拉菜单 修改(M) → 对象(O) → 属性(A) → ↑↓ 单个(S)... 命令。

步骤 2：选择对象。在系统 ▼ EATTEDIT 选择块：的提示下选择要编辑属性的块，系统会弹出如图 8.16 所示的"增强属性编辑器"对话框。

说明：当直接双击带属性的图块时，也可以弹出"增强属性编辑器"对话框。

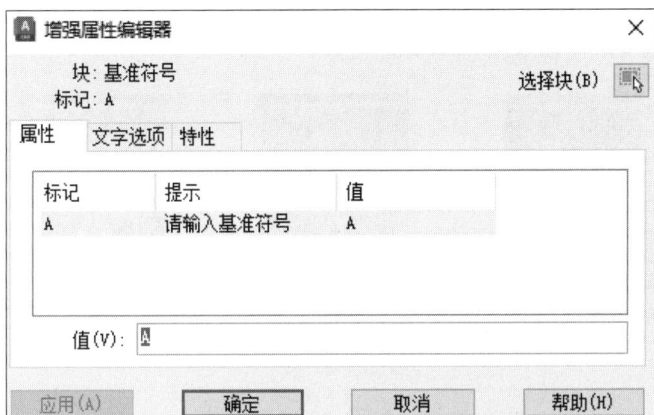

图 8.16　"增强属性编辑器"对话框

步骤 3：编辑块属性。在"增强属性编辑器"对话框中可以编辑块属性。

步骤 4：编辑完成后，单击 确定 按钮完成编辑。

"增强属性编辑器"对话框中部分选项的说明如下。

（1）属性 选项卡：用于定义修改图块属性值。

（2）文字选项 选项卡：用于设置属性文字的显示特性。

文字样式(S)：下拉列表：用于设置属性文字的文字样式。

对正(J)：下拉列表：用于设置属性文字的对正方式。

□反向(K) 复选框：用于设置是否反向显示文字，如图 8.17 所示。

□倒置(D) 复选框：用于设置是否倒置显示文字，如图 8.18 所示。

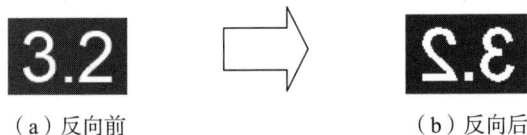

（a）反向前　　　　　　　　（b）反向后

图 8.17　反向

高度(E)：文本框：用于设置属性文字的高度。

宽度因子(W)：文本框：用于设置属性文字的字符间距，如果输入小于 1.0 的值，则将压缩文字，如果输入大于 1.0 的值，则将扩大文字，如图 8.19 所示。

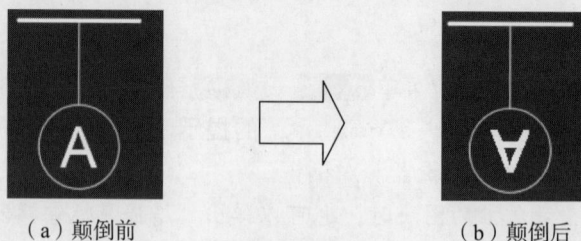

（a）颠倒前　　　　　　　　　　　　　　　　（b）颠倒后

图 8.18　颠倒

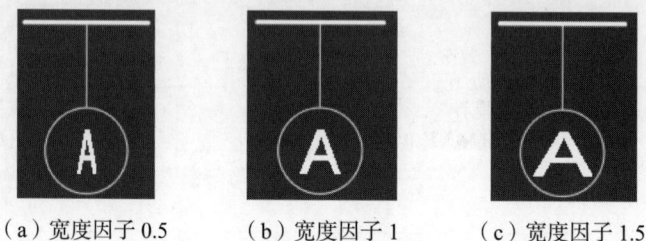

（a）宽度因子 0.5　　　　（b）宽度因子 1　　　　（c）宽度因子 1.5

图 8.19　宽度因子

旋转(R)文本框：用于设置属性文字的旋转角度，如图 8.20 所示。

倾斜角度(O):文本框：用于设置属性文字相对其垂直轴线的倾斜角度（角度必须小于 90°），如图 8.21 所示。

（a）旋转 0°　　　　　　（b）旋转 30°　　　　　（c）旋转 120°

图 8.20　旋转

（a）倾斜 0°　　　　　　（b）倾斜 20°　　　　　（c）倾斜 60°

图 8.21　倾斜角度

（3）特性 选项卡：用于设置属性所在的图层及属性的颜色、线宽和线型。

图层(L)下拉列表：用于选择属性所在的图层。

线型(T):下拉列表：用于选择属性文字的线型。

颜色(C):下拉列表：用于选择属性文字的颜色。

线宽(W):下拉列表：用于选择属性文字的线宽。

打印样式(S):下拉列表：用于选择属性的打印样式。

8.6 上机实操

上机实操 1 如图 8.22 所示。

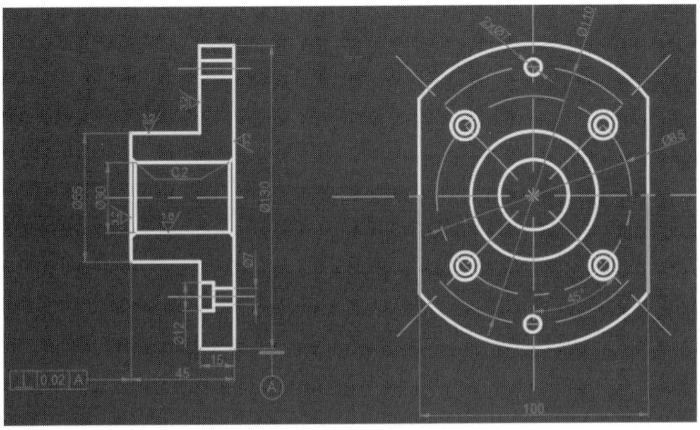

图 8.22 上机实操 1

上机实操 2 如图 8.23 所示。

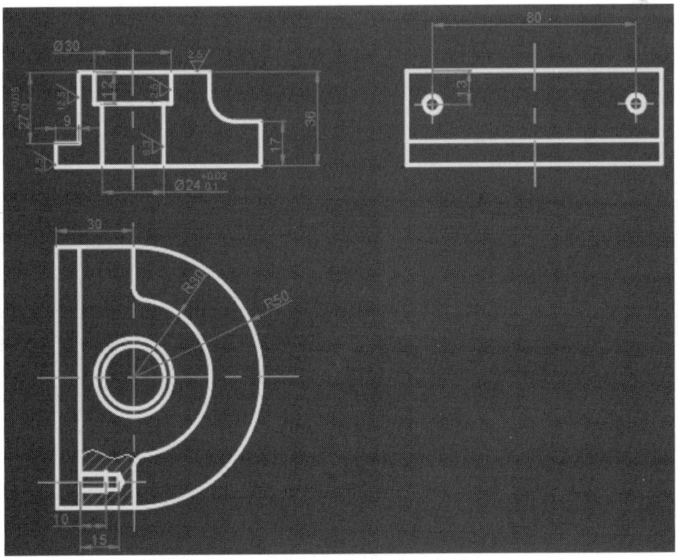

图 8.23 上机实操 2

第 9 章 | 装配图设计

第 9 章　装配图设计

9.1　组装法

使用组装法绘制装配图时，一般需要以下几个步骤：

（1）绘制各零件图。

（2）处理零件视图（统一比例、调整视图角度）。

（3）拼装视图（以某个主体零件为基础，按照零件装配关系，找准配合点，逐个组装）。

（4）修正装配关系（删除修剪被遮挡的图线、表达清楚装配关系）。

（5）编辑中心线、剖面线等（去除重合中心线、延长中心线、相邻零件剖面线处理）。

（6）标注尺寸（规格尺寸、配合尺寸、相对位置尺寸、总体尺寸、安装尺寸等）。

（7）标注序号、填写明细表、技术要求、标题栏等。

接下来就以绘制如图 9.1 所示的千斤顶装配图形为例，向大家介绍使用装配法绘制图形时每步中具体的工作。

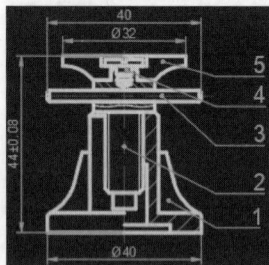

5	顶盖	1	45#	
4	螺钉	1	30#	采购
3	旋转杆	1	45#	
2	起重螺钉	1	45#	
1	底座	1	HT200	
序号	名称	数量	材料	备注

图 9.1　千斤顶装配图

9.1.1　绘制各零件图

1. 绘制底座零件图

步骤 1：打开练习文件 D：\AutoCAD2024\work\ch09.01\ 千斤顶 -ex。

步骤2：绘制中心线。将图层切换到"中心线"层，绘制长度为35mm的竖直中心线，如图9.2所示。

步骤3：绘制轮廓线。将图层切换到"轮廓线"层，绘制长度为20mm、5mm与20mm的直线，如图9.3所示。

步骤4：偏移对象。选择 ⊆ 命令，将竖直中心线向左偏移9mm，将最下方的水平直线向上偏移30mm，效果如图9.4所示。

图9.2　中心线　　　　　图9.3　绘制轮廓线　　　　　图9.4　偏移对象

步骤5：修剪对象。选择 ✂ 修剪 命令，修剪掉图形中不需要的对象，效果如图9.5所示。

步骤6：修改对象特性。选中步骤4创建的竖直中心线，将图层切换到"轮廓线"层，效果如图9.6所示。

步骤7：偏移对象。选择 ⊆ 命令，将如图9.7所示的直线1向上偏移20mm，将如图9.7所示的直线2向左偏移2mm，将如图9.7所示的直线3向右偏移5mm，效果如图9.7所示。

图9.5　修剪对象　　　　　图9.6　修改对象特征　　　　　图9.7　偏移对象

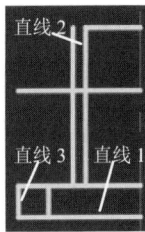

步骤8：绘制轮廓线。选择直线命令结合对象捕捉功能绘制如图9.8所示的直线，然后删除步骤7创建的参照直线即可，效果如图9.9所示。

步骤9：绘制圆角。选择 ⌒ 圆角 命令，绘制如图9.10所示的半径为1的圆角。

步骤10：绘制圆角。选择 ⌒ 圆角 命令，绘制与如图9.11所示的直线1、步骤9绘制的圆角相切并且半径为12的圆，效果如图9.11所示

步骤11：绘制倒角。选择 ⌒ 倒角 命令，绘制如图9.12所示的C1倒角。

步骤12：绘轮廓线。选择直线命令，绘制如图9.13所示的直线。

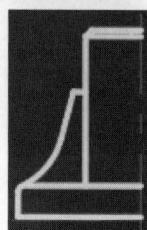

图 9.8　绘制轮廓线　　　　图 9.9　删除多余的对象　　　　图 9.10　圆角

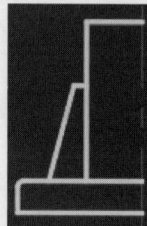

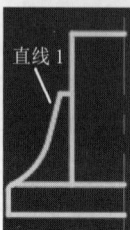

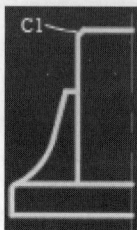

图 9.11　绘制圆角　　　　图 9.12　绘制倒角　　　　图 9.13　绘制轮廓线

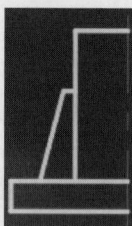

步骤 13：镜像对象。选择 ⚠ 镜像命令，将中心线左侧的所有对象镜像到右侧，效果如图 9.14 所示。

步骤 14：偏移对象。选择 ⊂ 命令，将竖直中心线向右偏移 4mm、5mm、6mm 与 12mm，将最下方的直线向上偏移 2mm、17mm，效果如图 9.15 所示。

步骤 15：修剪对象。选择 ✂ 修剪命令，修剪掉图形中不需要的对象，效果如图 9.16 所示。

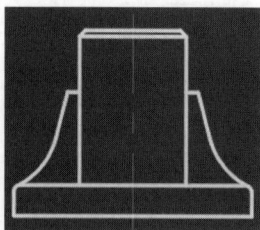

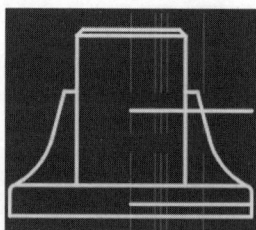

图 9.14　镜像对象　　　　图 9.15　偏移对象　　　　图 9.16　修剪对象

步骤 16：修改对象特性。选中步骤 14 创建的向右偏移 4mm、6mm 与 12mm 的直线，将图层切换到"轮廓线"层，选中步骤 14 创建的向右偏移 5mm 的直线，将图层切换到"细实线"层，效果如图 9.17 所示。

步骤 17：延伸对象。选择 ⟶| 延伸命令，延伸如图 9.18（a）所示的直线，延伸效果如图 9.18（b）所示（两侧都需要延伸）。

步骤 18：修剪对象。选择 ✂ 修剪命令，修剪掉图形中不需要的对象，效果如图 9.19 所示。

步骤19：创建剖面线。将图层切换到"剖面线"层，选择▣命令，选择ANSI31图案，在需要填充的区域填充即可，效果如图9.20所示。

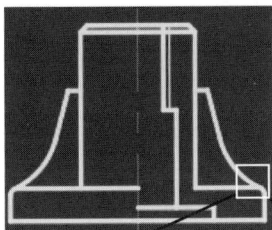

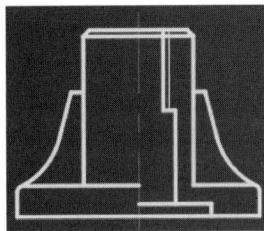

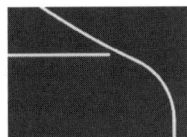

（a）延伸前　　　　　　　　　　　　　（b）延伸后

图9.17 修改对象特性　　　　　　　　图9.18 延伸对象

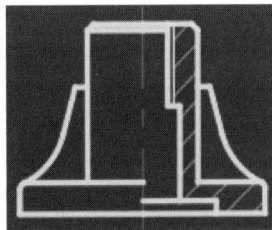

图9.19 修剪对象　　　　　　　　　图9.20 创建剖面线

步骤20：绘制倒角。选择「 倒角」命令，绘制如图9.21所示的C1倒角。

步骤21：绘制直线。将图层切换到"轮廓线"层，选择直线命令，绘制如图9.22所示的水平直线。

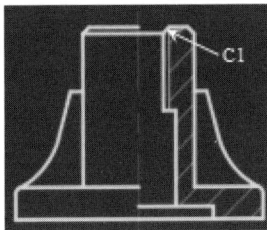

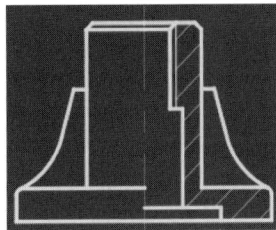

图9.21 绘制倒角　　　　　　　　　图9.22 绘制直线

2. 绘制起重螺杆零件图

步骤1：绘制中心线。将图层切换到"中心线"层，绘制长度为40mm的水平中心线，如图9.23所示。

步骤 2：绘制轮廓线。将图层切换到"轮廓线"层，绘制长度为 3.5mm、3mm、4.5mm、8mm、3mm、20mm、2mm、4mm 与 3mm 的直线，如图 9.24 所示。

图 9.23　绘制中心线

图 9.24　绘制轮廓线

步骤 3：补画竖直轮廓线。选择直线命令，绘制如图 9.25 所示的竖直直线。

步骤 4：偏移对象。选择 ⊑ 命令，将水平中心线向上偏移 1.75mm、2mm，将最左侧的竖直直线向右偏移 3mm、4mm，效果如图 9.26 所示。

图 9.25　补画竖直轮廓线

图 9.26　偏移对象

步骤 5：修剪对象。选择 ✂修剪 与 ∕ 命令，修剪或删除图形中不需要的对象，效果如图 9.27 所示。

步骤 6：修改对象特性。选中步骤 4 创建的向上偏移 1.75mm 的直线，将图层切换到"轮廓线"层，选中步骤 4 创建的向上偏移 2mm 的直线，将图层切换到"细实线"层，选中效果如图 9.28 所示。

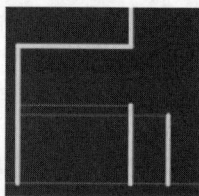

图 9.27　修剪对象

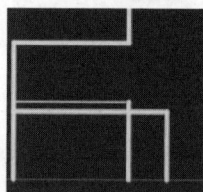

图 9.28　修改对象特性

步骤 7：绘制孔底轮廓线。选中直线命令，绘制角度为 64° 的直线，并且通过修剪命令修剪掉多余的对象，如图 9.29 所示。

步骤 8：绘制竖直中心线。将图层切换到"中心线"层，选择直线命令，绘制如图 9.30 所示的竖直中心线。

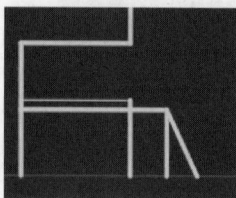

图 9.29　修剪对象

图 9.30　绘制竖直中心线

步骤 9：偏移对象。选择 ⊏ 命令，将步骤 9 绘制的竖直中心线向左向右均偏移 1.5mm，效果如图 9.31 所示。

步骤 10：修剪对象。选择 ✂ 修剪 命令，修剪掉图形中不需要的对象，效果如图 9.32 所示。

图 9.31　偏移对象

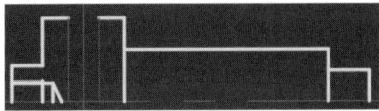

图 9.32　修剪对象

步骤 11：修改对象特性。选中步骤 10 创建的两条竖直构造线，将图层切换到"轮廓线"层，选中效果如图 9.33 所示。

步骤 12：绘制圆弧。将图层切换到"轮廓线"层，选择 ◠ 起点，端点，半径 命令，选取如图 9.34 所示的点 1 作为起点，选取点 2 作为端点，半径为 2.5mm，效果如图 9.34 所示。

图 9.33　修改对象特性

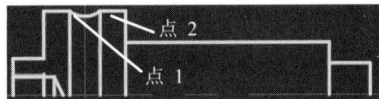

图 9.34　绘制圆弧

步骤 13：绘制倒角。选择 ⌐ 倒角 命令，绘制如图 9.35 所示的 C1 倒角。

步骤 14：绘制螺纹齿底线。将图层切换到"细实线"层，绘制如图 9.36 所示的水平线。

图 9.35　绘制倒角

图 9.36　绘制螺纹齿底线

步骤 15：镜像对象。选择 ⚠ 镜像 命令，将中心线上方的所有对象镜像到下方，效果如图 9.37 所示。

步骤 16：绘制圆。将图层切换到"轮廓线"层，选择 ⊙ 圆心，半径 命令，绘制如图 9.38 所示的圆。

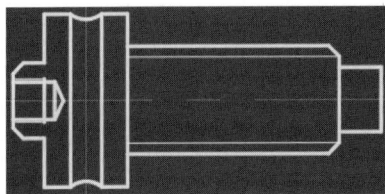

图 9.37　镜像对象

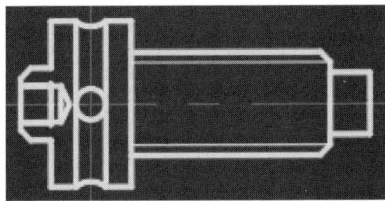

图 9.38　绘制圆

步骤 17：绘制剖面线边界。将图层切换到"细实线"层，选择 ⊠ 命令，绘制如图 9.39 所示的样条曲线。

步骤 18：创建剖面线。将图层切换到"剖面线"层，选择 ▦ 命令，选择 ANSI31 图案，将图案比例设置为 0.5，在需要填充的区域填充即可，效果如图 9.40 所示。

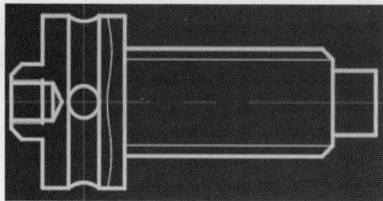

图 9.39　绘制剖面线边界

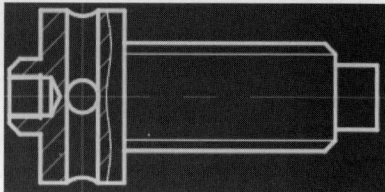

图 9.40　创建剖面线

3. 绘制旋转杆零件图

步骤 1：绘制倒角矩形。将图层切换到"轮廓线"层，选择矩形命令，绘制长度为 40mm，宽度为 2.8mm，倒角为 C0.5 的矩形，如图 9.41 所示。

步骤 2：绘制中心线。将图层切换到"中心线"层，绘制长度为 45mm 的直线，如图 9.42 所示。

图 9.41　绘制倒角矩形

图 9.42　创建中心线

步骤 3：补画竖直轮廓线。将图层切换到"轮廓线"层，绘制如图 9.43 所示的轮廓线。

图 9.43　补画轮廓线

4. 绘制螺钉零件图

步骤 1：绘制轮廓线。将图层切换到"轮廓线"层，选择直线命令，绘制长度分别为 4mm、2.5mm、3mm、1.5mm、4.5mm、0.6mm、1mm、0.6mm、4.5mm、1.5mm 与 3mm 并且闭合的图形，如图 9.44 所示。

步骤 2：补画轮廓线。选择直线命令，绘制如图 9.45 所示的水平直线。

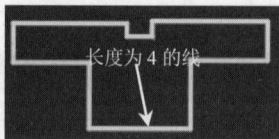

图 9.44　绘制轮廓线

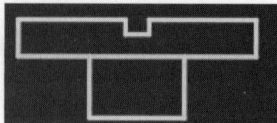

图 9.45　补画轮廓线

步骤 3：绘制倒角。选择 ◸ 倒角 命令，绘制如图 9.46 所示的 C0.5 倒角。

步骤 4：补画水平轮廓线。选择直线命令，绘制如图 9.47 所示的水平直线。

步骤5：绘制中心线。将图层切换到"中心线"层，绘制长度为6mm的竖直直线，如图9.48所示。

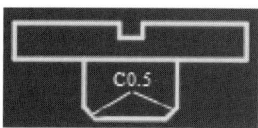

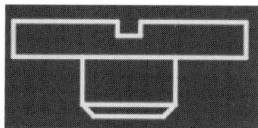

图9.46 绘制倒角　　图9.47 补画水平轮廓线　　图9.48 绘制中心线

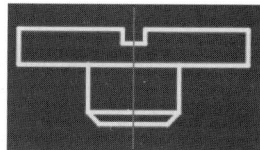

5. 绘制顶盖零件图

步骤1：绘制轮廓线。将图层切换到"轮廓线"层，选择直线命令，绘制长度分别为2.5mm、10mm、2.5mm、12mm、2.5mm、10mm与2.5mm的直线，如图9.49所示。

步骤2：绘制中心线。将图层切换到"中心线"层，选择直线命令，绘制长度为12mm的竖直直线，如图9.50所示。

图9.49 绘制轮廓线　　　　　　图9.50 绘制中心线

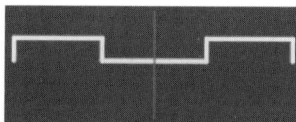

步骤3：偏移对象。选择 命令，将步骤2绘制的竖直中心线向左向右均偏移3.5mm与8mm，将最上方的水平直线向下偏移6mm，偏移后通过夹点编辑的方式调整水平线的长度，效果如图9.51所示。

步骤4：修剪对象。选择 修剪 与 命令，修剪或删除图形中不需要的对象，效果如图9.52所示。

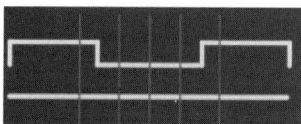

图9.51 偏移对象　　　　　　　图9.52 修剪对象

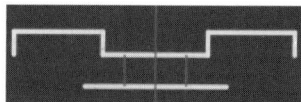

步骤5：修改对象特性。选中步骤3创建的偏移3.5mm的两条竖直构造线，将图层切换到"轮廓线"层，选中效果如图9.53所示。

步骤6：绘制圆弧。将图层切换到"轮廓线"层，选择 起点、端点、半径 命令，选取如图9.53所示的点1作为起点，选取点2作为端点，半径为10mm，效果如图9.54所示。

图9.53 修改对象特性　　　　　图9.54 绘制圆弧

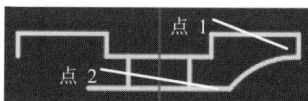

步骤 7：镜像对象。选择 命令，将步骤 6 绘制的圆弧关于竖直中心线进行镜像复制，效果如图 9.55 所示。

步骤 8：补画水平轮廓线。选择直线命令，绘制如图 9.56 所示的水平直线。

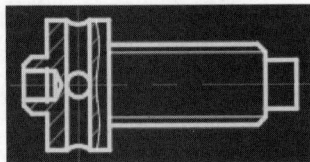

图 9.55　镜像对象　　　　　　　　图 9.56　补画水平轮廓线

9.1.2　处理零件视图

调整起重螺杆零件图角度。选择 命令，将起重螺杆零件图顺时针旋转 90°，效果如图 9.57 所示。

（a）旋转前　　　　　　　　　　（b）旋转后

图 9.57　旋转视图

9.1.3　拼装视图

步骤 1：复制底座视图。选择 复制命令，选取整个底座视图作为要复制的对象，以视图最下侧水平线的中点为基础，复制到合适的位置，效果如图 9.58 所示。

步骤 2：拼装起重螺杆。选择 复制命令，选取整个起重螺杆视图作为要复制的对象，以如图 9.59 所示的点 1 作为基点，以如图 9.60 所示的点 2 作为第 2 个点，完成后的效果如图 5.61 所示。

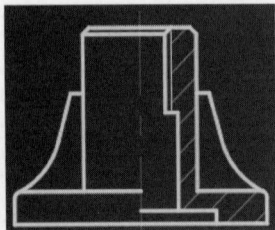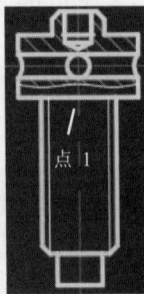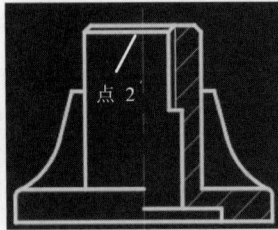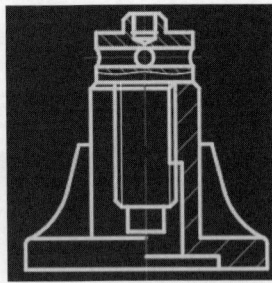

图 9.58　复制底座视图　　图 9.59　选择基点　　图 9.60　选择第 2 个点　　图 9.61　拼装起重螺杆

步骤3：拼装旋转杆。选择 ⟨复制⟩ 命令，选取整个旋转杆视图作为要复制的对象，以矩形的几何中心点作为基点，以如图9.62所示的圆的圆心作为第2个点，完成后的效果如图5.63所示。

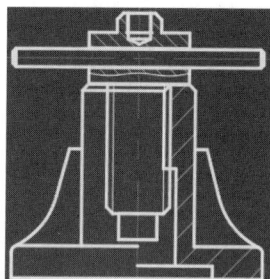

步骤4：修正旋转杆装配关系。选择 ⟨修剪⟩ 命令，修剪掉起重螺杆中被旋转杆挡住的对象，选择 ⟨⟩ 命令，删除起重螺杆中的圆及重复的中心线，效果如图9.64所示。

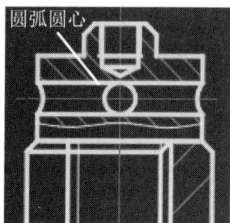

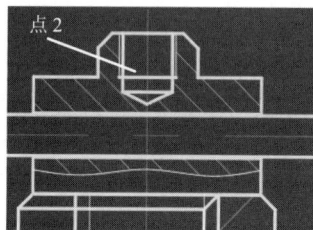

图 9.62　选择第2个点　　　图 9.63　拼装旋转杆　　　图 9.64　修正旋转杆装配关系

步骤5：拼装顶盖。选择 ⟨复制⟩ 命令，选取整个顶盖视图作为要复制的对象，以如图9.65所示的点1作为基点，以如图9.66所示的点2作为第2个点，完成后的效果如图5.67所示。

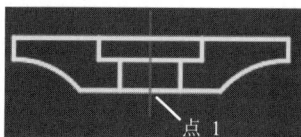

图 9.65　选择基点　　　　　　图 9.66　选择第2个点

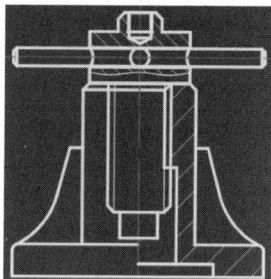

步骤6：修正顶盖装配关系。选择 ⟨修剪⟩ 命令，修剪掉顶杆中被起重螺杆挡住的对象，效果如图9.68所示。

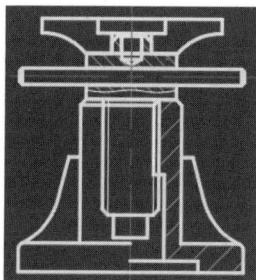

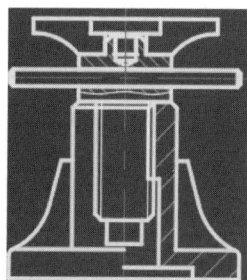

图 9.67　拼装顶盖　　　　　图 9.68　修正顶盖装配关系

步骤7：拼装螺钉。选择 ⟨复制⟩ 命令，选取整个螺钉视图作为要复制的对象，以如

图9.69所示的点1作为基点，以如图9.70所示的点2作为第2个点，完成后的效果如图5.71所示。

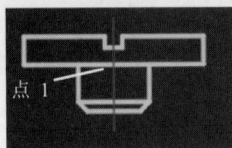

图9.69　选择基点

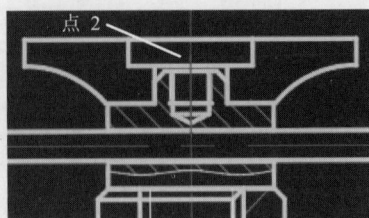

图9.70　选择第2个点

图9.71　拼装螺钉

步骤8：修正螺钉装配关系。选择 ✂修剪 命令，修剪掉起重螺杆中被螺钉挡住的对象，效果如图9.72所示。

步骤9：修正其他装配关系。选择 ✂修剪 命令，修剪掉底座中被起重螺杆挡住的对象，效果如图9.73所示。

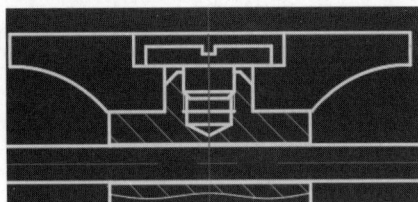

图9.72　修正螺钉装配关系

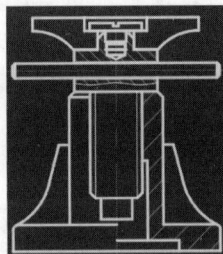

图9.73　修正其他装配关系

9.1.4　标注尺寸

步骤1：标注总高尺寸。将图层切换到"尺寸标注"层，选择 ⊢线性▾ 命令，标注如图9.74所示的总高尺寸。

步骤2：标注其他线性尺寸。完成后如图9.75所示。

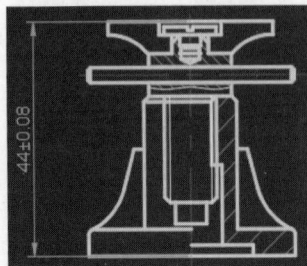

图9.74　标注总高尺寸

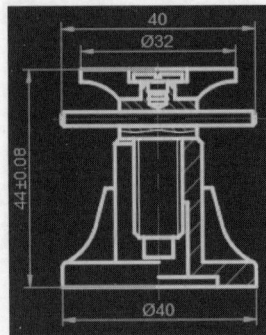

图9.75　标注其他线性尺寸

9.1.5　标注序号

步骤1：设置多重引线样式。

（1）选择下拉菜单 格式(O) → ✐ 多重引线样式(I) 命令，系统会弹出如图9.76所示的"多重引线样式管理器"对话框。

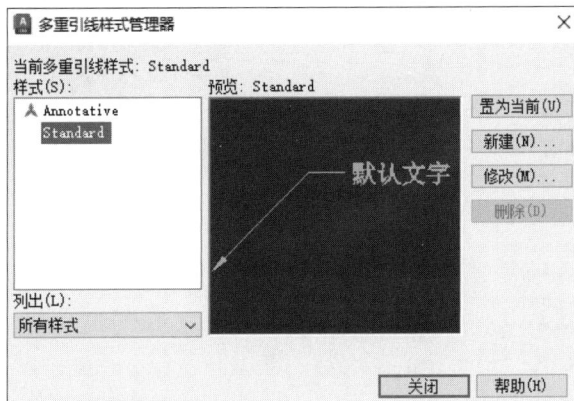

图9.76　"多重引线样式管理器"对话框

（2）单击"多重引线样式管理器"对话框中的 修改(M)... 按钮，系统会弹出"修改多重引线样式：Standard"对话框。

（3）设置引线格式参数。在"修改多重引线样式：Standard"对话框 引线格式 选项卡下设置如图9.77所示的参数。

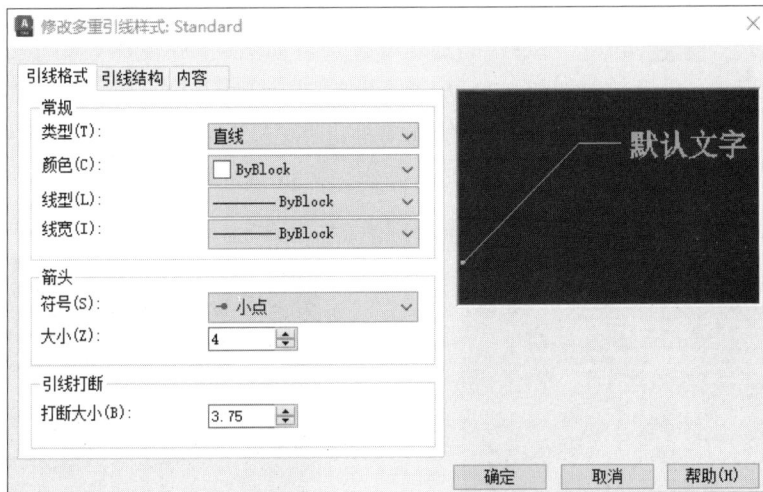

图9.77　"引线格式"选项卡

（4）设置内容参数。在"修改多重引线样式：Standard"对话框 内容 选项卡下设置如图9.78所示的参数。

（5）单击"修改多重引线样式：Standard"对话框中的 确定 按钮，然后单击"多重引线样式管理器"对话框中的 关闭 按钮完成设置。

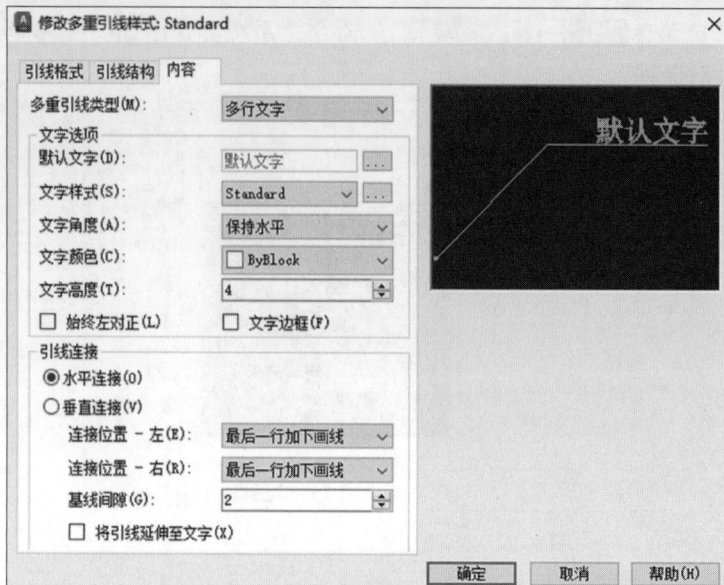

图 9.78　"内容"选项卡

步骤 2：标注序号。

（1）确认当前图层为"尺寸标注"层。

（2）标注序号 1。单击"默认"功能选项卡"注释"区域中 引线 后的 ，在系统弹出的快捷菜单中选择 引线 命令；在系统的提示下，选取如图 9.79 所示的点 1 位置作为引线箭头位置；在系统的提示下选取如图 9.79 所示的点 2 位置作为基线位置，然后在文本输入框输入"1"，单击"文字编辑器"选项卡中的 ✓ 按钮完成序号 1 的标注，效果如图 9.79 所示。

（3）标注其他序号。参考步骤（2）的操作，完成其他序号的标注，完成后的效果如图 9.80 所示。

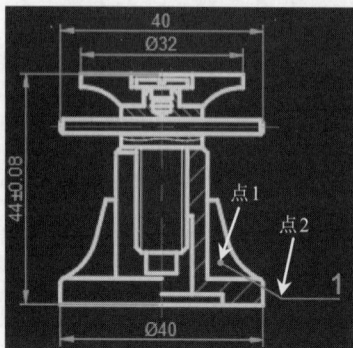

图 9.79　标注序号 1

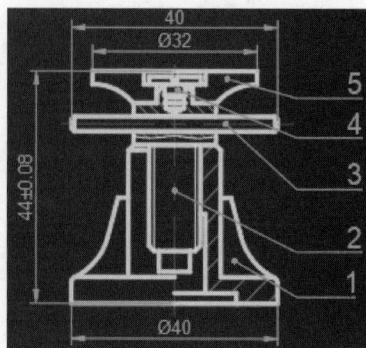

图 9.80　标注其他序号

9.1.6 制作材料明细表

步骤1：设置表格样式。

（1）选择下拉菜单 格式(O) → 表格样式(B)... 命令，系统会弹出如图9.81所示的"表格样式"对话框。

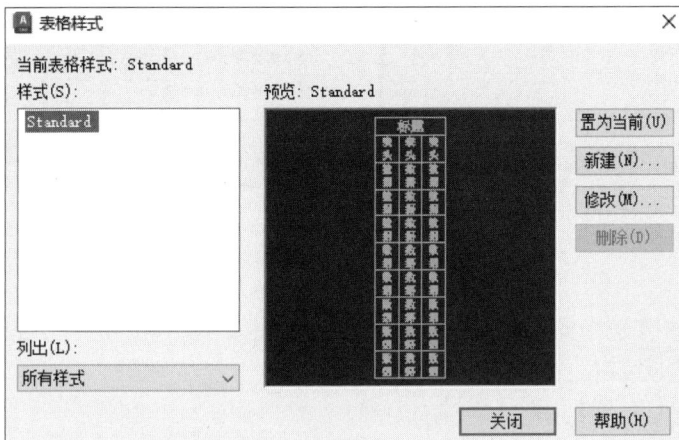

图9.81 "表格样式"对话框

（2）单击"表格样式"对话框中的 修改(M)... 按钮，系统会弹出"修改表格样式：Standard"对话框。

（3）设置表格方向。在"修改多重引线样式：Standard"对话框 表格方向(D): 下拉列表中选择"向上"。

（4）设置标题样式。在"修改多重引线样式：Standard"对话框 单元样式 区域的下拉列表中选择 标题 选项，设置如图9.82所示的参数。

（a）常规 （b）文字

图9.82 标题样式

（5）设置表头样式。在"修改多重引线样式：Standard"对话框 单元样式 区域的下拉列表中选择 表头 选项，设置如图9.83所示的参数。

（6）设置数据样式。在"修改多重引线样式：Standard"对话框 单元样式 区域的下拉列表中选择 数据 选项，设置如图 9.83 所示的参数。

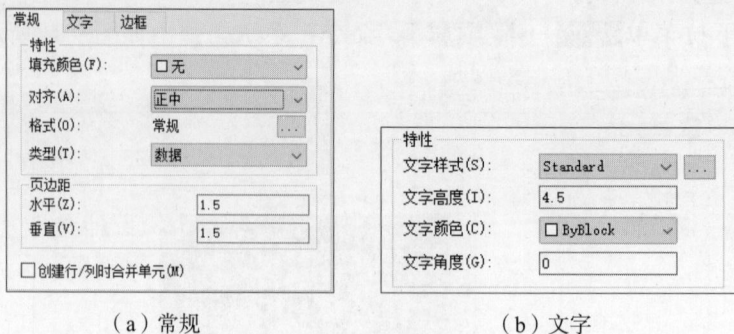

（a）常规　　　　　　　　　　　（b）文字

图 9.83　表头与数据样式

（7）单击"修改表格样式：Standard"对话框中的 确定 按钮，然后单击"表格样式"对话框中的 关闭 按钮完成设置。

步骤 2：创建材料明细表。

（1）选择命令。选择"默认"功能选项卡"注释"区域中的 表格 命令，系统会弹出"插入表格"对话框。

（2）设置表格。在"插入表格"对话框 表格样式 区域选择 Standard 表格样式；在 插入方式 区域选择 ⊙指定插入点(I) 单选项；在 列和行设置 区域的 列数(C): 文本框中输入 5，在 列宽(D): 文本框中输入 20，在 数据行数(R): 文本框中输入 4，在 行高(G): 文本框中输入"1"。

（3）设置单元格式。在"插入表格"对话框 设置单元样式 区域的 第1行单元样式: 下拉列表中选择"数据"，在 第2行单元样式: 下拉列表中选择"数据"，在 所有其他行单元样式: 下拉列表中选择"数据"，单击 确定 按钮完成格式设置。

（4）放置表格。在命令行 ⊞▾ TABLE 指定插入点: 的提示下，选择绘图区中的合适一点作为表格放置点，如图 9.84 所示。

（5）设置表格行高与列宽。选中表格后选择修改→特性命令，系统会弹出"特性"对话框，然后选中 A 列，在"特性"对话框的"单元宽度"文本框中输入值 25，选中 B 列，在"单元宽度"文本框中输入值 40，选中 D 列，在"单元宽度"文本框中输入值 25；选中第 1 行，在"单元高度"文本框中输入值 11，其余行行高均为 9，单击"特性"对话框中的 ☒ 按钮完成设置，效果如图 9.85 所示。

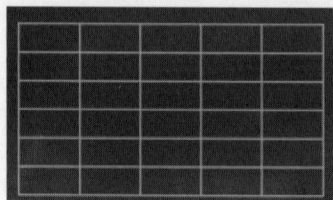

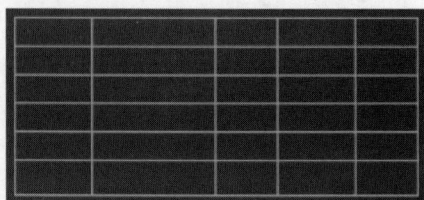

图 9.84　放置表格　　　　　　　　　　图 9.85　设置表格行高列宽

（6）输入表格内容。双击 A1 文本框中输入"序号"；采用相同的办法输入其他文本框的内容，完成后如图 9.86 所示。

（7）设置表格对齐方式。选中整个表格，然后在"表格单元"选项卡"单元格式"区域中的"对齐"下拉列表中选择"正中"，设置后效果如图 9.87 所示。

5	顶盖	1	45#	
4	螺钉	1	30#	采购
3	旋转杆	1	45#	
2	起重螺钉	1	45#	
1	底座	1	HT200	
序号	名称	数量	材料	备注

图 9.86　输入表格内容　　　　图 9.87　设置表格对齐方式

9.2　直接绘制法

使用直接绘制法绘制装配图就是通过软件提供的各种绘图编辑工具直接完成图形的具体绘制，下面以绘制如图 9.88 所示的装配图为例介绍使用直接绘制法绘制装配图的一般操作过程。

16min

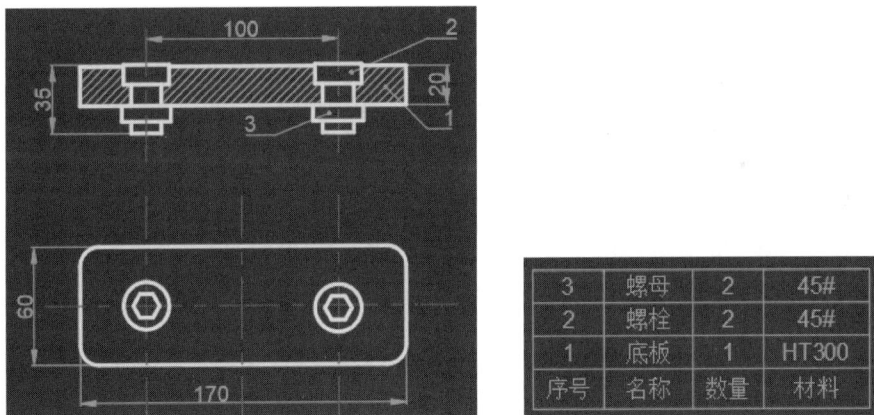

3	螺母	2	45#
2	螺栓	2	45#
1	底板	1	HT300
序号	名称	数量	材料

图 9.88　直接绘制法

步骤 1：打开练习文件 D：\AutoCAD2024\work\ch09.02\ 直接绘制法 -ex。

步骤 2：绘制矩形。将图层切换到"轮廓线"层，绘制圆角为 10mm、长度为 170mm、宽度为 60mm 的圆角矩形，如图 9.89 所示。

步骤 3：绘制水平和竖直中心线。将图层切换到"中心线"层，绘制如图 9.90 所示的水平竖直中心线。

步骤 4：偏移竖直构造线。选择偏移命令，将步骤 3 绘制的竖直构造线向左向右分别偏移 50mm，效果如图 9.91 所示。

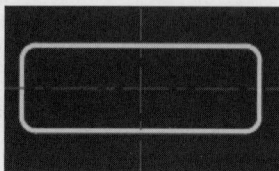

图 9.89　绘制矩形　　　　　　　　图 9.90　绘制水平竖直线

步骤 5：绘制圆。将图层切换到"轮廓线"层，绘制直径为 24mm 的圆（圆心为步骤 4 创建的竖直中心线与水平中心线的交点），效果如图 9.92 所示。

图 9.91　偏移竖直中心线　　　　　　图 9.92　绘制圆形

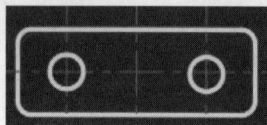

步骤 6：绘制正六边形。选择多边形命令，以步骤 5 绘制的圆的圆心作为中心点，绘制半径为 6mm 的外切正六边形，如图 9.93 所示。

步骤 7：绘制矩形。选择矩形命令，绘制圆角为 0mm、长度为 170mm、宽度为 20mm 的矩形（矩形左侧与步骤 2 绘制的矩形左侧重合，用户可以通过对象捕捉追踪的方式捕捉矩形左下角点），如图 9.94 所示。

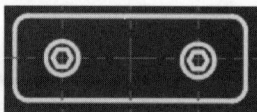

图 9.93　偏移竖直中心线　　　　　　图 9.94　绘制矩形

步骤 8：绘制竖直中心线。将图层切换到"中心线"层，绘制如图 9.95 所示的竖直中心线（中心线与步骤 4 偏移得到的中心线共线重合，用户可以通过对象捕捉追踪的方式控制中心线的位置）。

步骤 9：偏移竖直构造线。选择偏移命令，将步骤 8 绘制的左侧竖直构造线向左向右分别偏移 12mm、8mm 与 13mm，效果如图 9.96 所示。

步骤 10：分解矩形。选择分解命令。对步骤 7 绘制的矩形进行分解。

步骤 11：偏移水平直线。选择偏移命令，将步骤 10 分解矩形的上侧线向下偏移 9mm，向上偏移 1mm，将步骤 10 分解矩形的下侧线向下偏移 8mm 与 14mm，效果如图 9.97 所示。

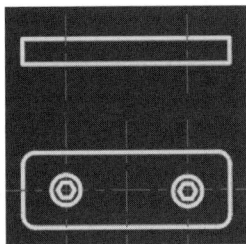

图 9.95 绘制竖直中心线

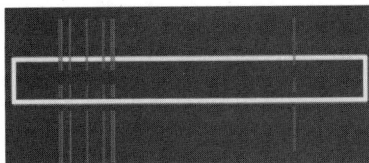

图 9.96 偏移竖直中心线

步骤 12：修剪多余的对象。选择修剪命令，按 Enter 键后采用全部对象作为修剪边界，然后在需要修剪的对象上单击即可，效果如图 9.98 所示。

图 9.97 偏移水平直线

图 9.98 修剪多余的对象

步骤 13：修改对象所在的层。选中步骤 9 偏移得到的构造线，在"默认"功能选项卡"图层"区域的图层控制下拉列表中选择"轮廓线"层，按下键盘上的 Esc 键结束操作，效果如图 9.99 所示。

图 9.99 修改对象所在的层

步骤 14：镜像对象。选择 ⚠镜像 命令，将图 9.99（a）所示的对象关于步骤 3 绘制的竖直中心线左右复制，效果如图 9.100（b）所示。

（a）镜像前

（b）镜像后

图 9.100 镜像对象

步骤 15：修剪多余的对象。选择修剪命令，按 Enter 键后采用全部对象作为修剪边界，然后在需要修剪的对象上单击即可，效果如图 9.101 所示。

步骤 16：创建剖面线。将图层切换到"剖面线"层，选择 ▣命令，选择 ANSI31 图案，在需要填充的区域填充即可，效果如图 9.102 所示。

步骤 17：标注总长尺寸。将图层切换到"尺寸标注"层，选择 ⊢线性⌄命令，标注如图 9.103 所示的总长尺寸。

图 9.101 修剪多余的对象

图 9.102 创建剖面线

步骤 18：标注其他线性尺寸。完成后如图 9.104 所示。

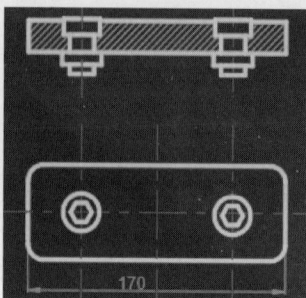

图 9.103　标注总长尺寸

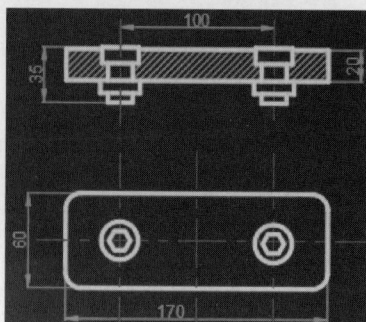

图 9.104　标注其他线性尺寸

步骤 19：标注序号。

（1）确认当前图层为"尺寸标注"层。

（2）标注序号 1。单击"默认"功能选项卡"注释"区域中 引线 后的 ，在系统弹出的快捷菜单中选择 引线 命令；在系统的提示下，选取如图 9.105 所示的点 1 位置作为引线箭头位置；在系统的提示下选取如图 9.105 所示的点 2 位置作为基线位置，然后在文本输入框输入"1"，单击"文字编辑器"选项卡中的 按钮完成序号 1 的标注，效果如图 9.105 所示。

（3）标注其他序号。参考步骤（2）的操作，完成其他序号的标注，完成后的效果如图 9.106 所示。

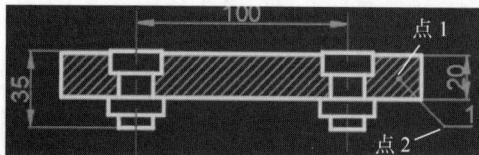

图 9.105　标注序号 1

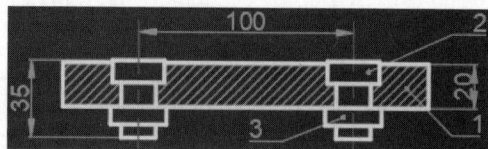

图 9.106　标注其他序号

步骤 20：创建材料明细表。

（1）选择命令。选择"默认"功能选项卡"注释"区域中的 表格 命令，系统会弹出"插入表格"对话框。

（2）设置表格。在"插入表格"对话框 表格样式 区域选择 Standard 表格样式；在 插入方式 区域选择 ◉指定插入点(I) 单选项；列和行设置 区域的 列数(C): 文本框中输入 4，在 列宽(D): 文本框中输入 20，在 数据行数(R): 文本框中输入 2，在 行高(G): 文本框中输入 1。

（3）设置单元格式。在"插入表格"对话框 设置单元样式 区域的 第1行单元样式: 下拉列表中选择"数据"，在 第2行单元样式: 下拉列表中选择"数据"，在 所有其他行单元样式: 下拉列表中选择"数据"，单击 确定 按钮完成格式设置。

（4）放置表格。在命令行 TABLE 指定插入点: 的提示下，选择绘图区中的合适一点作为表格放置点，如图 9.107 所示。

（5）设置表格行高与列宽。选中表格后选择修改→特性命令，系统会弹出"特性"对话框，然后选中 B 列，在"单元宽度"文本框中输入值 25，选中 D 列，在"单元宽度"文本框中输入值 30；选中第 1 行，在"单元高度"文本框中输入值 11，其余行行高均为 9，单击"特性"对话框中的⊠按钮完成设置，效果如图 9.108 所示。

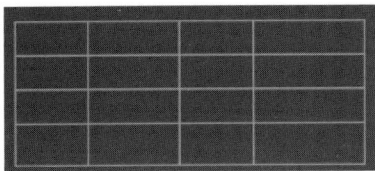

图 9.107　放置表格

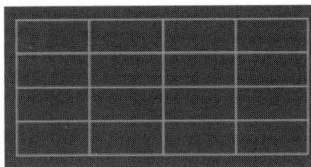

图 9.108　设置表格行高列宽

（6）输入表格内容。双击 A1 文本框中输入"序号"；采用相同的办法输入其他文本框的内容，如图 9.109 所示。

（7）设置表格对齐方式。选中整个表格，然后在"表格单元"选项卡"单元格式"区域中的"对齐"下拉列表中选择"正中"，设置后的效果如图 9.110 所示。

图 9.109　输入表格内容

图 9.110　设置表格对齐方式

9.3　上机实操

上机实操如图 9.111 所示。

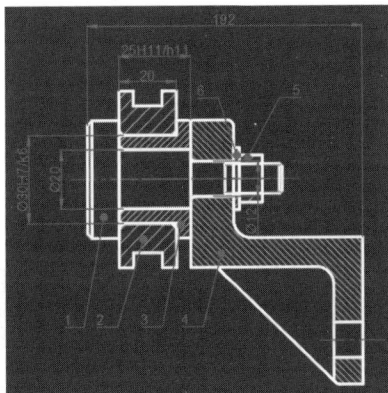

图 9.111　上机实操

第 10 章　参数化设计

10.1　概述

参数化设计是将工程本身编写为函数与过程，通过修改初始条件并经计算机计算得到工程结果的设计过程，实现设计过程的自动化。参数化图形是一项用于使用约束进行设计的技术，约束是应用于二维几何图形的关联和限制。在 AutoCAD 中约束包含两种类型，即几何约束、尺寸约束。几何约束用于控制对象之间的相对位置关系，尺寸约束用于控制对象之间的距离、长度、角度和半径值等。

10.2　几何约束

根据实际设计的要求，一般情况下，当用户将草图的大概形状绘制出来之后，一般会根据实际要求增加一些如平行、相切、相等和共线等约束来帮助用户进行草图定位。我们把这些定义图元和图元之间的几何关系的约束叫作草图几何约束。在 AutoCAD 中可以很容易地添加这些约束。

1. 几何约束的种类

在 AutoCAD 中可以支持的几何约束类型包含重合▉、共线▉、同心◎、固定▉、平行▉、垂直▉、水平━、竖直▉、相切▉、平滑▉、对称▉、相等▉及自动▉。

2. 几何约束的显示与隐藏

在▉参数化▉功能选项卡▉几何▉区域中单击▉全部显示▉按钮，可以显示所有几何约束，如图 10.1 所示，单击▉全部隐藏▉按钮，就可以隐藏所有的几何约束，如图 10.2 所示。

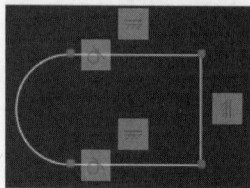

图 10.1　全部显示

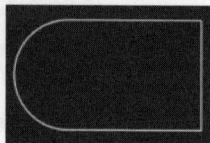

图 10.2　全部隐藏

3. 添加几何约束

在 AutoCAD 中添加几何约束的方法：一般先选择要添加的几何约束的类型，然后选择要添加约束的对象。下面以添加一个重合约束和相切约束为例，介绍手动添加几何约束的一般操作过程。

步骤1：打开练习文件 D：\AutoCAD2024\work\ch10.02\ 添加几何约束 -ex。

步骤2：选择约束类型。在 参数化 功能选项卡 几何 区域中选择 命令。

步骤3：选择约束对象。在系统 ▼ GCCOINCIDENT 选择第1个点或 [对象(O) 自动约束(A)] <对象>：的提示下选取如图 10.3 所示的点 1，在系统 ▼ GCCOINCIDENT 选择第2个点或 [对象(O)] <对象>：的提示下选取如图 10.3 所示的点 2，完成后的效果如图 10.4 所示。

说明： 在添加几何约束时，对象的选择顺序将决定对象如何更新，一般情况下，选取的第 2 个对象会根据第 1 个对象的位置进行调整。

步骤4：选择约束类型。在 参数化 功能选项卡 几何 区域中选择 命令。

步骤5：选择约束对象。在系统 ▼ GCTANGENT 选择第1个对象：的提示下选取圆弧对象，在系统 ▼ GCTANGENT 选择第2个对象：的提示下选取直线对象，完成后的效果如图 10.5 所示。

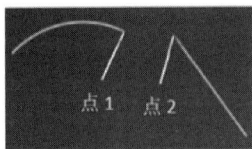 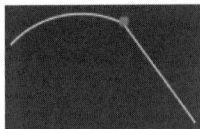 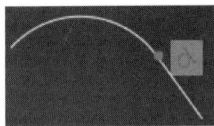

图 10.3 约束对象　　　图 10.4 重合约束　　　图 10.5 相切约束

4. 删除几何约束

在 AutoCAD 中添加几何约束时，如果二维图形中有原本不需要的约束，则此时必须先把这些不需要的约束删除，然后添加必要的约束，原因是对于一个二维图形来讲，需要的几何约束应该是明确的，如果二维图形中存在不需要的约束，则必然会导致有一些必要约束无法正常添加，因此我们就需要掌握约束删除的方法。下面以删除如图 10.6 所示的相切约束为例，介绍删除几何约束的一般操作过程。

 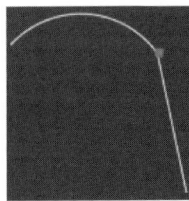

（a）删除前　　　　　　　　　　　（b）删除后

图 10.6 删除约束

步骤1：打开练习文件 D：\AutoCAD2024\work\ch10.02\ 删除几何约束 -ex。

步骤2：选择要删除的几何约束。在绘图区选中如图 10.6（a）所示的 符号。

步骤 3：删除几何约束。按键盘上的 Delete 键便可以删除约束（或者在 符号上右击，选择"删除"命令）。

步骤 4：操纵图形。将鼠标移动到直线与圆弧的连接处，按住鼠标左键拖动即可得到如图 10.6（b）所示的图形。

10.3 尺寸约束

尺寸约束也称标注尺寸，主要用来确定草图中几何图元的尺寸，例如长度、角度、半径和直径，它是一种以数值来确定草图图元精确大小的约束形式。一般情况下，当我们绘制完草图的大概形状后，需要对图形进行尺寸定位，使尺寸满足实际要求。

1. 尺寸约束种类

尺寸约束分为两种形式：动态约束和注释性约束。在默认情况下采用的是动态约束，系统变量 CCONSTRAINTFORM 为 0，如果 CCONSTRAINTFORM 的值为 1，则尺寸约束为注释性约束。

动态约束：标注外观由预定义的标注样式控制，不可修改，并且不能被打印，在缩放的过程中，动态约束保持相同大小，在 参数化 功能选项卡 标注▼ 区域中选中 动态约束模式 即可创建动态约束。

注释性约束：标注外观由当前标注样式控制，既可以修改，也可以打印，在缩放过程中，注释性约束的大小发生改变。可以把注释性约束放在同一个图层，通过图层控制注释的颜色及可见性，在 参数化 功能选项卡 标注▼ 区域中选中 注释性约束模式 即可创建注释性约束。

2. 标注线段长度

步骤 1：打开练习文件 D：\AutoCAD2024\work\ch10.03\ 尺寸标注 -ex。

步骤 2：选择命令。单击 参数化 功能选项卡 标注▼ 区域中的 线性 按钮。

步骤 3：选择标注对象。在系统 DCLINEAR 指定第 1 个约束点或 [对象(O)] <对象>：的提示下，选取 对象(O) 选项，在系统 DCLINEAR 选择对象：的提示下，选取如图 10.7 所示的直线作为要标注的对象。

步骤 4：定义尺寸的放置位置。在系统 DCLINEAR 指定尺寸线位置：的提示下，在直线上方的合适位置单击，完成尺寸的放置，按 Enter 键完成标注，如图 10.7 所示。

3. 标注两点竖直的距离

步骤 1：选择命令。单击 参数化 功能选项卡 标注▼ 区域中的 竖直 按钮。

步骤 2：选择标注对象。在系统 DCVERTICAL 指定第 1 个约束点或 [对象(O)] <对象>：的提示下，选取如图 10.8 所示的点 1 作为第 1 个对象，在系统 DCVERTICAL 指定第 2 个约束点：的提示下选取如图 10.8 所示的点 2 作为第 2 个对象。

步骤 3：定义尺寸的放置位置。在系统 DCVERTICAL 指定尺寸线位置：的提示下，在对象右侧的合适位置单击，完成尺寸的放置，按 Enter 键完成标注，如图 10.8 所示。

4. 标注两点对齐的距离

步骤 1：选择命令。单击 参数化 功能选项卡 标注▼ 区域中的 对齐 按钮。

步骤 2：选择标注对象。在系统 指定第1个约束点或 [对象(O) 点和直线(P) 两条直线(2L)] 的提示下，选取如图 10.8 所示的点 1 作为第 1 个对象，在系统 DCALIGNED 指定第2个约束点: 的提示下选取如图 10.8 所示的点 2 作为第 2 个对象。

步骤 3：定义尺寸的放置位置。在系统 DCALIGNED 指定尺寸线位置: 的提示下，在对象右上方的合适位置单击，完成尺寸的放置，按 Enter 键完成标注，如图 10.9 所示。

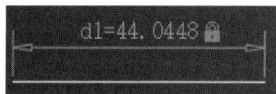

图 10.7　标注线段长度　　图 10.8　标注两点竖直距离　　图 10.9　标注两点对齐的距离

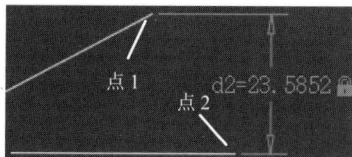

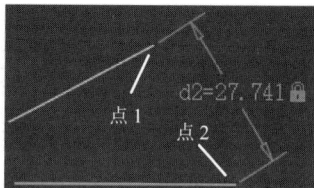

5. 标注两平行线之间的距离

步骤 1：选择命令。单击 参数化 功能选项卡 标注▾ 区域中的 按钮。

步骤 2：选择标注对象。在系统 指定第1个约束点或 [对象(O) 点和直线(P) 两条直线(2L)] 的提示下，选择 两条直线(2L) 选项，在系统 DCALIGNED 选择第1条直线: 的提示下选取如图 10.10 所示的直线 1 作为第 1 个对象，在系统 DCALIGNED 选择第2条直线, 以使其平行: 的提示下选取如图 10.10 所示的直线 2 作为第 2 个对象。

步骤 3：定义尺寸的放置位置。在系统 DCALIGNED 指定尺寸线位置: 的提示下，在对象右侧的合适位置单击，完成尺寸的放置，按 Enter 键完成标注，如图 10.10 所示。

说明：在标注两条水平平行线之间的间距时，用户也可以通过 线性 命令，选择右侧的两个端点进行标注。

6. 标注直径尺寸

步骤 1：选择命令。单击 参数化 功能选项卡 标注▾ 区域中的 按钮。

步骤 2：选择标注对象。在系统 DCDIAMETER 选择圆弧或圆: 的提示下，选取如图 10.11 所示的圆作为标注对象。

步骤 3：定义尺寸的放置位置。在系统 DCDIAMETER 指定尺寸线位置: 的提示下，在合适的位置单击，完成尺寸的放置，按 Enter 键完成标注，如图 10.11 所示。

图 10.10　标注两平行线之间的距离　　图 10.11　标注直径尺寸

说明：直径标注的对象既可以是圆，也可以是圆弧，如图 10.12 所示。

7. 标注半径尺寸

步骤1：选择命令。单击 参数化 功能选项卡 标注▾ 区域中的 🔒 按钮。

步骤2：选择标注对象。在系统 DCRADIUS 选择圆弧或圆: 的提示下，选取如图 10.12 所示的圆弧作为标注对象。

步骤3：定义尺寸的放置位置。在系统 DCRADIUS 指定尺寸线位置: 的提示下，在合适的位置单击，完成尺寸的放置，按 Enter 键完成标注，如图 10.13 所示。

图 10.12　标注圆弧直径　　　　　图 10.13　标注半径尺寸

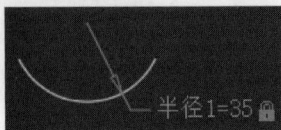

说明：半径标注的对象既可以是圆弧，也可以是圆，如图 10.14 所示。

8. 标注角度尺寸

步骤1：选择命令。单击 参数化 功能选项卡 标注▾ 区域中的 🔒 按钮。

步骤2：选择标注对象。在系统 DCANGULAR 选择第1条直线或圆弧或 [三点(3P)] <三点>: 的提示下，选取如图 10.15 所示直线 1 作为第 1 个对象，在系统 DCANGULAR 选择第2条直线: 的提示下选取如图 10.15 所示的直线 2 作为第 2 个对象。

步骤3：定义尺寸的放置位置。在系统 DCANGULAR 指定尺寸线位置: 的提示下，在合适的位置单击，完成尺寸的放置，按 Enter 键完成标注，如图 10.15 所示。

说明：角度标注的对象既可以是直线与直线，也可以是圆弧，如图 10.16 所示。

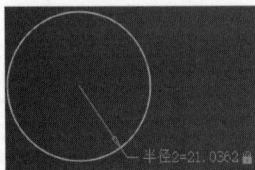

图 10.14　标注圆半径　　　　图 10.15　标注角度尺寸　　　　图 10.16　标注圆弧角度

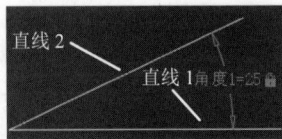

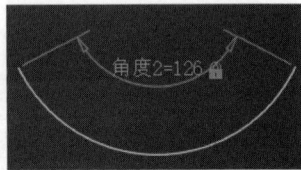

9. 修改尺寸

步骤1：打开练习文件 D：\AutoCAD2024\work\ch10.03\ 尺寸标注 -ex。

步骤2：在要修改的尺寸（例如尺寸 104.7423）上双击，输入数值 120，然后按 Enter 键确认。

步骤3：在要修改的尺寸（例如尺寸 30）上双击，输入数值 40，然后按 Enter 键确认，完成后如图 10.17 所示。

10. 删除尺寸

删除尺寸的一般操作步骤如下。

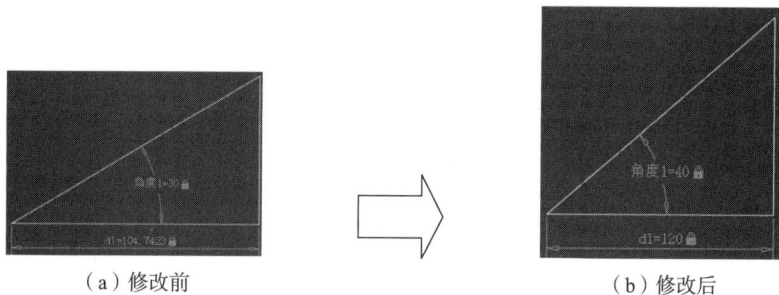

(a) 修改前　　　　　　　　　　　　　　　　　　(b) 修改后

图 10.17 修改尺寸

步骤 1：选中要删除的尺寸（单个尺寸可以单击选取，多个尺寸也可以直接单击选取）。

步骤 2：按键盘上的 Delete 键（或者在选中的尺寸上右击，在弹出的快捷菜单中选择 　删除 命令），选中的尺寸就可被删除。

10.4　使用参数化功能进行图形绘制的一般方法

使用参数化功能绘制二维图形一般会经历以下几个步骤：

（1）分析将要创建的截面几何图形。

（2）绘制截面几何图形的大概轮廓。

（3）添加几何约束。

（4）添加尺寸约束。

接下来就以绘制如图 10.18 所示的图形为例，向大家具体介绍，在每步中具体的工作有哪些。

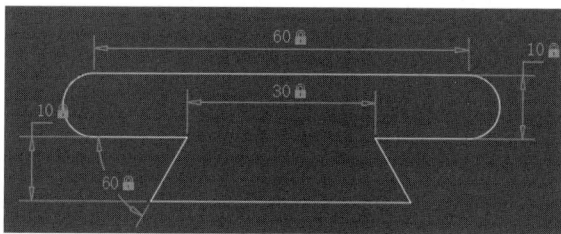

图 10.18 参数化绘图方法

步骤 1：分析将要创建的截面几何图形。

（1）分析所绘制图形的类型（开放、封闭或者多重封闭），此图形是一个封闭的图形。

（2）分析此封闭图形的图元组成，此图形是由 6 段直线和 2 段圆弧组成的。

（3）分析所包含的图元中有没有通过编辑可以实现的一些对象（总结草图编辑中可以创建新对象的工具：镜像、偏移、倒角、圆角、复制、阵列等），由于此图相对比较简单，因此我们采用传统方式创建。

（4）分析图形包含哪些几何约束，在此图形中包含了各连接处的重合、直线的水平约束、直线与圆弧的相切、相等约束。

（5）分析图形包含哪些尺寸约束，此图形包含 5 个尺寸。

步骤 2：绘制截面几何图形的大概轮廓。

（1）新建文件。选择下拉菜单"文件"→"新建"命令，在"选择样板"对话框中选取 acadiso 的样板文件，单击 打开(Q) ▼ 按钮，完成新建操作。

（2）绘制直线。选择直线命令，绘制如图 10.19 所示的直线（长度约为 60mm 的水平直线）。

（3）偏移直线。选择 命令，将步骤（2）绘制的直线向下偏移 10mm，效果如图 10.20 所示。

（4）绘制圆弧。选择 起点,端点,方向 命令，绘制如图 10.21 所示的圆弧。

图 10.19　绘制直线　　　图 10.20　偏移直线　　　图 10.21　绘制圆弧

（5）绘制直线。选择直线命令，绘制如图 10.22 所示的直线。

（6）修剪对象。选择 修剪 命令，修剪掉图形中不需要的对象，完成后如图 10.23 所示

图 10.22　绘制直线　　　　　图 10.23　修剪对象

步骤 3：处理相关的几何约束。

（1）添加重合约束。在 参数化 功能选项卡 几何 区域中选择 命令，在系统的提示下选取如图 10.24 所示的直线 1 的左侧端点作为第 1 个点，选取如图 10.24 所示的圆弧 1 的上方端点作为第 2 个点，完成后如图 10.24 所示。

（2）添加其他重合约束。参考步骤（1）的操作添加其余 7 个重合约束，完成后的效果如图 10.25 所示。

图 10.24　添加重合约束　　　图 10.25　添加其他重合约束

（3）添加水平约束。在 参数化 功能选项卡 几何 区域中选择 命令，在系统的提示下选取如图 10.26 所示的直线 1 作为参考对象，完成后如图 10.26 所示。

（4）添加其他水平约束。参考步骤（3）的操作添加其余 3 个水平约束，完成后的效果如图 10.27 所示。

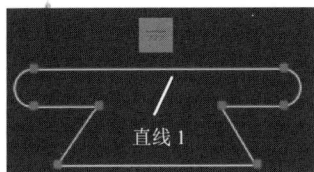

图 10.26　添加水平约束

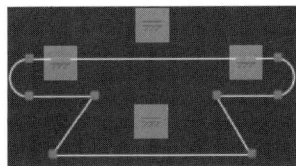

图 10.27　添加其他水平约束

（5）添加相等约束。在 参数化 功能选项卡 几何 区域中选择 ═ 命令，在系统的提示下选取如图 10.28 所示的直线 1 与直线 2 作为参考对象，完成后如图 10.28 所示。

（6）添加其他相等约束。参考步骤（5）的操作添加其余两个相等约束（两条倾斜线与两段圆弧相等），完成后的效果如图 10.29 所示。

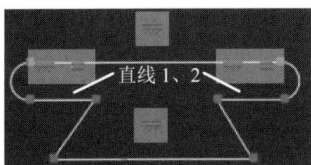

图 10.28　添加相等约束

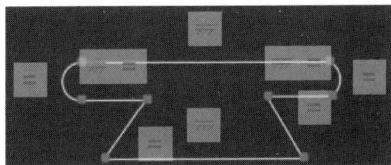

图 10.29　添加其他相等约束

（7）添加相切约束。在 参数化 功能选项卡 几何 区域中选择 ◔ 命令，在系统的提示下选取如图 10.30 所示的直线 1 与圆弧 1 作为参考对象，完成后如图 10.30 所示。

（8）添加其他相切约束。参考步骤（7）的操作添加其余 3 个相切约束（直线与圆弧连接处），完成后的效果如图 10.31 所示。

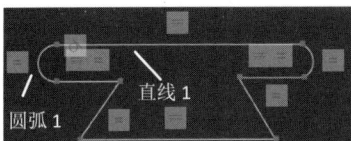

图 10.30　添加相切约束

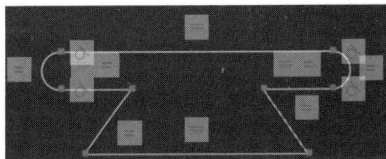

图 10.31　添加其他相切约束

说明： 为了看图方便，用户可以先将几何约束隐藏。

步骤 4：标注并修改尺寸。

（1）标注线段长度。单击 参数化 功能选项卡 标注▼ 区域中的 线性 按钮，在系统的提示下选取 对象(O) 选项，在系统的提示下选取如图 10.32 所示的直线作为要标注的对象，然后在合适的位置放置即可，完成后如图 10.32 所示。

（2）标注两点水平距离。单击 参数化 功能选项卡 标注▼ 区域中的 水平 按钮，在系统的提示下选取如图 10.33 所示的点 1 作为第 1 个约束点，在系统的提示下选取如图 10.33 所示的点 2 作为第 2 个约束点，然后在合适的位置放置即可，完成后如图 10.33 所示。

（3）标注两平行线之间的距离 01。单击 参数化 功能选项卡 标注▼ 区域中的 按钮，在系统的提示下选择 两条直线(2L) 选项，在系统的提示下选取如图 10.34 所示的直线 1 作为第 1 个对象，在系统的提示下选取如图 10.34 所示的直线 2 作为第 2 个对象，然后在合适的位置放置即可，完成后如图 10.34 所示。

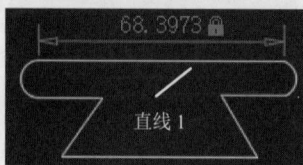

图 10.32　标注线段长度

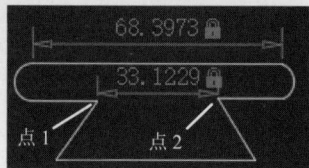

图 10.33　标注两点水平距离

（4）标注两平行线之间的距离 02。单击 参数化 功能选项卡 标注▾ 区域中的 按钮，在系统的提示下选择 两条直线(2L) 选项，在系统的提示下选取如图 10.35 所示的直线 1 作为第 1 个对象，在系统的提示下选取如图 10.35 所示的直线 2 作为第 2 个对象，然后在合适的位置放置即可，完成后如图 10.35 所示。

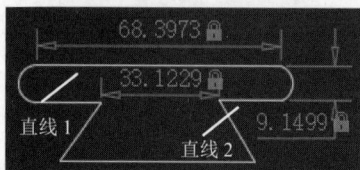

图 10.34　标注两平行线的距离 01

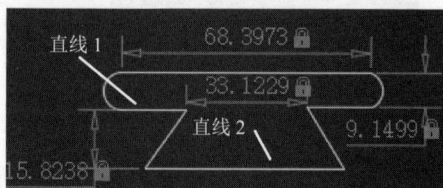

图 10.35　标注两平行线的距离 02

（5）标注角度尺寸。单击 参数化 功能选项卡 标注▾ 区域中的 按钮，在系统的提示下选取如图 10.34 所示的直线 1 作为第 1 个对象，在系统的提示下，选取如图 10.36 所示的直线 2 作为第 2 个对象，然后在合适的位置放置即可，完成后如图 10.36 所示。

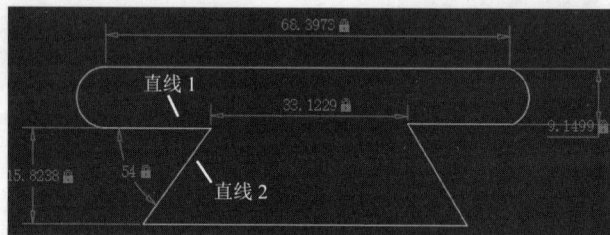

图 10.36　标注角度尺寸

（6）修改尺寸。在 33.1229 尺寸上双击，输入数值 30，然后按 Enter 键确认。采用相同的办法修改其他尺寸，完成后如图 10.37 所示。

注意：一般情况下，如果绘制的图形比我们实际想要的图形大，则建议大家先修改小一些的尺寸，如果绘制的图形比我们实际想要的图形小，则建议大家先修改大一些的尺寸。

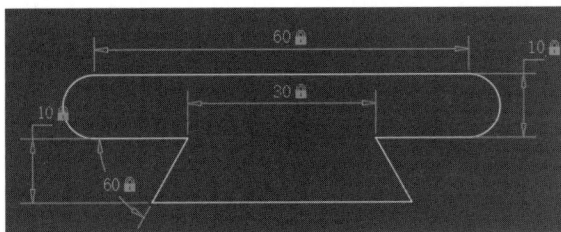

图 10.37　修改尺寸

步骤 5：保存文件。选择快速访问工具栏中的 ⊟ 命令，在文件名文本框中输入文件名称（例如"参数化绘图一般方法"），单击"图形另存为"对话框中的 ▭保存(S)▭ 按钮，即可完成保存。

10.5　上机实操

上机实操 1 如图 10.38 所示，上机实操 2 如图 10.39 所示。

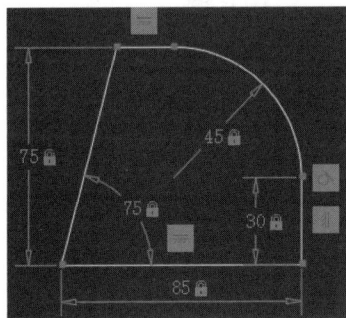

图 10.38　上机实操 1

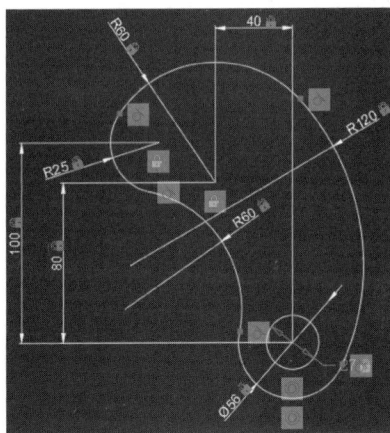

图 10.39　上机实操 2

第11章 测量工具

11.1 测量距离

下面以测量如图 11.1 所示的图形的距离为例,介绍测量距离的一般操作步骤。

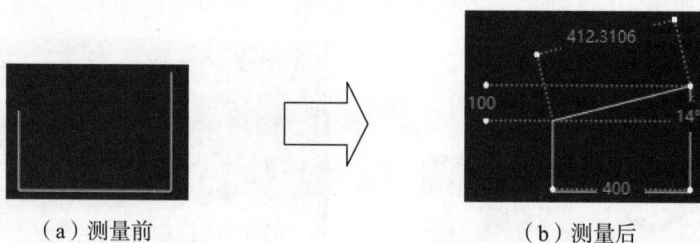

（a）测量前　　　　　　　　（b）测量后

图 11.1　测量距离

步骤 1：打开练习文件 D：\AutoCAD2024\work\ch11.01\ 测量距离 -ex。

步骤 2：选择命令。选择下拉菜单 工具(T) → 查询(Q) → 距离(D) 命令。

步骤 3：选择第 1 个点。在系统 ▾ MEASUREGEOM 指定第1个点:的提示下,选取如图 11.2 所示的点 1 作为参考。

步骤 4：选择第 2 个点。在系统 ▾ MEASUREGEOM 指定第2个点或 [多个点(M)]:的提示下,选取如图 11.2 所示的点 2 作为参考。

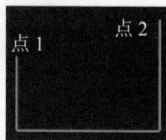

图 11.2　距离参考

步骤 5：查看结果,在图形区即可查看结果,如图 11.1（b）所示,412.3106 代表两点的距离,100 为两点的竖直间距,400 为两点的水平间距,斜线与水平线之间的夹角为 14°。

说明：在系统 ▾ MEASUREGEOM 指定第2个点或 [多个点(M)]:提示下,当选择 多个点(M) 时可以连续选择点进而连续测量距离。

11.2 测量角度

下面以测量如图 11.3 所示的圆弧与直线角度为例,介绍测量角度的一般操作步骤。

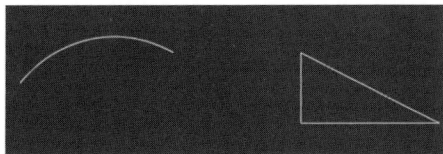

图 11.3 测量角度

步骤 1：打开练习文件 D：\AutoCAD2024\work\ch11.02\ 测量角度 -ex。

步骤 2：选择命令。选择下拉菜单 工具(T) → 查询(Q) → 角度(G) 命令。

步骤 3：选择对象。在系统 MEASUREGEOM 选择圆弧、圆、直线或 <指定顶点>：的提示下，选取图形区的圆弧作为参考，图形区将显示的角度如图 11.4 所示。

步骤 4：选择测量类型。在系统的提示下选取 角度(A) 选项。

步骤 5：选择对象。在系统 MEASUREGEOM 选择圆弧、圆、直线或 <指定顶点>：的提示下，选取图形区水平直线与倾斜直线作为参考，图形区将显示的角度如图 11.5 所示。

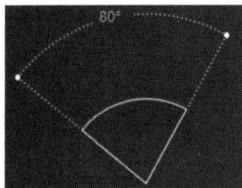

图 11.4 圆弧角度

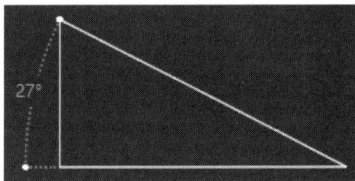

图 11.5 直线间角度

11.3 测量半径与直径

下面以测量如图 11.6 所示的图形的半径与直径为例，介绍测量半径与直径的一般操作步骤。

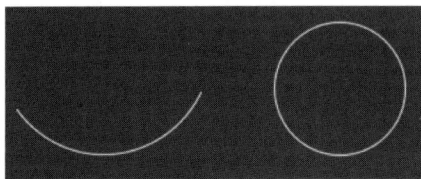

图 11.6 测量半径

步骤 1：打开练习文件 D：\AutoCAD2024\work\ch11.03\ 测量半径 -ex。

步骤 2：选择命令。选择下拉菜单 工具(T) → 查询(Q) → 半径(R) 命令。

步骤 3：选择对象。在系统 MEASUREGEOM 选择圆弧或圆：的提示下，在图形区选取圆弧对象作为参考，图形区将显示的半径与直径如图 11.7 所示。

说明：测量半径的对象需要为圆或者圆弧。

步骤 4：选择测量类型。在系统的提示下选取 半径(R) 选项。

步骤 5：选择对象。在系统 ▬ ▼ MEASUREGEOM 选择圆弧或圆: 的提示下，在图形区选取圆对象作为参考，图形区将显示的半径与直径如图 11.8 所示。

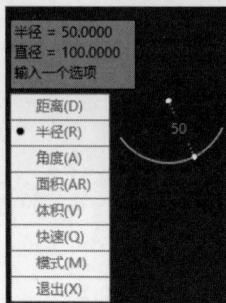

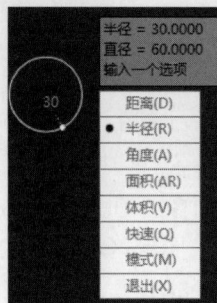

图 11.7　圆弧的半径与直径　　　　图 11.8　圆的半径与直径

11.4　测量周长

1. 不带圆弧的开放对象

下面以测量如图 11.9 所示的图形的周长为例，介绍不带圆弧的开放对象测量周长的一般操作步骤。

步骤 1：打开练习文件 D：\AutoCAD2024\work\ch11.04\ 测量周长 -ex。

步骤 2：合并对象。单击"默认"功能选项卡"修改"后的 ▼节点，在系统弹出的列表中选择 ⟶⟵ 命令，选取如图 11.9 所示的 4 条直线作为要合并的对象，按 Enter 键完成操作。

图 11.9　不带圆弧的开放对象

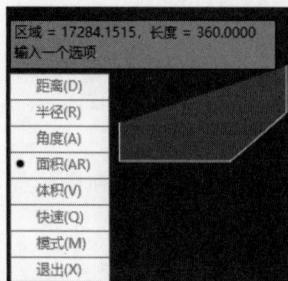

步骤 3：选择命令。选择下拉菜单 工具(T) ⟶ 查询(Q) ⟶ ▭ 面积(A) 命令。

步骤 4：选择对象。在系统 指定第 1 个角点或 [对象(O) 增加面积(A) 减少面积(S) 退出(X)] 的提示下选择 对象(O) 选项，选取步骤 2 创建的合并对象作为参考，图形区将显示周长（长度）与面积（区域），结果如图 11.10 所示。

说明：读者也可以使用距离功能通过依次单击端点测量周长，如图 11.11 所示。

图 11.10　不带圆弧的开放对象的周长　　　　图 11.11　利用距离测量周长

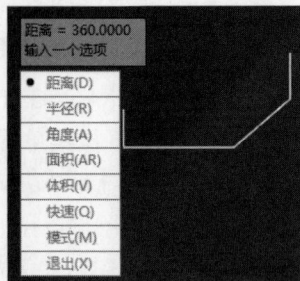

2. 带有圆弧的开放对象

下面以测量如图 11.12 所示的图形的周长为例，介绍带有圆弧的开放对象测量周长的一般操作步骤。

步骤 1：打开练习文件 D：\AutoCAD2024\work\ch11.04\ 测量周长 -ex。

步骤 2：合并对象。单击"默认"功能选项卡"修改"后的 ▼ 节点，在系统弹出的列表中选择 ＋＋ 命令，选取如图 11.12 所示的直线与圆弧作为要合并的对象，按 Enter 键完成操作。

步骤 3：选择命令。选择下拉菜单 工具(T) → 查询(Q) → □ 面积(A) 命令。

步骤 4：选择对象。在系统 指定第1个角点或 [对象(O) 增加面积(A) 减少面积(S) 退出(X)] 的提示下选择 对象(O) 选项，选取步骤 2 创建的合并对象作为参考，图形区将显示周长与面积，结果如图 11.13 所示。

图 11.12　带有圆弧的开放对象　　图 11.13　带有圆弧的开放对象的周长

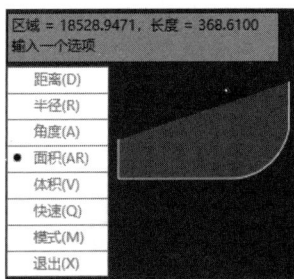

3. 带有圆弧的封闭对象

下面以测量如图 11.14 所示的图形的周长为例，介绍带有圆弧的封闭对象测量周长的一般操作步骤。

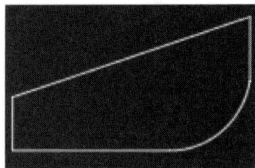

图 11.14　带有圆弧的封闭对象

步骤 1：打开练习文件 D：\AutoCAD2024\work\ch11.04\ 测量周长 -ex。

步骤 2：创建面域。单击"默认"功能选项卡"绘图"后的 ▼ 节点，在系统弹出的列表中选择 ◙ 命令，选取如图 11.14 所示的直线与圆弧作为制作面域的对象，按 Enter 键完成操作，系统提示 已创建 1 个面域。。

步骤 3：选择命令。选择下拉菜单 工具(T) → 查询(Q) → □ 面积(A) 命令。

步骤 4：选择对象。在系统 指定第1个角点或 [对象(O) 增加面积(A) 减少面积(S) 退出(X)] 的提示下选择 对象(O) 选项，选取步骤 2 创建的合并对象作为参考，图形区将显示周长与面积，结果如图 11.15 所示。

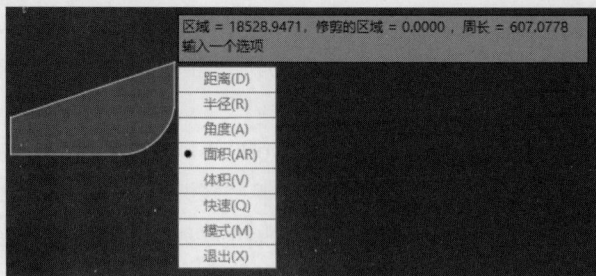

图 11.15　带有圆弧的封闭对象的周长

11.5　测量面积

1. 单个封闭区域

下面以测量如图 11.16 所示的图形的面积为例，介绍单个封闭区域测量面积的一般操作步骤。

图 11.16　单个封闭区域

步骤 1：打开练习文件 D：\AutoCAD2024\work\ch11.05\ 测量面积 -ex。

步骤 2：确认对象为一个整体。在图形区选取如图 11.16 所示的图形的任意对象，此时会全部选中，这说明此对象为整体对象。

步骤 3：选择命令。选择下拉菜单 工具(T) → 查询(Q) → 面积(A) 命令。

步骤 4：选择对象。在系统 指定第1个角点或 [对象(O) 增加面积(A) 减少面积(S) 退出(X)] 的提示下选择 对象(O) 选项，选取如图 11.16 所示的对象作为参考，图形区将显示面积与周长，结果如图 11.17 所示。

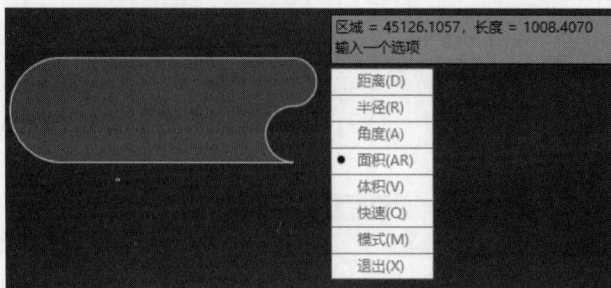

图 11.17　单个封闭区域的面积

2. 单个多重封闭区域

下面以测量如图 11.18 所示的图形的面积为例，介绍单个多重封闭区域测量面积的一般操作步骤。

步骤 1：打开练习文件 D：\AutoCAD2024\work\ch11.05\ 测量面积 -ex。

步骤 2：选择命令。选择下拉菜单 工具(T) → 查询(Q) → 面积(A) 命令。

步骤 3：选择对象。在系统 指定第1个角点或 [对象(O) 增加面积(A) 减少面积(S) 退出(X)] 的提示下依次选择 增加面积(A) 与 对象(O) 选项，选取矩形对象作为参考并按 Enter 键确认，在系统 MEASUREGEOM 指定第1个角点或 [对象(O) 减少面积(S) 退出(X)]: 的提示下依次选择 减少面积(S) 与 对象(O) 选项，选取两个圆对象作为参考并按两次 Enter 键确认即可查看结果。

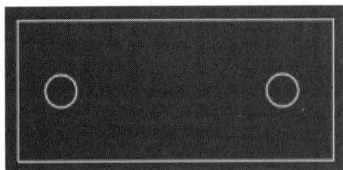

图 11.18　单个多重封闭区域

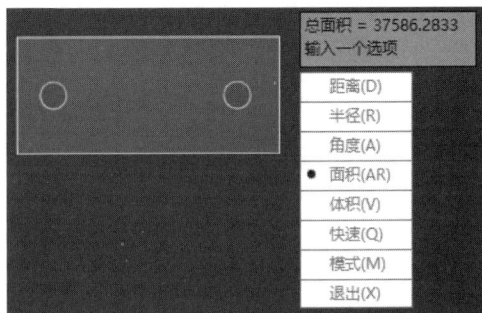

图 11.19　单个多重封闭区域的面积

3. 多个封闭区域

下面以测量如图 11.20 所示的图形的面积为例，介绍多个封闭区域测量面积的一般操作步骤。

步骤 1：打开练习文件 D：\AutoCAD2024\work\ch11.05\ 测量面积 -ex。

步骤 2：选择命令。选择下拉菜单 工具(T) → 查询(Q) → 面积(A) 命令。

步骤 3：选择对象。在系统 指定第1个角点或 [对象(O) 增加面积(A) 减少面积(S) 退出(X)] 的提示下依次选择 增加面积(A) 与 对象(O) 选项，选取正六边形与椭圆对象作为参考并按两次 Enter 键确认即可查看结果，如图 11.21 所示。

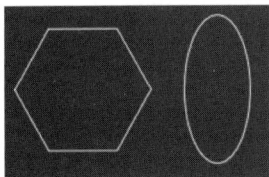

图 11.20　多个封闭区域

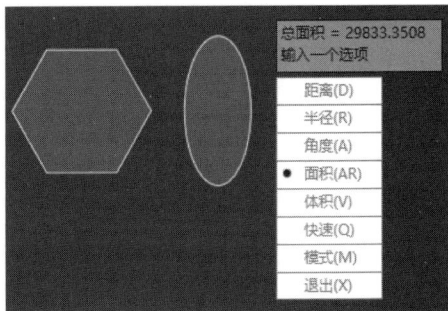

图 11.21　多个封闭区域的面积

11.6　测量体积

下面以测量如图 11.22 所示的模型的体积为例，介绍测量体积的一般操作步骤。

步骤 1：打开练习文件 D：\AutoCAD2024\work\ch11.06\ 测量体积 -ex。

步骤 2：选择命令。选择下拉菜单 工具(T) → 查询(Q) → ◲ 体积(V) 命令。

步骤 3：选择对象。在系统指定第 1 个角点或 [对象(O) 增加体积(A) 减去体积(S) 退出(X)] 的提示下依次选择 对象(O) 选项，选取如图 11.22 所示的实体对象作为参考即可查看结果，如图 11.23 所示。

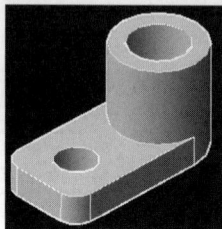

图 11.22　测量体积模型

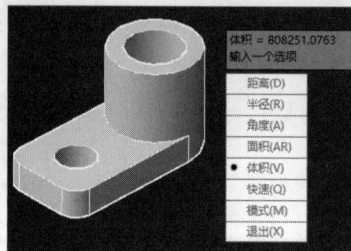

图 11.23　测量体积

第 12 章

轴　测　图

12.1　概述

工程上一般采用多个正投影图来表达所绘制物体的形状和大小。因为正投影图易于测量，作图简单，但立体感不强，所以必须具备一定的看图能力才能想象出所表达物体的真实形状，因此，在设计过程中，经常采用轴测图（轴测投影图）作为辅助图样。轴测图更接近人们的视觉习惯，虽不能确切地反映物体真实的形状和大小，但可用来帮助人们理解正投影图。

轴测图属于二维平面图形，只是它显示的是三维的效果，其绘制的方法与前面介绍的二维图形的绘制方法基本相同，绘制时，可以根据形体的特点，确定恰当的等轴测平面，然后利用简单的绘图命令，例如直线命令、椭圆命令、矩形命令等，并结合图形编辑命令（如修剪、复制、移动等），完成轴测图的绘制。

12.2　前期设置

步骤 1：选择命令。选择下拉菜单 工具(T) → 绘图设置(F)... 命令，系统会弹出如图 12.1 所示的"草图设置"对话框。

▶ 3min

图 12.1　"草图设置"对话框

步骤 2：在"草图设置"对话框中选择 捕捉和栅格 选项卡，在 捕捉类型 区域选中 ◉等轴测捕捉(M) 单选项，单击 确定 按钮完成捕捉设置，设置完成后鼠标的形状如图 12.2 所示。

说明：等轴测捕捉可以捕捉左等轴测平面（前后面），如图 12.2 所示。顶部等轴测平面（水平面），如图 12.3 所示。右等轴测平面（左右面），如图 12.4 所示。用户可以在状态栏的等轴测草图节点切换平面，如图 12.5 所示。

图 12.2　等轴测捕捉　　　图 12.3　顶部等轴测平面　　　图 12.4　右等轴测平面

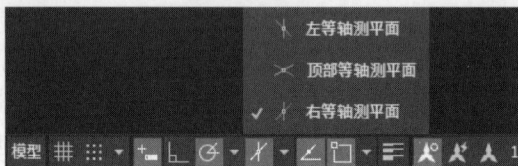

图 12.5　等轴测平面

步骤 3：打开正交捕捉。单击屏幕下部状态栏中的 按钮，使 加亮显示。

12.3　一般绘制方法

下面以绘制如图 12.6 所示的轴测图为例，介绍绘制轴测图的一般操作步骤。

步骤 1：打开练习文件 D：\AutoCAD2024\work\ch12.03\ 轴测图 -ex。

步骤 2：绘制等轴测矩形。

（1）切换图层。在"默认"功能选项卡"图层"区域的图层下拉列表中选择"轮廓线层"。

（2）设置绘图平面。在状态栏的等轴测草图节点下选择 左等轴测平面 。

（3）绘制直线，选择直线命令，依次绘制长度为 40mm、15mm、40mm 与 15mm 的水平竖直直线，绘制完成后如图 12.7 所示。

步骤 3：绘制右等轴测直线。

（1）设置绘图平面。在状态栏的等轴测草图节点下选择 右等轴测平面 。

（2）绘制直线，选择直线命令，以如图 12.8 所示的点 1 为起点，依次绘制长度为 60mm、15mm、10mm、7mm、40mm、7mm 及 10mm 的水平和竖直直线，绘制完成后如图 12.8 所示。

步骤 4：绘制顶部等轴测直线。

（1）设置绘图平面。在状态栏的等轴测草图节点下选择 顶部等轴测平面 。

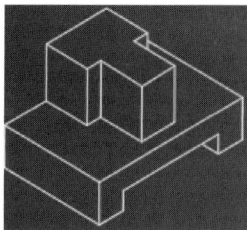

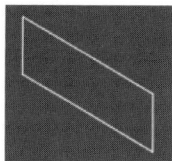

图 12.6 轴测图   图 12.7 等轴测矩形   图 12.8 等轴测直线

（2）绘制直线，选择直线命令，以如图 12.9 所示的点 1 为起点，依次绘制长度为 60mm 与 40mm 的水平和竖直直线，绘制完成后如图 12.9 所示。

步骤 5：创建顶部等轴测的其他对象。

（1）选择偏移命令，将如图 12.10 所示的直线 1 与直线 2 向内偏移 15mm 与 20mm，结果如图 12.10 所示。

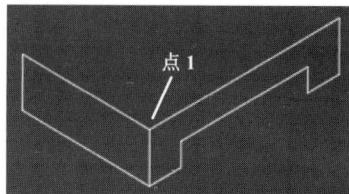

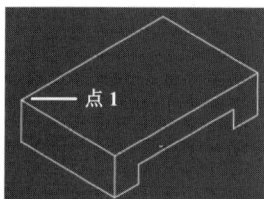

图 12.9 顶部等轴测直线   图 12.10 偏移直线

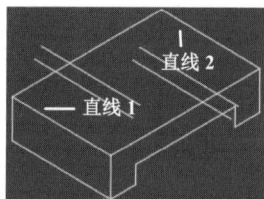

（2）选择 ⟶⟶ 延伸 命令，将步骤（1）得到的直线延伸至如图 12.11 所示的效果。

（3）选择 ✂ 修剪 命令，修剪掉图形区不需要的对象，效果如图 12.12 所示。

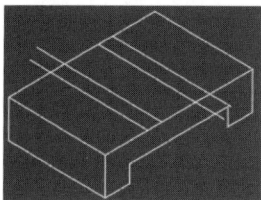

图 12.11 延伸对象   图 12.12 修剪对象

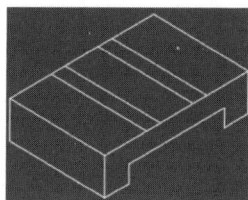

（4）选择偏移命令，将如图 12.13 所示的直线 1 向内偏移 15mm 与 30mm，结果如图 12.13 所示。

（5）选择 ✂ 修剪 命令，修剪掉图形区不需要的对象，效果如图 12.14 所示。

步骤 6：绘制左等轴测直线。

（1）设置绘图平面。在状态栏的等轴测草图节点下选择 ⟋ 左等轴测平面 。

（2）绘制直线，选择直线命令，绘制长度为 20mm 的竖直直线，完成后如图 12.15 所示。

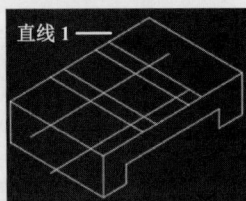

图 12.13 偏移对象

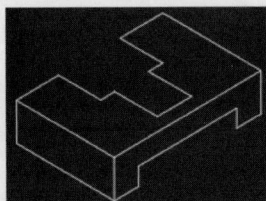

图 12.14 修剪对象

步骤 7：绘制顶部等轴测直线。

（1）设置绘图平面。在状态栏的等轴测草图节点下选择 ╳ 顶部等轴测平面 。

（2）绘制直线，选择直线命令，绘制如图 12.16 所示直线。

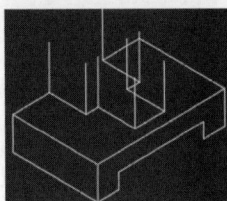

图 12.15 绘制左等轴测直线

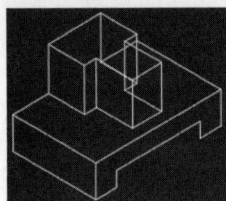

图 12.16 绘制顶部等轴测直线

步骤 8：修剪及删除多余直线。

（1）选择 ✎ 命令，删除图形中不需要的整条直线对象，完成后如图 12.17 所示。

（2）选择 ✂修剪 命令，修剪图形中不需要的对象，完成后如图 12.18 所示。

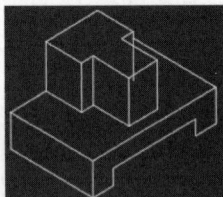

图 12.17 删除无用直线

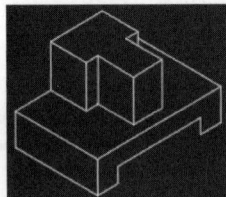

图 12.18 修剪对象

步骤 9：补画其他直线。

（1）选择直线命令，绘制如图 12.19 所示的水平直线。

（2）选择 ✂修剪 命令，修剪图形中不需要的对象，完成后如图 12.20 所示。

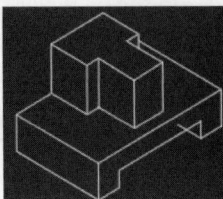

图 12.19 绘制直线

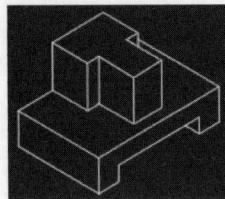

图 12.20 修剪对象

12.4 绘制带有圆或者圆弧的等轴测图

图 12.21 带圆或者圆弧的轴测图

下面以绘制如图 12.21 所示的轴测图为例，介绍绘制带有圆或者圆弧的轴测图的一般操作步骤。

步骤 1：打开练习文件 D：\AutoCAD2024\work\ch12.04\ 带有圆或者圆弧的轴测图 -ex。

步骤 2：绘制等轴测矩形。

（1）切换图层。在"默认"功能选项卡"图层"区域的图层下拉列表中选择"轮廓线层"。

（2）设置绘图平面。在状态栏的等轴测草图节点下选择 左等轴测平面 。

（3）绘制直线，选择直线命令，依次绘制长度为 50mm、20mm、50mm 与 20mm 的水平竖直直线，绘制完成后如图 12.22 所示。

步骤 3：绘制右等轴测直线。

（1）设置绘图平面。在状态栏的等轴测草图节点下选择 右等轴测平面 。

（2）绘制直线，选择直线命令，以如图 12.23 所示的点 1 为起点，依次绘制长度为 60mm、60mm、20mm、40mm 及 40mm 的水平竖直直线，绘制完成后如图 12.23 所示。

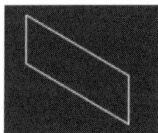

图 12.22 等轴测矩形

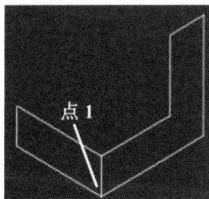

图 12.23 右等轴测直线

步骤 4：复制右等轴测直线。选择 复制 命令，将步骤 3 绘制的 5 条直线以如图 12.24 所示的点 1 为基点，复制到如图 12.24 所示的点 2 的位置。

步骤 5：绘制左等轴测直线。

（1）设置绘图平面。在状态栏的等轴测草图节点下选择 左等轴测平面 。

（2）绘制直线，选择直线命令，以如图 12.25 所示的点 1 为起点，依次绘制长度为 15mm、10mm、20mm、10mm 及 15mm 的水平竖直直线，绘制完成后如图 12.25 所示。

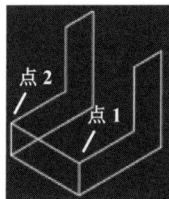

图 12.24 复制右等轴测直线

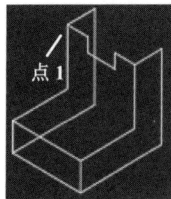

图 12.25 绘制左等轴测直线

步骤 6：复制左等轴测直线。选择 【复制】 命令，将步骤 5 绘制的 5 条直线以如图 12.25 所示的点 1 为基点，复制到如图 12.26 所示的点 2 的位置。

步骤 7：绘制顶部等轴测直线。

（1）设置绘图平面。在状态栏的等轴测草图节点下选择 【顶部等轴测平面】。

（2）绘制直线，选择直线命令，绘制如图 12.27 所示的直线。

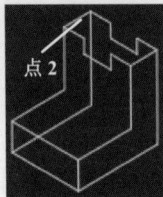

图 12.26　复制左等轴测直线　　　图 12.27　绘制顶部等轴测直线

步骤 8：绘制左等轴测直线。

（1）设置绘图平面。在状态栏的等轴测草图节点下选择 【左等轴测平面】。

（2）绘制直线，选择直线命令，绘制如图 12.28 所示的直线。

步骤 9：修剪及删除多余的直线。

（1）选择 【删除】命令，删除图形中不需要的整条直线对象，完成后如图 12.29 所示。

（2）选择 【修剪】命令，修剪图形中不需要的对象，完成后如图 12.30 所示。

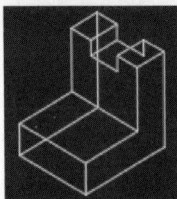

图 12.28　绘制左等轴测直线　　　图 12.29　删除多余的直线　　　图 12.30　修剪对象

步骤 10：绘制顶部等轴测直线。

（1）设置绘图平面。在状态栏的等轴测草图节点下选择 【顶部等轴测平面】。

（2）绘制直线，选择直线命令，绘制长度为 12mm 的直线，完成后如图 12.31 所示。

说明： 长度为 12mm 的直线的起点为左侧等轴测直线的中点。

步骤 11：绘制顶部等轴测圆。

（1）选择命令。单击"默认"功能选项卡 后的 按钮，在系统弹出的下拉菜单中选择 【轴，端点】命令。

（2）定义类型。在系统 ELLIPSE 指定椭圆轴的端点或 [圆弧(A) 中心点(C) 等轴测圆(I)] 的提示下，选择 等轴测圆(I) 选项。

（3）定义圆心。在系统 ELLIPSE 指定等轴测圆的圆心：的提示下，选择步骤 10 所绘制的长度为 12mm 的右侧端点作为圆心。

（4）定义半径值。在系统 ···▼ **ELLIPSE 指定等轴测圆的半径或 [直径(D)]:** 的提示下，输入半径值8，完成后如图12.32所示。

（5）参考步骤（1）~（4）的操作，绘制下方相同的等轴测圆，效果如图12.33所示。

| 图 12.31 绘制顶部等轴测直线 | 图 12.32 等轴测圆 1 | 图 12.33 等轴测圆 2 |

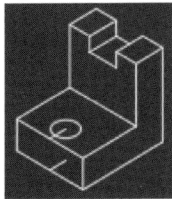

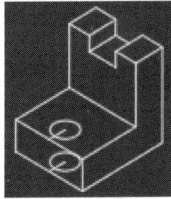

步骤12：绘制顶部等轴测直线。选择直线命令，绘制长度为8mm与12mm的多条直线（共计8条），完成后如图12.34所示。

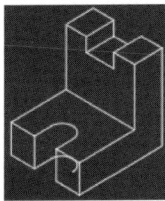

步骤13：修剪及删除多余的直线。

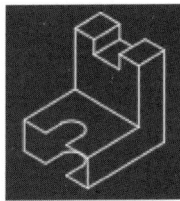

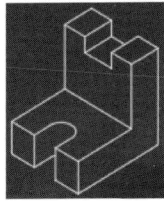

（1）选择 ✎ 命令，删除图形中不需要的整条直线对象，完成后如图12.35所示。

（2）选择 ✂ 修剪 命令，修剪图形中不需要的对象，完成后如图12.36所示。

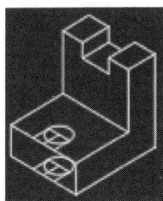

| 图 12.34 绘制顶部等轴测直线 | 图 12.35 删除多余的直线 | 图 12.36 修剪对象 |

步骤14：绘制左等轴测直线。

（1）设置绘图平面。在状态栏的等轴测草图节点下选择 ✦ 左等轴测平面 。

（2）绘制直线，选择直线命令，绘制如图12.37所示的直线。

步骤15：修剪及删除多余的直线。

（1）选择 ✎ 命令，删除图形中不需要的整条直线对象，完成后如图12.38所示。

（2）选择 ✂ 修剪 命令，修剪图形中不需要的对象，完成后如图12.39所示。

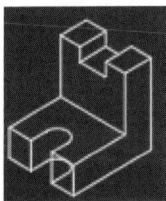

| 图 12.37 绘制左等轴测直线 | 图 12.38 删除多余的直线 | 图 12.39 修剪对象 |

步骤16：绘制等轴测圆角。

（1）设置绘图平面。在状态栏的等轴测草图节点下选择 ✕ 顶部等轴测平面 。

（2）绘制直线。选择直线命令，以如图 12.40 所示的点 1 为起点，绘制长度为 7mm 的两条直线，效果如图 12.40 所示。

（3）绘制等轴测圆。选择 ⬭轴,端点 命令，以步骤（2）绘制直线的端点为圆心，绘制半径为 7mm 的等轴测圆，效果如图 12.41 所示。

（4）删除及修剪多余的对象。选择删除与修剪命令，删除及修剪图形中多余的对象，效果如图 12.42 所示。

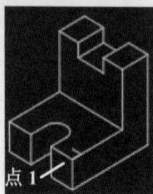

图 12.40 绘制直线

图 12.41 绘制等轴测圆

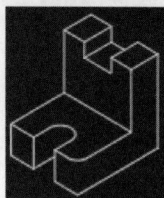

图 12.42 删除及修剪对象

步骤 17：绘制其他等轴测圆角。参考步骤 16 的操作创建其他圆角，效果如图 12.43 所示。

步骤 18：补画其他直线。

（1）设置绘图平面。在状态栏的等轴测草图节点下选择 ⟋ 左等轴测平面 。

（2）绘制直线，选择直线命令，绘制如图 12.44 所示的直线。

步骤 19：修剪多余的对象。选择 ✂修剪 命令，修剪图形中不需要的对象，完成后如图 12.45 所示。

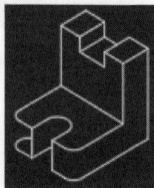

图 12.43 绘制其他等轴测圆角

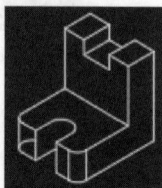

图 12.44 补画其他直线

图 12.45 修剪多余的对象

12.5 上机实操

上机实操 1 如图 12.46 所示，上机实操 2 如图 12.47 所示。尺寸可自定义。

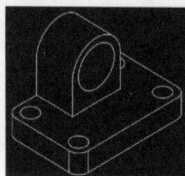

图 12.46 上机实操 1

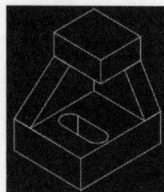

图 12.47 上机实操 2

第 13 章

三维图形的绘制

13.1 三维绘图概述

在传统的绘图中，二维图形是一种常用的表示物体形状的方法。这种方法需要绘图者和看图者都能理解图形中表示的信息，这样才能获得真实物体的形状和形态；另外，如果三维对象的每个二维视图都是分别创建的，由于缺乏内部的关联，所以发生错误的机会就会很高。特别是在修改图形中的对象时，必须分别修改每个视图。创建三维模型就能很好地解决这些问题，只是创建过程要比二维模型复杂得多。创建三维模型主要有以下几个优点。

（1）便于观察：可从空间中的任何位置、任何角度观察三维模型。

（2）快速生成二维图形：可以自动地创建俯视图、主视图、侧视图和辅助视图。

（3）渲染对象：经过渲染的三维图形更容易表达设计者的意图。

（4）满足工程需求：根据生成的三维模型，可以进行三维干涉检查、工程分析及从三维模型中提取加工数据。

三维模型需要在三维坐标系下进行创建，可以使用右手定则来直观地了解 AutoCAD 如何在三维空间中工作。伸出右手，想象拇指是 x 轴，食指是 y 轴，中指是 z 轴。按直角伸开拇指和食指，并让中指垂直于手掌，这 3 个手指现在正分别指向 x、y 和 z 的正方向，如图 13.1 所示。

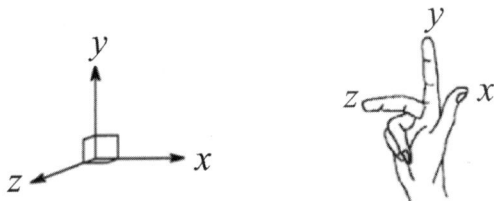

图 13.1　三维坐标系

还可以使用右手规则确定正的旋转方向，把拇指放到要绕其旋转的轴的正方向，手掌内弯曲手的中指、无名指和小拇指弯曲的方向就是正的旋转方向。

在三维坐标系下，同样可以使用直角坐标或极坐标来定义点。此外，在绘制三维图形时，还可使用柱坐标和球坐标来定义点。

1. 直角坐标

当工作于三维空间时，可以使用绝对坐标（相对于坐标系坐标原点）来指定点的 x、y、z 坐标，例如，如果要指定一个沿 x 轴正向 10mm、沿 y 轴正向 5mm、沿 z 轴负向 8mm 的点，则可以指定坐标为（10，5，-8），也可以使用相对坐标（相对于最后的选择点）来指定坐标。

2. 柱坐标

柱坐标是通过定义某点在 XY 平面中距原点（绝对坐标）或前一点（相对坐标）的距离，在 XY 平面中与 x 轴的夹角及 z 坐标值来指定一个点。

绝对柱坐标（50<60，100）的含义：在 XY 平面中与原点的距离为 50，在 XY 平面中与 x 轴的角度为 60°，z 坐标为 100。

相对柱坐标（@50<60，100）的含义：在 XY 平面中与前一点的距离为 50，在 XY 平面中与 x 轴的角度为 60°，z 坐标为 100。

3. 球坐标

点的球坐标具有 3 个参数：它相对于原点（绝对坐标）或前一点（相对坐标）的距离，在 XY 平面上与 x 轴的夹角，与 XY 平面的夹角。

绝对球坐标（50<60<80）的含义：相对于原点的距离为 50，在 XY 平面上与 x 轴的夹角为 60°，与 XY 平面的夹角为 80°。

相对球坐标（@50<60<80）的含义：相对于前一点的距离为 50，在 XY 平面上与 x 轴的夹角为 60°，与 XY 平面的夹角为 80°。

为了更加方便地对三维模型进行查看、创建及编辑，系统默认为"草图与注释"工作台，如图 13.2 所示，用户可以将工作空间切换到"三维建模"，单击状态栏 ⚙ 后的 ▾，在系统弹出的快捷菜单中选择 ✓三维建模，完成后如图 13.3 所示。

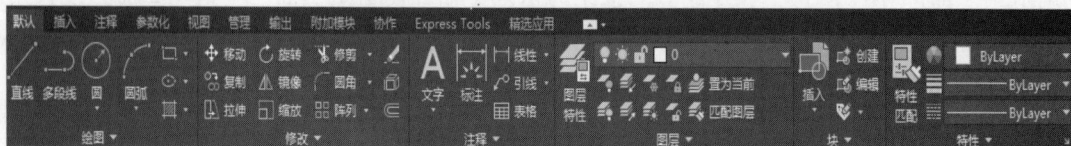

图 13.2 "草图与注释"工作空间

图 13.3 "三维建模"工作空间

13.2 观察三维图形

1. 根据视点观察三维图形

在学习本节前，大家可以打开练习文件 D：\AutoCAD2024\work\ch13.01\ 观察三维图形。

视点是指在三维空间中观察图形对象的方位。当在三维空间中观察图形对象时，往往需要从不同的方位来查看三维对象上不同的部位，因此要经常变换观察的视点。

可以选择下拉菜单 视图(V) → 三维视图(D) → 视点(V) 命令，系统将暂时清除屏幕上的图形，只显示如图 13.4 所示的坐标球和三轴架，当移动鼠标光标时，坐标球中的小光标也跟着移动。坐标球的圆心表示北极（0，0，1），内环是赤道（n，n，0），外环是南极（0，0，-1），因此，当光标位于内环之内时，相当于视点在球体的上半球，将从上向下观察三维模型，方向（东、北、西或南）由从圆心到光标的角度决定；当光标位于内环与外环之间时，表示视点在球体的下半球，将从下向上观察三维模型；如果光标正好位于内环上，则将从赤道向下观察三维模型；如果光标位于外环上，则将从模型底部竖直向上观察模型。当移动坐标球中的光标时，三轴架的方向也随之改变，可以进一步协助设置当前的视点，如图 13.5 所示。

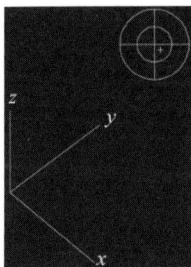

图 13.4 坐标球和三轴架　　　图 13.5 视点观察

用户还可以选择下拉菜单 视图(V) → 三维视图(D) → 视点预设(I)... 命令，系统将弹出如图 13.6 所示的"视点预设"对话框，在"视点预设"对话框中，绝对于 WCS(W) 和 相对于 UCS(U) 两个单选项用来确定新的观察角度是相对于世界坐标系还是相对于当前的用户坐标系。在左、右两个图像之中用实线指示出当前的视角，数值显示在其下面的文本框里。左边的图像用于设置 XY 平面内的观察角度，右边的图像用于设置相对于 XY 平面的观察角度，用户可以单击图像中的分隔线，将观察角度值设置为 45 的整数倍，也可以在 X 轴(A) 和 XY 平面(P) 文本框内输入相应的角度值。设置为平面视图(V) 按钮用于设置模型的平面视图。确定完视点后，单击 确定 按钮，系统即按该视点显示三维图形。

用户还可以选择系统定义好的视点完成模型的快速定位，系统默认向用户提供了 6 个平面视点与 4 个轴测视点（如图 13.7 所示），平面视点包括俯视（如图 13.8 所示）、仰视（如图 13.9 所示）、左视（如图 13.10 所示）、右视（如图 13.11 所示）、前视（如图 13.12 所示）

及后视（如图 13.13 所示），轴测视图包括西南等轴测（如图 13.14 所示）、东南等轴测（如图 13.15 所示）、东北等轴测（如图 13.16 所示）及西北等轴测（如图 13.17 所示）。

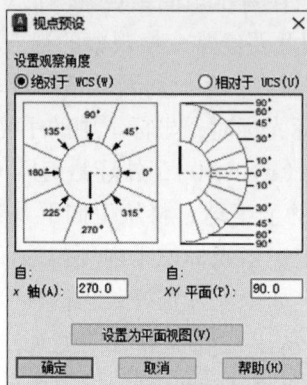

图 13.6 "视点预设"对话框

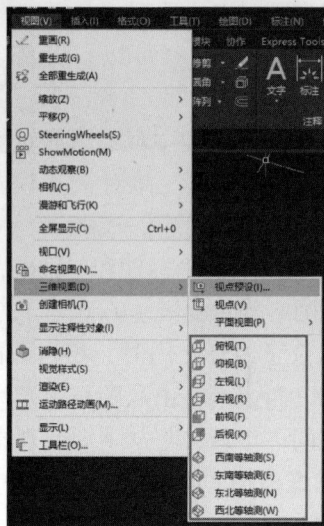

图 13.7 预定义视点

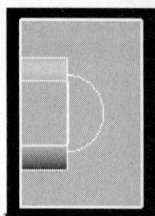
图 13.8 俯视

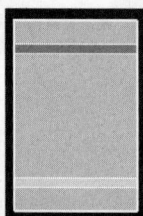
图 13.9 仰视

图 13.10 左视

图 13.11 右视

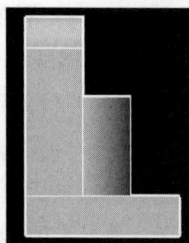
图 13.12 前视

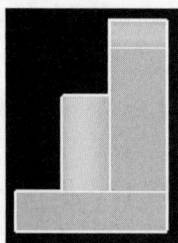
图 13.13 后视

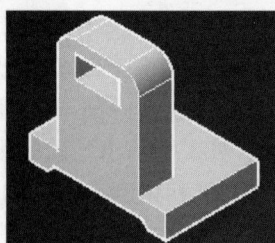
图 13.14 西南等轴测

2. 根据三维动态观察器

使用三维动态观察器可以在三维空间动态地观察三维对象。选择下拉菜单 视图(V) → 动态观察(B) → 自由动态观察(F) 命令后，系统将显示一个如图 13.18 所示的观察球，在圆的 4 个象限点处带有 4 个小圆，这便是三维动态观察器。

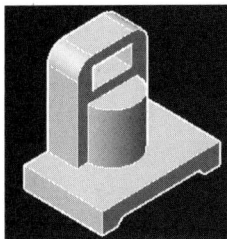

图 13.15 东南等轴测

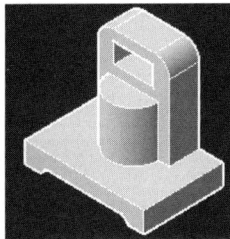

图 13.16 东北等轴测

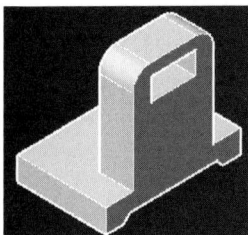

图 13.17 西北等轴测

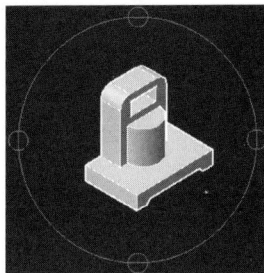

图 13.18 动态观察

观察器的圆心就是要观察的点（目标点），观察的出发点相当于相机的位置。查看时，目标点是固定不动的，通过移动鼠标光标可以使相机在目标点周围移动，从不同的视点动态地观察对象。结束命令后，三维图形将按新的视点方向重新定位。

在观察器中，光标的形状也将随着所处的位置而改变，可有以下几种情况：

（1）当光标位于观察球的内部时，光标图标显示为 ⊕。此时单击并拖动光标，可以自由地操作视图，在目标的周围移动视点。

（2）当光标位于观察球以外区域时，光标图标显示为 ⊙。此时单击并绕着观察球拖动光标，视图将围绕着一条穿过观察球球心且与屏幕正交的轴旋转。

（3）当光标位于观察球左侧或右侧的小圆中时，光标图标显示为 ⊕。单击并拖动光标，可以使视图围绕着通过观察球顶部和底部的假想的垂直轴旋转。

（4）当光标位于观察球顶部或底部的小圆中时，光标图标显示为 ⊕。单击并拖动光标，可以使视图围绕着通过观察球左边和右边假想的水平轴旋转。

在各种显示状态下，按住中键不放，可移动视图的显示位置。

3. 使用快捷键观察三维图形

用户可以同时先按住 Shift+ 鼠标中键，然后移动鼠标，鼠标光标移动方向就是三维图形的旋转方向。

13.3 视觉样式

AutoCAD 向用户提供了 10 种不同的显示方法，通过不同的显示方式可以方便用户查看模型内部的细节结构，也可以帮助用户更好地选取一个对象。用户可以在"常用"功能选项卡"视图"区域的"视觉样式"下拉列表中选择不同的视觉样式，如图 13.19 所示。视觉样式节点下各选项的说明如下。

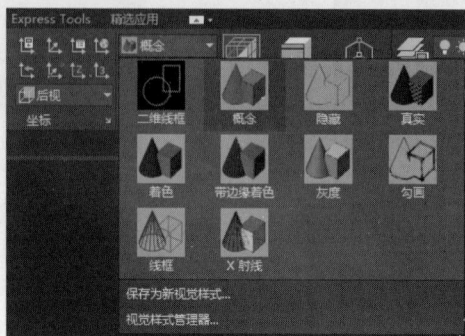

图 13.19 "视觉样式"下拉列表

（1）**二维线框**（ ）：使用直线和曲线显示对象。此视觉样式针对高保真度的二维绘图环境进行了优化，如图 13.20 所示。

（2）**概念**（ ）使用平滑着色和古氏面样式显示三维对象。古氏面样式在冷暖颜色而不是明暗效果之间转换。效果缺乏真实感，但是可以更方便地查看模型的细节，如图 13.21 所示。

（3）**隐藏**（ ）使用线框显示三维对象，并隐藏表示背面的直线，如图 13.22 所示。

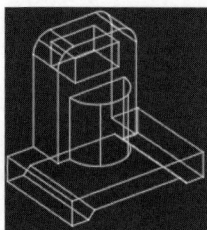

图 13.20 二维线框

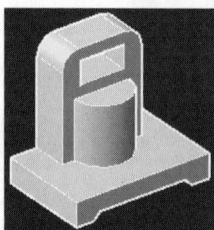

图 13.21 概念

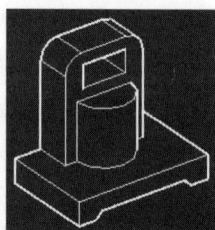

图 13.22 隐藏

（4）**真实**（ ）使用平滑着色和材质显示三维对象，如图 13.23 所示。

（5）**着色**（ ）使用平滑着色显示三维对象，如图 13.24 所示。

（6）**带边缘着色**（ ）使用平滑着色和可见边显示三维对象，如图 13.25 所示。

图 13.23 真实

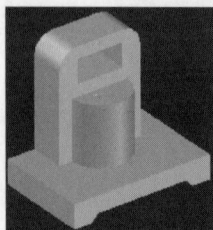

图 13.24 着色

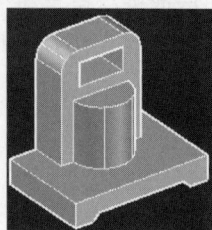

图 13.25 带边缘着色

（7）灰度（🖌）使用平滑着色和单色灰度显示三维对象，如图 13.26 所示。

（8）勾画（✎）使用线延伸和抖动边修改器显示手绘效果的二维和三维对象，如图 13.27 所示。

（9）线框（🔺）仅使用直线和曲线显示三维对象。将不显示二维实体对象的绘制顺序设置和填充。与二维线框视觉样式的情况一样，当更改视图方向时，线框视觉样式不会导致重新生成视图。在大型三维模型中将节省大量的时间，如图 13.28 所示。

（10）X射线（🖌）以局部透明度显示三维对象，如图 13.29 所示。

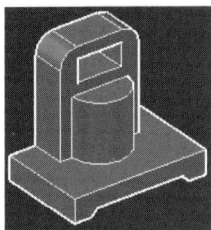 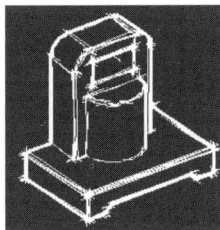 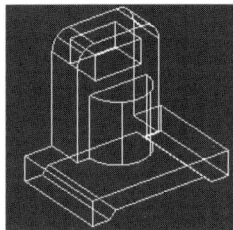 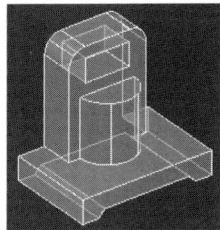

图 13.26　灰度　　　　图 13.27　勾画　　　　图 13.28　线框　　　　图 13.29　X射线

13.4　基本三维实体对象

1. 长方体

下面以如图 13.30 所示的长度为 100mm，宽度为 60mm，高度为 50mm 的长方体为例，介绍创建长方体的一般操作过程。

步骤 1：将视点调整至东南等轴测。选择"常用"功能选项卡"视图"区域的"视点"，在下拉列表中选择"东南等轴测"，完成后如图 13.31 所示。

图 13.30　长方体

步骤 2：选择命令。选择"常用"功能选项卡"建模"区域中的 长方体 命令。

说明：调用长方体命令还有两种方法。

方法一：选择下拉菜单 绘图(D) → 建模(M) → 长方体(B) 命令。

方法二：在命令行中输入 BOX 命令，并按 Enter 键。

步骤 3：定义长方体的第 1 个角点。在系统 ▼ BOX 指定第 1 个角点或 [中心(C)]:的提示下，在绘图区任意位置单击即可确定第 1 个角点位置。

步骤 4：定义长方体的长度与宽度。在系统 ▼ BOX 指定其他角点或 [立方体(C) 长度(L)]:的提示下，选择 长度(L) 选项，在系统 ▼ BOX 指定长度:的提示下在图形区捕捉到水平角度，并且输入长方体的长度值 100 并按 Enter 键确认，在系统 ▼ BOX 指定宽度:的提示下，输入长方体的宽度值 60 并按 Enter 键确认。

步骤 5：定义长方体的高度。在系统 ▼ BOX 指定高度或 [两点(2P)]:的提示下，在图形区向上移动鼠标（代表高度方向向上），输入长方体的高度值 50 并按 Enter 键确认，完成后的效果如图 13.32 所示。

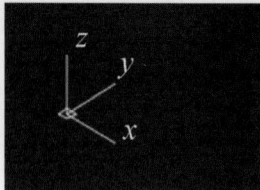

图 13.31　调整视点　　　　　　　图 13.32　长方体

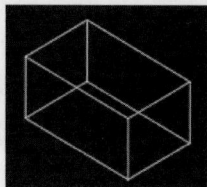

2. 圆柱体

下面以如图 13.33 所示的直径为 100mm，高度为 50mm 的圆柱体为例，介绍创建圆柱体的一般操作过程。

步骤 1：将视点调整至东南等轴测。选择"常用"功能选项卡"视图"区域的"视点"，在下拉列表中选择"东南等轴测"。

步骤 2：选择命令。选择"常用"功能选项卡"建模"区域中的 圆柱体 命令。

说明：调用圆柱体命令还有两种方法。

方法一：选择下拉菜单 绘图(D) → 建模(M) → 圆柱体(C) 命令。

方法二：在命令行中输入 CYLINDER 命令，并按 Enter 键。

步骤 3：定义圆柱体的底面中心。在系统 CYLINDER 指定底面的中心点或 [三点(3P) 两点(2P) 切点、切点、半径(T) 椭圆(E)] 的提示下，在绘图区的任意位置单击即可确定底面中心位置。

步骤 4：定义圆柱体的直径。在系统 CYLINDER 指定底面半径或 [直径(D)]: 的提示下，选择 直径(D) 选项，在系统 CYLINDER 指定直径: 的提示下输入直径 100 并按 Enter 键确认。

步骤 5：定义圆柱体的高度。在系统 CYLINDER 指定高度或 [两点(2P) 轴端点(A)] <50.0000>: 的提示下，在图形区向上移动鼠标光标（代表高度方向向上），输入圆柱体的高度值 50 并按 Enter 键确认，完成后的效果如图 13.33 所示。

3. 圆锥体

下面以如图 13.34 所示的直径为 100mm 且高度为 100mm 的圆锥体为例，介绍创建圆锥体的一般操作过程。

图 13.33　圆柱体　　　　　　　图 13.34　圆锥体

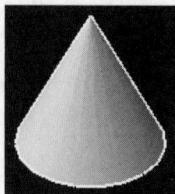

步骤 1：将视点调整至东南等轴测。选择"常用"功能选项卡"视图"区域的"视点"，在下拉列表中选择"东南等轴测"。

步骤2：选择命令。选择"常用"功能选项卡"建模"区域中的 ◭ 圆锥体 命令。

说明： 调用圆锥体命令还有两种方法。

方法一：选择下拉菜单 绘图(D) → 建模(M) → ◭ 圆锥体(O) 命令。

方法二：在命令行中输入 CONE 命令，并按 Enter 键。

步骤3：定义圆锥体的底面中心。在系统 ▼ CONE 指定底面的中心点或 [三点(3P) 两点(2P) 切点、切点、半径(T) 椭圆(E)]: 的提示下，在绘图区的任意位置单击即可确定底面中心位置。

步骤4：定义圆锥体的底面直径。在系统 ▼ CONE 指定底面半径或 [直径(D)] <50.0000>: 的提示下，选择 直径(D) 选项，在系统 ▼ CONE 指定直径 <100.0000>: 的提示下输入直径"100"并按 Enter 键确认。

步骤5：定义圆锥体的高度。在系统 ▼ CONE 指定高度或 [两点(2P) 轴端点(A) 顶面半径(T)] 的提示下，在图形区向上移动鼠标（代表高度方向向上），输入圆锥体的高度值"100"并按 Enter 键确认，完成后的效果如图 13.34 所示。

说明： 在系统 ▼ CONE 指定高度或 [两点(2P) 轴端点(A) 顶面半径(T)] 的提示下，选择 顶面半径(T) 选项，在系统 ▼ CONE 指定顶面半径 <0.0000>: 的提示下，输入顶面直径值，然后在系统 ▼ CONE 指定高度或 [两点(2P) 轴端点(A)] 的提示下，输入高度值并按 Enter 键，即可得到如图 13.35 所示的圆台效果。

4. 球体

下面以如图 13.36 所示的半径为 50mm 的球体为例，介绍创建球体的一般操作过程。

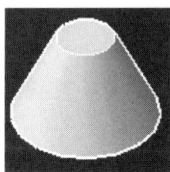
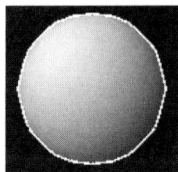

图 13.35　圆台　　　　　图 13.36　球体

步骤1：将视点调整至东南等轴测。选择"常用"功能选项卡"视图"区域的"视点"，在下拉列表中选择"东南等轴测"。

步骤2：选择命令。选择"常用"功能选项卡"建模"区域中的 ◯ 球体 命令。

说明： 调用球体命令还有两种方法。

方法一：选择下拉菜单 绘图(D) → 建模(M) → ◯ 球体(S) 命令。

方法二：在命令行中输入 SPHERE 命令，并按 Enter 键。

步骤3：定义球体的球心。在系统 SPHERE 指定中心点或 [三点(3P) 两点(2P) 切点、切点、半径(T)]: 的提示下，在绘图区的任意位置单击即可确定球心位置。

步骤4：定义球体的半径。在系统 ▼ SPHERE 指定半径或 [直径(D)] <50.0000>: 的提示下，输入球体半径"50"并按 Enter 键确认，完成后的效果如图 13.36 所示。

5. 棱锥体

下面以如图 13.37 所示的半径为 50mm 且高度为 150mm 的五棱锥体为例，介绍创建棱锥体的一般操作过程。

步骤1：将视点调整至东南等轴测。选择"常用"功能选项卡"视图"区域的"视点"，在下拉列表中选择"东南等轴测"。

图 13.37　五棱锥体

步骤2：选择命令。选择"常用"功能选项卡"建模"区域中的 △棱锥体 命令。

说明： 调用棱锥体命令还有两种方法。

方法一：选择下拉菜单 绘图(D) → 建模(M) → △ 棱锥体(Y) 命令。

方法二：在命令行中输入 PYRAMID 命令，并按 Enter 键。

步骤3：定义棱锥体面数。在系统 ▷▾ PYRAMID 指定底面的中心点或 [边(E) 侧面(S)]:的提示下，选择 侧面(S) 选项，在系统 ▷▾ PYRAMID 输入侧面数 <4>:的提示下输入"5"并按 Enter 键确认。

步骤4：定义棱锥体底面的中心。在系统 ▷▾ PYRAMID 指定底面的中心点或 [边(E) 侧面(S)]:的提示下，在绘图区的任意位置单击即可确定棱锥体底面的中心位置。

步骤5：定义棱锥体底面半径。在系统 ▷▾ PYRAMID 指定底面半径或 [内接(I)] <50.0000>:的提示下，输入外切圆半径"50"并按 Enter 键确认。

说明： 在系统 ▷▾ PYRAMID 指定底面半径或 [内接(I)] <50.0000>:的提示下，用户也可以选择 内接(I) 选项，通过输入内接圆半径控制五边形的大小。

步骤6：定义棱锥体的高度。在系统 PYRAMID 指定高度或 [两点(2P) 轴端点(A) 顶面半径(T)]的提示下，在图形区向上移动鼠标（代表高度方向向上），输入棱锥体的高度值"150"并按 Enter 键确认，完成后的效果如图 13.37 所示。

说明： 在系统 PYRAMID 指定高度或 [两点(2P) 轴端点(A) 顶面半径(T)] 的提示下，选择 顶面半径(T) 选项，在系统 ▷▾ PYRAMID 指定顶面半径 <20.0000>:的提示下，输入顶面直径值，然后在系统 ▷▾ PYRAMID 指定高度或 [两点(2P) 轴端点(A)] <150.0000>:的提示下，输入高度值并按 Enter 键，即可得到如图 13.38 所示的棱台效果。

6. 楔体

下面以如图 13.39 所示的长度为 100mm、宽度为 30mm、高度为 80mm 的楔体为例，介绍创建楔体的一般操作过程。

步骤1：将视点调整至东南等轴测。选择"常用"功能选项卡"视图"区域的"视点"，在下拉列表中选择"东南等轴测"。

步骤2：选择命令。选择"常用"功能选项卡"建模"区域中的 ◣楔体 命令。

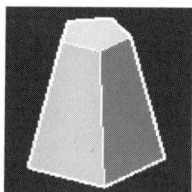

图 13.38 五棱台

图 13.39 楔体

说明：调用楔体命令还有两种方法。

方法一：选择下拉菜单 绘图(D) → 建模(M) → △ 楔体(W) 命令。

方法二：在命令行中输入 WEDGE 命令，并按 Enter 键。

步骤 3：定义楔体的第 1 个角点。在系统 ▾ WEDGE 指定第 1 个角点或 [中心(C)] 的提示下，在绘图区的任意位置单击即可确定楔体的第 1 个角点位置。

步骤 4：定义楔体的长度与宽度。在系统 ▾ WEDGE 指定其他角点或 [立方体(C) 长度(L)]: 的提示下，选择 长度(L) 选项，在系统 ▾ WEDGE 指定长度 <100.0000>: 的提示下，在图形区捕捉到水平角度，然后输入楔体的长度值"100"并按 Enter 键确认，在系统 ▾ WEDGE 指定宽度 <60.0000>: 的提示下，输入楔体的长度值"30"并按 Enter 键确认。

步骤 5：定义楔体的高度。在系统 ▾ WEDGE 指定高度或 [两点(2P)] <150.0000>: 的提示下，在图形区向上移动鼠标光标（代表高度方向向上），输入楔体的高度值"80"并按 Enter 键确认，完成后的效果如图 13.39 所示。

7. 圆环体

下面以如图 13.40 所示的圆环半径为 100mm、圆管半径为 20mm 的圆环体为例，介绍创建圆环体的一般操作过程。

步骤 1：将视点调整至东南等轴测。选择"常用"功能选项卡"视图"区域的"视点"，在下拉列表中选择"东南等轴测"。

步骤 2：选择命令。选择"常用"功能选项卡"建模"区域中的 ● 圆环体 命令。

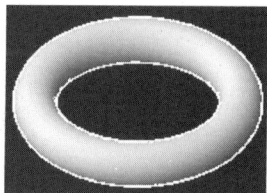

图 13.40 圆环体

说明：调用圆环体命令还有两种方法。

方法一：选择下拉菜单 绘图(D) → 建模(M) → ◎ 圆环体(T) 命令。

方法二：在命令行中输入 TORUS 命令，并按 Enter 键。

步骤 3：定义圆环中心。在系统 TORUS 指定中心点或 [三点(3P) 两点(2P) 切点、切点、半径(T)]: 的提示下，在绘图区的任意位置单击即可确定圆环中心的位置。

步骤 4：定义圆环半径。在系统 ▾ TORUS 指定半径或 [直径(D)] <100.0000>: 的提示下，输入"100"并按 Enter 键确认。

步骤 5：定义圆管半径。在系统 ▾ TORUS 指定圆管半径或 [两点(2P) 直径(D)] <20.0000>: 的提示下，输入"20"并按 Enter 键确认，效果如图 13.40 所示。

8. 多段体

下面以如图 13.41 所示的长度分别为 200mm、100mm、200mm，宽度为 10mm，高度为 100mm 的多段体为例，介绍创建多段体的一般操作过程。

步骤 1：将视点调整至东南等轴测。选择"常用"功能选项卡"视图"区域的"视点"，在下拉列表中选择"东南等轴测"。

步骤 2：选择命令。选择下拉菜单 绘图(D) → 建模(M) → 多段体(P) 命令。

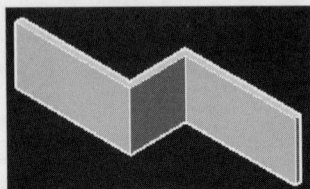

图 13.41　多段体

说明： 调用多段体命令还可以在命令行中输入 POLYSOLID 命令，并按 Enter 键。

步骤 3：定义多段体宽度。在系统 POLYSOLID 指定起点或 [对象(O) 高度(H) 宽度(W) 对正(J)] 的提示下，选择 宽度(W) 选项，在系统 POLYSOLID 指定宽度 <10.0000>: 的提示下，输入"10"并按 Enter 键确认。

步骤 4：定义多段体高度。在系统 POLYSOLID 指定起点或 [对象(O) 高度(H) 宽度(W) 对正(J)] 的提示下，选择 高度(H) 选项，在系统 POLYSOLID 指定高度 <100.0000>: 的提示下，输入"100"并按 Enter 键确认。

步骤 5：定义多段体对齐方式。在系统 POLYSOLID 指定起点或 [对象(O) 高度(H) 宽度(W) 对正(J)] 的提示下，选择 对正(J) 选项，在系统 POLYSOLID 输入对正方式 [左对正(L) 居中(C) 右对正(R)] 的提示下，选择 居中(C) 选项。

说明： 在系统 POLYSOLID 输入对正方式 [左对正(L) 居中(C) 右对正(R)] 的提示下，可以选择多段体的对齐方式，系统提供了 3 种对齐方法：左对齐（如图 13.42 所示）、居中对齐（如图 13.43 所示）与右对齐（如图 13.44 所示）。

步骤 6：定义多段体直线。在系统 POLYSOLID 指定起点或 [对象(O) 高度(H) 宽度(W) 对正(J)] 的提示下，在图形区的任意位置单击即可确定起点的位置，捕捉到水平虚线，在长度文本框中输入长度"200"并按 Enter 键确认，捕捉到竖直虚线，在长度文本框中输入长度"100"并按 Enter 键确认，捕捉到水平虚线，在长度文本框中输入长度"200"并按 Enter 键确认，最后按 Enter 键完成操作，效果如图 13.40 所示。

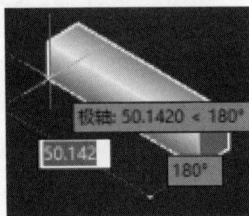

图 13.42　左对齐

图 13.43　居中对齐

图 13.44　右对齐

13.5　拉伸

拉伸实体是指将二维封闭的图形对象沿其所在平面的垂直方向按指定的高度拉伸，或沿指定的路径进行拉伸来绘制三维实体。拉伸的二维封闭图形可以是圆、椭圆、圆环、多边形、闭合的多段线、矩形、面域或闭合的样条曲线等。

1. 指定高度值拉伸

下面以如图 13.45 所示的实体为例，介绍指定高度值拉伸的一般操作过程。

步骤 1：绘制拉伸截面。参考 10.4 节的内容绘制如图 13.46 所示的拉伸截面图形。

图 13.45　指定高度值拉伸

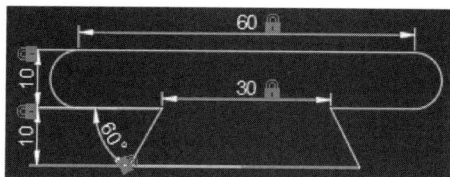

图 13.46　拉伸截面草图

步骤 2：合并截面对象。选择下拉菜单 修改(M) → 合并(J) 命令，在系统的提示下选取步骤 1 绘制的 6 条直线与两段圆弧作为要合并的对象。

说明： 如果对象不合并，则后期拉伸后得到的将是曲面，如图 13.47 所示。

步骤 3：将视点调整至东南等轴测。选择"常用"功能选项卡"视图"区域的"视点"，在下拉列表中选择"东南等轴测"。

步骤 4：选择命令。选择"常用"功能选项卡"建模"区域中的 拉伸 命令，如图 13.48 所示。

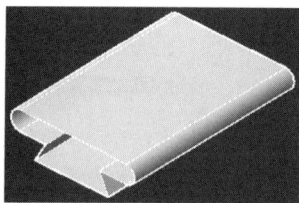

图 13.47　不合并的拉伸曲面

图 13.48　选择命令

说明： 调用拉伸命令还有两种方法。

方法一： 选择下拉菜单 绘图(D) → 建模(M) → 拉伸(X) 命令。

方法二： 在命令行中输入 EXTRUDE 命令，并按 Enter 键。

步骤 5：选择拉伸对象。在系统 ▼ EXTRUDE 选择要拉伸的对象或 [模式(MO)]: 的提示下，在绘图区选取步骤 2 创建的合并对象并按 Enter 键确认。

步骤 6：定义拉伸的深度。在系统 ▼ EXTRUDE 指定拉伸的高度或 [方向(D) 路径(P) 倾斜角(T) 表达式(E)] <50.0000>: 的提示下，在图形区向上移动鼠标光标（代表高度方向向上），输入拉伸的高度值"100"并按 Enter 键确认，完成后的效果如图 13.45 所示。

2. 带有倾斜角的拉伸

下面以如图 13.49 所示的实体为例，介绍创建带有倾斜角的拉伸的一般操作过程。

步骤 1：绘制拉伸截面。选择矩形命令，绘制如图 13.50 所示的长度为 100mm 宽度为 60mm 的矩形。

步骤 2：将视点调整至东南等轴测。选择"常用"功能选项卡"视图"区域的"视点"，在下拉列表中选择"东南等轴测"。

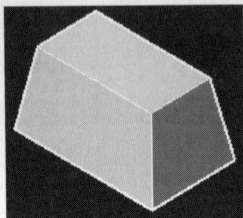

图 13.49　带有倾斜角的拉伸　　　　　　图 13.50　拉伸截面草图

步骤 3：选择命令。选择"常用"功能选项卡"建模"区域中的 █ 命令。

步骤 4：选择拉伸对象。在系统 █ ▾ EXTRUDE 选择要拉伸的对象或 [模式(MO)]: 的提示下，在绘图区选取步骤 1 创建的矩形对象并按 Enter 键确认。

步骤 5：定义拉伸的倾斜角。在系统 EXTRUDE 指定拉伸的高度或 [方向(D) 路径(P) 倾斜角(T) 表达式(E)] 的提示下，选择 倾斜角(T) 选项，在系统 █ ▾ EXTRUDE 指定拉伸的倾斜角度或 [表达式(E)] <0>: 的提示下，输入倾斜角度"10"并按 Enter 键确认。

步骤 6：定义拉伸的深度。在系统的提示下，在图形区向上移动鼠标（代表高度方向向上），输入拉伸的高度值"50"并按 Enter 键确认，完成后的效果如图 13.49 所示。

3. 沿路径拉伸

下面以如图 13.51 所示的实体为例，介绍沿路径拉伸的一般操作过程。

步骤 1：绘制拉伸截面。选择矩形命令，以原点为矩形的第 1 个角点，绘制长度为 100mm、宽度为 60mm 的矩形，如图 13.52 所示。

步骤 2：将视点调整至东南等轴测。选择"常用"功能选项卡"视图"区域的"视点"，在下拉列表中选择"东南等轴测"。

图 13.51　沿路径拉伸

步骤 3：新建用户坐标系。选择下拉菜单 工具(T) → 新建 UCS(W) → ⌐ X 命令，在系统 ⌐ ▾ UCS 指定绕 x 轴的旋转角度 <90>: 的提示下，输入旋转角度"90"并按 Enter 键确认，完成后如图 13.53 所示。

说明： 用户只可以在用户坐标系的 xy 平面进行绘图。

步骤 4：将视点调整至东南等轴测。选择"常用"功能选项卡"视图"区域的"视点"，在下拉列表中选择"前视"。

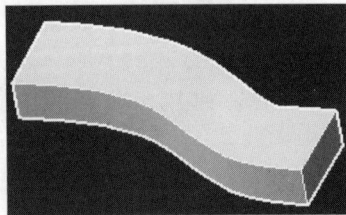

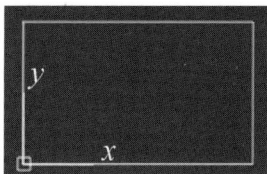

图 13.52 拉伸截面

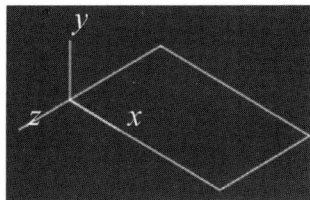

图 13.53 新建用户坐标系

步骤 5：绘制拉伸路径。选择样条曲线命令，以原点为起点，绘制如图 13.54 所示的样条路径。

说明： 用于拉伸的路径需要尽量光顺，否则创建的实体有可能会扭曲，如图 13.55 所示。

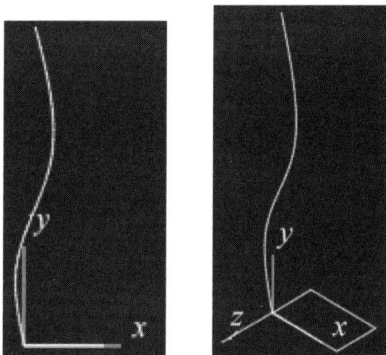

图 13.54 拉伸路径

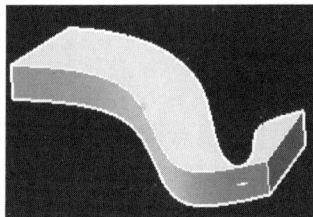

图 13.55 扭曲实体

步骤 6：将视点调整至东南等轴测。选择"常用"功能选项卡"视图"区域的"视点"，在下拉列表中选择"东南等轴测"。

步骤 7：选择命令。选择"常用"功能选项卡"建模"区域中的 拉伸 命令。

步骤 8：选择拉伸对象。在系统 ▼ EXTRUDE 选择要拉伸的对象或 [模式(MO)]: 的提示下，在绘图区选取步骤 1 创建的矩形对象并按 Enter 键确认。

步骤 9：定义拉伸路径。在系统 ▼ EXTRUDE 指定拉伸的高度或 [方向(D) 路径(P) 倾斜角(T) 表达式(E)] <50.0000>: 的提示下，选择 路径(P) 选项，在系统 ▼ EXTRUDE 选择拉伸路径或 [倾斜角(T)]: 的提示下，选取步骤 5 绘制的样条曲线路径，完成后的效果如图 13.51 所示。

13.6 旋转

旋转特征是指将一个封闭的截面轮廓绕着我们给定的中心轴旋转一定的角度而得到的实体效果。通过对概念的学习，我们可以总结得到，旋转特征的创建需要有以下两大要素：一是截面轮廓，二是中心轴，两个要素缺一不可。旋转轴既可以是当前用户坐标系的 x 轴或 y 轴，也可以是一个已存在的直线对象，或者指定的两点间的连线。用于旋转的截面轮廓可以是封闭多段线、多边形、圆、椭圆、封闭样条曲线、圆环及面域。三维对象、包含在块中的对象、有交叉或自干涉的多段线是不能被旋转的。

下面以如图 13.56 所示的实体为例，介绍创建旋转特征的一般操作过程。

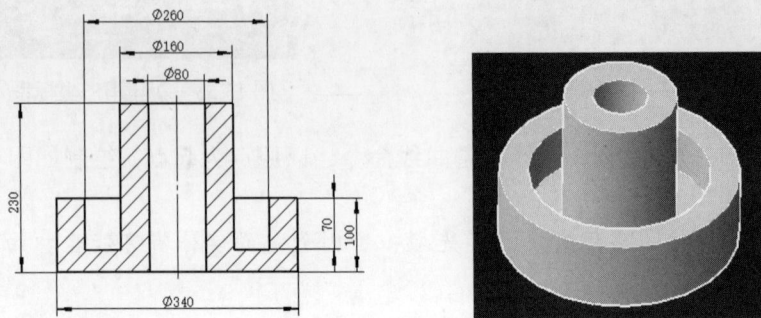

图 13.56　旋转特征

步骤 1：绘制旋转截面。根据如图 13.56 所示的尺寸绘制如图 13.57 所示的图形。

步骤 2：合并截面对象。选择下拉菜单 修改(M) → ✈ 合并(J) 命令，在系统的提示下选取步骤 1 绘制的 8 条直线作为要合并的对象。

说明：如果对象不合并，则后期旋转后得到的将是曲面。

步骤 3：将视点调整至东南等轴测。选择"常用"功能选项卡"视图"区域的"视点"，在下拉列表中选择"东南等轴测"。

步骤 4：选择命令。选择"常用"功能选项卡"建模"区域中的 ▱旋转 命令，如图 13.58 所示。

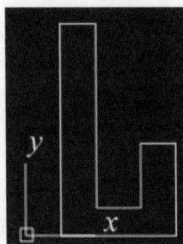

图 13.57　旋转截面

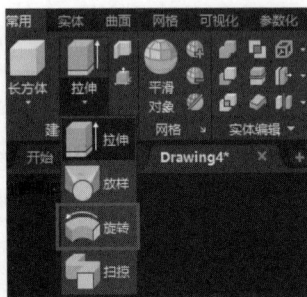

图 13.58　选择命令

说明：调用旋转命令还有两种方法。

方法一：选择下拉菜单 绘图(D) → 建模(M) → ◯ 旋转(R) 命令。

方法二：在命令行中输入 REVOLVE 命令，并按 Enter 键。

步骤 5：选择旋转对象。在系统 ▱▾ REVOLVE 选择要旋转的对象或 [模式(MO)]: 的提示下，在绘图区选取步骤 2 创建的合并对象并按 Enter 键确认。

步骤 6：选择旋转轴。在系统 REVOLVE 指定轴起点或根据以下选项之一定义轴 [对象(O) X Y Z]的提示下，选择 y 选项（用 y 轴作为旋转特征的旋转轴）。

步骤 7：定义旋转角度。在系统 ⬤ ▾ REVOLVE 指定旋转角度或 [起点角度(ST) 反转(R) 表达式(EX)] <360>: 的提示下，直接按 Enter 键确认（采用系统默认的 360° 旋转角度），效果如图 13.56 所示。

注意：当将一个二维对象通过拉伸或旋转生成三维对象后，AutoCAD 通常要删除原来的二维对象。系统变量 DELOBJ 可用于控制原来的二维对象是否保留。

13.7　扫掠

扫掠特征是指将一个截面轮廓沿着我们给定的曲线路径掠过而得到的一个实体效果。通过对概念的学习可以总结得到，要想创建一个扫掠特征就需要有以下两大要素作为支持：一是截面轮廓，二是曲线路径。

1. 普通扫掠

下面以如图 13.59 所示的实体为例，介绍普通扫掠的一般操作过程。

步骤 1：绘制扫掠路径。通过直线、圆与修剪等功能绘制如图 13.60 所示的扫掠路径。

步骤 2：合并截面对象。选择下拉菜单 修改(M) → ⟶ 合并(J) 命令，在系统的提示下选取步骤 1 绘制的两条直线与两段圆弧作为要合并的对象。

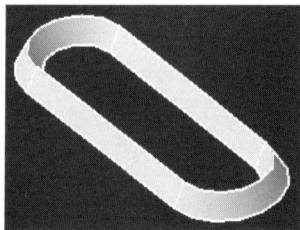

图 13.59　普通扫掠

步骤 3：将视点调整至东南等轴测。选择"常用"功能选项卡"视图"区域的"视点"，在下拉列表中选择"东南等轴测"。

步骤 4：新建用户坐标系。选择下拉菜单 工具(T) → 新建 UCS(W) → ↻ Y 命令，在系统 ⌐ ▾ UCS 指定绕 y 轴的旋转角度 <90>: 的提示下，输入旋转角度 -90 并按 Enter 键确认，完成后如图 13.61 所示。

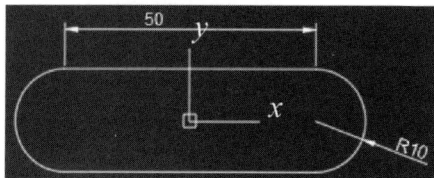

图 13.60　扫掠路径

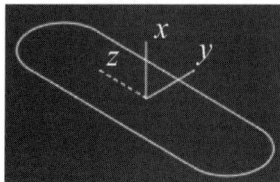

图 13.61　用户坐标系

步骤 5：将视点调整至东南等轴测。选择"常用"功能选项卡"视图"区域的"视点"，在下拉列表中选择"右视"。

步骤 6：绘制扫掠截面。通过多边形命令绘制如图 13.62 所示的扫掠截面（内切圆半径为 1.5mm 的三角形，中心坐标为 10，0）。

步骤 7：将视点调整至东南等轴测。选择"常用"功能选项卡"视图"区域的"视点"，在下拉列表中选择"东南等轴测"。

步骤 8：选择命令。选择"常用"功能选项卡"建模"区域中的 🟦扫掠 命令，如图 13.63 所示。

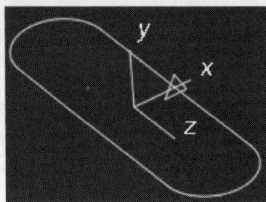

图 13.62　扫掠截面

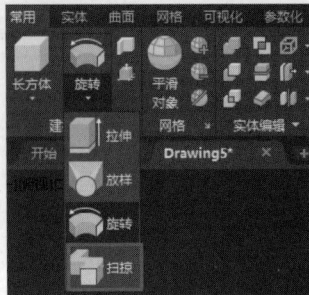

图 13.63　选择命令

说明：调用扫掠命令还有两种方法。

方法一：选择下拉菜单 绘图(D) → 建模(M) → 🟦 扫掠(P) 命令。

方法二：在命令行中输入 SWEEP 命令，并按 Enter 键。

步骤 9：选择扫掠截面。在系统 🟦 ▾ SWEEP 选择要扫掠的对象或 [模式(MO)]: 的提示下，在绘图区选取步骤 8 创建的三角形并按 Enter 键确认。

步骤 10：选择扫掠路径。在系统 🟦 ▾ SWEEP 选择扫掠路径或 [对齐(A) 基点(B) 比例(S) 扭曲(T)]: 的提示下，选取步骤 2 创建的合并对象并按 Enter 键确认，效果如图 13.59 所示。

2. 带有比例的扫掠

下面以如图 13.64 所示的实体为例，介绍创建带有比例的扫掠的一般操作过程。

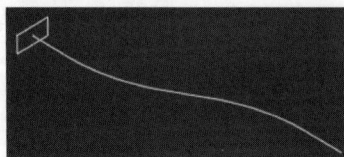

（a）扫掠前

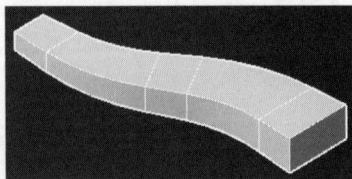

（b）扫掠后

图 13.64　带比例扫掠

步骤 1：打开练习文件 D：\AutoCAD2024\work\ch13.07\ 带比例扫掠 -ex。

步骤 2：选择命令。选择"常用"功能选项卡"建模"区域中的 🟦扫掠 命令。

步骤 3：选择扫掠截面。在系统 🟦 ▾ SWEEP 选择要扫掠的对象或 [模式(MO)]: 的提示下，在绘图区选取如图 13.65 所示的截面并按 Enter 键确认。

步骤 4：选择扫掠比例。在系统的提示下，选择 比例(S) 选项，在系统 🟦 ▾ SWEEP 输入比例因子或 [参照(R) 表达式(E)]<1.0000>: 的提示下，输入比例"2"并按 Enter 键确认。

步骤 5：选择扫掠路径。在系统的提示下，选取如图 13.65 所示的扫掠路径，完成后如图 13.64（b）所示。

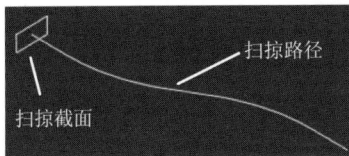

图 13.65　扫掠截面与路径

3. 带有扭转的扫掠

下面以如图 13.66 所示的实体为例，介绍创建带有扭转的扫掠的一般操作过程。

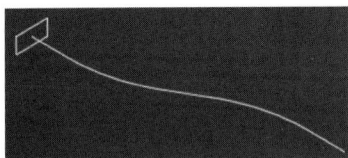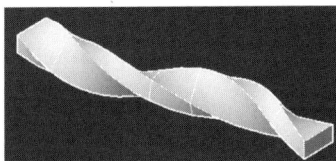

（a）扫掠前　　　　　　　　　　　　　　　　　　（b）扫掠后

图 13.66　带扭转扫掠

步骤 1：打开练习文件 D：\AutoCAD2024\work\ch13.07\ 带扭转扫掠 -ex。

步骤 2：选择命令。选择"常用"功能选项卡"建模"区域中的 命令。

步骤 3：选择扫掠截面。在系统 ▼ SWEEP 选择要扫掠的对象或 [模式(MO)]: 的提示下，在绘图区选取如图 13.67 所示的截面并按 Enter 键确认。

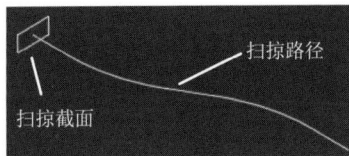

图 13.67　扫掠截面与路径

步骤 4：定义扭转角度。在系统的提示下，选择 扭曲(T) 选项，在系统 ▼ SWEEP 输入扭曲角度或允许非平面扫掠路径倾斜 [倾斜(B) 表达式(EX)]<0.0000>: 的提示下，输入扭转角度"360"并按 Enter 键确认。

步骤 5：选择扫掠路径。在系统的提示下，选取如图 13.67 所示的扫掠路径，完成后如图 13.66（b）所示。

4. 螺旋扫掠

螺旋扫掠就是将截面沿着螺旋线的轨迹进行扫掠。下面以如图 13.68 所示的实体为例，介绍创建螺旋扫掠的一般操作过程。

步骤 1：打开练习文件 D：\AutoCAD2024\work\ch13.07\ 螺旋扫掠 -ex。

（a）扫掠前　　　　　　　　　　　（b）扫掠后

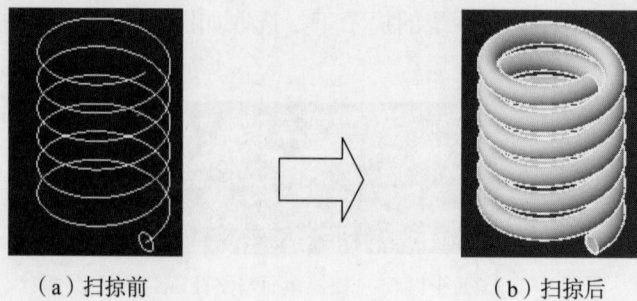

图 13.68　螺旋扫掠

步骤 2：创建螺旋线。选择下拉菜单 绘图(D) → 螺旋(I) 命令，在系统 ▼ HELIX 指定底面的中心点: 的提示下，输入坐标点 0，0，0 并按 Enter 键确认，在系统 ▼ HELIX 指定底面半径或 [直径(D)] <1.0000>: 的提示下，输入底面半径值"100"并按 Enter 键，在系统 ▼ HELIX 指定顶面半径或 [直径(D)] <100.0000>: 的 提 示 下 直 接 按 Enter 键（ 采 用 系 统 默 认 的 半 径 100）， 在 系 统 ▼ HELIX 指定螺旋高度或 [轴端点(A) 圈数(T) 圈高(H) 扭曲(W)] <1.0000>: 的提示下，选择 圈数(T) 选项，在 系 统 ▼ HELIX 输入圈数 <3.0000>: 的提示下，输入圈数"6"并按 Enter 键确认，在系统 ▼ HELIX 指定螺旋高度或 [轴端点(A) 圈数(T) 圈高(H) 扭曲(W)] <1.0000>: 的提示下，在图形区捕捉到 z 轴正方向，（说明螺旋线是沿着 z 轴正方向创建的），然后输入高度值"300"并按 Enter 键确认，效果如图 13.69 所示。

步骤 3：新建用户坐标系。选择下拉菜单 工具(T) → 新建 UCS(W) → X 命令，在系统 ▼ UCS 指定绕 x 轴的旋转角度 <90>: 的提示下，输入旋转角度"90"并按 Enter 键确认，完成后如图 13.70 所示。

步骤 4：绘制扫掠截面。选择 圆心、半径 命令，经过螺旋线的起点，绘制半径为 15 的圆，完成后如图 13.71 所示。

步骤 5：选择命令。选择"常用"功能选项卡"建模"区域中的 扫掠 命令。

步骤 6：选择扫掠截面。在系统 ▼ SWEEP 选择要扫掠的对象或 [模式(MO)]: 的提示下，在绘图区选取步骤 4 创建的圆形截面并按 Enter 键确认。

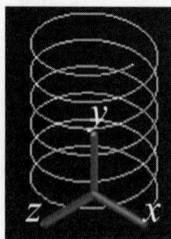

图 13.69　螺旋线　　　图 13.70　用户坐标系　　　图 13.71　扫掠截面

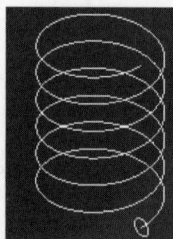

步骤 7：选择扫掠路径。在系统的提示下，选取步骤 2 创建的螺旋线作为扫掠路径，完成后如图 13.68（b）所示。

13.8 放样

放样是指将一组截面沿着其边线用光滑过渡的曲面连接形成一个连续的实体特征。放样至少需要两个截面，并且需要在不同的平面上。

1. 普通放样

下面以如图 13.72 所示的实体为例，介绍普通放样的一般操作过程。

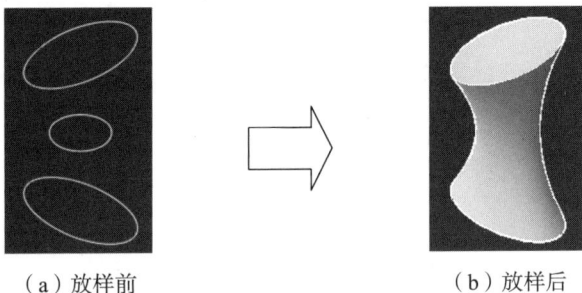

（a）放样前   （b）放样后

图 13.72 普通放样

步骤 1：打开练习文件 D：\AutoCAD2024\work\ch13.08\ 普通放样 -ex。

步骤 2：绘制第 1 个截面。选择 圆心 命令，绘制通过原点、长半轴为 45mm、短半轴为 25mm 的椭圆，完成后的效果如图 13.73 所示。

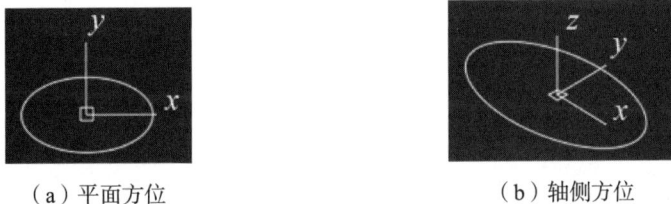

（a）平面方位   （b）轴侧方位

图 13.73 截面 1

步骤 3：绘制第 2 个截面。选择 圆心、半径 命令，绘制通过 0，0，60 的圆心，绘制半径为 20mm 的圆，完成后的效果如图 13.74 所示。

（a）平面方位   （b）轴测方位

图 13.74 截面 2

步骤 4：绘制第 1 个截面。选择 ⊙圆心 命令，绘制通过 0，0，120、长半轴为 25mm、短半轴为 45mm 的椭圆，完成后的效果如图 13.75 所示。

步骤 5：选择命令。选择"常用"功能选项卡"建模"区域中的 放样 命令，如图 13.76 所示。

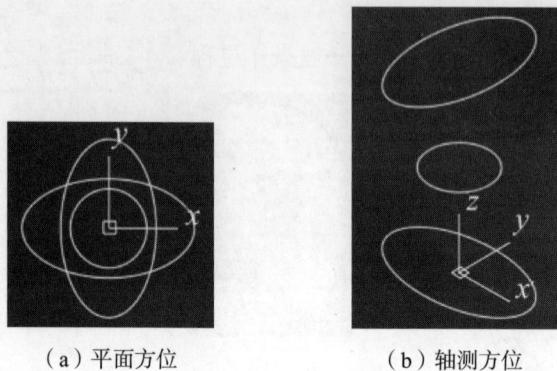

（a）平面方位　　　　　　（b）轴测方位

图 13.75　截面 3

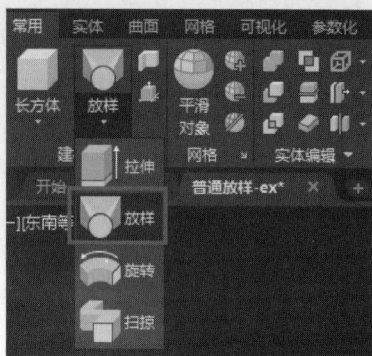

图 13.76　选择命令

步骤 6：选择放样截面。在系统 ▾ LOFT 按放样次序选择横截面或 的提示下，在绘图区依次选取步骤 2 创建的截面 1、步骤 3 创建的截面 2 及步骤 4 创建的截面 3 并按 Enter 键确认。

步骤 7：选择放样选项。在系统 ▾ LOFT 输入选项 [导向(G) 路径(P) 仅横截面(C) 设置(S)] 的提示下，选择 仅横截面(C) 选项。效果如图 13.72（b）所示。

2. 带有路径的放样

下面以如图 13.77 所示的实体为例，介绍带有路径放样的一般操作过程。

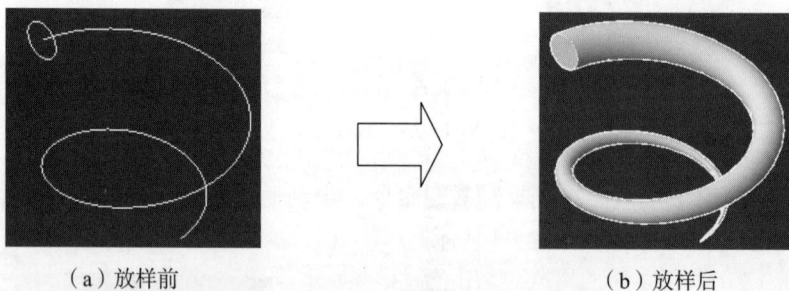

（a）放样前　　　　　　　　　　　（b）放样后

图 13.77　带路径放样

步骤 1：打开练习文件 D：\AutoCAD2024\work\ch13.08\ 带路径放样 -ex。

步骤 2：创建螺旋线。选择下拉菜单 绘图(D) → ▨ 螺旋(I) 命令，在系统 ▾ HELIX 指定底面的中心点：的提示下，输入坐标点 0，0，0 并按 Enter 键确认，在系统 ▾ HELIX 指定底面半径或 [直径(D)] <1.0000>：的提示下，输入底面半径值"50"并按 Enter 键，在系统 ▾ HELIX 指定顶面半径或 [直径(D)] 的提示下，输入顶面半径值"100"并按 Enter 键，在系统 ▾ HELIX 指定螺旋高度或 [轴端点(A) 圈数(T) 圈高(H) 扭曲(W)] <1.0000> 的提示下，选择 圈数(T) 选项，在系统 ▾ HELIX 输入圈数 <3.0000>：的提示下，输入圈数"1.5"并按 Enter 键确认，在系统的提示下，在图形区捕捉到 z 轴正方向，说明螺旋线是沿着 z 轴正方向创建的，然后输入高度值"100"并按 Enter 键确认，效果如图 13.78 所示。

步骤 3：新建用户坐标系。选择下拉菜单 工具(T) → 新建 UCS(W) → ℃ X 命令，在系统 ℃ ▾ UCS 指定绕 X 轴的旋转角度 <90>：的提示下，输入旋转角度"90"并按 Enter 键确认，完成后如图 13.79 所示。

步骤 4：创建截面 1。选择下拉菜单 绘图(D) → 点(O) → 单点(S) 命令，在螺旋线的起点处绘制一个点。

步骤 5：创建截面 2。选择 ⊙ 圆心，半径 命令，选取步骤 2 创建的螺旋线的端点作为圆心，绘制半径为 15 的圆，完成后如图 13.80 所示。

步骤 6：选择命令。选择"常用"功能选项卡"建模"区域中的 ⬤ 放样 命令。

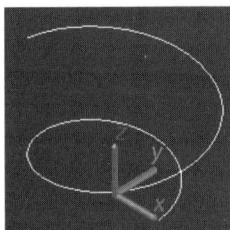
图 13.78　螺旋线

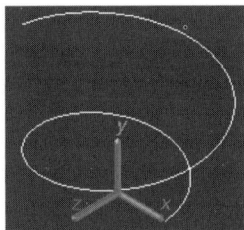
图 13.79　用户坐标系

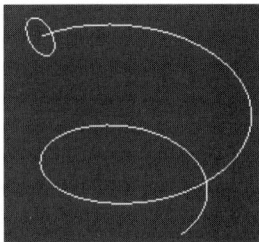
图 13.80　截面 2

步骤 7：选择放样截面。在系统 🔲 ▾ LOFT 按放样次序选择横截面或 的提示下，在绘图区依次选取步骤 4 创建的截面 1 及步骤 5 创建的截面 2 并按 Enter 键确认。

步骤 8：选择放样选项。在系统的提示下，选择 路径(P) 选项，然后在系统 🔲 ▾ LOFT 选择路径轮廓：的提示下，选取步骤 2 创建的螺旋线作为放样路径，效果如图 13.77（b）所示。

3. 带有导向的放样

下面以如图 13.81 所示的实体为例，介绍带有导向的放样的一般操作过程。

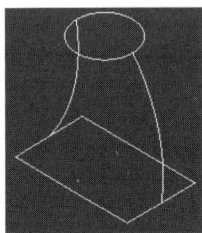
（a）放样前

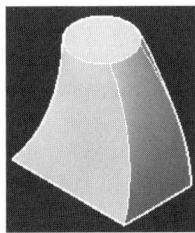
（b）放样后

图 13.81　带导向放样

步骤 1：打开练习文件 D：\AutoCAD2024\work\ch13.08\ 带导向放样 -ex。

步骤 2：绘制截面 1。选择 ▢ 命令，绘制如图 13.82 所示的长度为 100mm、宽度为 60mm 的矩形，矩形的中心为原点。

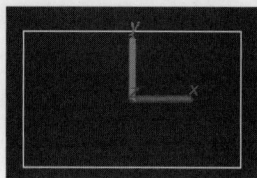
（a）平面方位

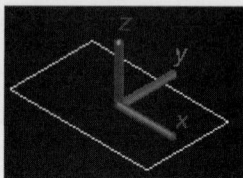
（b）轴测图方位

图 13.82　截面 1

步骤 3：绘制截面 2。选择 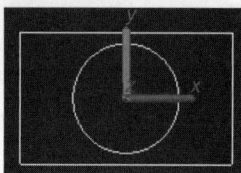 命令，以 0，0，100 为圆心，绘制半径为 25mm 的圆，完成后如图 13.83 所示。

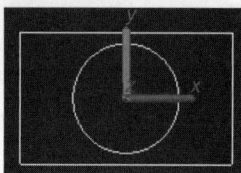
（a）平面方位

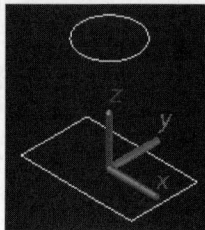
（b）轴测图方位

图 13.83　截面 2

步骤 4：新建用户坐标系。选择下拉菜单 工具(T) → 新建 UCS(W) → X 命令，在系统 UCS 指定绕 x 轴的旋转角度 <90>: 的提示下，输入旋转角度 90 并按 Enter 键确认，完成后如图 13.84 所示。

步骤 5：绘制导向线 1。选择 起点、端点、半径 命令，在系统"指定圆弧起点"的提示下输入起点坐标 50，0 并按 Enter 键确认，在系统"指定圆弧端点"的提示下输入起点坐标 25，100 并按 Enter 键确认，在系统 ARC 指定圆弧的半径(按住 Ctrl 键以切换方向): 的提示下，输入圆弧半径值"130"并按 Enter 键确认，完成后如图 13.85 所示。

步骤 6：绘制导向线 2。选择 起点、端点、半径 命令，在系统"指定圆弧起点"的提示下输入起点坐标 -50，0 并按 Enter 键确认，在系统"指定圆弧端点"的提示下输入起点坐标 -25，100 并按 Enter 键确认，在系统 ARC 指定圆弧的半径(按住 Ctrl 键以切换方向): 的提示下，输入圆弧半径值"130"并按 Enter 键确认，完成后如图 13.86 所示。

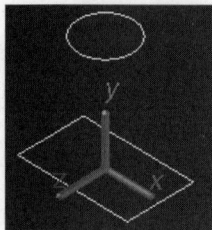
图 13.84　用户坐标系

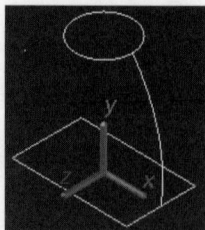
图 13.85　导向线 1

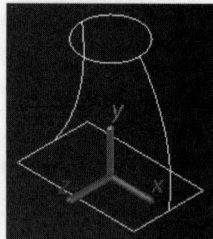
图 13.86　导向线 2

步骤7：选择命令。选择"常用"功能选项卡"建模"区域中的 放样 命令。

步骤8：选择放样截面。在系统 LOFT 按放样次序选择横截面或 的提示下，在绘图区依次选取步骤2创建的截面1及步骤3创建的截面2并按 Enter 键确认。

步骤9：选择放样选项。在系统的提示下，选择 导向(G) 选项，然后在系统 LOFT 选择导向轮廓或 [合并多条边(J)]: 的提示下，选取步骤5创建的导向线1及步骤5创建的导向线2作为放样导向并按 Enter 键确认，效果如图13.81（b）所示。

说明： 放样路径与放样导向的主要区别如下。

导向线主要控制外部形状，一般绘制在外侧。

路径线主要控制内部走向，一般绘制在内部。

4. 点放样

下面以如图13.87所示的五角星实体为例，介绍点放样的一般操作过程。

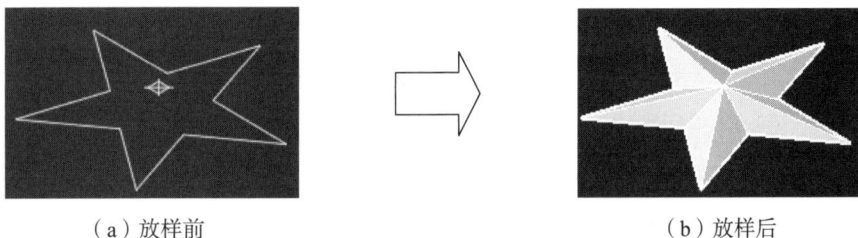

（a）放样前　　　　　　　　（b）放样后

图13.87　点放样

步骤1：打开练习文件 D：\AutoCAD2024\work\ch13.08\ 点放样 -ex。

步骤2：绘制放样截面1。

（1）绘制正五边形，选择 多边形 命令，绘制如图13.88所示的正五边形（原点为圆心，内接于圆类型，圆的半径为100）。

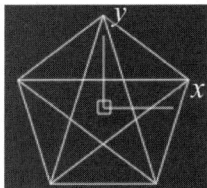

（2）绘制直线，选择直线命令，绘制如图13.89所示的直线。

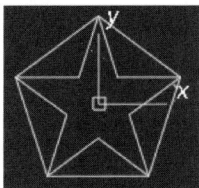

（3）修剪多余的直线段，选择修剪命令，修剪掉多余的直线段，完成后如图13.90所示。

（4）删除五边形，效果如图13.91所示。

（5）合并对象，选择合并命令，将图形区的10条直线段合并为一个整体对象。

步骤3：将视图调整到东南等轴测。

步骤4：绘制放样截面2。选择下拉菜单 绘图(D) → 点(O) → 单点(S) 命令，在系统的提示下输入点的坐标 0，0，15 并按 Enter 键确认，如图13.92所示。

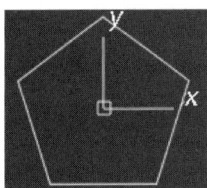

图13.88　正五边形　　图13.89　绘制直线　　图13.90　修剪多余的直线　　图13.91　删除五边形

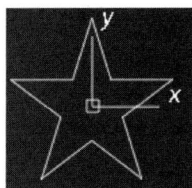

步骤 5：选择命令。选择"常用"功能选项卡"建模"区域中的 命令。

步骤 6：选择放样截面。在系统 LOFT 按放样次序选择横截面或 的提示下，在绘图区依次选取步骤 2 创建的截面 1 及步骤 3 创建的截面 2 并按 Enter 键确认。

步骤 7：选择放样连续性。在系统的提示下，选择 连续性(CO) 选项，然后在系统 LOFT 输入放样端点连续性 [G0(G0) G1(G1)] 的提示下，选择 G0(G0) 选项，采用系统默认的放样样式，按 Enter 键结束，效果如图 13.87（b）所示。

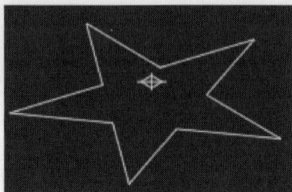

图 13.92　选取放样截面

13.9　上机实操

上机实操 1 如图 13.93 所示，上机实操 2 如图 13.94 所示。

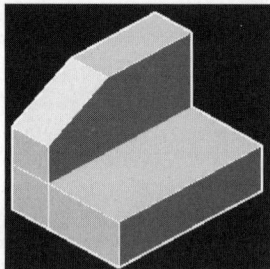

图 13.93　上机实操 1

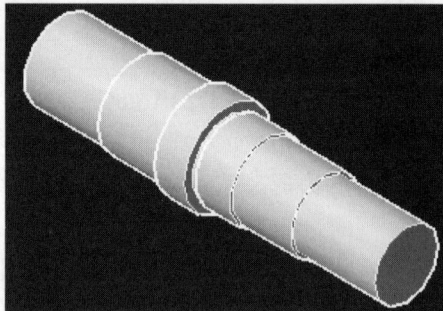

图 13.94　上机实操 2

第 14 章

三维图形的编辑

14.1 布尔运算

布尔运算是指对已经存在的多个独立的实体进行运算，以产生新的实体。在使用 AutoCAD 进行产品设计时，一个零部件从无到有一般会像搭积木一样将一个个特征所创建的几何体累加起来，在这些特征中，有时是添加材料，有时是去除材料，在添加材料时是将多个几何体相加，也就是求和，在去除材料时，是从一个几何体中减去另外一个或者多个几何体，也就是求差，在机械设计中，我们把这种方式叫作布尔运算。在使用 AutoCAD 进行机械设计时，进行布尔运算是非常有用的。在 AutoCAD 中布尔运算主要包括布尔求和（并集）、布尔求差（差集）及布尔求交（交集）。

1. 布尔求和（并集）

布尔求和命令是将两个或者多个实体合并在一起，从而得到一个新的复合实体。

下面以如图 14.1 所示的模型为例，说明进行布尔求和的一般操作过程。

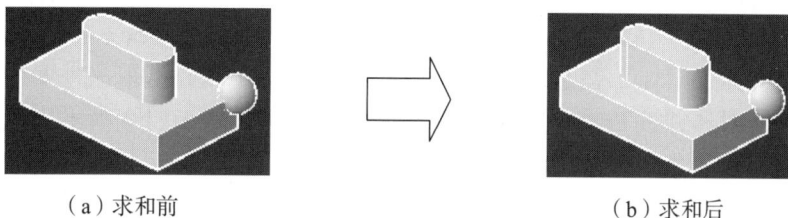

（a）求和前　　　　　　　　　　　　　　　（b）求和后

图 14.1　布尔求和

步骤 1：打开练习文件 D：\AutoCAD2024\work\ch14.01\ 布尔求和 -ex。

步骤 2：选择命令。选择"常用"功能选项卡"实体编辑"区域中的"并集" ■命令，如图 14.2 所示。

说明：调用布尔合并命令还有两种方法。

方法一：选择下拉菜单 修改(M) → 实体编辑(N) → ■ 并集(U) 命令。

方法二：在命令行中输入 UNION 命令，并按 Enter 键。

图 14.2　选择命令

步骤 3：选择要合并的命令。在系统 ■▼ UNION 选择对象：的提示下，选取如图 13.1（a）所示的 3 个实体（长方体、球体与槽口体），按 Enter 键完成操作。

2. 布尔求差（差集）

布尔求差命令是将工具体和目标体重叠的部分从目标体中去除，同时移除工具体。目标体只能有一个，但工具体可以有多个。

下面以如图 14.3 所示的模型为例，说明进行布尔求差的一般操作过程。

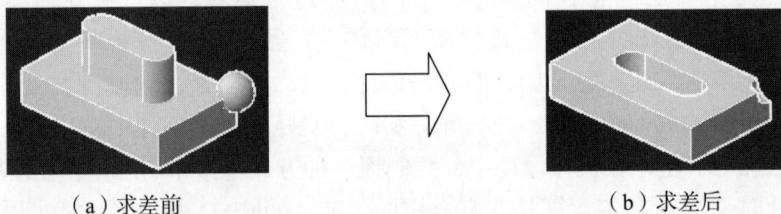

（a）求差前　　　　　　　　　　　　　（b）求差后

图 14.3　布尔求差

步骤 1：打开文件 D：\AutoCAD2024\work\ch14.01\ 布尔求差 -ex。

步骤 2：选择命令。选择"常用"功能选项卡"实体编辑"区域中的"差集" ■命令。

步骤 3：选择目标体。在系统 ■▼ SUBTRACT 选择对象：的提示下，选取长方体作为目标体并按 Enter 键确认。

步骤 4：选择工具体。在系统 ■▼ SUBTRACT 选择对象：的提示下，选取另外两个体（球体和槽口体）作为工具体并按 Enter 键确认，完成后的效果如图 14.3（b）所示。

3. 布尔求交（交集）

布尔求交命令是将两个或者多个实体之间的公共部分保留，其余的部分全部移除。

下面以如图 14.4 所示的模型为例，说明进行布尔求交的一般操作过程。

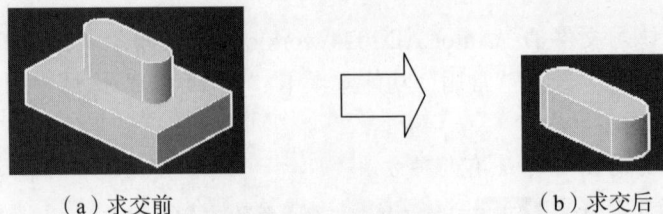

（a）求交前　　　　　　　　　　　　　（b）求交后

图 14.4　布尔求交

步骤1：打开文件D：\AutoCAD2024\work\ch14.01\布尔求交-ex。

步骤2：选择命令。选择"常用"功能选项卡"实体编辑"区域中的"交集"█命令。

步骤3：选择对象。在系统 ▦▾ INTERSECT 选择对象：的提示下，选取长方体与槽口体求交并按Enter键确认，效果如图14.4（b）所示。

4. 应用举例

下面介绍创建如图14.5所示的模型的一般操作过程。

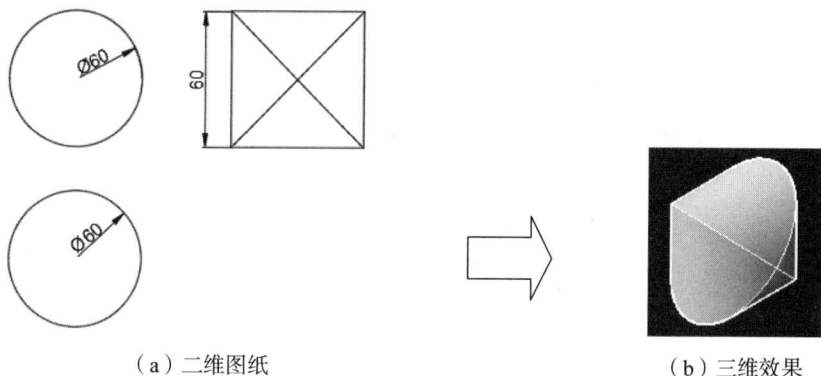

（a）二维图纸　　　　　　　　　　　（b）三维效果

图14.5 布尔运算

步骤1：打开文件D：\AutoCAD2024\work\ch14.01\布尔运算-ex。

步骤2：创建圆柱体1，选择▦圆柱体命令，以0，0，-60mm为底面中心，绘制直径为60mm、高度为120mm的圆柱，效果如图14.6所示。

步骤3：新建用户坐标系。选择下拉菜单 工具(T) → 新建 UCS(W) → ↺ X 命令，在系统 ⌙▾ UCS 指定绕 X 轴的旋转角度 <90>：的提示下，输入旋转角度90并按Enter键确认，完成后如图14.7所示。

步骤4：创建圆柱体2，选择▦圆柱体命令，以0，0，-60为底面中心，绘制直径为60mm、高度为120mm的圆柱，效果如图14.8所示。

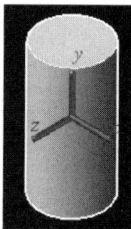

图14.6 圆柱体1　　　　图14.7 用户坐标系　　　　图14.8 圆柱体2

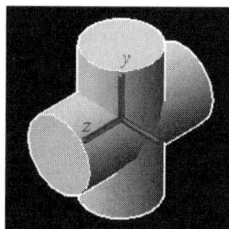

步骤5：创建求交，选择"常用"功能选项卡"实体编辑"区域中的"交集"█命令，在系统 ▦▾ INTERSECT 选择对象：的提示下，选取两个圆柱体求交并按Enter键确认，效果如图14.5（b）所示。

14.2 三维旋转

三维旋转是指将选定对象绕空间轴旋转指定的角度。旋转轴既可以是一个已存在的对象，也可以是当前用户坐标系的任一轴，或者三维空间中任意两个点的连线。

下面以如图 14.9 所示的模型为例，说明进行三维旋转的一般操作过程。

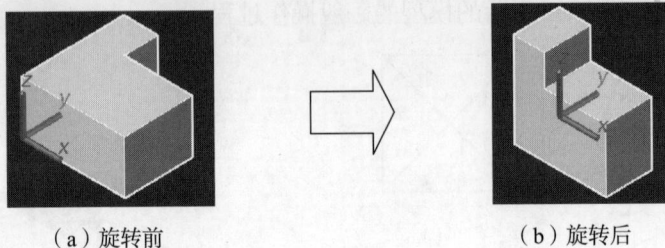

（a）旋转前　　　　　　　　　　（b）旋转后

图 14.9　三维旋转

步骤 1：打开文件 D：\AutoCAD2024\work\ch14.02\ 三维旋转 -ex。

步骤 2：选择命令。选择"常用"功能选项卡"修改"区域中的"三维旋转"⬡命令，如图 14.10 所示。

说明： 调用三维旋转命令还有两种方法。

方法一： 选择下拉菜单 修改(M) → 三维操作(3) → ⬡ 三维旋转(R) 命令。

方法二： 在命令行中输入 3DROTATE 命令，并按 Enter 键。

步骤 3：选择旋转对象。在系统 ⬡▾ 3DROTATE 选择对象：的提示下，选取如图 14.9（a）所示的实体作为要旋转的对象并按 Enter 键确认。

步骤 4：选择旋转基点。在系统 ⬡▾ 3DROTATE 指定基点：的提示下，输入基点坐标 0，0，0 并按 Enter 键确认。

步骤 5：选择旋转轴。在系统 ⬡▾ 3DROTATE 拾取旋转轴：的提示下，在绘图区将鼠标放在红色圆环上选取 x 轴作为旋转轴，如图 14.11 所示。

图 14.10　选择命令

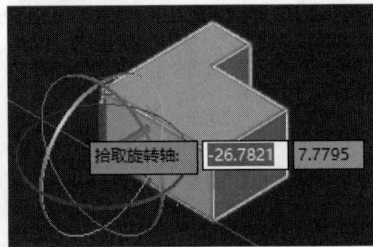

图 14.11　旋转轴

步骤 6：定义旋转角度。在系统 ⬡▾ 3DROTATE 指定角的起点或键入角度：的提示下，输入角度 90 并按 Enter 键确认，完成后的效果如图 14.9（b）所示。

14.3 三维移动

三维移动是指将选定的对象在三维空间内进行位置调整。

下面以如图 14.12 所示的模型为例，说明进行三维移动的一般操作过程。

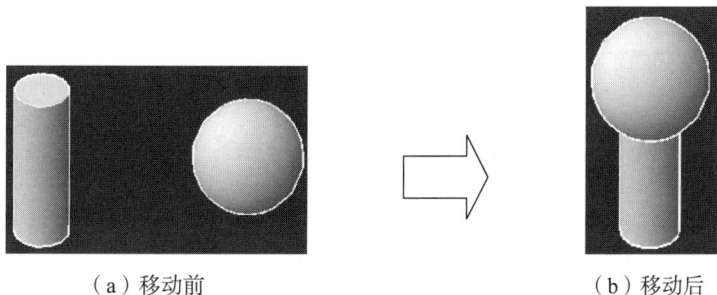

（a）移动前　　　　　　　　　　　　　（b）移动后

图 14.12　三维移动

步骤 1：打开文件 D：\AutoCAD2024\work\ch14.03\ 三维移动 -ex。

步骤 2：选择命令。选择"常用"功能选项卡"修改"区域中的"三维移动" 命令，如图 14.13 所示。

图 14.13　选择命令

说明：调用三维旋转命令还有两种方法。

方法一：选择下拉菜单 修改(M) → 三维操作(3) → 三维移动(M) 命令。

方法二：在命令行中输入 3DMOVE 命令，并按 Enter 键。

步骤 3：选择移动对象。在系统 ▸ 3DMOVE 选择对象: 的提示下，选取如图 14.12（a）所示的球体作为要移动的对象并按 Enter 键确认。

步骤 4：选择移动基点。在系统 ▸ 3DMOVE 指定基点或 [位移(D)] <位移>: 的提示下，选取球心作为移动基点并按 Enter 键确认。

说明：选取基点使确认对象捕捉已经打开，否则将无法捕捉。

步骤 5：选择移动目标点。在系统 ▸ 3DMOVE 指定第 2 个点或 <使用第 1 个点作为位移>: 的提示下，选取圆柱体的顶面圆的圆心作为目标点，完成后如图 14.12（b）所示。

14.4 三维镜像

三维镜像是指将选定的对象在三维空间相对于某一平面进行镜像，从而得到源对象的对称副本。

下面以如图 14.14 所示的模型为例，说明进行三维镜像的一般操作过程。

步骤 1：打开文件 D：\AutoCAD2024\work\ch14.04\ 三维镜像 -ex。

步骤 2：选择命令。选择"常用"功能选项卡"修改"区域中的"三维镜像"□□命令，如图 14.15 所示。

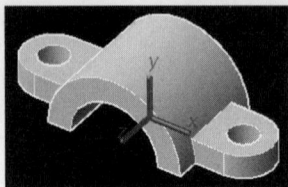

图 14.14　三维镜像

图 14.15　选择命令

说明：调用三维旋转命令还有两种方法。

方法一：选择下拉菜单 修改(M) → 三维操作(3) → □ 三维镜像(D) 命令。

方法二：在命令行中输入 MIRROR3D 命令，并按 Enter 键。

步骤 3：选择镜像对象。在系统 ||▼ MIRROR3D 选择对象: 的提示下，选取如图 14.16 所示的两个实体作为要镜像的对象并按 Enter 键确认。

步骤 4：选择镜像中心面。在系统 ||▼ MIRROR3D [对象(O) 最近的(L) Z 轴(Z) 视图(V) XY 平面(XY) YZ 平面(YZ) ZX 平面(ZX) 三点(3)] <三点>: 的提示下，选取 YZ 平面(YZ) 选项（表示用 YZ 平面作为镜像中心平面）。

步骤 5：选择镜像中心面上的点。在系统 ||▼ MIRROR3D 指定 YZ 平面上的点 <0,0,0>: 的提示下直接按 Enter 键。

步骤 6：在系统 ||▼ MIRROR3D 是否删除源对象？[是(Y) 否(N)] <否>: 的提示下，选择 否(N) 选项，效果如图 14.17 所示。

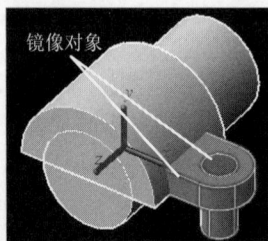

图 14.16　镜像对象

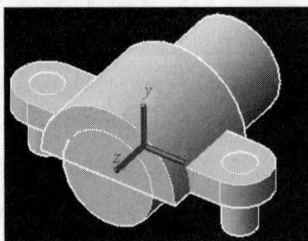

图 14.17　镜像结果

步骤 7：创建布尔并集。选择"常用"功能选项卡"实体编辑"区域中的"并集" □ 命令，在系统的提示下，选取如图 14.18 所示的 3 个对象作为并集对象并按 Enter 键确认。

步骤 8：创建布尔差集。选择"常用"功能选项卡"实体编辑"区域中的"差集" □ 命令，在系统 ||▼ SUBTRACT 选择对象: 的提示下，选取步骤 7 合并的对象作为目标体并按 Enter 键确认，在系统 ||▼ SUBTRACT 选择对象: 的提示下，选取另外 3 个圆柱体作为工具体并按 Enter 键确认，完成后的效果如图 14.19 所示。

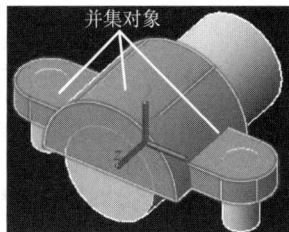

图 14.18 镜像对象

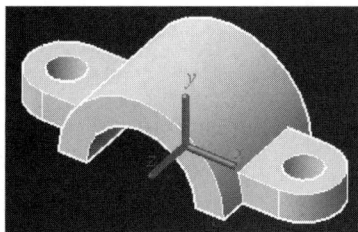

图 14.19 镜像结果

14.5 三维阵列

▶ 7min

三维阵列特征主要用来快速得到源对象的多个副本。接下来就通过对比三维阵列与三维镜像两个特征之间的相同与不同之处来理解三维阵列的基本概念，首先总结相同之处：第一点是它们的作用，这两个特征都用来得到源对象的副本，因此在作用上是相同的，第二点是所需要的源对象，我们都知道三维镜像的源对象可以是单个特征、多个特征，同样地，三维阵列的源对象也是如此；接下来总结不同之处：第一点，我们都知道三维镜像是由一个源对象镜像复制得到一个副本，这是镜像的特点，而阵列是由一个源对象快速地得到多个副本，第二点是由镜像所得到的源对象的副本与源对象之间是关于镜像中心面对称的，而阵列所得到的多个副本，软件会根据不同的排列规律向用户提供多种不同的阵列方法，其中就包括矩形阵列、圆周阵列及曲线阵列等。

1. 矩形阵列

矩形阵列是将源对象沿着水平与竖直两个方向进行规律性复制，从而得到源对象的多个副本。

下面以如图 14.20 所示的模型为例，说明进行矩形阵列的一般操作过程。

步骤 1：打开练习文件 D：\AutoCAD2024\work\ch14.05\ 矩形阵列 -ex。

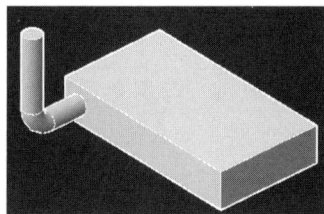

（a）阵列前

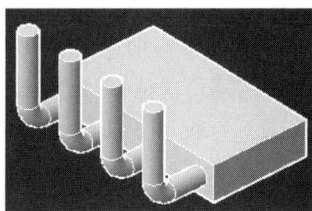

（b）阵列后

图 14.20 矩形阵列

步骤 2：选择命令。选择"常用"功能选项卡"修改"区域中 ⊞ 后的 ▾，在系统弹出的快捷菜单中选择"矩形阵列" ⊞ 矩形阵列 命令，如图 14.21 所示。

图 14.21　选择命令

步骤 3：选择阵列源对象，在系统 ⊞▾ ᴀʀʀᴀʏʀᴇᴄᴛ 选择对象: 的提示下，选取如图 14.22 所示的实体对象作为阵列源对象并按 Enter 键确认。

步骤 4：定义阵列参数。在系统弹出的 阵列创建 功能选项卡 "列" 区域的 列数: 文本框中输入 4（表示创建 4 列），在 介于: 文本框中输入值 30（表示每隔 30mm 做一列）；在 "行" 区域的 行数: 文本框中输入 1（表示创建 1 行），其他参数采用系统默认，如图 14.23 所示。

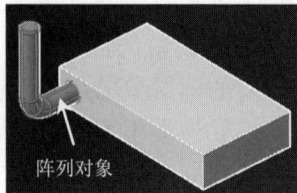

图 14.22　阵列对象

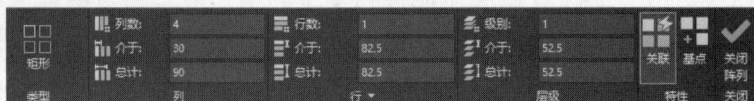

图 14.23　阵列参数

步骤 5：单击 阵列创建 功能选项卡下的 ✔ 按钮，完成矩形阵列的创建。

"阵列创建" 选项卡中部分选项的说明如下。

（1） 列数: 文本框：用于指定阵列的列数。如果只指定了一列，则必须指定多行。

（2） 行数: 文本框：用于指定阵列的行数。如果只指定了一行，则必须指定多列。

（3） 级别: 文本框：用于指定阵列的层数。

（4） 介于: 文本框：用于指定相邻两列（行或者层）之间的间距。

（5） 总计: 文本框：用于指定第 1 列（行或者层）到最后一列（行或者层）的间距。

（6） ⊞（关联）复选框：用于控制是否创建关联的阵列对象，如果选中，则关联，如果不选中，则不关联。

（7） ⊞（基点）：用于重新定义阵列的基点。

2. 环形阵列

环形阵列是将源对象绕着一条轴线按圆周规律进行复制，从而得到源对象的多个副本。

下面以如图 14.24 所示的模型为例，说明进行环形阵列的一般操作过程。

步骤 1：打开文件 D：\AutoCAD2024\work\ch14.05\ 环形阵列 -ex。

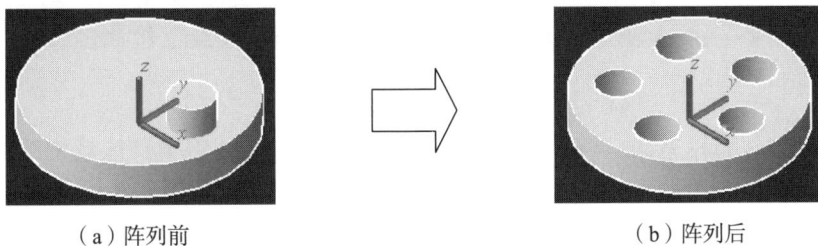

（a）阵列前   （b）阵列后

图 14.24 环形阵列

步骤 2：选择命令。选择"常用"功能选项卡"修改"区域中 ⊞ 后的 ▾，在系统弹出的快捷菜单中选择"环形阵列" 环形阵列 命令，如图 14.25 所示。

图 14.25 选择命令

步骤 3：选择阵列源对象，在系统 ❖▾ ARRAYPOLAR 选择对象：的提示下，选取如图 14.24（a）所示的圆柱体作为阵列原对象并按 Enter 键确认。

步骤 4：选择阵列中心轴，在系统 ❖▾ ARRAYPOLAR 指定阵列的中心点或 [基点(B) 旋转轴(A)]：的提示下，输入 0，0，0 并按 Enter 键确认，系统会弹出如图 14.26 所示的"阵列创建"选项卡。

说明：系统默认绕着当前坐标系的 z 轴进行环形阵列，如果用户想绕着其他轴进行环形阵列，则有以下两种方法。

方法一：创建新的用户坐标系，使坐标系的 z 轴与阵列轴方向一致。

方法二：在命令行 ❖▾ ARRAYPOLAR 指定阵列的中心点或 [基点(B) 旋转轴(A)]：的提示下，选择 旋转轴(A) 选项，在系统的提示下，通过选取两个点定义新的旋转轴。

步骤 5：选择环形阵列参数。在"阵列创建"选项卡"项目"区域的 ❖ 项目数：文本框中输入值 5（表示阵列 5 个），在 ⌀ 填充：文本框中输入值 360（表示在 360° 范围内均匀排布）；在"行"区域的 ☰ 行数：文本框中输入 1（表示阵列 1 行），其他参数采用默认，如图 14.26 所示。

步骤 6：单击 阵列创建 功能选项卡下的 ✔ 按钮，完成环形阵列的创建，如图 14.27 所示。

步骤 7：分解阵列。选择"分解"命令，选取创建的阵列特征作为要分解的对象并按 Enter 键确认。

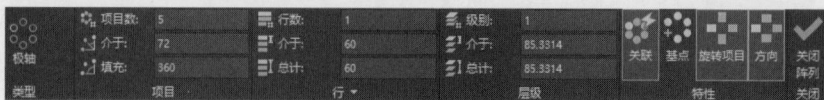

图 14.26　阵列参数

步骤 8：创建布尔差集。选择"常用"功能选项卡"实体编辑"区域中的"差集" 图
命令，在系统 💻▾ SUBTRACT 选择对象: 的提示下，选取如图 14.27 所示的体 1 作为目标体并按
Enter 键确认，在系统 💻▾ SUBTRACT 选择对象: 的提示下，选取另外 5 个圆柱体作为工具体并按
Enter 键确认，完成后的效果如图 14.28 所示。

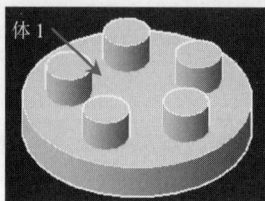

图 14.27　环形阵列

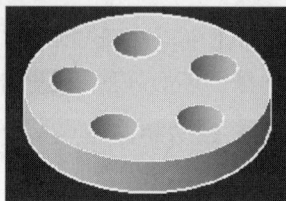

图 14.28　布尔求差

"阵列创建"选项卡中部分选项的说明如下。

（1） 项目数: 文本框：用于指定阵列的项目数。

（2） 行数: 文本框：用于指定阵列的圈数，如图 14.29 所示。

（a）行数 1

（b）行数 2

图 14.29　路径阵列

（3） 级别: 文本框：用于指定阵列的层数，如图 14.30 所示。

（a）层数 1

（b）层数 2

图 14.30　级别

（4） 介于: 文本框：用于指定相邻两项目间的夹角或者相邻两圈（层）之间的间距。

（5）▦ 总计 文本框：用于指定项目总角度或者所有圈（层）之间的间距。

（6）▦（关联）复选框：用于控制是否创建关联的阵列对象，如果选中，则关联，如果不选中，则不关联。

（7）▦（基点）：用于重新定义阵列的基点。

（8）▦（旋转项目）：用于控制在阵列项目时是否旋转，如图14.31所示。

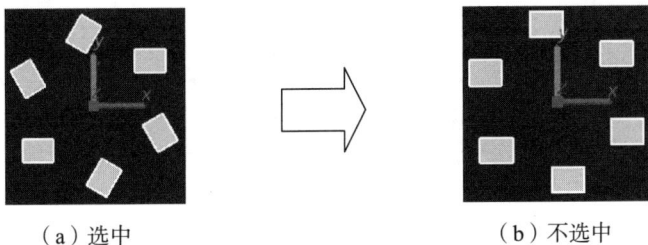

（a）选中　　　　　　　　　　　　　　　（b）不选中

图14.31　旋转项目

（9）▦（方向）：用于控制是否创建逆时针或者顺时针阵列，如图14.32所示。

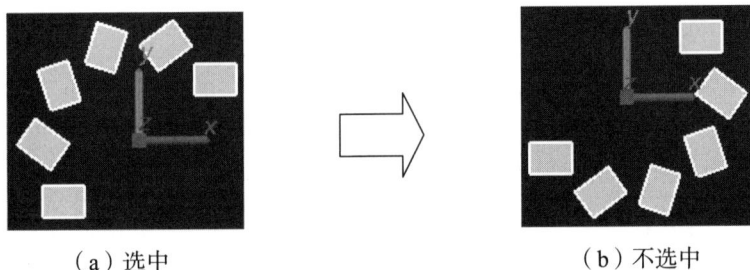

（a）选中　　　　　　　　　　　　　　　（b）不选中

图14.32　方向

3. 路径阵列

路径阵列是将源对象沿着一条曲线路径按圆周规律进行复制，从而得到源对象的多个副本。下面以如图14.33所示的模型为例，说明进行路径阵列的一般操作过程。

步骤1：打开文件 D：\AutoCAD2024\work\ch14.05\ 路径阵列 -ex。

（a）阵列前　　　　　　　　　　　　　　（b）阵列后

图14.33　路径阵列

步骤2：选择命令。选择"常用"功能选项卡"修改"区域中▦后的▪，在系统弹出的快捷菜单中选择"路径阵列" °o°°路径阵列命令，如图 14.34 所示。

图 14.34　选择命令

步骤 3：选择阵列源对象，在系统 °o°▼ **ARRAYPATH** 选择对象：的提示下，选取如图 14.35 所示的长方体作为阵列源对象并按 Enter 键确认。

步骤 4：选择阵列路径曲线，在系统 °o°▼ **ARRAYPATH** 选择路径曲线：的提示下，选取如图 14.35 所示的曲线路径。

注意：

阵列路径曲线是提前通过复制边的方法复制的边线，系统默认不允许直接选取模型边线。

在选取路径曲线时，用户可以提前将视觉样式调整为"二维线框"以方便选取。

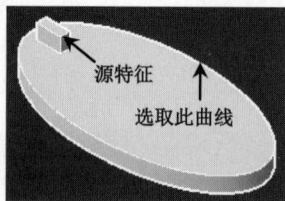

图 14.35　阵列源对象与路径

步骤 5：定义阵列参数。

（1）定义阵列基点。在"阵列创建"功能选项卡"特性"区域中选择"基点" ▓▓命令，在系统的提示下选取如图 14.36 所示的点作为基点。

（2）定义阵列数量。在"阵列创建"功能选项卡"特性"区域中将阵列类型设置为"定数等分" ▓▓定数等分，然后在"项目"区域的 ▓▓项目数：文本框中输入值 8（表示总计创建 8 个对象）。

（3）定义切线方向。在"阵列创建"功能选项卡"特性"区域中选择"切线方向" ▓▓命令，在系统的提示下，选取如图 14.36 所示的基点，并捕捉到如图 14.37 所示的虚线方向单击确认。

步骤 6：单击 ▓▓阵列创建功能选项卡下的 ✓按钮，完成路径阵列的创建，如图 14.38

所示。

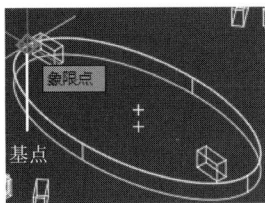

图 14.36 定义阵列基点

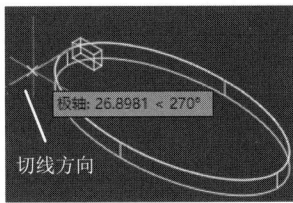

图 14.37 切线方向

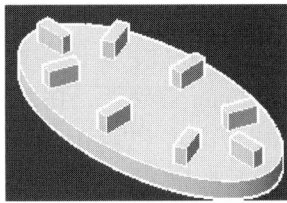

图 14.38 路径阵列

14.6 三维倒角

三维倒角是指在我们选定的边线处通过裁掉或者添加一块平直剖面材料，从而在共有该边线的两个原始曲面之间创建出一个斜角曲面。

倒角特征的作用：提高模型的安全等级；提高模型的美观程度；方便装配。

下面以如图 14.39 所示的模型为例，说明进行三维倒角的一般操作过程。

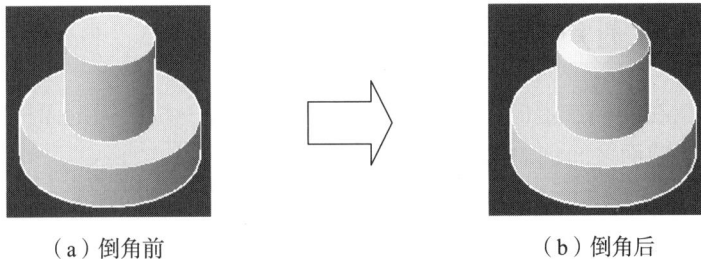

（a）倒角前

（b）倒角后

图 14.39 三维倒角

步骤 1：打开文件 D：\AutoCAD2024\work\ch14.06\ 倒角 -ex。

步骤 2：选择命令。选择"常用"功能选项卡"修改"区域中■后的■，在系统弹出的快捷菜单中选择"倒角"■命令，如图 14.40 所示。

图 14.40 选择命令

步骤 3：选择倒角参考面。在系统"选择第 1 条直线"的提示下，选取如图 14.41 所示的边线，在系统 CHAMFER 输入曲面选择选项 [下一个(N) 当前(OK)] <当前(OK)>：的提示下，图形区会显示如图 14.42 所示的效果，直接按 Enter 键确认。

步骤 4：定义倒角距离。在系统 CHAMFER 指定基面倒角距离或 [表达式(E)]：的提示下，输入 5 并按 Enter 键确认，在系统 CHAMFER 指定其他曲面倒角距离或 [表达式(E)] <5.0000>：的提示下，直接按 Enter 键确认（表示倒角的第 2 个距离也为 5）。

步骤 5：选择倒角边线。在系统 CHAMFER 选择边或 [环(L)] 的提示下，选取如图 14.41 所示的边线并按 Enter 键确认，效果如图 14.43 所示。

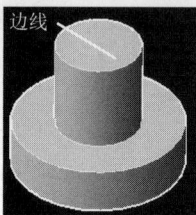

图 14.41　定义参考边　　图 14.42　倒角参考面　　图 14.43　倒角效果

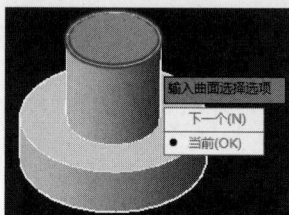

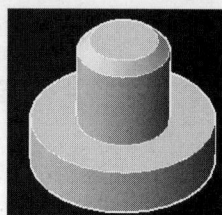

14.7　三维圆角

三维圆角是指在我们选定的边线处通过裁掉或者添加一块圆弧剖面材料，从而在共有该边线的两个原始曲面之间创建出一个圆弧曲面。

圆角特征的作用：提高模型的安全等级；提高模型的美观程度；方便装配；消除应力集中。

下面以如图 14.44 所示的模型为例，说明进行三维圆角的一般操作过程。

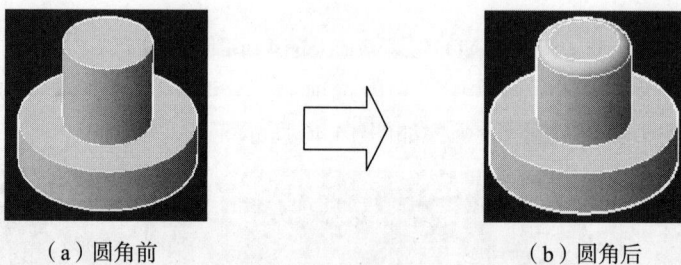

（a）圆角前　　　（b）圆角后

图 14.44　三维圆角

步骤 1：打开文件 D：\AutoCAD2024\work\ch14.07\ 圆角 -ex。

步骤 2：选择命令。选择"常用"功能选项卡"修改"区域中 后的 ，在系统弹出的快捷菜单中选择"圆角" 圆角 命令，如图 14.45 所示。

步骤 3：选择圆角对象。在系统"选择第 1 条直线"的提示下，选取如图 14.46 所示的边线。

步骤 4：定义圆角半径。在系统 FILLET 输入圆角半径或 [表达式(E)]：的提示下，输入 5 并按

Enter 键确认。

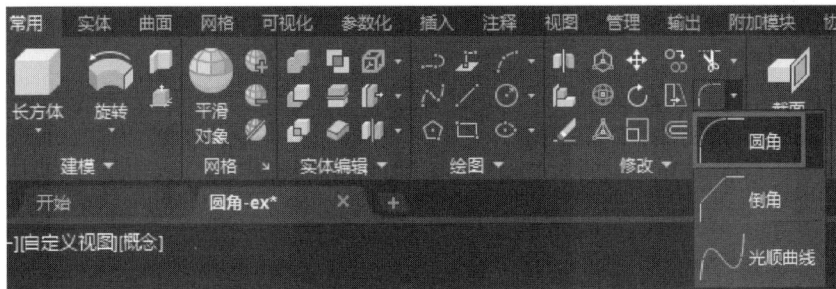

图 14.45 选择命令

步骤 5：选择圆角边线。在系统 ⌐ ▾ FILLET 选择边或 [链(C) 环(L) 半径(R)]:的提示下，直接按 Enter 键确认，效果如图 14.47 所示。

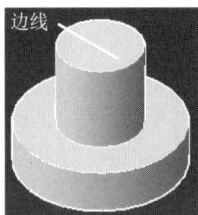

图 14.46 定义圆角对象

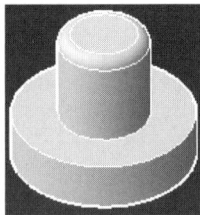

图 14.47 圆角效果

14.8 三维剖切

三维实体剖切功能可以将实体沿剖切平面完全切开，从而观察到实体内部的结构。剖切时，首先需要选择要剖切的三维对象，然后确定剖切平面的位置。当确定完剖切平面的位置后，还必须指明是否要将实体分割成的两部分保留。

下面以如图 14.48 所示的模型为例，说明进行三维剖切的一般操作过程。

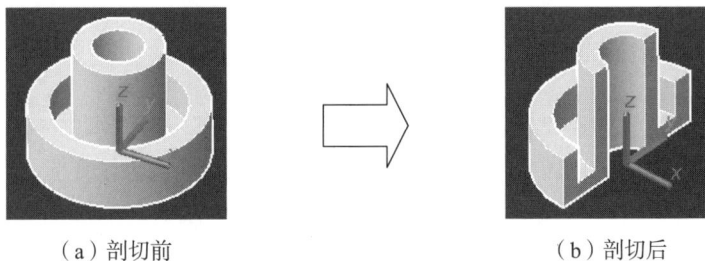

（a）剖切前 　　　　　　　　　　（b）剖切后

图 14.48 三维剖切

步骤 1：打开文件 D：\AutoCAD2024\work\ch14.08\ 三维剖切 -ex。

步骤 2：选择命令。选择"常用"功能选项卡"实体编辑"区域中的"剖切"■命令，如图 14.49 所示。

图 14.49　选择命令

步骤 3：选择剖切对象。在系统■▾ SLICE 选择要剖切的对象:的提示下，选取如图 14.48（a）所示的模型并按 Enter 键确认。

步骤 4：定义剖切面。在系统■▾ SLICE 指定切面的起点或 [平面对象(O) 曲面(S) z 轴(Z) 视图(V) xy(XY) yz(YZ) zx(ZX) 三点(3)] <三点>:的提示下，选择 $\overline{\text{yz(YZ)}}$ 选项（表示使用 *YZ* 平面为剖切平面），在系统■▾ SLICE 指定 YZ 平面上的点 <0,0,0>:的提示下，直接按 Enter 键。

步骤 5：定义保留侧。在系统 SLICE 在所需的侧面上指定点或 [保留两个侧面(B)] 的提示下，在 *x* 轴负方向位置单击，效果如图 14.50 所示。

说明：

在系统 SLICE 在所需的侧面上指定点或 [保留两个侧面(B)] 的提示下，如果选择保留两个侧面(B)选项，则系统将保留两侧，相当于用平面将实体分割为两个体，如图 14.51 所示。

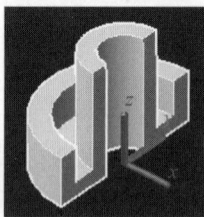

图 14.50　剖切效果

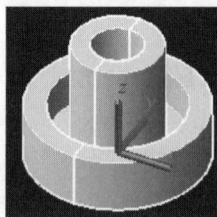

图 14.51　保留两侧

14.9　三维截面

三维截面就是将实体沿某个特殊的分割平面进行相交，从而创建一个相交截面。这种方法可以显示复杂模型的内部结构。它与剖切实体方法的不同之处在于：创建截面命令将在切割截面的位置生成一个截面的面域，该面域位于当前图层。截面面域是一个新创建的对象，因此创建截面命令不会以任何方式改变实体模型本身。对于创建的截面面域，可以非常方便地修改它的位置、添加填充图案、标注尺寸或在这个新对象的基础上拉伸生成一个新的实体。

下面以如图 14.52 所示的截面为例，说明创建三维截面的一般操作过程。

步骤 1：打开文件 D：\AutoCAD2024\work\ch14.09\ 三维截面 -ex。

步骤 2：选择命令。在命令行中输入 SECTION 命令后按 Enter 键。

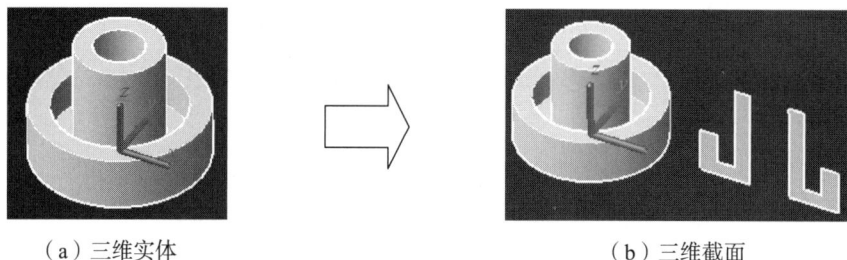

（a）三维实体　　　　　　　　　　　　　　　　（b）三维截面

图 14.52　三维截面

步骤 3：选择剖切对象。在系统 ✓ SECTION 选择对象:的提示下，选取如图 14.52（a）所示的模型并按 Enter 键确认。

步骤 4：定义剖切面。在系统 ✓ SECTION 指定 截面 上的第1个点, 依照 [对象(O) Z 轴(Z) 视图(V) XY(XY) YZ(YZ) ZX(ZX) 三点(3)] <三点>:的提示下，选择 ZX(ZX) 选项（表示使用 ZX 平面作为剖切平面），在系统 ✓ SECTION 指定 ZX 平面上的点 <0,0,0>:的提示下，直接按 Enter 键。

步骤 5：移动截面位置。选择"常用"功能选项卡"修改"区域中的 ✛ 命令，将生成的截面移动到实体外侧，如图 14.52 所示。

▶ 2min

14.10　三维对齐

对齐三维对象是以一个对象上的点为基准，将另一个对象与该对象进行对齐。在对齐两个三维对象时，一般需要输入三对点，每对点中包括一个源点和一个目标点。完成三对点的定义后，系统会将 3 个源点定义的平面与 3 个目标点定义的平面对齐。

下面以如图 14.53 所示的模型为例，说明创建三维对齐的一般操作过程。

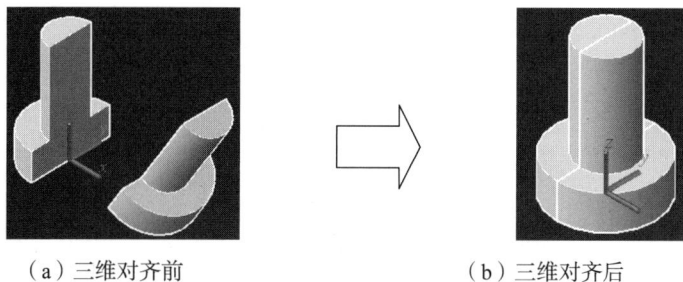

（a）三维对齐前　　　　　　　　　　　　　　　（b）三维对齐后

图 14.53　三维对齐

步骤 1：打开文件 D：\AutoCAD2024\work\ch14.10\ 三维对齐 -ex。

步骤 2：选择命令。选择"常用"功能选项卡"修改"区域中的"三维对齐"  命令，如图 14.54 所示。

步骤 3：选择要对齐的对象。在系统 ⬛▼ 3DALIGN 选择对象：的提示下，选择如图 14.55 所示的实体并按 Enter 键确认。

图 14.54　选择命令

步骤 4：选择对齐基点。在系统 ⬛▼ 3DALIGN 指定基点或 [复制(C)]：的提示下，选取如图 14.56 所示的点 1、点 2 与点 3 作为基点。

步骤 5：选择对齐目标点。在系统 ⬛▼ 3DALIGN 指定第 1 个目标点：的提示下，依次选取如图 14.56 所示的点 4、点 5 与点 6 作为目标点，完成后如图 14.57 所示。

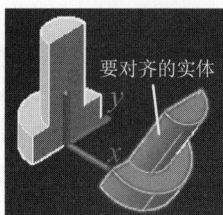
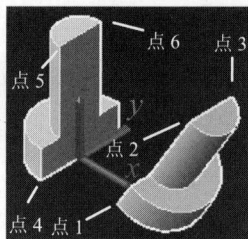
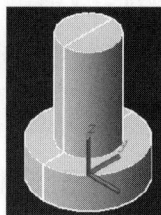

图 14.55　定义对齐对象　　图 14.56　定义对齐基点与目标点　　图 14.57　对齐效果

14.11　抽壳

抽壳特征是指先移除一个或者多个面，然后将其余所有的模型外表面向内或者向外偏移一定的距离而实现的一种效果。抽壳的主要作用是帮助我们快速地得到箱体或者壳体效果。

下面以如图 14.58 所示的模型为例，说明创建抽壳的一般操作过程。

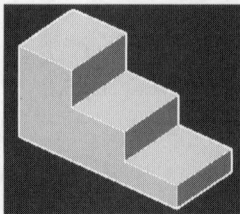
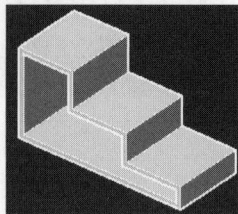

（a）抽壳前　　　　　　　　　　　　（b）抽壳后

图 14.58　抽壳

步骤 1：打开文件 D：\AutoCAD2024\work\ch14.11\ 抽壳 -ex。

步骤 2：选择命令。单击"常用"功能选项卡"实体编辑"区域中 ▥ 后的 ▪，在系统弹出的快捷菜单中选择"抽壳" ▦ 命令，如图 14.59 所示。

图 14.59　选择命令

步骤 3：选择抽壳实体。在系统 ▥ ▾ SOLIDEDIT 选择三维实体: 的提示下，选取如图 13.58（a）所示的实体作为要抽壳的实体。

步骤 4：选择删除面。在系统 ▥ ▾ SOLIDEDIT 删除面或 [放弃(U) 添加(A) 全部(ALL)]: 的提示下，选取如图 14.60 所示的面作为删除面并按 Enter 键确认。

说明： 删除面既可以是一个，也可以是多个，如图 14.61 所示。

步骤 5：定义抽壳厚度。在系统 ▥ ▾ SOLIDEDIT 输入抽壳偏移距离: 的提示下，输入厚度值 3 并按 Enter 键确认，效果如图 14.58（b）所示。

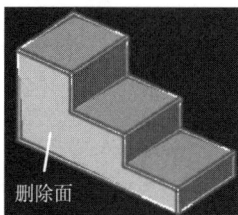

图 14.60　定义圆角对象

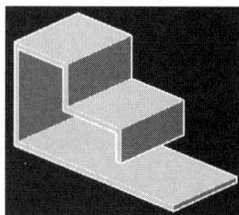

图 14.61　删除多个面

说明： 当厚度值为正值时，系统将在保证整体尺寸不变的情况下，掏空实体；当厚度值为负值时，所有外表面将向外偏移，此时模型的整体尺寸会变大。

14.12　上机实操

上机实操案例 1 如图 14.62 所示，上机实操案例 2 如图 14.63 所示，上机实操案例 3

如图 14.64 所示，上机实操案例 4 如图 14.65 所示，上机实操案例 5 如图 14.66 所示，上机
实操案例 6 如图 14.67 所示。

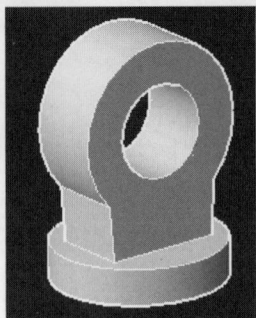

图 14.62　上机实操 1

图 14.63　上机实操 2

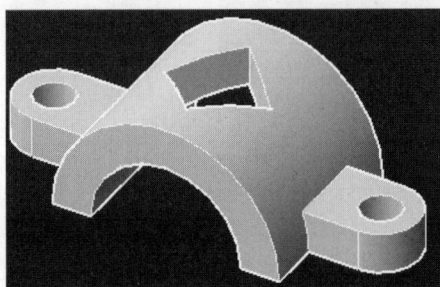

图 14.64　上机实操 3

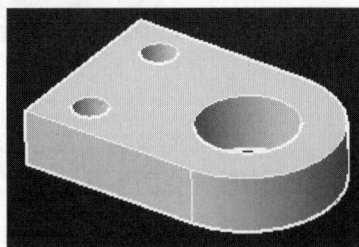

图 14.65　上机实操 4

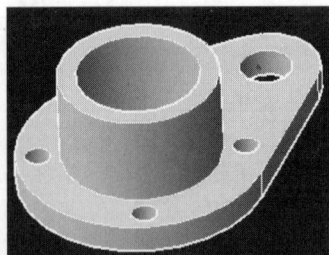

图 14.66　上机实操 5

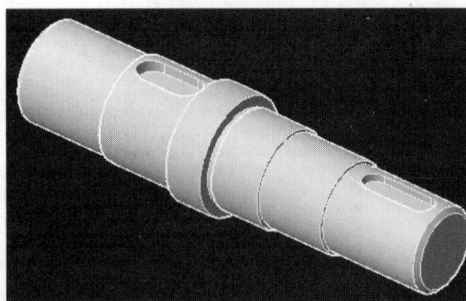

图 14.67　上机实操 6

第 15 章

由三维图形制作二维工程图

15.1 基本概述

工程图是指以投影原理为基础，用多个视图清晰详尽地表达出设计产品的几何形状、结构及加工参数的图纸。工程图严格遵守国标的要求，它实现了设计者与制造者之间的有效沟通，使设计者的设计意图能够简单明了地展现在图样上。从某种意义上讲，工程图是一门沟通了设计者与制造者之间的语言，在现代制造业中占据着极其重要的位置。

工程图的重要性：

（1）立体模型（三维"图纸"）无法像二维工程图那样可以标注完整的加工参数，如尺寸、几何公差、加工精度、基准、表面粗糙度符号和焊缝符号等。

（2）不是所有的零件都需要采用 CNC 或 NC 等数控机床加工，因而需要出示工程图，以便在普通机床上进行传统加工。

（3）立体模型（三维"图纸"）仍然存在无法表达清楚的局部结构，如零件中的斜槽和凹孔等，这时可以在二维工程图中通过不同方位的视图来表达局部细节。

（4）通常把零件交给第三方厂家进行加工生产时，需要出示工程图。

15.2 基本视图

通过投影法可以直接投影得到的视图就是基本视图，基本视图在 AutoCAD 中主要包括主视图、投影视图和轴测图等，下面分别进行介绍。

1. 创建主视图

下面以创建如图 15.1 所示的主视图为例，介绍创建主视图的一般操作过程。

步骤 1：打开练习文件 D：\AutoCAD2024\work\ch15.02\ 基本视图 -ex。

步骤 2：新建图纸。

（1）在状态栏中选中"布局 1"，系统会切换到布局窗口，在布局窗

图 15.1 主视图

口删除现有的视图。

（2）在"状态栏"中右击"布局1"，在系统弹出的快捷菜单中选择 页面设置管理器(G)... 命令，系统会弹出如图15.2所示的"页面设置管理器"对话框。

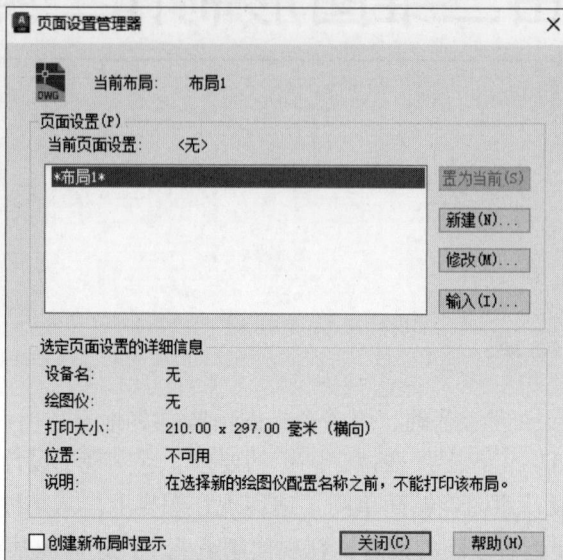

图15.2　"页面设置管理"对话框

（3）在"页面设置管理器"对话框中选择 修改(M)... 命令，系统会弹出如图15.3所示的"页面设置 - 布局1"对话框。

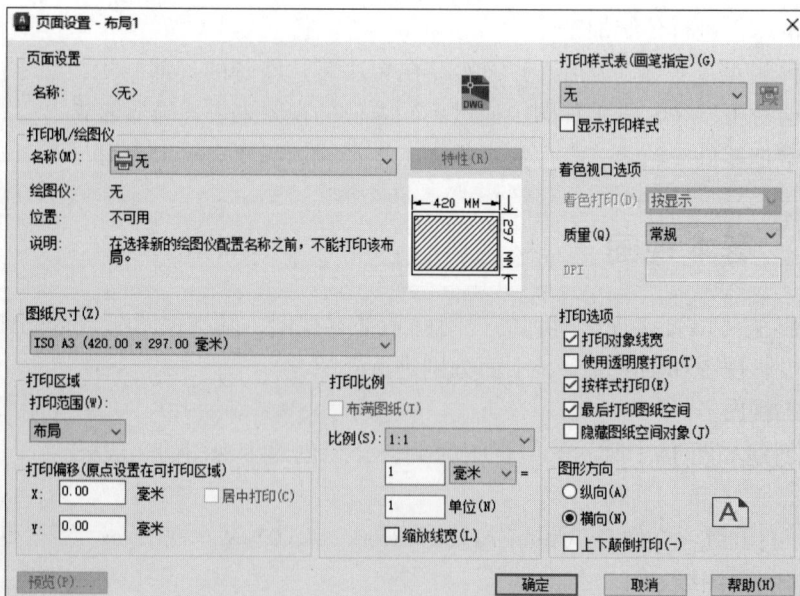

图15.3　"页面设置 - 布局1"对话框

（4）在"页面设置-布局1"对话框中的 图纸尺寸(Z) 下拉列表中选择"ISO A3（420.00×297.00 毫米）"，其他采用默认。

（5）依次单击 确定 与 关闭(C) 按钮，完成操作。

步骤3：新建视图。

（1）选择命令。单击"布局"功能选项卡"创建视图"区域中"基点" 下的 按钮，在系统弹出的快捷菜单中选择"从模型空间" 命令，如图15.4所示。

图 15.4　选择命令

（2）定义视图方向。在"工程视图创建"功能选项卡"方向"区域中选择"前视"，如图 15.5 所示。

（3）定义视图显示样式。在"工程视图创建"功能选项卡"外观"区域的"显示样式"下拉列表中选择"可见线和隐藏线"，如图 15.6 所示。

图 15.5　定义视图方向

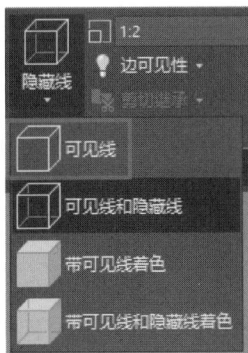

图 15.6　定义视图显示样式

（4）定义视图比例。在"工程视图创建"功能选项卡"外观"区域的"比例"下拉列表中选择"1:2"。

（5）在图形区合适的位置单击放置视图。

说明：如果位置不合适，则用户可以通过选择"工程视图创建"功能选项卡"修改"区域中的"移动" 命令调整位置。

（6）单击"工程视图创建"功能选项卡"创建"区域中的 按钮，然后在图形区按右键即可完成创建。

2. 创建投影视图

投影视图包括仰视图、俯视图、右视图和左视图。下面以如图 15.7 所示的视图为例，说明创建投影视图的一般操作过程。

步骤 1：选择命令。选择单击"布局"功能选项卡"创建视图"区域中"投影" ▤ 命令。如图 15.8 所示。

步骤 2：选择父视图。在系统 ▶▼ VIEWPROJ 选择父视图: 的提示下，选取如图 15.9 所示的父视图。

步骤 3：放置视图。在主视图的右侧单击，生成左视图，在主视图的下方单击，生成俯视图，在空白区域右击并选择 确认(E) 命令完成投影视图的创建，如图 15.10 所示。

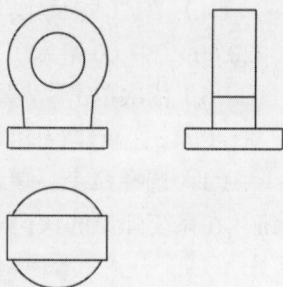

图 15.7　投影视图

图 15.8　选择命令

图 15.9　父视图

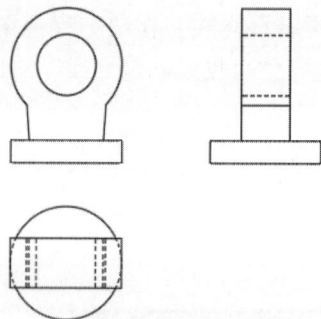

图 15.10　放置视图

步骤 4：设置左视图的显示样式。在"布局"功能选项卡"修改视图"区域中选择"编辑视图" ▤ 命令，在系统 ▶▼ VIEWEDIT 选择视图: 的提示下，选取步骤 3 创建的左视图，然后在"工程视图编辑器"功能选项卡"外观"区域的"显示样式"下拉列表中选择"可见线"，单击 ✔ 按钮完成操作。

步骤 5：参考步骤 4 的操作将俯视图的视图显示样式设置为"可见线"，完成后的效果如图 15.8 所示。

3. 等轴测视图

下面以如图 15.11 所示的轴测图为例，说明创建轴测图的一般操作过程。

步骤 1：选择命令。单击"布局"功能选项卡"创建视图"区域中"基点" ▤ 下的 ▀ 按钮，在系统弹出的快捷菜单中选择"从模型空间" ▨ 从模型空间 命令。

步骤 2：定义视图方向。在"工程视图创建"功能选项卡"方向"区域中选择"东北等轴测"。

步骤 3：定义视图显示样式。在"工程视图创建"功能选项卡"外观"区域的"显示样式"下拉列表中选择"可见线"。

步骤 4：定义视图比例。在"工程视图创建"功能选项卡"外观"区域的"比例"下拉列表中选择"1：2"。

步骤 5：放置视图。将鼠标放在图形区会出现视图的预览，选择合适的放置位置并单击，以生成等轴测视图。

步骤 6：单击"工程视图创建"功能选项卡"创建"区域中的☑按钮，然后在图形区按右键即可完成创建。

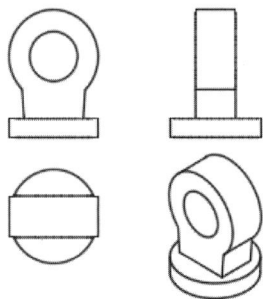

图 15.11　轴测图

15.3　全剖视图

全剖视图是用剖切面完全地剖开零件而得到的剖视图。全剖视图主要用于表达内部形状比较复杂的不对称机件。下面以创建如图 15.12 所示的全剖视图为例，介绍创建全剖视图的一般操作过程。

步骤 1：打开练习文件 D：\AutoCAD2024\work\ch15.03\ 全剖视图 -ex。

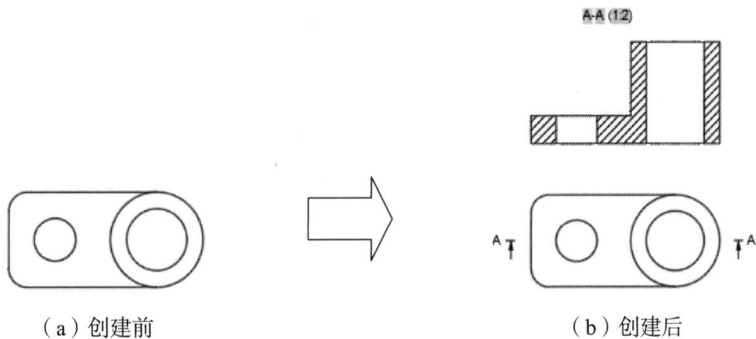

（a）创建前　　　　　　　　　　　（b）创建后

图 15.12　全剖视图

步骤 2：选择命令。单击"布局"功能选项卡"创建视图"区域中"截面"▦下的▾按钮，在系统弹出的快捷菜单中选择"全剖"▦全剖命令，如图 15.13 所示。

步骤 3：选择父视图。在系统▦▾ VIEWSECTION 选择父视图:的提示下，选取如图 15.12（a）所示的视图作为父视图。

步骤 4：定义剖切面位置。在系统▦▾ VIEWSECTION 指定起点:的提示下，选取图 15.12（a）中与最左侧竖直线的中点成水平关系，并且向左有一定间距的点作为起点，在系统▦▾ VIEWSECTION 指定下一个点或 [放弃(U)]:的提示下，选取与最右侧圆的右侧象限点成水平关系，并且向右有一定间距的点作为第 2 个点，在系统的提示下选择完成(D)选项。

图 15.13　选择命令

步骤 5：放置视图。在主视图上方的合适位置单击放置，然后单击☑按钮，完成视图的创建。

15.4　半剖视图

当机件具有对称平面时，以对称平面为界，在垂直于对称平面的投影面上投影得到的由半个剖视图和半个视图合并组成的图形称为半剖视图。半剖视图既充分地表达了机件的内部结构，又保留了机件的外部形状，因此它具有内外兼顾的特点。半剖视图只适宜于表达对称的或基本对称的机件。下面以创建如图 15.14 所示的半剖视图为例，介绍创建半剖视图的一般操作过程。

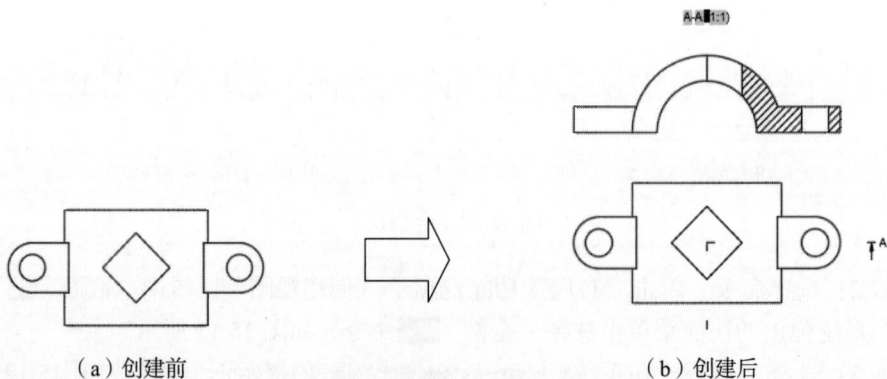

（a）创建前　　　　　　　　　　　　（b）创建后

图 15.14　半剖视图

步骤 1：打开练习文件 D：\AutoCAD2024\work\ch15.04\ 半剖视图 -ex。

步骤 2：选择命令。单击"布局"功能选项卡"创建视图"区域中"截面"▮▮下的▮▮按钮，在系统弹出的快捷菜单中选择"半剖"▮▮半剖命令，如图 15.15 所示。

步骤 3：选择父视图。在系统▮▮ ▾ VIEWSECTION 选择父视图:的提示下，选取如图 15.14（a）所示的视图作为父视图。

步骤4：定义剖切面位置。在系统 <sub> ▼ **VIEWSECTION 指定起点:** 的提示下，选取如图 15.16 所示的点 1（点 1 与最右侧圆弧的右侧象限点是水平关系），在系统"指定下一点"的提示下，选取如图 15.16 所示的点 2（点 2 位于中间方形的中心位置），在系统"指定下一点"的提示下，选取如图 15.16 所示的点 3（点 3 与点 2 为竖直关系）。

步骤5：放置视图。在主视图上方的合适位置单击放置，然后单击 ☑ 按钮，完成视图的创建。

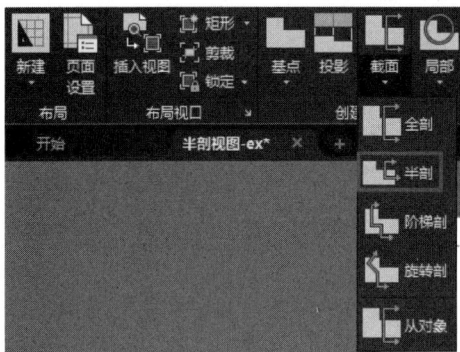

图 15.15　选择命令

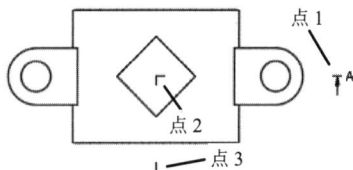

图 15.16　定义剖切面位置

15.5　旋转剖视图

用两个相交的剖切平面（交线垂直于某一基本投影面）剖开机件的方法称为旋转剖，所画出的剖视图称为旋转剖视图。下面以创建如图 15.17 所示的旋转剖视图为例，介绍创建旋转剖视图的一般操作过程。

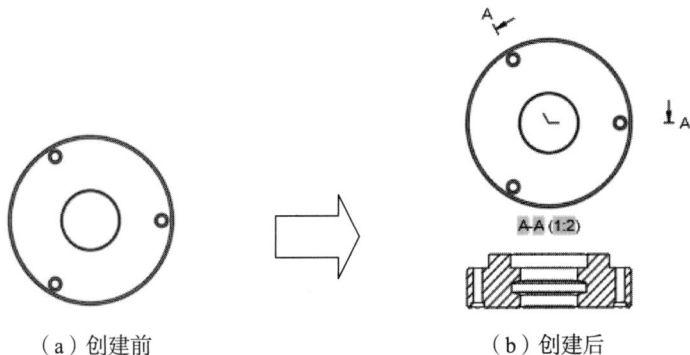

▶ 5min

（a）创建前　　　　　　　　　　　　　（b）创建后

图 15.17　旋转剖视图

步骤1：打开练习文件 D：\AutoCAD2024\work\ch15.05\ 旋转剖视图 -ex。
步骤2：绘制剖切辅助线。选择直线命令，绘制如图 15.18 所示的两条直线（两条直线通过两个圆的圆心）。

步骤3：选择命令。单击"布局"功能选项卡"创建视图"区域中"截面" 下的 ██▾ 按钮，在系统弹出的快捷菜单中选择"旋转剖" 旋转剖 命令，如图15.19所示。

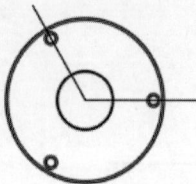

图15.18　绘制剖切辅助直线

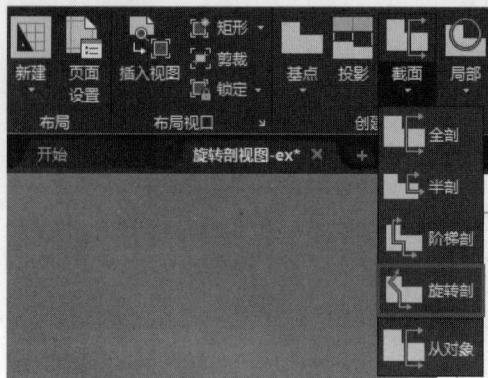

图15.19　选择命令

步骤4：选择父视图。在系统 ██▾ VIEWSECTION 选择父视图: 的提示下，选取如图15.17（a）所示的视图作为父视图。

步骤5：定义剖切面位置。在系统 ██▾ VIEWSECTION 指定起点: 的提示下，选取如图15.20所示的点1，在系统"指定下一点"的提示下，选取如图15.20所示的点2，在系统"指定下一点"的提示下，选取如图15.20所示的点3，然后按Enter键确认。

步骤6：放置视图。在主视图下方的合适位置单击放置，然后单击 ██ 按钮，完成视图的初步创建，如图15.21所示。

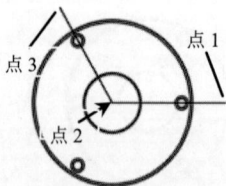

图15.20　定义剖切面位置

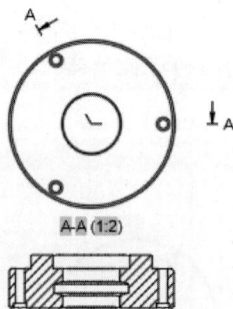

图15.21　旋转剖视图

15.6　阶梯剖视图

用两个或多个互相平行的剖切平面把机件剖开的方法称为阶梯剖，所画出的剖视图称为阶梯剖视图。它适宜于表达机件内部结构的中心线排列在两个或多个互相平行的平面内的情况。下面以创建如图 15.22 所示的阶梯剖视图为例，介绍创建阶梯剖视图的一般操作过程。

A-A (1:2)

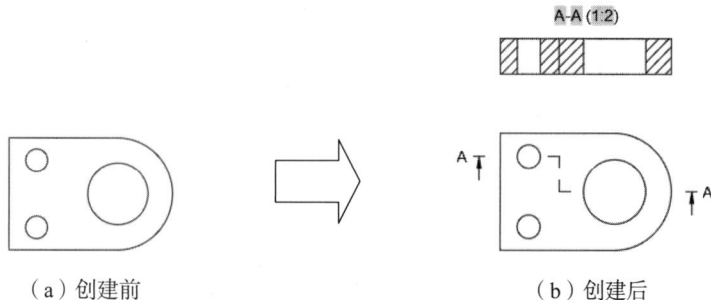

（a）创建前　　　　　　　　　　　　　　（b）创建后

图 15.22　阶梯剖视图

步骤 1：打开练习文件 D：\AutoCAD2024\work\ch15.06\ 阶梯剖视图 -ex。

步骤 2：选择命令。单击"布局"功能选项卡"创建视图"区域中"截面" 下的 按钮，在系统弹出的快捷菜单中选择"阶梯剖" 阶梯剖 命令，如图 15.23 所示。

步骤 3：选择父视图。在系统 VIEWSECTION 选择父视图：的提示下，选取如图 15.22（a）所示的视图作为父视图。

步骤 4：定义剖切面位置。在系统 VIEWSECTION 指定起点：的提示下，选取如图 15.24 所示的点 1（点 1 与最右侧圆弧的右侧象限点是水平关系），在系统"指定下一点"的提示下，选取如图 15.24 所示的点 2（点 2 与点 1 为水平关系），在系统"指定下一点"的提示下，选取如图 15.24 所示的点 3（点 3 与点 2 为竖直关系），在系统"指定下一点"的提示下，选取如图 15.24 所示的点 4（点 4 与点 3 为水平关系，并且点 3 与点 4 的连线经过圆的圆心），然后按 Enter 键确认。

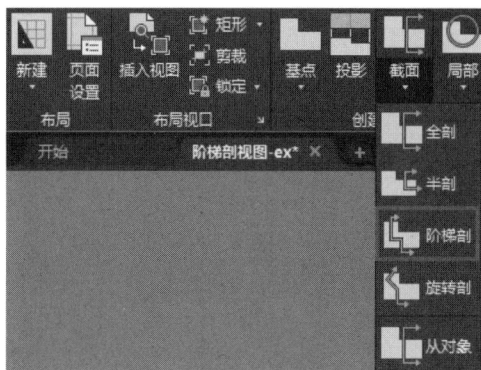

图 15.23　选择命令

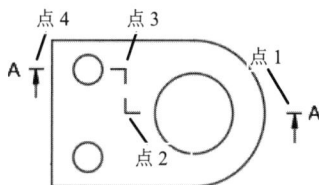

图 15.24　定义剖切面位置

步骤 5：放置视图。在主视图上方的合适位置单击放置，然后单击 按钮，完成视图的创建。

15.7 局部放大图

当机件上的某些细小结构在视图中表达得还不够清楚或不便于标注尺寸时，可将这些部分用大于原图形所采用的比例画出，这种图称为局部放大图。下面以创建如图 15.25 所示的局部放大图为例，介绍创建局部放大图的一般操作过程。

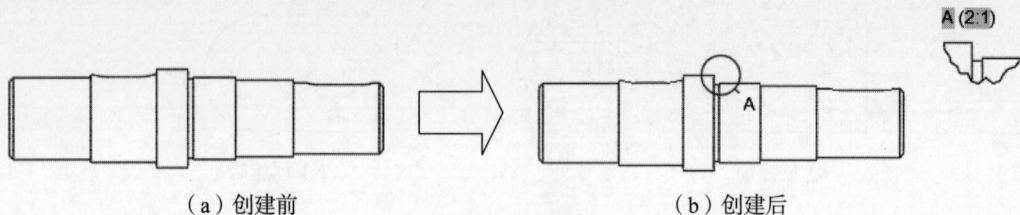

（a）创建前　　　　　　　　　　　　　　　　（b）创建后

图 15.25　局部放大图

步骤 1：打开练习文件 D：\AutoCAD2024\work\ch15.07\ 局部放大图 -ex。

步骤 2：选择命令。单击"布局"功能选项卡"创建视图"区域中"局部"下的按钮，在系统弹出的快捷菜单中选择"圆形局部视图"命令，如图 15.26 所示。

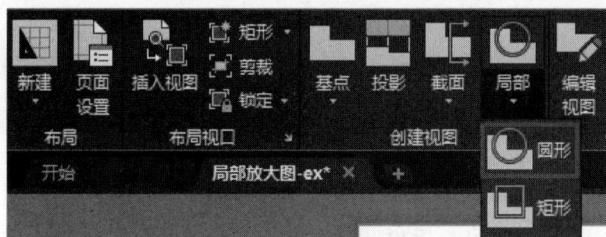

图 15.26　选择命令

步骤 3：选择父视图。在系统 VIEWDETAIL 选择父视图：的提示下，选取如图 15.25（a）所示的视图作为父视图。

步骤 4：定义放大区域。在系统的提示下绘制如图 15.27 所示的圆作为放大区域。

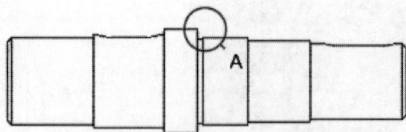

图 15.27　放大边界

步骤 5：定义视图信息。在"局部视图创建"功能选项卡"外观"区域的"比例"下拉列表中选择"2：1"，在"模型边"区域中选中"锯齿状"类型，其他参数采用默认。

步骤 6：放置视图。在主视图右上方的合适位置单击放置，生成局部放大视图。

步骤 7：在图形区右击，在系统弹出的快捷菜单中选择 确认(E) 选项，完成视图的创建。

15.8 视图与模型的关联更新

在设计过程中，如果修改了零件模型的形状和尺寸，则相对应的工程图视图也会自动发生变化。下面以如图 15.28 所示的视图为例，来验证视图是否可以自动关联更新。

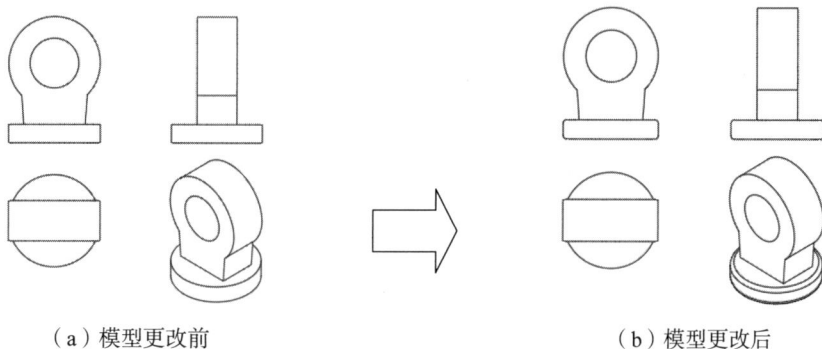

（a）模型更改前　　　　　　　　　　　　　　　　（b）模型更改后

图 15.28 视图与模型的关联更新

步骤 1：打开练习文件 D：\AutoCAD2024\work\ch15.08\ 关联更新 -ex。

步骤 2：将环境切换到模型。在"状态栏"中单击 [模型] 按钮，进入模型环境。

步骤 3：创建倒圆角。选择 [⌒] 命令，选取圆柱底座的上下圆形边线作为倒圆对象，半径值为 6，完成后的效果如图 15.29 所示。

步骤 4：将环境切换到模型。在"状态栏"中单击 [布局1] 按钮，进入布局环境。

步骤 5：在布局环境中工程图视图自动更新的带有圆角的效果如图 15.28（b）所示。

图 15.29 创建倒圆角

15.9 尺寸标注

在工程图中，标注的重要性是不言而喻的。工程图作为设计者与制造者之间交流的语言，重在向其用户反映零部件的各种信息，这些信息中的绝大部分是通过工程图中的标注来反映的，因此一张高质量的工程图必须具备完整、合理的标注。

在工程图的各种标注中，尺寸标注是最重要的一种，它有着自身的特点与要求。首先尺寸是反映零件几何形状的重要信息（对于装配体，尺寸是反映连接配合部分、关键零部件尺寸等的重要信息）。在具体的工程图尺寸标注中，应力求尺寸能全面地反映零件的几何形状，不能有遗漏的尺寸，也不能有重复的尺寸（在本书中，为了便于介绍某些尺寸的操作，并未标注出能全面地反映零件几何形状的全部尺寸）；其次，工程图中的尺寸标注是与模型相关联的，而且模型中的变更会反映到工程图中，在工程图中改变尺寸也会改变模型。最后由于尺寸标注属于机械制图的一个必不可少的部分，因此标注应符合制图标准中的相关要求。

下面以标注如图 15.30 所示的尺寸为例，介绍尺寸标注的一般操作过程。

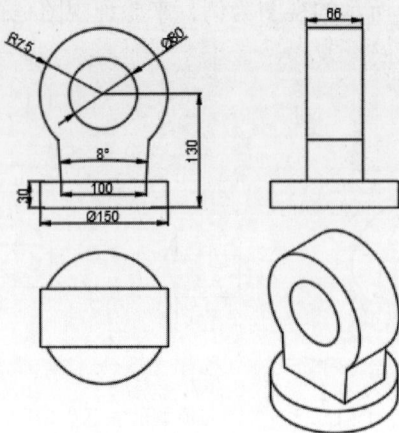

图 15.30　标注尺寸

步骤 1：打开练习文件 D：\AutoCAD2024\work\ch15.09\ 尺寸标注 -ex。

步骤 2：标注线性尺寸。选择"注释"功能选项卡"标注"区域中的 ⊢┤线性 命令，标注如图 15.31 所示的尺寸。

步骤 3：标注其他线性尺寸。参考步骤 2 标注其他线性尺寸，完成后如图 15.32 所示。

图 15.31　标注线性尺寸

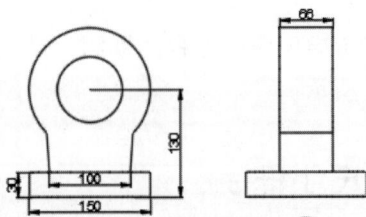

图 15.32　标注其他线性尺寸

步骤 4：标注半径尺寸。选择"注释"功能选项卡"标注"区域中的 ◟半径 命令，标注如图 15.33 所示的尺寸。

步骤 5：标注直径尺寸。选择"注释"功能选项卡"标注"区域中的 ◎直径 命令，标注如图 15.34 所示的尺寸。

步骤 6：标注角度尺寸。选择"注释"功能选项卡"标注"区域中的 △角度 命令，标注如图 15.35 所示的尺寸。

步骤 7：添加直径符号。双击尺寸 150，在"文字编辑器"功能选项卡"插入"区域的"符号"下拉列表中选择 直径 %%c ，完成后的效果如图 15.36 所示。

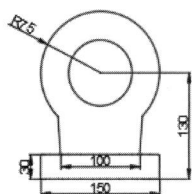

图 15.33　标注半径尺寸　　图 15.34　标注直径尺寸　　图 15.35　标注角度尺寸　　图 15.36　添加直径符号

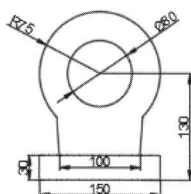

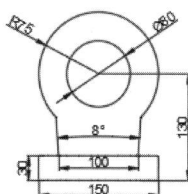

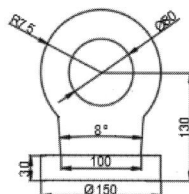

15.10　上机实操

上机实操 1 如图 15.37 所示，上机实操 2 如图 15.38 所示。

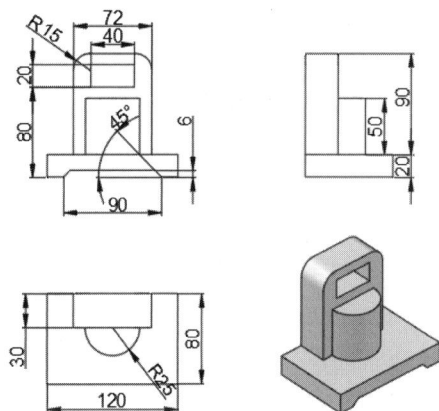

图 15.37　上机实操 1　　　　　　　　图 15.38　上机实操 2

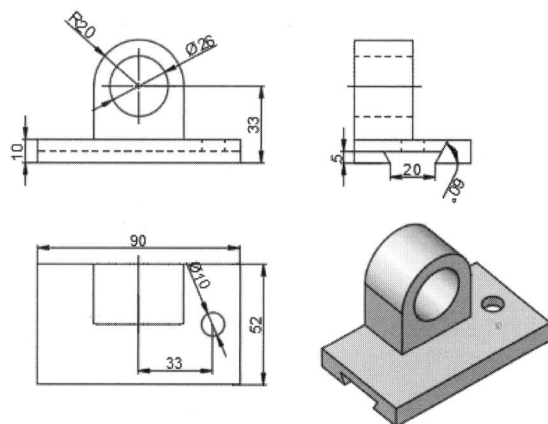

第 16 章　样板文件的制作

16.1　基本概述

如今在设计行业中，AutoCAD 已经被运用到各行各业中，如何制作一个适合自己或者符合企业标准的样板文件，是设计人员必备的技能；样板文件一般包括图层的设置、文字样式、标注样式、引线样式、图框、标题栏等。

16.2　一般制作过程

下面以创建一个 A3 的样板文件为例介绍制作样板文件的一般操作过程。

步骤 1：新建文件。选择下拉菜单"文件"→"新建"命令，在"选择样板"对话框中选取 acadiso 的样板文件，单击 打开(O) ▼ 按钮，完成新建操作。

步骤 2：新建图层。

（1）选择"默认"功能选项卡"图层"区域中的"图层特性"命令。

（2）选择"图层特性管理器"对话框中的命令，新建轮廓线、细实线、中心线、虚线、剖面线与尺寸标注图层，如图 16.1 所示。

（3）在"图层特性管理器"对话框中单击对应图层的"颜色"列中的图标，在系统弹出的"选择颜色"对话框中设置各图层的颜色，完成后如图 16.1 所示。

（4）在"图层特性管理器"对话框中单击"中心线"图层后的 Continu... 按钮，在"选择线型"对话框中单击 加载(L)... 按钮，选择 CENTER 线型，单击 确定 按钮，在"选择线型"对话框中选择 CENTER 线型，单击 确定 按钮，完成线型的设置；采用相同的办法将"虚线"层线型设置为 DASHED，完成后如图 16.1 所示。

（5）在"图层特性管理器"对话框中单击"轮廓线"图层后的 —— 默认 按钮，在"线宽"对话框中选择"0.35mm"类型，然后单击 确定 按钮即可，完成后如图 16.1 所示。

步骤 3：设置文字样式。

（1）选择下拉菜单 格式(O) → A 文字样式(S)... 命令，在"文字样式"对话框中单击 新建(N)...

按钮，在"新建文字样式"对话框 样式名: 文本框中输入"仿宋 GB 2312"，单击 确定 按钮，完成文字样式的新建。

（2）在 字体名(F) 下拉列表中选择 仿宋_GB2312 字体。

（3）参考步骤（1）与（2），创建"长仿宋体"与"黑体"字体样式，如图 16.2 所示。

图 16.1　新建图层

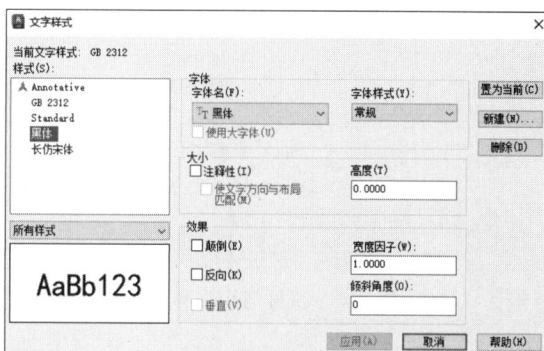

图 16.2　文字样式

步骤 4：设置标注样式。

（1）选择下拉菜单 格式(O) → 标注样式(D)... 命令，选中"ISO-25"标注样式，单击 修改(M)... 按钮，系统会弹出"修改标注样式: ISO-25"对话框。

（2）设置如图 16.3 所示的线参数。

图 16.3　线参数

（3）设置如图16.4所示的符号与箭头参数。

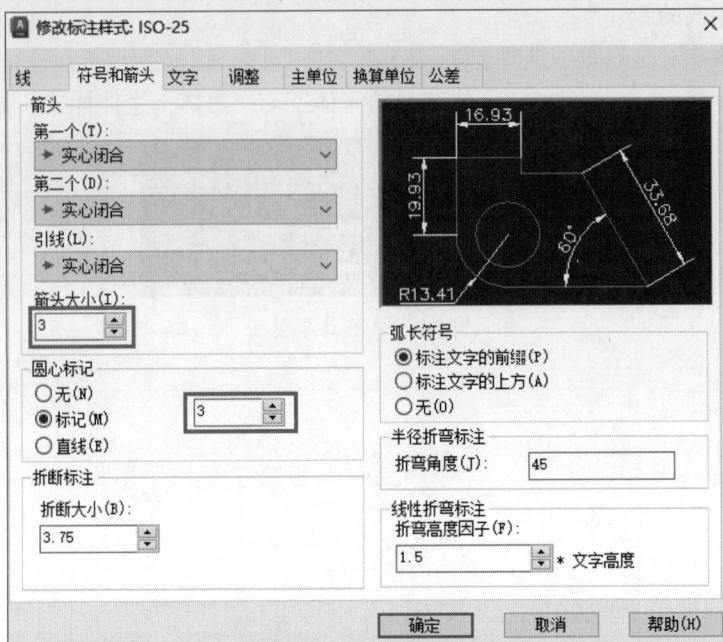

图16.4　符号与箭头参数

（4）设置如图16.5所示的文字参数。

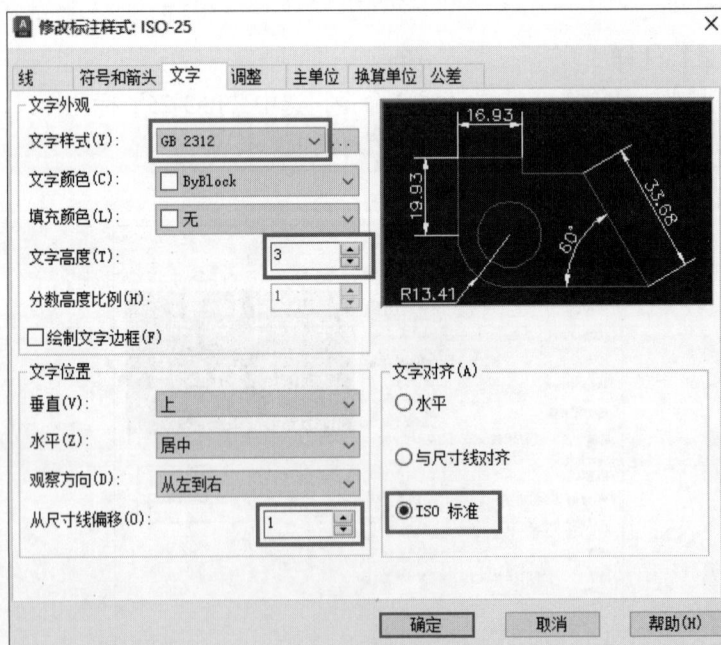

图16.5　文字参数

（5）设置如图 16.6 所示的主单位参数。

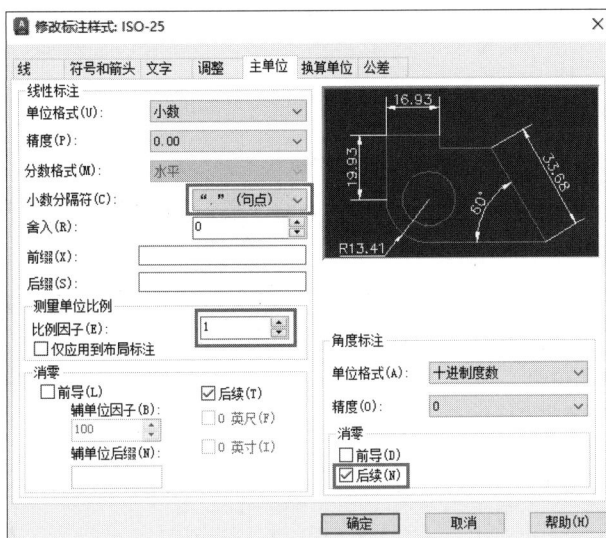

图 16.6　主单位参数

（6）单击 确定 按钮，完成标注样式的设置。

（7）新建标注样式。在"标注样式管理器"对话框中单击 新建(N)... 按钮，在"创建新标注样式"对话框 新样式名(N) 文本框中输入新的标注样式的名称"水平标注"，单击 继续 按钮即可。

（8）设置"水平标注"样式的文字参数，如图 16.7 所示，单击 确定 按钮，完成标注样式的设置。

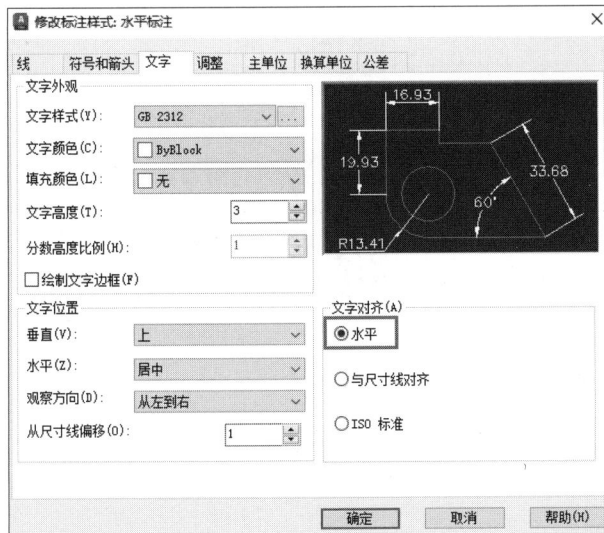

图 16.7　文字参数（1）

（9）参考步骤（7）与（8）操作，新建"对齐标注"样式，将文字对齐方式设置为
"与尺寸线对齐"，如图 16.8 所示，单击 确定 按钮，完成标注样式的设置，完成后如
图 16.9 所示。

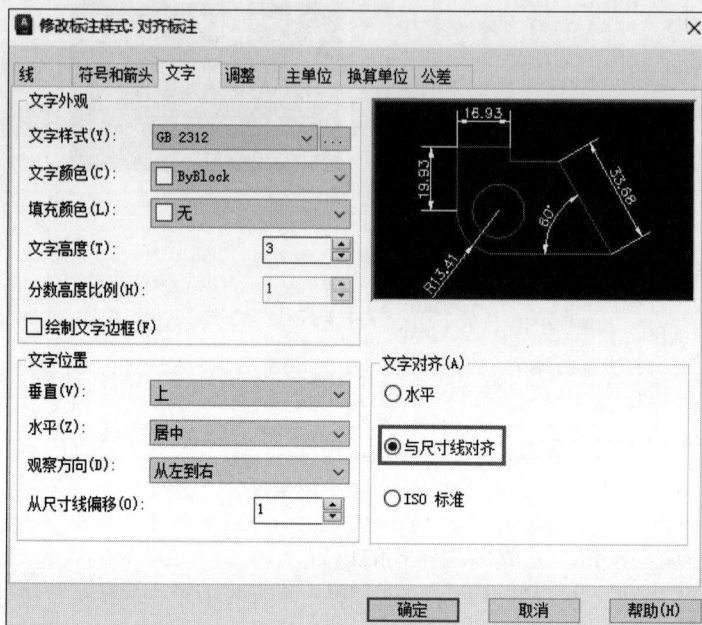

图 16.8　文字参数（2）

（10）单击"标注样式管理器"对话框中的 关闭 按钮。

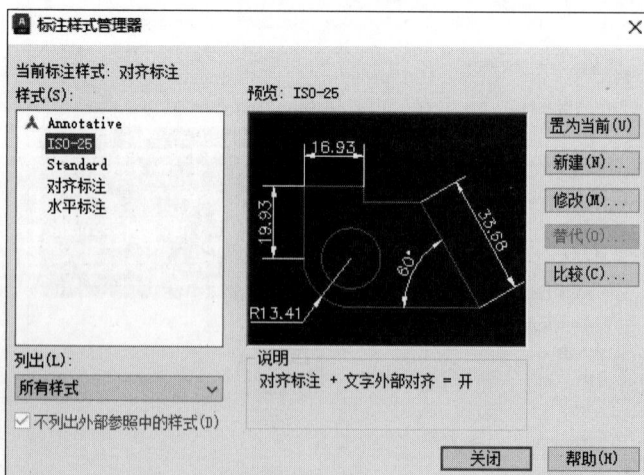

图 16.9　标注样式

步骤 5：绘制图框。

（1）将图层调整至"细实线"层，绘制如图 16.10 所示的长度为 420mm、宽度为

297mm 的矩形，矩形的左下角为原点。

（2）将图层调整至"轮廓线"层，绘制如图 16.11 所示的长度为 390mm、宽度为 287mm 的矩形，矩形的左下角坐标为 25，5。

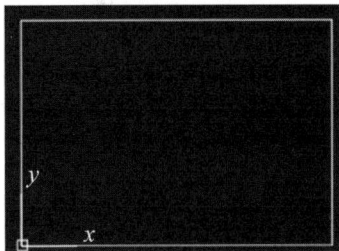

图 16.10　外矩形　　　　　　图 16.11　内矩形

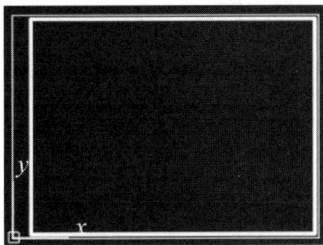

步骤 6：绘制标题栏。

（1）设置图层带"细实线"层。

（2）选择命令。选择"默认"功能选项卡"注释"区域中的 ▦ 表格 命令。

（3）设置表格。在"插入表格"对话框 表格样式 区域选择 Standard 表格样式；在插入方式 区域选择 ◉指定插入点(I) 单选项；在 列和行设置 区域的 列数(C): 文本框中输入 7，在 列宽(D): 文本框中输入 20，在 数据行数(R): 文本框中输入 2，在 行高(G): 文本框中输入 1。

（4）设置单元格式。在"插入表格"对话框 设置单元样式 区域的 第1行单元样式: 下拉列表中选择"数据"，在 第2行单元样式: 下拉列表中选择"数据"，在 所有其他行单元样式: 下拉列表中选择"数据"，单击 确定 按钮完成格式的设置。

（5）放置表格。在命令行 ▦▾ TABLE 指定插入点: 的提示下，选择绘图区中的合适一点作为表格放置点。

（6）系统会弹出"文字编辑器"选项卡，同时表格的标题单元会加亮，文字光标在标题单元的中间。直接单击"文字编辑器"选项卡中的 ✓ 按钮以完成操作，如图 16.12 所示。

（7）设置表格行高。选中表格，选择"修改"→"特性"命令，系统会弹出"特性"对话框，在"单元高度"文本框中输入值 9，单击"特性"对话框中的 ✕ 按钮完成设置，效果如图 16.13 所示。

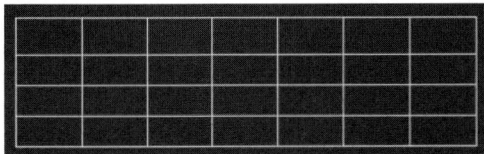

图 16.12　放置表格　　　　　　图 16.13　设置表格高度

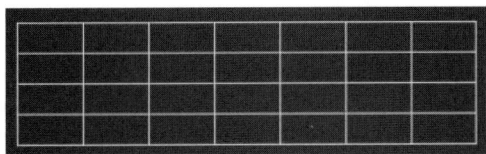

（8）合并单元格。框选 A1-C2 单元格，选择"合并全部"命令，完成合并操作，选择 D3-G4 单元格，选择"合并全部"命令，完成合并操作，效果如图 16.14 所示。

（9）输入表格内容。双击 A3 单元格，输入"制图"；采用相同的办法输入其他文本框的内容，完成后如图 16.15 所示。

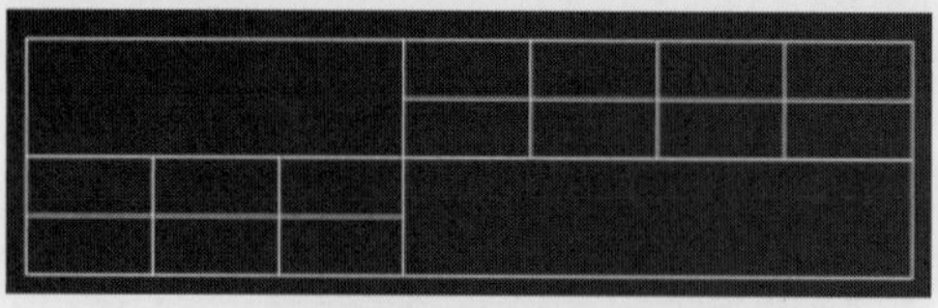

图 16.14　合并单元格

图 16.15　输入表格内容

（10）设置表格对齐方式。选中整个表格，然后在"表格单元"选项卡"单元格式"区域中的"对齐"下拉列表中选择"正中"，设置后的效果如图 16.16 所示。

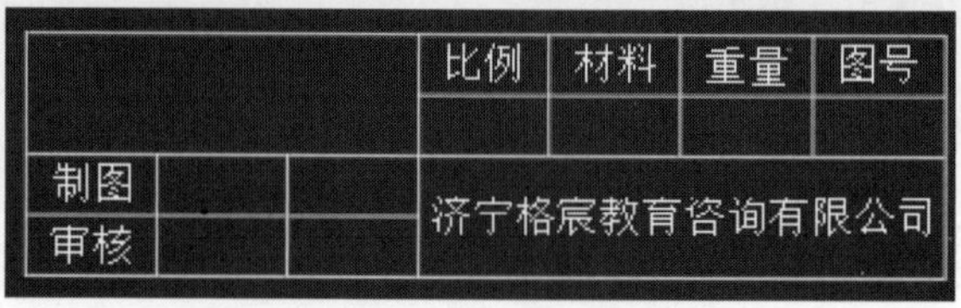

图 16.16　设置表格对齐

（11）移动表格。选择 ✛ 移动 命令，将表格移动至如图 16.17 所示的位置（图框右下角）。

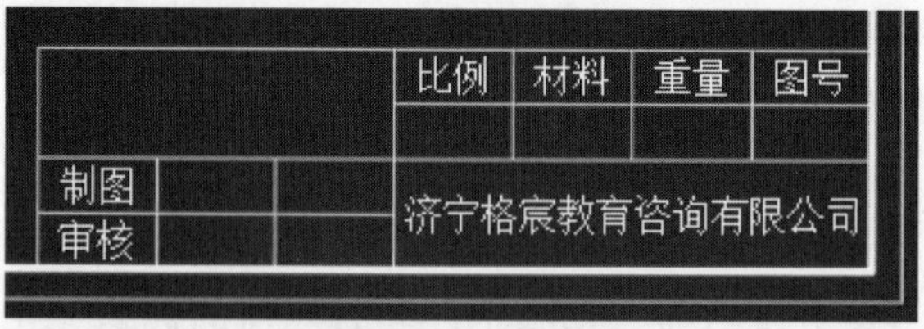

图 16.17　移动表格

（12）分解表格。选择 ⬚ 命令，对表格进行分解。

（13）调整对象所在的图层。选中表格上方与左侧直线，在"默认"功能选项卡"图层"区域的图层控制下拉列表中选择"轮廓线"层，按下键盘上的 Esc 键结束操作；选择表格中的所有文字，在"默认"功能选项卡"图层"区域的图层控制下拉列表中选择"尺寸标注"层，按下键盘上的 Esc 键结束操作，完成后的效果如图 16.18 所示。

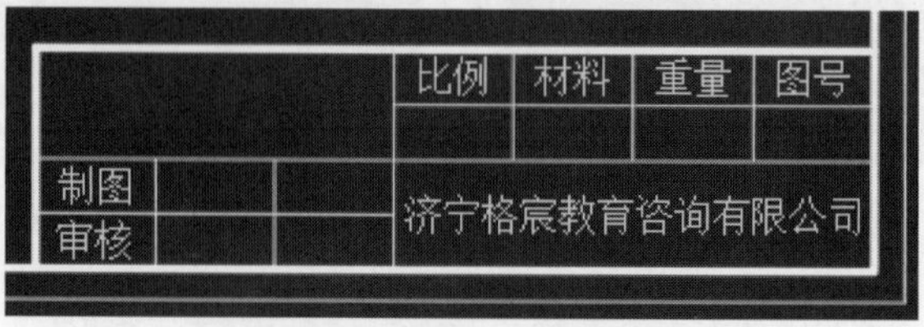

图 16.18　调整对象所在图层

步骤 7：保存样板文件。选择下拉菜单"文件"→"另存为"命令，在 文件类型(T) 下拉列表中选择"AutoCAD 图形样板"，在"文件名"文本框中输入"格宸教育 A3"，单击 保存(S) 按钮，系统会弹出如图 16.19 所示的"样板选项"对话框，单击 确定 按钮完成保存操作。

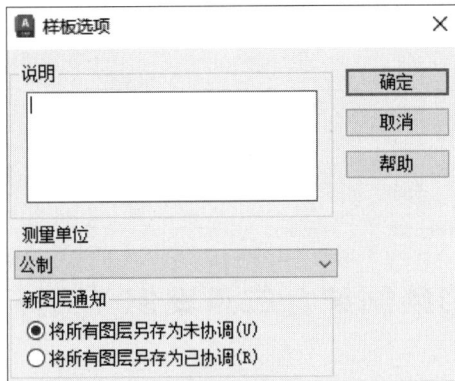

图 16.19　"样板选项"对话框

第 17 章

综合应用案例

17.1　二维图形绘制综合应用案例 1（抖音 LOGO）

▶12min

案例概述：

本案例介绍了抖音 LOGO 的创建过程，主要使用了直线的绘制、圆的绘制、矩形的绘制、构造线的绘制、图形的复制、图案填充等，本案例的创建相对比较简单，希望读者通过对该案例的学习掌握创建二维图形的一般方法，熟练掌握常用的绘图与编辑工具。该图形如图 17.1 所示。

步骤 1：新建文件。选择下拉菜单"文件"→"新建"命令，在"选择样板"对话框中选取 acadiso 的样板文件，单击 打开(O) ▼ 按钮，完成新建操作。

步骤 2：绘制圆 1。选择 圆心、直径(D) 命令，在 0，0 位置绘制直径为 40 的圆，完成后如图 17.2 所示。

步骤 3：绘制圆 2。选择 圆心、直径(D) 命令，捕捉步骤 2 绘制圆的圆心位置，绘制直径为 80 的圆，完成后如图 17.3 所示。

图 17.1　抖音 LOGO　　　　图 17.2　绘制圆 1　　　　图 17.3　绘制圆 2

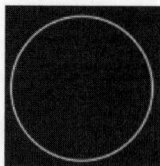

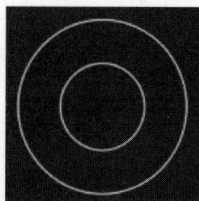

步骤 4：绘制直线。选择 直线(L) 命令，绘制长度为 100 与 20 的竖直水平直线，直线的起点为直径 40 右侧的象限点，完成后如图 17.4 所示。

步骤 5：绘制圆 3。选择 圆心、半径(R) 命令，绘制半径为 40 的圆（圆心与长度为 20 的水平直线为水平关系），完成后如图 17.5 所示。

步骤 6：绘制圆 4。选择 圆心、半径(R) 命令，捕捉步骤 5 绘制圆的圆心位置，绘制半径为 60 的圆，完成后如图 17.6 所示。

步骤 7：绘制直线。选择 ╱ 直线(L) 命令，绘制如图 17.7 所示的 3 条竖直直线。

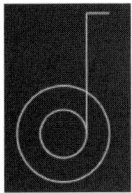

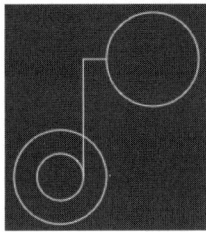

图 17.4 绘制直线　　图 17.5 绘制圆 3　　图 17.6 绘制圆 4　　图 17.7 绘制直线

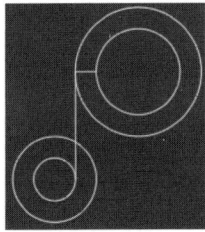

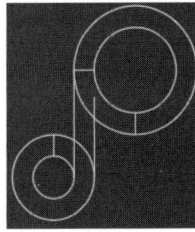

步骤 8：修剪对象。选择 ✂ 修剪 命令，修剪掉图形区多余的对象，完成后如图 17.8 所示。

步骤 9：复制对象。选择 ⬚ 复制 命令，选取如图 17.8 所示的所有对象作为要复制的对象并按 Enter 键确认，在系统 ⊶▼ COPY 指定基点或 [位移(D) 模式(O)] <位移>: 的提示下，选择 位移(D) 选项，在系统 ⊶▼ COPY 指定位移 <0.0000, 0.0000, 0.0000>: 的提示下，输入 -6，6（说明将对象沿着 x 负方向移动 -6，沿着 y 轴正方向移动 6）并按 Enter 键确认，完成后如图 17.9 所示。

步骤 10：绘制构造线。选择 ╱ 构造线(T) 命令，绘制如图 17.10 所示的两条水平构造线（图形最上与最下位置）与两条竖直构造线（图形最左与最右位置）。

步骤 11：偏移构造线。选择 ⊂ 命令，将步骤 10 创建的两条水平构造线向外偏移 20；将步骤 10 创建的两条竖直构造线向外偏移 40，完成后如图 17.11 所示。

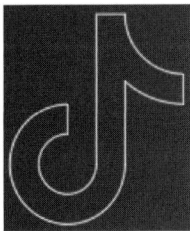

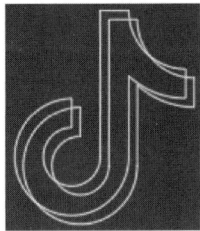

图 17.8 修剪对象　　图 17.9 复制对象　　图 17.10 绘制构造线　　图 17.11 偏移构造线

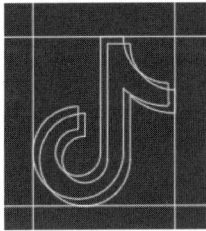

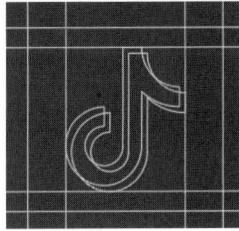

步骤 12：删除构造线。选择 ◢ 命令，将步骤 10 绘制的构造线删除，完成后如图 17.12 所示。

步骤 13：绘制圆角矩形。选择 ▭ 矩形(G) 命令，在系统 ▭▼ RECTANG 指定第 1 个角点或 [倒角(C) 标高(E) 圆角(F) 厚度(T) 宽度(W)]: 的提示下，选择 圆角(F) 选项，在系统的提示下，输入圆角半径值 50 并按 Enter 键确认，在系统的提示下 ▭▼ RECTANG 指定矩形的圆角半径 <0.0000>: 依次选取如图 17.13 所示的点 1 与点 2 作为矩形的两个角点，绘制完成后如图 17.13 所示。

步骤 14：删除构造线。选择 ◢ 命令，将步骤 11 绘制的构造线删除，完成后如图 17.14 所示。

步骤 15：图案填充颜色（青色）。选择▨ 图案填充(H)...命令，在"图案填充创建"功能选项卡"图案"区域中选择 solid，在"特性"区域的"颜色"下拉列表中选择▨，选取如图 17.15 所示的 3 个区域作为要填充颜色的区域，单击✅按钮，完成后如图 17.15 所示。

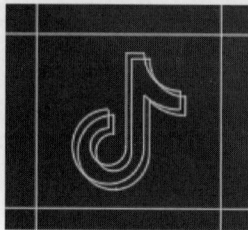

图 17.12　删除构造线　　　　图 17.13　绘制圆角矩形　　　　图 17.14　删除构造线

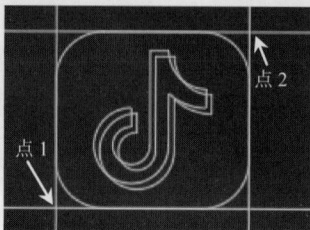

步骤 16：创建其他图案填充颜色。参考步骤 15 的操作，填充如图 17.16 所示的白色区域、红色区域与黑色区域。

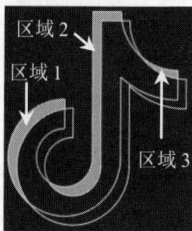

图 17.15　图案填充（青色）　　　　图 17.16　创建其他图案填充

17.2　二维图形绘制综合应用案例 2（支撑座三视图）

案例概述：

本案例介绍了支撑座三视图的创建过程，主要使用了直线的绘制、圆的绘制、矩形的绘制、构造线的绘制、镜像复制、尺寸标注等，希望读者通过对该案例的学习掌握绘制三视图的一般方法。该图形如图 17.17 所示。

步骤 1：新建文件。选择下拉菜单"文件"→"新建"命令，在"选择样板"对话框中选取"格宸教育 A3"的样板文件，单击 打开(0) ▼按钮，完成新建操作。

步骤 2：绘制主视图。

（1）切换图层。将图层切换到"轮廓线"层。

（2）绘制直线。选择 ／ 直线(L)命令，绘制长度分别为 56mm、39mm、8mm、31mm、48mm 并且封闭的水平竖直直线，完成后的效果如图 17.18 所示。

（3）偏移直线。选择 ⊂ 命令，将如图 17.18 所示的直线 1 向左偏移 14mm，将直线 2 向上偏移 10mm，完成后如图 17.19 所示。

（4）绘制直线。选择 ／ 直线(L)命令，绘制如图 17.20 所示的直线。

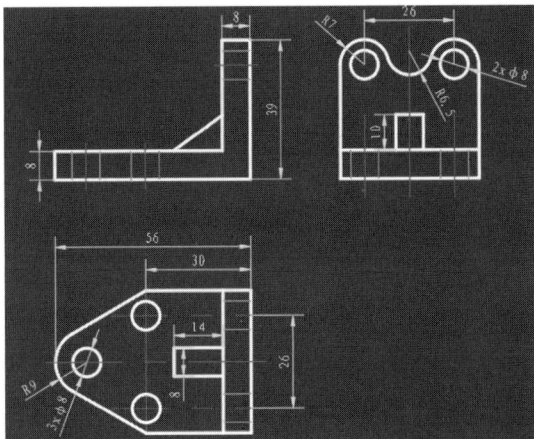

图 17.17　支撑座三视图

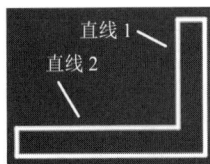

图 17.18　绘制直线　　　　图 17.19　偏移直线　　　　图 17.20　绘制直线

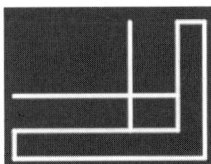

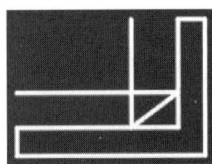

（5）删除直线。选择▨命令，删除步骤（3）偏移的直线，完成后如图 17.21 所示。

（6）切换图层。将图层切换到"中心线"层。

（7）绘制中心线。选择 ╱ 直线(L) 命令，绘制 1 条水平中心线（中心线距离最上方的直线间距为 7mm），两条竖直中心线（左侧竖直中心线距离最左侧直线的间距为 9mm，两条竖直中心线的间距为 17mm），完成后如图 17.22 所示。

（8）偏移中心线。选择▨命令，将步骤（7）绘制的 3 条中心线向两侧分别偏移4mm，完成后如图 17.23 所示。

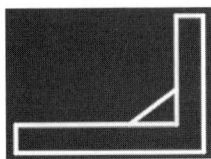

图 17.21　删除直线　　　　图 17.22　绘制中心线　　　　图 17.23　偏移中心线

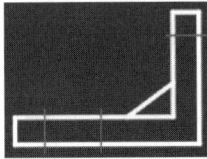

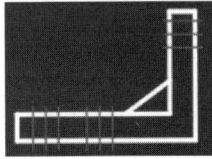

（9）调整对象所在的图层。选中步骤（8）偏移后的中心线，然后在"默认"功能选项卡"图层"区域的图层控制下拉列表中选择"虚线"，按下键盘上的 Esc 键结束操作，完成后如图 17.24 所示。

（10）修剪多余的对象。选择 ▨ 修剪 命令，对图形中的所有无用的对象进行修剪，完成后如图 17.25 所示。

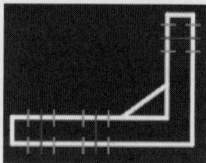

图 17.24　调整图层

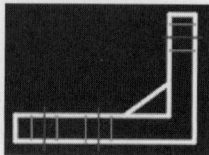

图 17.25　修剪多余的对象

步骤 3：绘制俯视图。

（1）切换图层。将图层切换到"轮廓线"层。

（2）绘制直线。选择 ╱ 直线(L) 命令，绘制长度分别为 30mm、40mm 与 30mm 的水平竖直直线（竖直直线与主视图的最右侧边线竖直对齐），完成后的效果如图 17.26 所示。

（3）绘制圆。选择 ⊙ 圆心、半径(R) 命令，绘制如图 17.27 所示的半径为 9mm 的圆（圆心与图 17.24 中最左侧竖直的中心线竖直对齐，与图 17.26 竖直直线的中点水平对齐）。

（4）绘制相切直线。选择 ╱ 直线(L) 命令，绘制如图 17.28 所示的相切直线。

图 17.26　绘制直线

图 17.27　绘制圆

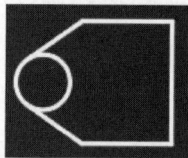

图 17.28　绘制相切直线

（5）绘制圆。选择 ⊙ 圆心、半径(R) 命令，绘制如图 17.29 所示的半径为 4mm 的圆，与步骤（3）绘制的圆同心。

（6）切换图层。将图层切换到"中心线"层。

（7）绘制中心线直线。选择 ╱ 直线(L) 命令，绘制如图 17.30 所示的中心线。

（8）偏移中心线。选择 ⊑ 命令，将步骤（7）绘制的水平中心线向两侧分别偏移 4mm 与 13mm，完成后如图 17.31 所示。

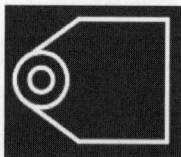

图 17.29　绘制圆

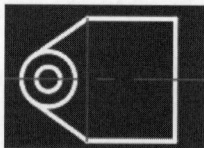

图 17.30　绘制中心线

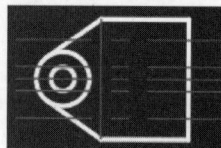

图 17.31　偏移中心线

（9）偏移竖直直线。选择 ⊑ 命令，将如图 17.32 所示的直线 1 向左偏移 8mm 与 22mm，完成后如图 17.32 所示。

（10）修剪对象。选择 ✂ 修剪 命令，对图形中的所有无用的对象进行修剪，完成后如图 17.33 所示。

（11）切换图层。将图层切换到"轮廓线"层。

（12）绘制圆。选择 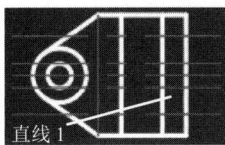 圆心、半径(R) 命令，绘制如图 17.34 所示的半径为 4mm 的圆。

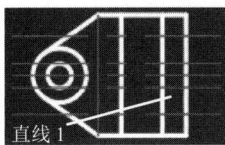

直线1

图 17.32 偏移竖直直线　　　　图 17.33 修剪对象　　　　图 17.34 绘制圆

（13）偏移中心线。选择 命令，将如图 17.35 所示的中心线向两侧分别偏移 4mm，完成后如图 17.35 所示。

（14）修剪对象。选择 修剪 命令，对图形中的所有无用的对象进行修剪，完成后如图 17.36 所示。

（15）调整对象所在的图层。选中步骤（14）修剪后的中心线，然后在"默认"功能选项卡"图层"区域的图层控制下拉列表中选择"虚线"，按下键盘上的 Esc 键结束操作，完成后如图 17.37 所示。

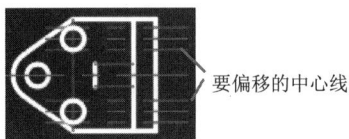

要偏移的中心线

图 17.35 偏移中心线　　　　图 17.36 修剪对象　　　图 17.37 调整对象图层

（16）调整对象所在的图层。选中图 17.38（a）所示的对象 1 与对象 2，然后在"默认"功能选项卡"图层"区域的图层控制下拉列表中选择"轮廓线"，按下键盘上的 Esc 键结束操作，完成后如图 17.38（b）所示。

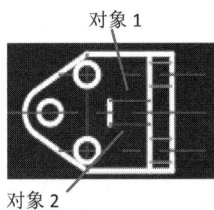

对象1

对象2

（a）调整前　　　　　　　　　　（b）调整后

图 17.38 调整对象图层

步骤 4：绘制左视图。

（1）绘制直线。选择 / 直线(L) 命令，绘制长度分别为 32mm、40mm 与 32mm 的水平竖直直线（水平直线与主视图的最下侧边线水平对齐），完成后的效果如图 17.39 所示。

（2）绘制圆。选择 圆心、半径(R) 命令，绘制如图 17.40 所示的半径为 7mm 的两个圆（位置参考如图 17.41 所示的尺寸）。

图 17.39 绘制直线　　　　图 17.40 绘制圆　　　　图 17.41 位置尺寸参考

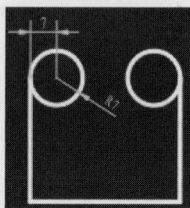

（3）绘制相切圆。选择 ⊙ 相切、相切、半径(T) 命令，绘制与步骤（2）两个圆相切并且半径为 6.5mm 的圆（选取相切位置时靠近圆弧上方选取），绘制完成后如图 17.42 所示。

（4）绘制圆。选择 ⊙ 圆心、半径(R) 命令，绘制与步骤（2）绘制的两个圆同心，并且半径为 4mm 的圆，完成后如图 17.43 所示。

（5）偏移直线。选择 ⊑ 命令，将如图 17.44 所示的水平直线向上分别偏移 8mm 与 18mm，完成后如图 17.44 所示。

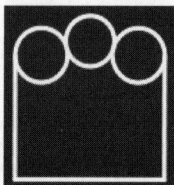

图 17.42 绘制相切圆　　　图 17.43 绘制圆　　　　图 17.44 偏移直线

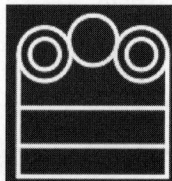

（6）切换图层。将图层切换到"中心线"层。

（7）绘制中心线直线。选择 ／ 直线(L) 命令，绘制如图 17.45 所示的中心线。

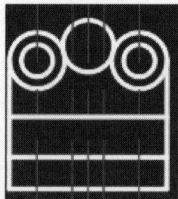

（8）偏移中心线。选择 ⊑ 命令，将步骤（7）创建的竖直中心线向两侧分别偏移 13mm 与 4mm，完成后如图 17.46 所示。

（9）修剪对象。选择 ✂ 修剪 命令，对图形中的所有无用的对象进行修剪，完成后如图 17.47 所示。

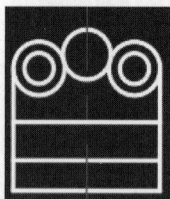

图 17.45 绘制中心线　　　图 17.46 偏移中心线　　　图 17.47 修剪对象

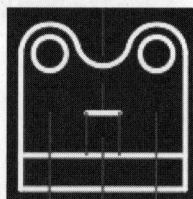

（10）偏移中心线。选择 ⊑ 命令，将图 17.47 中最左侧与最右侧的中心线向两侧分别偏移 4mm，完成后如图 17.48 所示。

（11）修剪对象。选择 ✂ 修剪 命令，对图形中的所有无用的对象进行修剪，完成后如图 17.49 所示。

（12）调整对象所在的图层。选中步骤（10）偏移后的中心线，然后在"默认"功能选项卡"图层"区域的图层控制下拉列表中选择"虚线"，按下键盘上的 Esc 键结束操作，完成后如图 17.50 所示。

  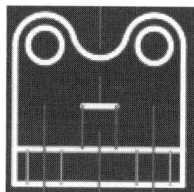

图 17.48　偏移中心线　　　图 17.49　修剪对象　　　图 17.50　修改对象图层

（13）调整对象所在的图层。选中图 17.51（a）所示的对象 1 与对象 2，然后在"默认"功能选项卡"图层"区域的图层控制下拉列表中选择"轮廓线"，按下键盘上的 Esc 键结束操作，完成后如图 17.51（b）所示。

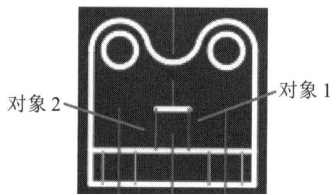 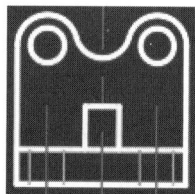

（a）调整前　　　　　　　　　　　　　　（b）调整后

图 17.51　调整对象图层

步骤 5：标注尺寸。

（1）切换图层。将图层切换到"尺寸标注"层。

（2）标注线性尺寸。选择 ├┤ 线性(L) 命令，标注如图 17.52 所示的线性尺寸。

（3）标注半径尺寸。选择 ╲ 半径(R) 命令，标注如图 17.53 所示的半径尺寸。

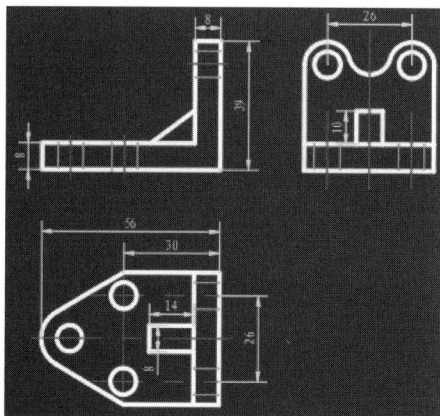 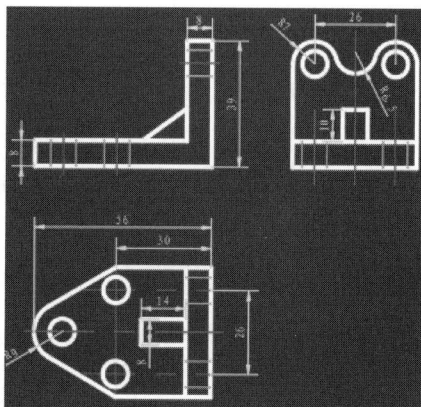

图 17.52　标注线性尺寸　　　　　　　　　图 17.53　标注半径尺寸

（4）标注直径尺寸。选择◎ 直径(D)命令，标注如图 17.54 所示的直径尺寸。

（5）添加直径前缀。双击步骤（3）创建的直径尺寸，分别添加 3× 与 2× 的前缀，完成后的效果如图 17.55 所示。

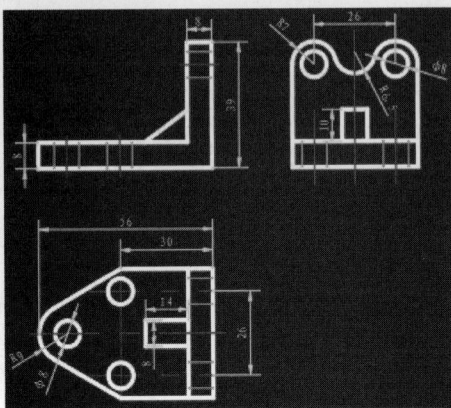

图 17.54　标注直径尺寸

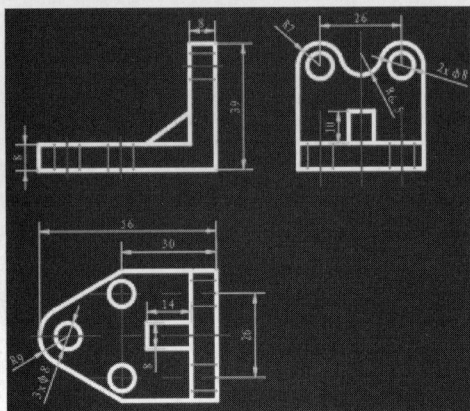

图 17.55　添加前缀

17.3　三维图形绘制综合应用案例 3（支架零件）

案例概述：

本案例介绍了一个支架零件的创建过程，主要使用了直线的绘制、圆的绘制、矩形的绘制、合并对象、用户坐标系、拉伸特征、布尔运算与圆角特征等，本案例的创建比较简单，希望读者通过对该案例的学习掌握创建三维实体模型的一般方法，熟练掌握常用的绘图与编辑工具。该图形如图 17.56 所示。

步骤 1：新建文件。选择下拉菜单"文件"→"新建"命令，在"选择样板"对话框中选取 acadiso 的样板文件，单击 打开(O) 按钮，完成新建操作。

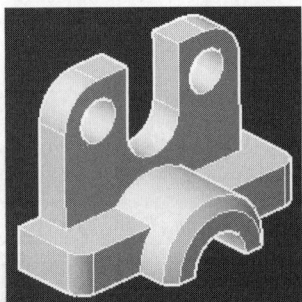

图 17.56　支架零件

步骤 2：将工作空间切换到"三维建模"。

步骤 3：绘制拉伸草图 1。选择▢命令，以原点为矩形的第 1 个角点，绘制长度为 30，宽度为 100 的矩形，完成后的效果如图 17.57 所示。

（a）平面方位

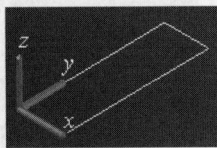

（b）轴测方位

图 17.57　拉伸草图 1

步骤 4：创建拉伸特征 1。选择 | 拉伸(X) 命令，在系统的提示下选取步骤 3 绘制的矩形对象，沿着 z 轴正方向拉伸 15mm，完成后如图 17.58 所示。

步骤 5：创建用户坐标系。选择下拉菜单 工具(T) → 新建 UCS(W) → 三点(3) 命令，创建如图 17.59 所示的用户坐标系。

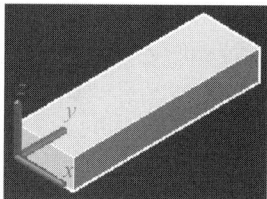
图 17.58　拉伸特征 1

图 17.59　用户坐标系

步骤 6：绘制拉伸草图 2。通过矩形与圆角命令，绘制如图 17.60 所示的图形（图形尺寸参考图 17.60（a），图像整体关于 y 轴对称）。

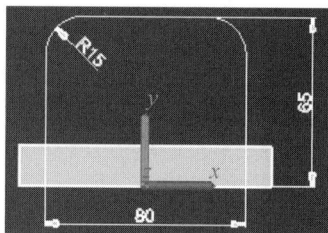
（a）平面方位

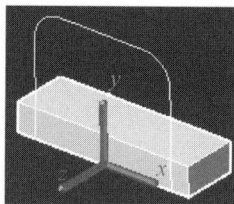
（b）轴测方位

图 17.60　拉伸草图 2

步骤 7：创建拉伸特征 2。选择 | 拉伸(X) 命令，在系统的提示下选取步骤 6 绘制的图形对象，沿着 z 轴方向拉伸 -12mm（代表沿着负方向拉伸），完成后如图 17.61 所示。

步骤 8：创建布尔并集。选择下拉菜单 修改(M) → 实体编辑(N) → | 并集(U) 命令，在系统的提示下，选取步骤 4 创建的拉伸特征 1 与步骤 7 创建的拉伸特征 2 作为要合并的对象。

步骤 9：绘制拉伸草图 3。通过圆与直线命令，绘制如图 17.62 所示的图形（图形尺寸参考图 17.62（a），图像整体关于 y 轴对称）。

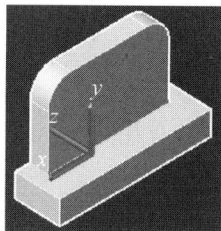
图 17.61　拉伸特征 2

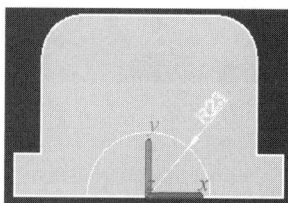
（a）平面方位

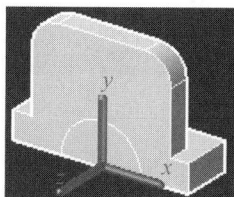
（b）轴测方位

图 17.62　拉伸草图 3

步骤 10：合并对象。选择 ↔ 合并(J) 命令，将步骤 9 绘制的圆弧与直线合并为一个整体对象。

步骤 11：创建拉伸特征 3。选择 ↗ 拉伸(X) 命令，在系统的提示下选取步骤 10 创建的对象，沿着 z 轴方向拉伸 -45mm（代表沿着负方向拉伸），完成后如图 17.63 所示。

步骤 12：创建布尔并集。选择下拉菜单 修改(M) → 实体编辑(N) → ↗ 并集(U) 命令，在系统的提示下，选取步骤 11 创建的拉伸特征 3 与步骤 10 创建的实体作为要合并的对象。

步骤 13：绘制拉伸草图 4。通过圆与直线命令，绘制如图 17.64 所示的图形（图形尺寸参考图 17.64（a），图像整体关于 y 轴对称）。

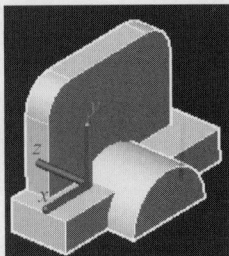

图 17.63　拉伸特征 3

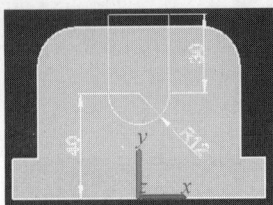

（a）平面方位

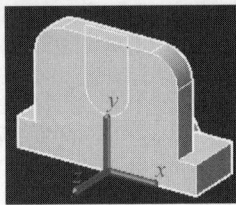

（b）轴测方位

图 17.64　拉伸草图 4

步骤 14：合并对象。选择 ↔ 合并(J) 命令，将步骤 13 绘制的圆弧与直线合并为一个整体对象。

步骤 15：创建拉伸特征 4。选择 ↗ 拉伸(X) 命令，在系统的提示下选取步骤 14 创建的对象，沿着 z 轴方向拉伸 -15mm（代表沿着负方向拉伸），完成后如图 17.65 所示。

步骤 16：创建布尔差集。选择下拉菜单 修改(M) → 实体编辑(N) → ❏ 差集(S) 命令，在系统的提示下，选取步骤 12 创建的实体作为目标体，选取步骤 15 创建的实体作为工具体，完成后的效果如图 17.66 所示。

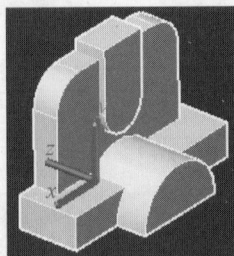

图 17.65　拉伸特征 4

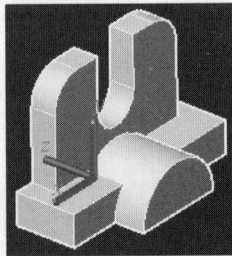

图 17.66　布尔差集

步骤 17：绘制拉伸草图 5。通过圆命令，绘制如图 17.67 所示的半径为 12 的圆。

步骤 18：创建拉伸特征 5。选择 ↗ 拉伸(X) 命令，在系统的提示下选取步骤 17 绘制的图形对象，沿着 z 轴方向拉伸 -50mm（代表沿着负方向拉伸），完成后如图 17.68 所示。

步骤 19：创建布尔差集。选择下拉菜单 修改(M) → 实体编辑(N) → 差集(S) 命令，在系统的提示下，选取步骤 16 创建的实体作为目标体，选取步骤 18 创建的实体作为工具体，完成后的效果如图 17.69 所示。

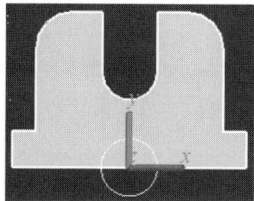

（a）平面方位

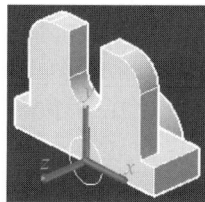

（b）轴测方位

图 17.67　拉伸草图 5

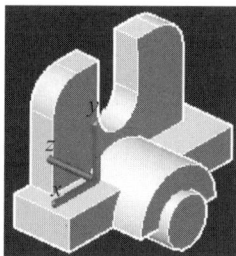

图 17.68　拉伸特征 5

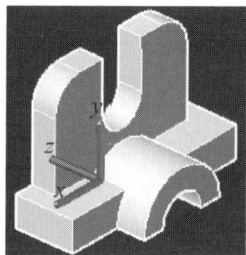

图 17.69　布尔差集

步骤 20：绘制拉伸草图 6。通过圆命令，绘制如图 17.70 所示的半径为 8 的两个圆。

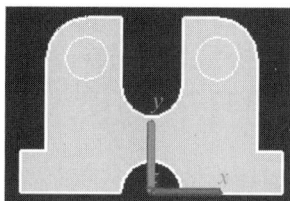

（a）平面方位

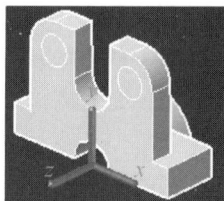

（b）轴测方位

图 17.70　拉伸草图 6

步骤 21：创建拉伸特征 6。选择 拉伸(X) 命令，在系统的提示下选取步骤 20 绘制的图形对象，沿着 z 轴方向拉伸 -20mm（代表沿着负方向拉伸），完成后如图 17.71 所示。

步骤 22：创建布尔差集。选择下拉菜单 修改(M) → 实体编辑(N) → 差集(S) 命令，在系统的提示下，选取步骤 19 创建的实体作为目标体，选取步骤 21 创建的实体作为工具体，完成后的效果如图 17.72 所示。

步骤 23：创建倒角特征。选择 命令，创建如图 17.73 所示的 C4 倒角特征。

步骤 24：创建圆角特征。选择 命令，创建如图 17.74 所示的 R6 圆角特征。

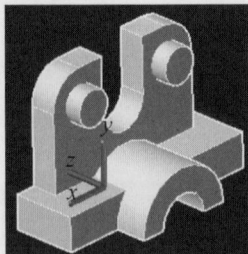

图 17.71　拉伸特征 6

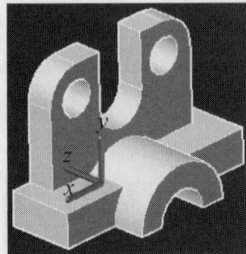

图 17.72　布尔差集

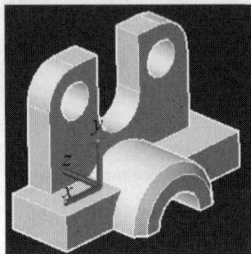

图 17.73　倒角特征

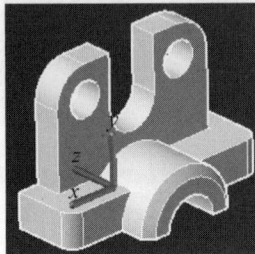

图 17.74　圆角特征

步骤 25：保存文件。

17.4　三维图形绘制综合应用案例 4（基座零件）

案例概述：

本案例介绍了一个基座零件的创建过程，主要使用了直线的绘制、圆的绘制、矩形的绘制、合并对象、用户坐标系、拉伸特征、布尔运算、镜像特征与圆角特征等。该图形如图 17.75 所示。

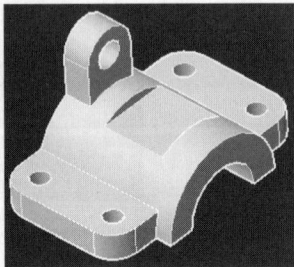

图 17.75　基座零件

步骤 1：新建文件。选择下拉菜单"文件"→"新建"命令，在"选择样板"对话框中选取 acadiso 的样板文件，单击 打开(O) ▼ 按钮，完成新建操作。

步骤 2：将当前工作空间确认为"三维建模"。

步骤 3：绘制拉伸草图 1。选择 ▭ 命令，以原点为矩形的第 1 个角点，绘制长度为 80mm 且宽度为 140mm 的矩形，完成后的效果如图 17.76 所示。

步骤 4：创建拉伸特征 1。选择 ▮ 拉伸(X) 命令，在系统的提示下选取步骤 3 绘制的矩形对象，沿着 z 轴正方向拉伸 15mm，完成后如图 17.77 所示。

步骤 5：创建用户坐标系。选择下拉菜单 工具(T) → 新建 UCS(W) → ↳ 三点(3) 命令，创建如图 17.78 所示的用户坐标系。

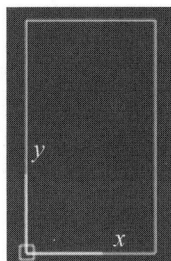
（a）平面方位

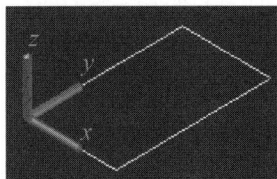
（b）轴测方位

图 17.76　拉伸草图 1

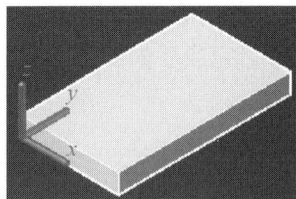
图 17.77　拉伸特征 1

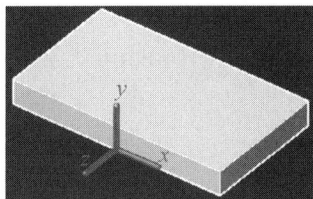
图 17.78　用户坐标系

步骤 6：绘制拉伸草图 2。通过圆与直线命令，绘制如图 17.79 所示的图形（图形尺寸参考图 17.79（a），图像整体关于 y 轴对称）。

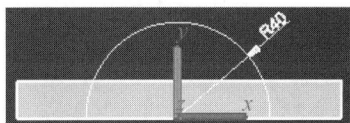
（a）平面方位

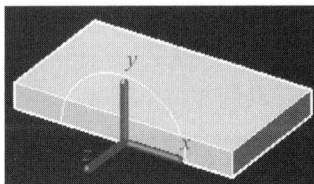
（b）轴测方位

图 17.79　拉伸草图 2

步骤 7：合并对象。选择 合并(J) 命令，将步骤 6 绘制的圆弧与直线合并为一个整体对象。

步骤 8：创建拉伸特征 2。选择 拉伸(X) 命令，在系统的提示下选取步骤 7 创建的对象，沿着 z 轴方向拉伸 -90mm（代表沿着负方向拉伸），完成后如图 17.80 所示。

步骤 9：创建布尔并集。选择下拉菜单 修改(M) → 实体编辑(N) → 并集(U) 命令，在系统的提示下，选取步骤 4 创建的拉伸 1 与步骤 8 创建的拉伸 2 作为要合并的对象。

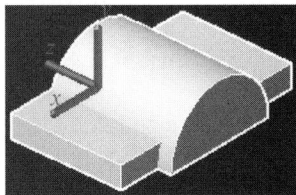
图 17.80　拉伸特征 2

步骤 10：绘制拉伸草图 3。通过圆与直线命令，绘制如图 17.81 所示的图形（图形尺寸参考图 17.81（a），图像整体关于 y 轴对称）。

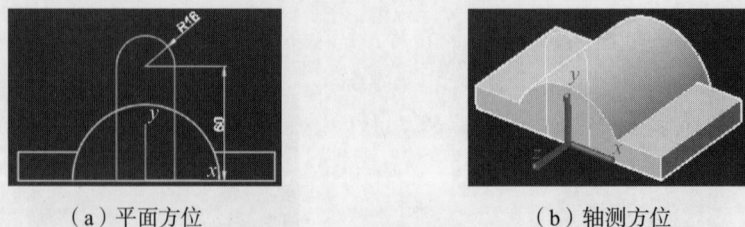

（a）平面方位　　　　　　　　　（b）轴测方位

图 17.81　拉伸草图 3

步骤 11：合并对象。选择 ↔ 合并(J) 命令，将步骤 10 绘制的圆弧与 3 条直线合并为一个整体对象。

步骤 12：创建拉伸特征 3。选择 ↑ 拉伸(X) 命令，在系统的提示下选取步骤 7 创建的对象，沿着 z 轴方向拉伸 -16mm（代表沿着负方向拉伸），完成后如图 17.82 所示。

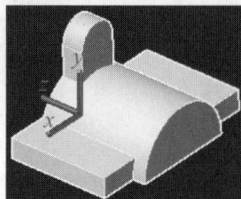

图 17.82　拉伸特征 3

步骤 13：创建布尔并集。选择下拉菜单 修改(M) → 实体编辑(N) → ↗ 并集(U) 命令，在系统的提示下，选取步骤 9 创建的实体与步骤 12 创建的拉伸特征 3 作为要合并的对象。

步骤 14：绘制拉伸草图 4。通过圆命令，绘制如图 17.83 所示的半径为 24 的圆。

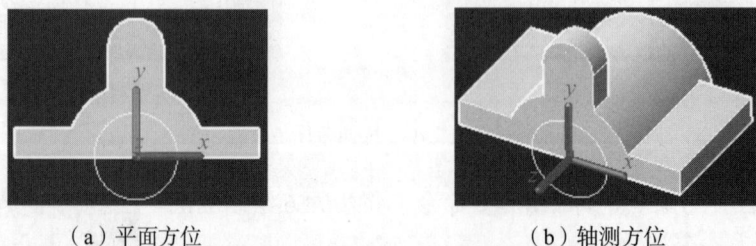

（a）平面方位　　　　　　　　　（b）轴测方位

图 17.83　拉伸草图 4

步骤 15：创建拉伸特征 4。选择 ↑ 拉伸(X) 命令，在系统的提示下选取步骤 14 绘制的图形对象，沿着 z 轴方向拉伸 -100mm（代表沿着负方向拉伸），完成后如图 17.84 所示。

步骤 16：创建布尔差集。选择下拉菜单 修改(M) → 实体编辑(N) → ▢ 差集(S) 命令，在系统的提示下，选取步骤 13 创建的实体作为目标体，选取步骤 15 创建的实体作为工具体，完成后的效果如图 17.85 所示。

步骤 17：绘制拉伸草图 5。通过圆命令，绘制如图 17.86 所示的半径为 8 的圆。

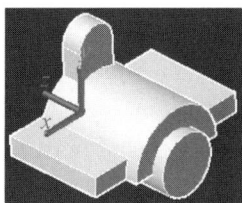

图 17.84 拉伸特征 4

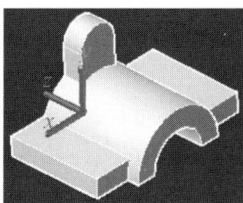

图 17.85 布尔差集

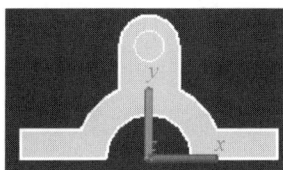

（a）平面方位

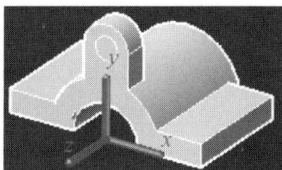

（b）轴测方位

图 17.86 拉伸草图 5

步骤 18：创建拉伸特征 5。选择 ▊ 拉伸(X) 命令，在系统的提示下选取步骤 17 绘制的图形对象，沿着 z 轴方向拉伸 -30mm（代表沿着负方向拉伸），完成后如图 17.87 所示。

步骤 19：创建布尔差集。选择下拉菜单 修改(M) → 实体编辑(N) → ▢ 差集(S) 命令，在系统的提示下，选取步骤 16 创建的实体作为目标体，选取步骤 18 创建的实体作为工具体，完成后的效果如图 17.88 所示。

步骤 20：创建用户坐标系。选择下拉菜单 工具(T) → 新建 UCS(W) → ▊ 三点(3) 命令，创建如图 17.89 所示的用户坐标系。

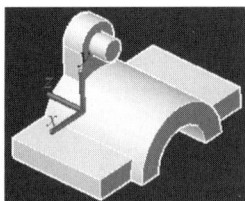

图 17.87 拉伸特征 5

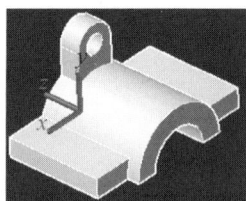

图 17.88 布尔差集

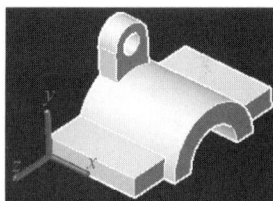

图 17.89 用户坐标系

步骤 21：绘制拉伸草图 6。选择 ▢ 命令，以 30，34 为矩形的第 1 个角点，绘制长度为 40mm 且宽度为 20mm 的矩形，完成后的效果如图 17.90 所示。

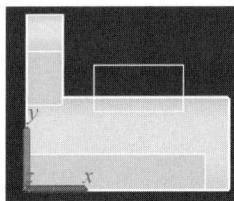

（a）平面方位

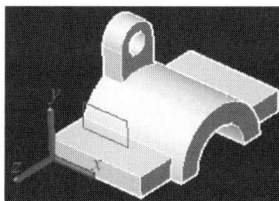

（b）轴测方位

图 17.90 拉伸草图 6

步骤 22：创建拉伸特征 6。选择 ⤒ 拉伸(X) 命令，在系统的提示下选取步骤 21 绘制的图形对象，沿着 z 轴方向拉伸 -150mm（代表沿着负方向拉伸），完成后如图 17.91 所示。

步骤 23：创建布尔差集。选择下拉菜单 修改(M) → 实体编辑(N) → ▢ 差集(S) 命令，在系统的提示下，选取步骤 19 创建的实体作为目标体，选取步骤 22 创建的实体作为工具体，完成后的效果如图 17.92 所示。

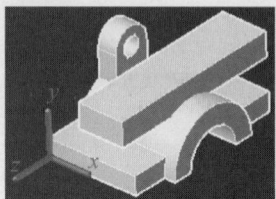

图 17.91　拉伸特征 6

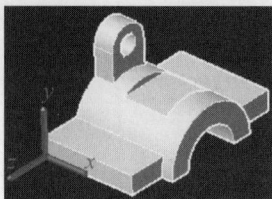

图 17.92　布尔差集

步骤 24：创建圆角特征。选择 ⌐ 命令，创建如图 17.93 所示的 R15 倒角特征。

步骤 25：创建用户坐标系。选择下拉菜单 工具(T) → 新建 UCS(W) → ⌐ 三点(3) 命令，创建如图 17.94 所示的用户坐标系。

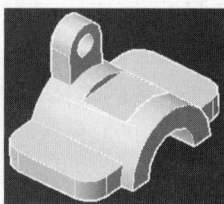

图 17.93　圆角特征

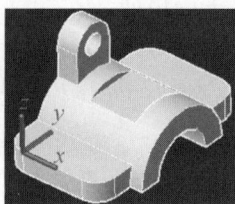

图 17.94　用户坐标系

步骤 26：绘制拉伸草图 7。选择圆命令，绘制如图 17.95 所示的半径为 6 的 4 个圆。

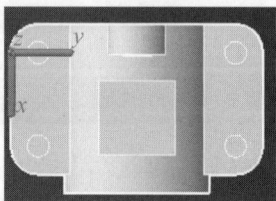

（a）平面方位

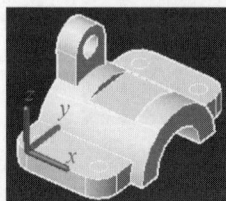

（b）轴测方位

图 17.95　拉伸草图 7

步骤 27：创建拉伸特征 7。选择 ⤒ 拉伸(X) 命令，在系统的提示下选取步骤 26 绘制的 4 个圆形对象，沿着 z 轴方向拉伸 -20mm（代表沿着负方向拉伸），完成后如图 17.96 所示。

步骤 28：创建布尔差集。选择下拉菜单 修改(M) → 实体编辑(N) → ▢ 差集(S) 命令，在系统的提示下，选取步骤 23 创建的实体作为目标体，选取步骤 27 创建的实体作为工具体，完成后的效果如图 17.97 所示。

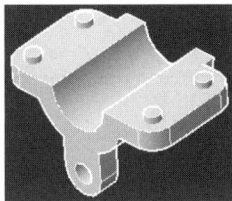

图 17.96　拉伸特征 7

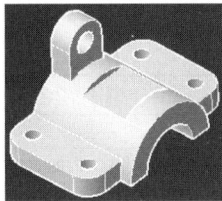

图 17.97　布尔差集

步骤 29：保存文件。

图书推荐

书　名	作　者
数字 IC 设计入门（微课视频版）	白栎旸
ARM MCU 嵌入式开发——基于国产 GD32F10x 芯片（微课视频版）	高延增、魏辉、侯跃恩
华为 HCIA 路由与交换技术实战（第 2 版·微课视频版）	江礼教
华为 HCIP 路由与交换技术实战	江礼教
AI 芯片开发核心技术详解	吴建明、吴一昊
鲲鹏架构入门与实战	张磊
5G 网络规划与工程实践（微课视频版）	许景渊
5G 核心网原理与实践	易飞、何宇、刘子琦
移动 GIS 开发与应用——基于 ArcGIS Maps SDK for Kotlin	董昱
数字电路设计与验证快速入门——Verilog+SystemVerilog	马骁
UVM 芯片验证技术案例集	马骁
LiteOS 轻量级物联网操作系统实战（微课视频版）	魏杰
openEuler 操作系统管理入门	陈争艳、刘安战、贾玉祥 等
OpenHarmony 开发与实践——基于瑞芯微 RK2206 开发板	陈鲤文、陈婧、叶伟华
OpenHarmony 轻量系统从入门到精通 50 例	戈帅
自动驾驶规划理论与实践——Lattice 算法详解（微课视频版）	樊胜利、卢盛荣
物联网——嵌入式开发实战	连志安
边缘计算	方娟、陆帅冰
巧学易用单片机——从零基础入门到项目实战	王良升
超单元法应用实践——以汽车仿真为例	成传胜
ANSYS Workbench 结构有限元分析详解	汤晖
Octave GUI 开发实战	于红博
Octave AR 应用实战	于红博
AR Foundation 增强现实开发实战（ARKit 版）	汪祥春
AR Foundation 增强现实开发实战（ARCore 版）	汪祥春
SOLIDWORKS 高级曲面设计方法与案例解析（微课视频版）	赵勇成、毕晓东、邵为龙
CATIA V5-6 R2019 快速入门与深入实战（微课视频版）	邵为龙
SOLIDWORKS 2023 快速入门与深入实战（微课视频版）	赵勇成、邵为龙
Creo 8.0 快速入门教程（微课视频版）	邵为龙
UG NX 2206 快速入门与深入实战（微课视频版）	毕晓东、邵为龙
UG NX 快速入门教程（微课视频版）	邵为龙
HoloLens 2 开发入门精要——基于 Unity 和 MRTK	汪祥春
数据分析实战——90 个精彩案例带你快速入门	汝思恒
从数据科学看懂数字化转型——数据如何改变世界	刘通
Java+OpenCV 高效入门	姚利民
Java+OpenCV 案例佳作选	姚利民
R 语言数据处理及可视化分析	杨德春
Python 应用轻松入门	赵会军
Python 概率统计	李爽
前端工程化——体系架构与基础建设（微课视频版）	李恒谦
LangChain 与新时代生产力——AI 应用开发之路	陆梦阳、朱剑、孙罗庚、韩中俊

书　名	作　者
公有云安全实践（AWS 版·微课视频版）	陈涛、陈庭暄
全栈接口自动化测试实践	胡胜强、单镜石、李睿
恶意代码逆向分析基础详解	刘晓阳
网络攻防中的匿名链路设计与实现	杨昌家
轻松学数字图像处理——基于 Python 语言和 NumPy 库（微课视频版）	侯伟、马燕芹
强化学习——从原理到实践	李福林
全解深度学习——九大核心算法	于浩文
深度学习——从零基础快速入门到项目实践	文青山
Diffusion AI 绘图模型构造与训练实战	李福林
图像识别——深度学习模型理论与实战	于浩文
Transformer 模型开发从 0 到 1——原理深入与项目实践	李瑞涛
AI 驱动下的量化策略构建（微课视频版）	江建武、季枫、梁举
LangChain 与新时代生产力——AI 应用开发之路	陆梦阳、朱剑、孙罗庚 等
自然语言处理——原理、方法与应用	王志立、雷鹏斌、吴宇凡
玩转 OpenCV——基于 Python 的原理详解与项目实践	刘爽
ChatGPT 应用解析	崔世杰
跟我一起学深度学习	王成、黄晓辉
跟我一起学机器学习	王成、黄晓辉
深度强化学习理论与实践	龙强、章胜
Vue+Spring Boot 前后端分离开发实战（第 2 版·微课视频版）	贾志杰
TypeScript 框架开发实践（微课视频版）	曾振中
精讲 MySQL 复杂查询	张方兴
Kubernetes API Server 源码分析与扩展开发（微课视频版）	张海龙
编译器之旅——打造自己的编程语言（微课视频版）	于东亮
Spring Boot+Vue.js+uni-app 全栈开发	夏运虎、姚晓峰
Selenium 3 自动化测试——从 Python 基础到框架封装实战（微课视频版）	栗任龙
Unity 编辑器开发与拓展	张寿昆
跟我一起学 uni-app——从零基础到项目上线（微课视频版）	陈斯佳
Python Streamlit 从入门到实战——快速构建机器学习和数据科学 Web 应用（微课视频版）	王鑫
Java 项目实战——深入理解大型互联网企业通用技术（基础篇）	廖志伟
Java 项目实战——深入理解大型互联网企业通用技术（进阶篇）	廖志伟
HuggingFace 自然语言处理详解——基于 BERT 中文模型的任务实战	李福林
动手学推荐系统——基于 PyTorch 的算法实现（微课视频版）	於方仁
自然语言处理——基于深度学习的理论和实践（微课视频版）	杨华 等
AI 驱动下的量化策略构建（微课视频版）	江建武、季枫、梁举
编程改变生活——用 Python 提升你的能力（基础篇·微课视频版）	邢世通
编程改变生活——用 Python 提升你的能力（进阶篇·微课视频版）	邢世通
编程改变生活——用 PySide6/PyQt6 创建 GUI 程序（基础篇·微课视频版）	邢世通
编程改变生活——用 PySide6/PyQt6 创建 GUI 程序（进阶篇·微课视频版）	邢世通
深度探索 Go 语言——对象模型与 runtime 的原理、特性及应用	封幼林
深入理解 Go 语言	刘丹冰